The Structure Optimization and Model Normalization of BP Neural Networks

BP 网络结构优化与模型规范

李祚泳　刘　伟　张正健 等　著

科学出版社

北　京

内 容 简 介

本书针对 BP 网络存在的某些基本问题，提出用新概念广义复相关系数 R_n 定量描述样本集的复杂性；建立含参数的 BP 网络检测误差 E_2 的定量关系表达式；导出具有最佳泛化能力的 BP 网络隐节点数 H_0 与样本集的 R_n 之间满足的关系式；给出 BP 网络泛化能力与学习能力之间满足的几种形式的过拟合不确定关系式；指出改进 BP 网络泛化能力的最佳停止训练法。同时，还提出基于规范变换的前向神经网络普适评价模型和与相似样本误差修正法相结合的普适预测模型，并对模型的普适性和可靠性及同型规范变换的预测模型之间的兼容性和等效性进行数学论证。本书中规范变换的思想及方法对其他学科、领域的研究有借鉴和启迪作用。

本书可供人工智能、神经网络、电子工程、信息科学、计算机科学、系统工程及环境科学与工程等学科、专业博士、硕士研究生阅读，亦可供高校教师和科研院所的科研及管理人员参考。

图书在版编目(CIP)数据

BP 网络结构优化与模型规范 / 李祚泳等著. —北京：科学出版社，2024.5（2025.3 重印）

ISBN 978-7-03-078437-7

Ⅰ.①B… Ⅱ.①李… Ⅲ.①网络结构–研究 Ⅳ.①TP393.02

中国国家版本馆 CIP 数据核字（2024）第 083396 号

责任编辑：刘莉莉 / 责任校对：彭 映
责任印制：罗 科 / 封面设计：墨创文化

科学出版社 出版

北京东黄城根北街16号
邮政编码：100717
http://www.sciencep.com

四川青于蓝文化传播有限责任公司印刷
科学出版社发行 各地新华书店经销

＊

2024 年 5 月第 一 版 开本：787×1092 1/16
2025 年 3 月第二次印刷 印张：15 1/2
字数：360 000

定价：159.00 元

（如有印装质量问题，我社负责调换）

前　　言

　　由于对需要依赖形象思维、直觉和联想才能解决的"可意会，难言传"的一类问题，人工神经网络可谓"心有灵犀一点通"，因而自 20 世纪 40 年代人工神经网络诞生以来，一直受到学术界的高度关注，并已经取得许多瞩目的成就。不过，人工神经网络至今 80 多年的发展历程，并非一帆风顺，而是曾被质疑、责难、挑战和冷遇，可谓历经风雨沉浮。令人欣喜的是：进入 21 世纪以来，随着计算机速度的提高和大数据时代的来临，一种新型的深层神经网络模型不再"犹抱琵琶半遮面"，终于"千呼万唤始出来"。由于深层神经网络能模拟人脑复杂层次化的认知规律，具有更强的无监督学习能力和抽象思维能力，因而其研究获得显著进展，并在诸多领域获得成功的应用。虽然传统的 BP 网络不可能完成深层神经网络的学习任务，但是 BP 算法因其原理直观、编程简单、应用广泛，尤其是具有只需三层的网络就能以任意精度逼近任意复杂函数等优势而魅力不减。然而 BP 网络也存在易陷入局部极小值、参数选择困难、学习效率低、泛化能力差、易出现过拟合和网络结构设计的理论依据不足等诸多基本问题，导致其应用受到一定限制。为此，本书针对 BP 网络学习效率、泛化能力、学习能力、过拟合、网络结构和样本集复杂性以及模型优化和规范等基本问题进行探究，以期促进 BP 网络的理论和应用的发展。

　　本书汇集了作者多年来对 BP 网络模型和算法研究取得的重要成果。虽然每个人选择的科研之路各异，但无论做科研或著书立说，通常都遵循以下原则："境界决定思路，思路决定出路，出路决定结局"。因此，正如"剧是必须从序幕开始的，但序幕还不是高潮，而高潮往往不只有一次"一样，本书第 1 章、第 2 章介绍人工神经网络的发展简史和 BP 网络简介，第 3 章介绍几种既能提高 BP 算法学习效率，又能避免陷入局部极小值的学习算法，然后进入本书的核心内容：BP 网络结构优化和模型普适、规范的新思想、新理论和新方法。第 4 章、第 6 章深入研究 BP 网络泛化能力与网络结构和样本集的复杂性之间的关系以及几种不同形式的 BP 网络过拟合不确定关系式。第 7 章、第 8 章和第 11 章进一步提出基于规范变换的前向神经网络评价与预测的普适模型，并揭示同型规范变换的不同变量的预测模型之间具有的兼容性和等效性。与中华中医药文化的精髓——中医药制剂配伍讲究"君、臣、佐、使"才能增强疗效相似，第 5 章、第 7 章、第 9 章、第 10 章和第 11 章通过诸多实例验证新理论、新模型和新方法的可行性和实用性。"宴席终归是要散的，剧总是要落幕的。"因此，第 12 章总结取得的成果和指出其中不足。本书具有以下几个特色：

　　(1) 思想新颖。①书中提出用于定量描述样本集复杂性的广义复相关系数 R_n 新概念；建立几种形式的过拟合不确定关系式；导出具有最佳泛化能力的 BP 网络隐节点数 H_0 与样本集的 R_n 之间满足的关系式。②提出规范变换的前向神经网络评价与预测的普适模型和预测样本模型输出的相似样本误差修正法。③揭示同型规范变换的不同变量的预测模型之间具有的兼容性和等效性。这些皆属创新性研究成果。

(2) 理论严谨。构建的理论体系完善，数学推导严格，计算论证充分。

(3) 简洁实用。简洁不仅是一种美，而且由于事物涉及的道理通常是非常简单的，因此科学研究应遵循"大道至简"的基本原则。书中提出的基本思想、模型、公式、方法和揭示的规律都相对简洁明了、方便实用。

(4) 可读性强。本书尽可能做到深入浅出、清晰易懂，既可供专家、学者深究，也能供入门者阅读，做到雅俗共赏，各取所需。

本书撰写分工如下：前言，李祚泳；第 1、2 章，刘伟、徐婷婷、汪嘉杨；第 3 章，李祚泳、汪嘉杨、徐婷婷；第 4、5 章，李祚泳、张正健、余春雪；第 6 章，李祚泳、张正健、郭淳；第 7 章，李祚泳、刘伟、张小丽；第 8 章，李祚泳、刘伟、张正健；第 9、10 章，李祚泳、刘伟、徐源蔚；第 11、12 章，李祚泳、余春雪、刘伟；附录 A，张正健、郭淳、汪嘉杨；附录 B，张正健、郭淳、李祚泳；附录 C，郭淳、张正健、李祚泳；后记，李祚泳。全书由李祚泳、刘伟和张正健统稿、修改和校阅。刘伟和汪嘉杨皆为成都信息工程大学资源环境学院副教授；张正健为中国科学院、水利部成都山地灾害与环境研究所工程师；余春雪为东莞理工学院生态环境工程技术研发中心副研究员；徐婷婷为贵州理工学院资源与环境工程学院博士、讲师；郭淳、张小丽、徐源蔚为成都信息工程大学资源环境学院的硕士毕业研究生。笔者早期指导的成都信息工程大学的本科生蔡辉(电子工程专业)、易勇鸷(通信工程专业)、任继平(计算机及应用专业)等都曾对 BP 网络的过拟合等问题作过初步尝试性探索，为本书后续深入的研究积累了经验。成都信息工程大学资源环境学院在读硕士研究生杨勋渝、赵妍参与了本书的校核工作，在此表示衷心的感谢。

感谢成都信息工程大学领导和资源环境学院领导为本书撰写提供的支持和帮助。感谢中国科学院、水利部成都山地灾害与环境研究所各级领导为本书撰写提供的支持和帮助。

本书研究得到国家自然科学基金面上项目(41771535)、四川省科技厅 2017 年环境污染防治重点研发项目(2017SZ0174)、国家自然科学基金青年科学基金项目(41701430)、中国科学院国际合作项目(131965KYSB20210018)的资助。

限于作者水平，书中难免存在疏漏和不妥之处，敬请读者批评指正。

李祚泳

2023 年 6 月

目　　录

第1章 绪 论

神经网络(neural network，NN)是人工神经网络(artificial neural network，ANN)的简称，是 20 世纪中期发展起来的多学科、综合性的前沿研究领域，由于它具有自组织、自学习、自适应、非线性映射和大规模并行处理信息等能力，以及具有联想功能、容错性与壮实性等特点，因而为解决非线性、不确定性和不确知系统的问题开辟了一条崭新的途径。尤其是对于需要依赖形象思维、直觉和联想才能解决的一类问题，神经网络可谓具有独特的优势。正是神经网络的这些特征，吸引着众多科学工作者研究，使得 80 多年来神经网络在理论研究和应用研究方面均取得了令人鼓舞的进展[1, 2]。

1.1 神经网络发展简介

美国科学家 McCulloch 和 Pitts 在 1943 年提出了形式神经元的 M-P 数学模型[3]。M-P 数学模型虽然过于简单，但该模型证明了任何有限逻辑表达式都能由 M-P 模型组成的神经网络来实现，而且该模型是最早采用大规模并行计算结构描述神经元和网络的模型，是对生物神经元信息处理模式的数学简化，为后续的神经网络的理论研究奠定了基础。

1949 年，Hebb 分析了神经元之间连接强度的变化，提出了著名的 Hebb 学习规则[4]，如式(1-1)所示：

$$w_{ij}(t+1) = w_{ij}(t) + a(t)y_i(t)y_j(t) \tag{1-1}$$

式中，$w_{ij}(t+1)$ 和 $w_{ij}(t)$ 分别表示在 $t+1$ 和 t 时刻，神经元 j 到神经元 i 之间的连接强度(权值)；$y_i(t)$ 和 $y_j(t)$ 分别为神经元 i 和 j 在 t 时刻的输出。

Hebb 学习规则的主要思想为：如果两个神经元在同一时刻被激发，则它们之间的联系被强化，根据这两个神经元的激发态来调节其连接关系，并以此实现对简单神经活动的模拟。可见，Hebb 学习规则属于无监督学习算法。

1957 年，Rosenblatt 研制出首个将神经网络的学习功能用于模式识别的感知机(perceptron)[5]。它是一个二分类线性判别模型，其目的是通过最小化误分类损失函数来优化分类超平面，即最小化误分类点到决策平面的距离，实现对新实例的预测。感知机的假设空间是定义在特征空间中的线性分类器，所得的超平面将特征空间划分为两部分，位于两侧的点分别为正、负两类。感知机学习算法是每次随机选取一个误分类点，采用梯度下降法，最小化经验风险来优化参数(神经元的权值向量 w 和偏置 b)。另一种对偶形式结构的感知机的基本思想是将 w 和 b 表示为所有实例点的线性组合形式，通过求解系数来得到 w 和 b。

1969 年，Minsky 和 Papert 证明了单层神经网络只具有有限的功能，并且还发现许多复杂的函数关系是无法通过对单层网络训练得到的[6]。此外，虽然感知机具备了基本的神经计算单元和网络结构，也有一套有效的参数学习算法，但是其特定的结构使得其在很多问题上都不能见效，致使一段时间内神经网络研究处于低潮。

1982 年，美国物理学家 Hopfield 创造性地将前人的研究观点概括性地综合在一起，对网络应用了物理力学的分析方法，把网络作为一种动态系统，并将能量函数引入网络训练这一动态系统中，提出了离散的和连续的两种 Hopfield 模型[7]，并采用全互联型神经网络对非多项式复杂度的旅行商问题进行了求解。他指出：对于已知的网络状态存在一个正比于每个神经元的活动值和神经元之间的连接权值的能量函数，此活动值向能量函数减少的方向进行改变，直到达到一个极小值，即证明了在一定条件下的网络可以达到稳定状态。可见，该网络是一种从输出到输入有反馈连接的循环神经网络，将最优化问题的目标函数转换为 Hopfield 神经网络的能量函数，通过网络能量函数极小化来寻找对应问题的最优解。Hopfield 模型的一个显著特点是它可以实现联想功能，即联想存储器。当通过训练确定网络的权值后，即使输入不完整或部分不正确的数据，网络仍旧可以通过联想记忆来给出完整的数据输出结果。

继 Hopfield 模型后，Hinton 和 Sejnowski 提出了隐单元概念，并借助统计物理学概念和方法提出了一种随机网络模型——玻尔兹曼机[8]，采用模拟退火的学习过程，能有效地克服 Hopfield 模型存在的能量局部极小的问题。玻尔兹曼机是一种用随机神经元全连接组成的反馈神经网络，其分别由一个可见层和一个隐层组成。网络中神经元的输出只有分别用二进制 1 和 0 表示的激活和未被激活两种状态，其取值由概率统计规则决定。玻尔兹曼机具有较强的无监督学习能力，可以从数据中学习到复杂的知识规则。不过，它不仅存在学习时间过长的问题，而且也难以准确计算玻尔兹曼机所表示的分布，难以获得服从玻尔兹曼机所表示分布的随机样本。为此，有人提出了改进的玻尔兹曼机分布，并于 2002 年由 Hinton 提出了改进玻尔兹曼机快速学习算法，此算法只要隐单元数目足够多，改进的玻尔兹曼机就能拟合任意离散分布，其已被用于回归、分类、特征提取、降维和高维时间序列建模等问题。

虽然 Werbos 在 1974 年提出的神经网络学习的反向传播(back propagation，BP)算法为多层神经网络的学习提供了一种切实可行的解决途径[9]，但是直到 1986 年，美国科学家 Rumelhart 等提出有监督 Delta 学习规则，才进一步完善了三层(包括输入层、隐层和输出层)BP 神经网络(简称"BP 网络")的误差反向传播的最速梯度下降算法[10]。Delta 学习规则如式(1-2)所示：

$$w_{ij}(t+1) = w_{ij}(t) + a(d_i - y_i)x_j(t) \qquad (1-2)$$

式中，a 为算法的学习速率；d_i 和 y_i 分别为神经元 i 的期望输出和实际输出；$x_j(t)$ 表示神经元 j 在 t 时刻所处的激活或抑制状态。

从式(1-2)可知：当神经元 i 的实际输出大于期望输出时(即 $y_i > d_i$)，则减少与已激活神经元的连接权值，同时增加与已抑制神经元的连接权值；反之，当神经元 i 的实际输出小于期望输出时(即 $y_i < d_i$)，则增加与已激活神经元的连接权值，同时减少与已抑制神经

元的连接权值。通过此种权值调节过程，神经元会将输入和输出之间的正确映射关系存储在权值中，从而具备了对数据的表示能力。可见，误差反向传播的 BP 算法的基本思想是：利用输出层的误差来逐层估计出其前导层的误差，以此方式逐层反传，即可得到各层的误差估计。通过误差不断调整各层神经元的连接权值，使神经元的实际输出与期望输出相一致，从而在一定程度上解决了多层神经网络神经元连接权值学习难的问题。

1989 年，Funahashi 和 Hornik 相继证明了对应单隐层传递函数为 Sigmoid 的 BP 神经网络，只要隐层神经元的个数足够多，就能以任意精度逼近任何复杂的连续映射[11, 12]。虽然如此，BP 神经网络仍然存在学习效率低、容易陷入局部极值、易出现过拟合、泛化能力差和网络结构(主要指隐节点数)设计的理论依据不足等诸多未解决的基本问题。关于提高学习效率和防止陷入局部极值，国内外已有很多研究，提出了许多方法[13, 14]。针对 BP 神经网络的过拟合和网络结构问题，李祚泳等先后建立了当 BP 神经网络出现过拟合现象时，学习能力与泛化能力(也称推广能力)之间满足的多种不同形式的不确定关系式[15-17]，以及具有最佳泛化能力的 BP 神经网络的隐节点数 H_0 与用广义复相关系数 R_n 表示的样本复杂性之间满足的反比关系式[18]。

1988 年，Broomhead 和 Lowe 提出了径向基函数(radial basis function，RBF)神经网络。Park 和 Sandberg 在 1991 年则论证了 RBF 在非线性连续函数上的一致逼近性能[19]。RBF 神经网络是一种三层的前向神经网络，其基本原理是利用 RBF 构成的隐层空间对低维的输入矢量进行投影，将数据变换到高层空间中去，使原来低维空间线性不可分的问题在高维空间变得线性可分。由于 RBF 神经网络的输入层仅起到信号的传输作用，故输入层与隐层之间的连接权值都为 1，隐层实现对输入特征的非线性投影，而输出层则负责线性加权求和。基函数中心、方差和隐层到输出层的连接权值是 RBF 神经网络中需要学习优化的参数，输出层则通过线性优化实现对权值的优化，学习速度较快；隐层则需要采用非线性优化方法对激活函数的参数进行调整，故学习速度较慢。RBF 神经网络的参数学习方法有自组织选取法、随机中心法、有监督中心法和正交最小二乘法等。学习主要包括两个阶段：第一阶段为无监督学习，用以确定隐层基函数的中心和方差；第二阶段为有监督学习过程，实现隐层与输出层之间连接权值的求解。RBF 神经网络属于局部逼近网络，无须学习隐层的权值，避免了误差在网络中耗时的逐层传递过程，因而具有学习效率高、收敛速度快的优势，已在非线性函数逼近、模式识别、时变数据分析和故障分析诊断等领域得到广泛应用。

继 RBF 神经网络后，有人提出了适用于非平稳、非线性问题处理的小波神经网络、多小波神经网络[20]和大规模支持向量机[21](support vector machine，SVM)等多种模型，极大地促进了神经网络的发展。

进入 21 世纪以来，随着计算机处理速度和存储能力的提高，针对传统的浅层神经网络对于海量数据和复杂问题处理存在的困难，2006 年，Hinton 等提出了深层神经网络模型[22, 23]。深层神经网络通过增加神经网络的隐层数来模拟人脑复杂的层次化的认知规律，以使神经网络具有更强的无监督学习能力。由于传统的 BP 算法不可能完成对深层神经网络的学习任务，深层神经网络的训练则借助无监督的逐层初始化预训练与反向微调相结合的两阶段的学习策略来实现，从而有效克服了深层神经网络存在的网络参数训练的困难。深度神经网络的研究进展详见文献[1, 24-32]。

1.2　神经网络模型的分类

神经网络模型可以按以下方法进行分类:

(1)按网络结构划分: 前向网络和反馈网络。

(2)按学习方式划分: 有监督学习网络和无监督学习网络。

(3)按网络性能划分: 连续型网络和离散型网络、确定型网络和随机型网络。

(4)按突触性质划分: 一阶线性关联网络和高阶非线性关联网络。

(5)按对生物神经系统的层次模型划分: 神经元层次模型、组合模型、网络层次模型、神经系统层次模型和智能模型。

在众多的神经网络模型中,用得较多的仍是 BP 神经网络模型、RBF 神经网络模型、Hopfield 网络模型、Kohonen 网络模型和自适应谐振理论(adaptive resonance theory,ART)网络模型。

1.3　神经网络模型的应用

神经网络模型已在信号处理、模式识别、遥感影像分类、计算机视觉、函数逼近、优化计算、系统控制、故障分析诊断、数据压缩、特征提取、系统辨识、水利与环境工程、灾情评估与预测等众多学科、领域取得成功的应用。其主要应用领域有如下几个。

(1)信息处理。①信号处理: 神经网络常用于信息的获取、传输、接收与加工多个环节。比如信号的自适应或非线性滤波、谱估计、噪声消除等[33]。②模式识别: 神经网络既可用于静态的手写体的图像识别,也可用于动态的视频图像和信号识别[34,35]。③数据压缩: 神经网络可对待传输或待存储的数据进行特征提取[36],将特征传出或存储、接收后或使用时,再将其恢复成原貌。

(2)系统辨识。依据神经网络具有的非线性特性和学习能力,对复杂的非线性、不确定性和不确知对象,建立被辨识对象的静态或动态的神经网络系统辨识模型[37]。

(3)神经网络控制。由于神经网络具有自组织、自学习和自适应的能力,因而对于医药卫生、工矿企业、航空航天、机器人等领域,神经网络控制器的应用也越来越广泛[38]。

(4)工程领域。①水利工程: 国内外已将神经网络广泛用于水资源承载力评价、水资源可持续利用评价、水安全评价、水资源规划、拱坝优化设计、岩土类型识别和径流量预测、洪水预报等许多实际问题[39]。②环境工程: 由于环境系统的各因素之间大多具有非线性,因而神经网络所具有的非线性特性对解决环境评价、环境分类、环境预测、环境规划与管理等问题特别有效[40-47]。

(5)灾情评估与预测。20 世纪 90 年代,国内外已将神经网络用于灾害等级评估与预测[48-50]。

1.4　本书的主要内容

本书针对 BP 网络存在学习效率低、易陷入局部极值、易出现过拟合、泛化能力差和网络结构设计(主要指隐节点数选择)的理论依据不足等基本问题，在分析 BP 网络结构和样本集的复杂性对 BP 网络泛化能力影响的基础上，提出用新概念广义复相关系数 R_n 定量描述样本集的复杂性，导出具有最佳泛化能力的 BP 网络隐节点数 H_0 与样本集的广义复相关系数 R_n 之间满足的 H_0-R_n 反比关系式。受到信息论中传递的最大平均信息量 S 满足一般测不准关系式的启示，建立当 BP 网络出现过拟合时，泛化能力与学习能力之间满足的几种形式的不确定关系式。本书还建立基于规范变换的前向神经网络 (normalized values-forward neural network，NV-FNN) 的普适评价模型和与相似样本误差修正公式相结合的普适预测模型，并揭示同型规范变换的不同预测变量的 NV-FNN 预测模型之间具有兼容性和等效性。

本书主要内容为：第 1 章简单介绍神经网络的发展史和应用。第 2 章简单介绍 BP 神经网络的基本思想、学习过程、主要能力、结构设计和算法的局限性及其若干改进方法。第 3 章介绍几种既能提高 BP 算法学习效率，同时还能避免陷入局部极小值的学习算法。第 4 章和第 5 章在分析 BP 网络的泛化能力与网络结构、样本复杂性之间的关系基础上，提出用广义复相关系数定量描述包括样本数量和样本质量在内的样本集复杂性，建立用含参数的检测误差 E_2 表示 BP 网络泛化能力的定量关系表达式，并借助模拟仿真实验和优化算法，导出具有最佳泛化能力的 BP 网络隐节点数 H_0 与样本集的广义复相关系数 R_n 之间满足的 H_0-R_n 反比关系式，将隐节点数满足的 H_0-R_n 反比关系式和传统的隐节点数经验公式计算得到的隐节点数构建的网络用于多个实例预测，并比较模型的预测效果，验证隐节点数 H_0-R_n 反比关系式的可行性和实用性。第 6 章针对 BP 神经网络的泛化能力差和易出现过拟合的问题，建立当 BP 神经网络出现过拟合时，泛化能力与学习能力之间满足的几种形式的不确定关系式，并依据不确定关系式，提出为改进泛化能力的最佳停止训练方法。第 7 章在设置指标的参照值和指标值的规范变换式基础上，建立基于规范变换结构简单的前向神经网络普适评价模型，并介绍其应用。第 8 章在设置预测变换及其影响因子的参照值和规范变换式基础上，提出基于规范变换与相似样本误差修正公式相结合的前向神经网络普适预测模型的建模思想和建模方法，并对预测模型的可靠性进行数学论证，该模型简化了 BP 网络结构和提高了模型的预测精度。第 9 章和第 10 章将基于规范变换与误差修正公式相结合的前向神经网络普适预测模型用于不同领域的多个实例进行预测效果检验。第 11 章对具有同型规范变换的不同预测变量的预测模型之间的兼容性和等效性进行论证和实例验证。第 12 章对全书进行总结。

参 考 文 献

[1] 焦李成, 杨淑媛, 刘芳, 等. 神经网络七十年: 回顾与展望[J]. 计算机学报, 2016, 39(8): 1697-1716.

［2］ 张驰, 郭媛, 黎明. 人工神经网络模型发展及应用综述[J]. 计算机工程与应用, 2021, 57(11): 57-69.

［3］ McCulloch W S, Pitts W. A logical calculus of the ideas immanent in nervous activity[J]. The Bulletin of Mathematical Biophysics, 1943, 5(4): 115-133.

［4］ Hebb D O. The Organization of Behavior: A Neuropsychological Theory[M]. New York: Wiley, 1949.

［5］ Rosenblatt F. The perceptron: A perceiving and recognizing automaton project para[R]. New York: Cornell Aeronautical Laboratory, 1957.

［6］ Minsky M L, Papert S A. Perceptrons[M]. Cambridge: MIT Press, 1969.

［7］ Hopfield J J. Neural networks and physical systems with emergent collective computational abilities[J]. Proceedings of the National Academy of Sciences of the United States of America, 1982, 79(8): 2554-2558.

［8］ Hinton G E, Sejnowski T J. Learning and Relearning in Boltzmann Machines[M]. Cambridge: MIT Press, 1986.

［9］ Werbos P. Beyond regression: New tools for prediction and analysis in the behavioral sciences[D]. Cambridge: Harvard University, 1974.

［10］ Rumelhart D E, Hinton G E, Williams R J. Learning representations by back-propagating errors[J]. Nature, 1986, 323: 533-536.

［11］ Funahashi K I. On the approximate realization of continuous mappings by neural networks[J]. Neural Networks, 1989, 2(3): 183-192.

［12］ Hornik K, Stinchcombe M, White H. Multilayer feedforward networks are universal approximators[J]. Neural Networks, 1989, 2(5): 359-366.

［13］ 钟珞, 饶文碧, 邹承明. 人工神经网络及其融合应用技术[M]. 北京: 科学出版社, 2007.

［14］ 李祚泳, 汪嘉杨, 郭淳. PSO 算法优化 BP 网络的新方法及仿真实验[J]. 电子学报, 2008, 36(11): 2224-2228.

［15］ 李祚泳, 邓新民. BP 网络的过拟合现象满足的测不准关系式[J]. 红外与毫米波学报, 2000, 19(2): 142-144.

［16］ 李祚泳, 易勇鸷. BP 网络学习能力与泛化能力之间的定量关系式[J]. 电子学报, 2003, 31(9): 1341-1344.

［17］ Li Z Y, Peng L H. An exploration of the uncertainty relation satisfied by BP network learning ability and generalization ability[J]. Science in China(Series F): Information Sciences, 2004, 47(2): 137-150.

［18］ 李祚泳, 余春雪, 张正健, 等. 基于最佳泛化能力的 BP 网络隐节点数反比关系式的环境预测模型[J]. 环境科学学报, 2021, 41(2): 718-730.

［19］ Park J, Sandberg I W. Universal approximation using radial basis-function networks[J]. Neural Computation, 1991, 3(2): 246-257.

［20］ Jiao L C, Pan J, Fang Y W. Multiwavelet neural network and its approximation properties[J]. IEEE Transactions on Neural Networks, 2001, 12(5): 1060-1066.

［21］ Bo L F, Wang L, Jiao L C. Recursive finite Newton algorithm for support vector regression in the primal[J]. Neural Computation, 2007, 19(4): 1082-1096.

［22］ Hinton G E, Osindero S, Teh Y W. A fast learning algorithm for deep belief nets[J]. Neural Computation, 2006, 18(7): 1527-1554.

［23］ Hinton G E. Learning multiple layers of representation[J]. Trends in Cognitive Sciences, 2007, 11(10): 428-434.

［24］ LeCun Y, Bengio Y, Hinton G. Deep learning[J]. Nature, 2015, 521: 436-444.

［25］ Arel I, Rose D C, Karnowski T P. Deep machine learning—A new frontier in artificial intelligence research[research frontier][J]. IEEE Computational Intelligence Magazine, 2010, 5(4): 13-18.

［26］ Zhao X Y, Li X, Zhang Z F. Multimedia retrieval via deep learning to rank[J]. IEEE Signal Processing Letters, 2015, 22(9):

1487-1491.

[27] Chen Y S, Lin Z H, Zhao X, et al. Deep learning-based classification of hyperspectral data[J]. IEEE Journal of Selected Topics in Applied Earth Observations and Remote Sensing, 2014, 7(6): 2094-2107.

[28] Hou W L, Gao X B, Tao D C, et al. Blind image quality assessment via deep learning[J]. IEEE Transactions on Neural Networks and Learning Systems, 2015, 26(6): 1275-1286.

[29] 朱虎明, 李佩, 焦李成, 等. 深度神经网络并行化研究综述[J]. 计算机学报, 2018, 41(8): 1861-1881.

[30] Angelov P P, Soares E A, Jiang R, et al. Explainable artificial intelligence: An analytical review[J]. Wiley Interdisciplinary Reviews: Data Mining and Knowledge Discovery, 2021, 11(5): 1-13.

[31] 管皓, 薛向阳, 安志勇. 深度学习在视频目标跟踪中的应用进展与展望[J]. 自动化学报, 2016, 42(6): 834-847.

[32] Mohamed A, Dahl G E, Hinton G. Acoustic modeling using deep belief networks[J]. IEEE Transactions on Audio, Speech and Language Processing, 2012, 20(1): 14-22.

[33] Dhruv P, Naskar S. Image classification using convolutional neural network (CNN) and recurrent neural network (RNN): a review[J]. Machine Learning and Information Processing, 2020, 34: 367-381.

[34] 李祚泳. 用 B-P 神经网络实现多波段遥感图像的监督分类[J]. 红外与毫米波学报, 1998, 17(2): 153-156.

[35] Yue J, Zhao W Z, Mao S J, et al. Spectral-spatial classification of hyperspectral images using deep convolutional neural networks[J]. Remote Sensing Letters, 2015, 6(6): 468-477.

[36] 李祚泳. BP 神经网络用于氘灯辐亮度值预测[J]. 光学技术, 1998, (2): 55-57.

[37] 李祚泳, 徐婷婷, 邹长武. 基于 BP 网络的地物影像光谱识别及效果检验[J]. 光电子·激光, 2005, 16(8): 978-981.

[38] Jin Y C, Jiang J P, Zhu J. Neural network based fuzzy identification and its application to modeling and control of complex systems[J]. IEEE Transactions on Systems, Man and Cybernetics, 1995, 25(6): 990-997.

[39] 崔东文. 多隐层 BP 神经网络模型在径流预测中的应用[J]. 水文, 2013, 33(1): 68-73.

[40] 李祚泳. 基于 B-P 网络的水质营养状态评价模型及其效果检验[J]. 环境科学学报, 1995, 15(2): 186-191.

[41] 陈能汪, 余镒琦, 陈纪新, 等. 人工神经网络模型在水质预警中的应用研究进展[J]. 环境科学学报, 2021, 41(12): 4771-4782.

[42] 严亚萍, 王刚, 姜盛基, 等. 人工神经网络在环境领域中的研究进展[J]. 应用化工, 2022, 51(1): 170-176.

[43] 周朝勉, 刘明萍, 王京威. 基于 CNN-LSTM 的水质预测模型研究[J]. 水电能源科学, 2021, 39(3): 20-23.

[44] Li F, Gu Z X, Ge L Q, et al. Application of artificial neural networks to X-ray fluorescence spectrum analysis[J]. X-Ray Spectrometry, 2019, 48(2): 138-150.

[45] Salari M, Salami E S, Afzali S H, et al. Quality assessment and artificial neural networks modeling for characterization of chemical and physical parameters of potable water[J]. Food and Chemical Toxicology, 2018, 118: 212-219.

[46] Chen Y Y, Song L H, Liu Y Q, et al. A review of the artificial neural network models for water quality prediction[J]. Applied Sciences, 2020, 10(17): 5776-5824.

[47] Yang Y, Xiong Q, Wu C, et al. A study on water quality prediction by a hybrid CNN-LSTM model with attention mechanism[J]. Environment Science and Pollution Research, 2021, 30: 1-11.

[48] 屈坤, 王雪松, 张远航. 基于人工神经网络算法的大气污染统计预测模型研究进展[J]. 环境污染与防治, 2020, 42(3): 369-375.

[49] 李祚泳, 彭荔红. 基于人工神经网络的农业病虫害预测模型及效果检验[J]. 生态学报, 1999, 19(5): 759-762.

[50] 李祚泳, 邓新民, 张辉军. 基于神经网络 B-P 算法的雹云识别模型及其效果检验[J]. 高原气象, 1994, 13(1): 44-49.

第 2 章　BP 网络简介

神经网络是 20 世纪末发展起来的前沿学科，属于多学科、综合性的研究领域。神经网络有多种形式，前向传播的神经网络是其中的一种，它一般由输入层、输出层和若干中间层(隐层)组成。相邻层间由连接权值相联，使之具有对应的输入-输出关系。已经证明，多层前向传播的神经网络原则上可实现任何输入-输出映射关系，然而多层网络的学习问题是重要而困难的任务。基于误差反向传播(back propagation，BP)的梯度下降算法的神经网络(简称"BP 网络")则在一定程度上解决了此问题。BP 网络因具有概括性、联想性、壮实性、并行性、自适应性、自组织性等多种功能和原理直观、编程简便等优势，在很多领域得到广泛的应用[1-3]。

2.1　BP 网络模型的基本思想

1986 年，Rumelhart 等对具有非线性连续函数的多层前馈网络进行了详尽的分析，提出了用误差反向传播算法，解决多层前馈网络连接权值的调整问题[4]。此后，由于多层前馈网络大多采用误差反向传播算法，因此，人们也常把多层前馈网络直接称为 BP 网络。

BP 算法的基本思想是：学习过程由信号的正向传播与误差的反向传播两个过程组成。正向传播时，输入样本信号从输入层输入节点(节点亦称单元或神经元)输入，经各隐层逐层处理后，传向输出层。若输出层的输出节点的实际输出与期望(或目标)输出(亦即教师信号)不符，则转入误差的反向传播阶段。误差反向传播是将输出误差以某种形式通过隐层向输入层逐层反传，并将误差分摊给各层的所有单元，从而获得各层单元的误差信号。此误差信号即作为修正各单元连接权值和阈值的依据。这种信号正向传播与误差反向传播的各层权值和阈值的调整过程，是周而复始地进行的。权值和阈值不断调整的过程，也就是网络的学习训练过程。此过程一直进行到网络输出的误差减少到可接受的程度，或进行到预先设定的学习次数为止[5]。

2.2　BP 网络算法的学习过程

由于一个三层前向网络具有以任意精度逼近任意一个非线性连续函数的能力，因此，只需构造由一个输入层、一个隐层和一个输出层组成的三层神经网络就能满足大多数问题的需要[6]，如图 2-1 所示。

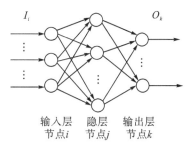

图 2-1　三层 BP 人工神经网络模型

BP 算法中信息的正向传播过程：

在隐层和输出层节点，一般都要经过如式(2-1)所示的 Sigmoid 激活函数作用后输出结果。

$$f(x) = 1/(1 + e^{-x}) \qquad (2\text{-}1)$$

(1)网络参数初始化。首先赋予网络初始状态的各层节点之间的连接权值 w_{ji}、w_{kj} 和阈值 θ_j、θ_k 为 $(-1, 1)$ 的随机小数。

(2)从网络输入层节点输入第 1 个样本信号。

(3)隐层和输出层各节点输出计算式分别为

$$H_j = f\left(\sum_{i=1}^{M} w_{ji} I_i + \theta_j\right) \qquad (2\text{-}2)$$

$$O_k = f\left(\sum_{j=1}^{h} w_{kj} H_j + \theta_k\right) \qquad (2\text{-}3)$$

式中，H_j 和 O_k 分别为隐层和输出层各节点输出；M 和 h 分别为输入节点数和隐节点数；f 为如式(2-1)所示的 S 型激活函数；w_{ji} 和 w_{kj} 分别为输入层节点 i 与隐层节点 j、隐层节点 j 与输出层节点 k 之间的连接权值；θ_j 和 θ_k 分别为隐节点 j 和输出节点 k 的阈值；I_i 为输入节点 i 的输出(亦即隐节点的输入)。

BP 算法中误差的反向传播过程：

(4)计算输出层节点的输出误差 δ_k 和隐层节点的输出误差 σ_j，其计算式分别为

$$\delta_k = (T_k - O_k)O_k(1 - O_k) \qquad (2\text{-}4)$$

$$\sigma_j = \sum_k \delta_k w_{kj} H_j (1 - H_j) \qquad (2\text{-}5)$$

式中，T_k 为样本的期望输出。

(5)网络各层节点之间的连接权值和各层节点阈值的修正：

$$w_{kj}(t+1) = w_{kj}(t) + \alpha \delta_k H_j \qquad (2\text{-}6)$$

$$w_{ji}(t+1) = w_{ji}(t) + \alpha \sigma_j I_i \qquad (2\text{-}7)$$

及

$$\theta_k(t+1) = \theta_k(t) + \beta \delta_k \qquad (2\text{-}8)$$

$$\theta_j(t+1) = \theta_j(t) + \beta \sigma_j \qquad (2\text{-}9)$$

式中，$w_{kj}(t)$ 和 $w_{kj}(t+1)$ 分别为前后两次训练时隐节点 j 与输出层节点 k 的连接权值；$w_{ji}(t)$

和 $w_{ji}(t+1)$ 分别为前后两次训练时输入层 i 节点与隐节点 j 的连接权值；$\theta_k(t)$ 和 $\theta_k(t+1)$ 分别为前后两次训练时输出节点 k 的阈值；$\theta_j(t)$ 和 $\theta_j(t+1)$ 分别为前后两次训练时隐节点 j 的阈值；α 和 β 分别为学习参数，一般取 0.2～0.5。

(6) 取下一个样本为输入信号，重复上述过程。当全部样本学完一遍后，计算 N 个样本的均方误差：

$$E = \frac{1}{N}\sum_{l=1}^{N}(O_{lk} - T_{lk})^2 \qquad (2\text{-}10)$$

如果 $E < \varepsilon$（ε 为指定精度），则学习结束；否则更新学习次数，返回步骤 (2)。如此往复进行，直至达到指定精度要求为止[7]。

2.3 BP 网络的主要能力

采用 BP 算法的多层前馈网络具有以下一些重要能力[7]。

1) 非线性映射能力

BP 算法的多层前馈网络能学习和存储大量输入-输出模式映射关系，而无须事先了解描述这种映射关系的数学关系式。只要能提供足够多的样本模式对供 BP 网络进行训练，它便能完成由 n 维输入空间到 m 维输出空间的非线性映射。

2) 泛化能力

泛化能力是指训练后的多层前馈网络，已将所提取的训练样本对中的非线性映射关系存储在权值矩阵中，并在其后的工作阶段，当将未曾训练过的新样本数据输入网络时，网络也能完成由输入空间向输出空间的正确映射。这种能力称为多层前馈网络的泛化能力，亦称推广能力。它是衡量多层前馈网络性能优劣的一个重要指标。采用 BP 算法的多层前馈网络具有一定的泛化能力。

3) 容错能力

由于 BP 算法对权值矩阵的调整过程是从大量的样本对中提取统计特性的过程，反映正确规律的知识来自全体训练样本，而非个别样本，因此，个别样本中的误差或错误对权值矩阵的调整无太大的影响。故 BP 算法的多层前馈网络允许输入的训练样本中带有较大的误差甚至个别错误。

2.4 BP 算法的局限性

采用 BP 算法虽然具有原理简单、编程简便，尤其是具有只需三层的网络结构就可以实现以任意精度逼近任意非线性函数的优势，但是 BP 网络也存在易陷入局部极小值、参数选择困难、学习效率低、泛化能力差、易出现过拟合和结构设计的理论依据不足等诸多问题[7]。

（1）易陷入局部极小，而得不到全局最优。由于 BP 算法采用最速梯度下降法，训练是从某一起始点沿误差函数的曲面逐渐达到误差的最小值。实际问题的网络误差曲面通常不是凸的，而是高维的凹凸不平的复杂曲面，存在众多局部极小值点，故不同的起始点可能导致不同的误差极小值产生，因此，在学习过程中可能陷入某个局部极小点，而无法达到全局最优。

（2）学习效率低，收敛速度慢，并且收敛速度与初始权值的选择有关。梯度法是一种对某个准则函数的迭代寻优算法。设 $J(a)$ 是准则函数，a 是向量。$\nabla J(a_k)$ 是 $J(a)$ 在点 k 的梯度向量，其方向是 $J(a)$ 增长最快的方向；负梯度方向则是 $J(a)$ 减少最快的方向。因此，沿负梯度方向下降，可以最快地达到最小点。可见，梯度下降法是求函数极小值的迭代算法。可以证明：梯度下降法的相邻两次迭代的搜索方向总是正交的，即满足：

$$[-\nabla J(a_{k+1})] \cdot [-\nabla J(a_k)] = 0 \tag{2-11}$$

式（2-11）表明：梯度下降法的迭代在向极小点靠近过程中，走的是所谓“锯齿形”曲折路径。因而，该算法必然会导致学习效率低，收敛速度慢。

此外，收敛速度慢也与初始权值的选择有关。这是因为误差曲面往往存在一些平坦区，在平坦区由于激活函数的导数趋于零，即使误差 $|T_k - O_k|$ 较大，但梯度已趋于零使得等效误差 δ_k 以及连接权值的修正量 Δw 均趋于零，因而网络连接权值的调整过程几乎处于所谓的“网络麻痹现象”的停顿状态。但只要调整方向正确，则经较长时间的调整后，还是可以从平坦区退出，朝全局最小点趋近，只是收敛速度变得缓慢。

（3）BP 网络在权值调整过程中，有可能跳过较好的极小点。这是由于误差曲面的凹处太窄而梯度值又较大，致使网络权值从一个较好的极小点附近跳到另一个次好极小点区域，从而跳过了较好的极小点。

（4）BP 算法在深层网络中不适用。这是因为误差在反向传播过程中会逐渐衰减，经过多层传递后会变得很小，因此，BP 算法在深层网络中不可行。

（5）网络结构设计，即隐层及隐节点数的选择，尚无严格的理论指导。

（6）新加入的样本会影响已学好的样本。

2.5　BP 算法的改进

为了改善 BP 算法的有效性，提高学习效率，避免陷入局部极小点和增强泛化能力，常采用以下几种改进方法[7]。

1）附加动量项

为了加速收敛和防止振荡，可以引入一个动量因子 m_c。附加动量法使网络在修正其权值时，不仅考虑误差在梯度上的作用，而且考虑在误差曲面上变化趋势的影响。其作用如同一个低通滤波器，它允许网络上的微小变化特性。在没有附加动量的作用下，网络可能陷入浅的局部极小值，而利用附加动量的作用则有可能滑过这些极小值。与基本 BP 算法的连接权值修正量相比，附加动量项后的网络连接权值调整系数会增大，从而有利于使网络连接权值加快脱离误差曲面的平坦区。其连接权值调整过程详见文献[7]。

2）学习速率的调整

由于 BP 网络中的误差曲面是一高维的非线性复杂曲面，因此，在网络权值的调整过程中，在学习的初始阶段，步长可选择大一些，以使学习速度加快；当接近最优点时，步长又必须相当小，否则连接权值将产生振荡而难以收敛；当处在误差曲面的平坦区时，步长太小将使迭代次数增多；当处在误差曲面的剧烈变化区域时，步长又不宜太大，否则将跳过较好的极小值或全局极小值。因此，合理地选择学习速率 η 和动量因子 m_c 是 BP 学习算法中的一个重要内容。目前还没有通用的学习速率调整公式，通常是针对特定的问题，凭经验和依据实验结果调整这些参数值。学习速率自适应调整的一般规则是：在连续迭代的过程中，新误差都比旧误差值大，学习速率将减小；新误差小于旧误差时，则增大学习速率。此方法可以保证网络总是以最大的可接受的学习速率进行训练。当一个较大的学习速率仍能使网络稳定学习，使其误差继续下降时，则增大学习速率。若学习速率调得过大，而不能保证误差继续减小，则减小学习速率直到使其学习过程稳定为止。

3）变步长的算法

在 BP 算法的学习过程中，学习率 α（步长）和动量因子 m_c 一般都是由经验选定。对于学习率来说，α 越大，权值变化越大，收敛越快。不过，α 越大越容易引起振荡。因此，α 应在不引起振荡的情况下，尽可能取最大值。因而通常采用的做法是：在训练初始阶段，可以给学习率 α 一个较大的值，当训练过程中出现振荡时，减小学习率；否则，保持原步长不变。

4）引入陡度因子

误差曲面上存在平坦区域，权值调整进入平坦区的原因是神经元输出进入了激活函数的饱和区。在调整进入平坦饱和区域后，设法压缩神经元的净输入，使其输出退出激活函数的饱和区，就可以改变误差函数的形状，从而使调整脱离平坦区。实现这一思路的具体做法是在原激活函数中引入一个陡度因子 λ。

$$O_k = 1/\left[1+\exp(-\mathrm{net}_k/\lambda)\right] \tag{2-12}$$

式中，net_k 为节点 k 的净输入。

当发现误差函数的改变 ΔE 接近 0，而 $T_k - O_k$ 仍较大时，可判断已进入平坦区，此时，令 $\lambda > 1$；当退出平坦区后，再令 $\lambda = 1$。其效果是：当 $\lambda > 1$ 时，神经元的激活函数曲线的敏感区段变长，从而可使绝对值较大的 net_k 退出饱和值；当 $\lambda = 1$ 时，激活函数曲线恢复原状，对绝对值较小的 net_k 具有较高的灵敏度。实践表明：该方法对提高 BP 算法的收敛速度效果明显。

5) 模拟退火法

当误差 E 长久不下降，而且 E 较大时，说明很可能是陷入了局部极小。为了避免此种情况，可以使用模拟退火法，设置初始高温 T，从当前状态 a 开始模拟退火。模拟退火算法的实现步骤详见文献[7]。需要指出的是，模拟退火法虽然可以避免陷入局部极小，但使收敛速度变得很慢，故一般不单独使用。

6) 激励函数的选择

BP 网络中神经元的激励函数要求是连续可微、单调上升的有界函数。目前，已提出许多不同形式的激励函数。几种常用的改进形式如下。

(1) 采用双极性 S 型函数。一般的 S 型激励函数的输出动态范围为 $(0, 1)$，从权值调整公式可知，权值的变化也正比于前一层的输出，而因其中一半是趋向 0 的一边，这必然引起权值调整量的减少或不调整，从而延长了训练时间。为了解决这个问题，可采用双极性 S 型函数，即

$$y = f(x) = -\frac{1}{2} + \frac{1}{1 + e^{-x}} \tag{2-13}$$

从式 (2-13) 可知，这种神经元输出值的变化范围为 $\pm 1/2$，实验表明，采用双极性 S 型函数后，收敛时间平均可减少 30%～50%。

(2) 在 S 型函数中加入可调参数。在基本的 S 型函数中加入可调参数，则激励函数的形式变为

$$y = f(x) = \frac{1}{\alpha_0 + \beta_0 e^{-r_0 x}} \tag{2-14}$$

式中，α_0、β_0 和 r_0 为可调参数。调节这些参数值可改变非线性的特性，通常在实际应用中，令 $\alpha_0 = \beta_0 = 1$，则式 (2-14) 可改写为下列形式：

$$y = f(x) = \frac{1}{1 + e^{-r_0 x}} \tag{2-15}$$

当网络训练进入误差曲面的平坦区，而 $f'(x) \to 0$ 时，可调整 r_0，使 $r_0 < 1$，而使导数值 $f'(x)$ 增大，尽快地退出平坦区。待退出平坦区后，再恢复 $r_0 = 1$。因此，调节 r_0 对加快学习速度，克服"麻痹现象"的产生是比较有效的。

(3) 采用双曲正切函数。国内有人提出采用如式 (2-16) 所示的双曲正切函数作为激活函数。

$$f(x) = a(e^{bx} - e^{-bx}) / (e^{bx} + e^{-bx}) \tag{2-16}$$

式中，a 为调节曲线上下幅度的比例因子；b 为调节曲线左右伸展幅度的权重因子。a 和 b 的值根据实际情况和反复实验进行赋值。

实践表明：与基本 BP 算法相比，该算法所需训练次数减少，收敛速度快、精度较高，而且算法简单，容易编程计算。

2.6   BP 网络的结构设计方法

BP 网络的结构设计主要指确定隐层的个数和每层的隐节点数目。理论上已经证明：包括 BP 网络在内的单隐层前向神经网络能以任意精度逼近任意连续函数及平方可积函数[8-11]，因此，对实际应用而言，一般只需构造三层(输入层、隐层和输出层各 1 层)的 BP 网络即可。只有当学习锯齿波等不连续函数时，才需要设计双隐层 BP 网络[8]。

三层 BP 网络结构设计包括输入层节点个数、隐层节点个数和输出层节点个数的选择，而输入节点个数与输出节点个数一般取决于训练样本的特征指标(因子)数和问题求解的要求。因此，对单隐层的 BP 网络结构设计主要指隐节点个数的选择，而隐节点数的选择问题是 BP 网络结构设计中最具挑战性的问题[12]。本书第 4 章对三层 BP 网络隐节点数的确定进行了理论探讨。隐节点数直接影响网络的容量、学习能力、泛化能力、学习速率和输出性能。若网络隐节点数过少，学习过程可能不收敛，即学习能力差。因此，从网络容量和函数逼近的通用性考虑，隐节点数应越多越好；但隐节点数过多，则会延长收敛时间，不仅使学习效率降低，还会出现过拟合，造成网络容错能力下降，即泛化能力差。可见，对一给定问题而言，网络的隐节点数应存在一个最佳值，它依赖于给定问题的复杂性[8]。关于网络结构(隐节点数)的确定通常有三大类方法。

1) 静态设计方法

该方法在网络学习之前预先选择好隐节点数，在整个学习过程中，结构不再改变。这种方法由于开始并不知道合适的权值和节点数，一般只能凭经验确定。以下是国内外有关文献给出的确定 BP 网络隐节点数的若干经验公式[7, 9]：

  ① $m < \sum_{i=1}^{n} C\binom{h}{i}$ ② $h = \sqrt{n+p} + a$ (a 为 1~10 之间的某个整数)

  ③ $h = \log_2 n$ ④ $h = [(m-1)/2] \sim (m-1)$

  ⑤ $h = m/(n+p)$ ⑥ $h = \sqrt{n(p+3)} + 1$

  ⑦ $\dfrac{m}{n+2} < h \leqslant \left[\dfrac{m}{p}\right] + 1$ ⑧ $h = \begin{cases} n + 0.618(n-p) & \text{当} n \geqslant p \\ n - 0.618(p-n) & \text{当} n < p \end{cases}$

  ⑨ $h = \sqrt{0.43pn + 0.12n^2 + 2.54p - 0.77n + 0.35} + 0.51$ ⑩ $h = \sqrt{np}$

以上诸式中，m 为训练样本数；h 为网络隐节点数；n 为网络输入节点数；p 为网络输出节点数；[ ]表示取整。

2) 动态构造法

动态构造法主要有三种。

(1) 动态剪枝法：从一个具有较多隐节点数的网络开始训练，然后利用剪枝技术，根据各隐节点对网络输出误差的贡献大小，将不重要的隐节点或与输入无关的隐节点及连接权值删除[10]。这种方法难以给出一个合适的初始网络结构，删除时间长，还可能陷入局部极小，且删除节点连接权值的方法很难找到一个通用的代价函数。

(2)动态增长法：从一个具有较少隐节点数的网络开始训练，然后逐步增加隐节点数和连接权值，用以减少网络输出误差[11]。由于在网络训练中，网络的输出误差导致速度的不平稳性，难以确定何时停止隐节点数增长过程，往往导致最后的网络隐节点数多于需要的节点数，因而用这种方法选择隐节点数的合理性也难以保证。

(3)综合法：开始时是一个适当规模的网络，训练过程中，可以增加和删除隐节点及连接权值，但算法复杂、训练时间长、效率不高[12]。

3)进化法

将基于适者生存、优胜劣汰的自然选择的遗传算法(genetic algorithm，GA)与 BP 网络相结合，往往能同时优化网络结构与权值。该方法使网络模型依样本知识进行选择，随问题的复杂性而变，实现了 BP 网络的动态自适应性，能比较有效地克服 BP 算法易陷入局部极小、收敛速度慢，甚至不收敛的缺陷。应用 GA 优化 BP 网络结构和权值采用二进制或实数编码均可。

2.7　BP 算法若干注意事项

BP 算法学习过程中，需要注意以下几点[7]。

(1)期望输出应限制在激励函数的渐近值范围内。神经元的激励函数是 Sigmoid 函数，如果 Sigmoid 函数的渐近值为 $+\alpha$ 和 $-\alpha$，则期望输出只能趋于 $+\alpha$ 和 $-\alpha$，而不能达到 $+\alpha$ 和 $-\alpha$。为避免学习算法不收敛，提高学习效率，应设期望输出为相应的小数，如对于式(2-1)所示的 Sigmoid 激活函数，其渐近值为 0 和 1，故一般应设相应的期望输出为(0.01, 0.99)内的数。

(2)用 BP 算法训练网络时的两种方式。BP 算法有顺序方式和批处理方式两种。前者是每输入一个训练样本，修改一次权值；后者待组成一个训练周期的全部样本都一次输入网络后，以式(2-10)表示的网络总的均方误差为学习目标函数修正权值。顺序方式所需的临时存贮空间较批处理方式小，而且随机输入样本有利于权值空间的搜索具有随机性，在一定程度上可以避免学习陷入局部最小，但是顺序方式的误差收敛条件难以建立；而批处理方式能够精确地计算出梯度向量，误差收敛条件非常简单，易于并行处理。

(3)BP 算法需要判断误差 $E(n)$ 是否满足要求。BP 算法判断误差的要求是：对顺序方式，误差小于我们设定的值 ε，即 $|E(n)| < \varepsilon$；对批处理方式，每个训练周期的平均误差 E_{av} 的变化量为 $0.1\% \sim 1\%$，就认为误差基本满足要求。

(4)BP 网络的信息容量与训练样本数的关系。BP 网络的分类能力与网络信息容量相关。用网络的权值和阈值总数 n_w 表示网络的信息容量。研究表明：训练样本数 N、给定的训练误差 r 与网络的信息容量 n_w 之间满足如式(2-17)所示的匹配关系式。

$$N \sim n_w / r \tag{2-17}$$

上式表明：网络的信息容量 n_w 与训练样本数 N 之间存在着合理的匹配关系。在实际问题中，训练样本数常常难以满足上述要求。对于确定的样本数，网络参数太少则不足以表达样本中蕴含的全部规律；而网络参数太多则由于样本信息少而得不到充分训练。因此，当实际问题不能提供较多的训练样本时，必须设法减少样本维数，从而降低 n_w。

(5) BP 网络的输入变量与输出变量的选择。BP 网络的输入变量选择的两条基本原则：①输入变量必须选择那些对输出影响大而且能够检测或提取的变量；②各输入变量之间互不相关或相关性很小。输出量一般代表系统要实现的功能目标，故其选择确定相对容易。

(6) 训练样本集的设置。网络的性能取决于训练样本的规模(数量)和样本的质量。①训练样本数的确定。一般说来，训练样本数越多，训练结果越能正确反映其内在规律。但样本数也不是越多越好，因为当样本数多到一定程度时，网络的精度也很难再提高，更何况实际问题中的样本数还往往受到客观条件的限制。理论分析认为：输入输出的非线性映射关系越复杂，样本中所含的噪声越多，为保证一定的映射精度所需要的训练样本数就越多，由式(2-17)知，与样本数相匹配的网络规模也要越大。实践经验表明：训练所需要的样本数是网络连接权值总数的 5~10 倍为好。②训练样本的选择与组织。网络训练中提取的规律蕴含在样本中，因此，样本的选择要注意不同类别样本的均衡性和同一类样本的多样性与均匀性。样本的组织要注意将不同类别样本交叉输入或从训练样本集中随机选择样本输入。

(7) 网络初始权值的选择。BP 算法学习时，初始权值过大或过小都会影响学习速度。网络的初始权值决定了网络的训练从误差曲面的哪一点开始，因此，网络权值的初始化对缩短网络训练时间、加速收敛至关重要。由于 BP 网络神经元的激活函数都是关于 0 点对称的，因此，若每个节点的净输入均在 0 点附近，则其输出均处在激活函数的中部，从而既远离激活函数的两个饱和区，又是其变化最灵敏的区域，因而必然加快网络的学习速度。为使各节点的净输入在 0 点附近，其方法是使初始权值足够小(对隐层权值)或者使初始权值为正和负的权值数目相等(对输出层权值)。如此设置的初始权值可使每个神经元一开始就处于其激活函数变化最大的位置。

(8) 网络的训练与测试。泛化能力是衡量网络性能好坏的重要指标。因此，用训练样本训练后的网络需要用训练样本集外的测试样本数据来进行检验。其具体做法是：将可用样本随机分为训练样本集和测试样本集两部分。若网络对训练集样本的误差很小，而对测试集样本的误差很大，说明网络已被训练得过拟合，因而泛化能力很差。

在隐节点数一定的情况下，存在着一个训练次数 T_b，在此训练次数 T_b 之前，随着训练次数的增加，训练样本的训练误差(即拟合误差)和测试样本的测试误差都同时减小；而超过此训练次数 T_b 之后，虽然训练样本的训练误差继续减小，但测试样本的测试误差并不减小，反而增大，出现过拟合。因此，该训练次数 T_b 即为最佳训练次数，使此时停止训练的网络具有最佳泛化能力。

参 考 文 献

[1] 张驰, 郭媛, 黎明. 人工神经网络模型发展及应用综述[J]. 计算机工程与应用, 2021, 57(11): 57-69.

［2］ 韩力群. 人工神经网络理论、设计及应用［M］. 2 版. 北京: 化学工业出版社, 2007.

［3］ 朱大奇, 史慧. 人工神经网络原理及应用［M］. 北京: 科学出版社, 2006.

［4］ Rumelhart D E, Hinton G E, Williams R J. Learning representations by back-propagating errors［J］. Nature, 1986, 323: 533-536.

［5］ 李祚泳, 王文圣, 张正健, 等. 环境信息规范对称与普适性［M］. 北京: 科学出版社, 2011.

［6］ Funahashi K I. On the approximate realization of continuous mappings by neural networks［J］. Neural Networks, 1989, 2(3): 183-192.

［7］ 李祚泳, 汪嘉杨, 熊建秋, 等. 可持续发展评价模型与应用［M］. 北京: 科学出版社, 2007.

［8］ 魏海坤. 神经网络结构设计的理论与方法［M］. 北京: 国防工业出版社, 2005.

［9］ 焦斌, 叶明星. BP 神经网络隐层单元数确定方法［J］. 上海电机学院学报, 2013, 16(3): 113-116, 124.

［10］ Benardos P G, Vosniakos G C. Optimizing feedforward artificial neural network architecture［J］. Engineering Applications of Artificial Intelligence, 2007, 20(3): 365-382.

［11］ Islam M M, Sattar M A, Amin M F, et al. A new adaptive merging and growing algorithm for designing artificial neural networks［J］. IEEE Transactions on Systems, Man and Cybernetics Part B: Cybernetics, 2009, 39(3): 705-718.

［12］ Goh C K, Teoh E J, Tan K C. Hybrid multiobjective evolutionary design for artificial neural networks［J］. IEEE Transactions on Neural Networks, 2008, 19(9): 1531-1548.

第3章　提高 BP 算法学习效率的方法

在实际应用中，BP 算法存在的两个主要问题是学习效率低和不成熟收敛。在改进学习效率、提高收敛速度方面，国内外已有不少研究。本章介绍几种既能提高 BP 算法学习效率，同时还能避免陷入局部极小的学习算法。

3.1　基于改进粒子群算法的 BP 网络权值优化算法

3.1.1　粒子群算法

1) 粒子群算法的基本思想

Kennedy 等提出的粒子群优化算法简称粒子群 (particle swarm optimization，PSO) 算法[1] (又称微粒群算法)，其基本思想如下[2]：设想一群鸟在空中随机搜寻食物，所有的鸟都不知道食物在哪里，因而，这群鸟找到食物的最简单有效的策略就是搜寻当前离食物最近的鸟的周围区域。用于优化问题的 PSO 算法从这种模型中得到启示。PSO 算法优化问题的潜在解都是搜索空间中的一只鸟，称之为粒子。所有的粒子都有一个由被优化的函数决定的适应值，每个粒子还有一个速度决定它们飞翔的方向和距离。然后所有粒子就追随当前的最优粒子在解空间中反复迭代搜索，在每一次迭代中，粒子通过跟踪个体极值和全局极值来更新自己，个体极值就是粒子本身所找到的最优解，全局极值是整个种群当前找到的最优解。

2) 粒子群算法的基本原理

假设在 D 维搜索空间中，有 m 个粒子组成一个粒子群，其中第 i 个粒子的空间位置为 $x_i = (x_{i1}, x_{i2}, x_{i3}, \cdots, x_{iD})$，$i = 1, 2, \cdots, m$，即优化问题的一个潜在解。将它代入优化目标函数可以计算出相应的适应值，根据适应值可衡量 x_i 的优劣；第 i 个粒子所经历的最好位置称为其个体历史最好位置，记为 $p_i = (p_{i1}, p_{i2}, p_{i3}, \cdots, p_{iD})$；第 i 个粒子还具有飞行速度，记为 $v_i = (v_{i1}, v_{i2}, v_{i3}, \cdots, v_{iD})$。所有粒子经历过的位置中的最好位置称为全局历史最好位置，记为 $p_g = (p_{g1}, p_{g2}, p_{g3}, \cdots, p_{gD})$，相应的适应值为全局历史最好适应值 f_g。对第 t 代的第 i 个粒子，其第 $t+1$ 代的 d 维 ($1 \leqslant d \leqslant D$) 的速度和位置根据下述方程组迭代：

$$v_{id}(t+1) = uv_{id}(t) + c_1 r_1 [p_{id} - x_{id}(t)] + c_2 r_2 [p_{gd} - x_{id}(t)] \tag{3-1}$$

$$x_{id}(t+1) = x_{id}(t) + v_{id}(t+1) \tag{3-2}$$

式中，u 为惯性权值；c_1 和 c_2 称为加速系数或称加速度权重（c_1，$c_2 > 0$）；r_1 和 r_2 是两个在 $[0, 1]$ 范围内变化的随机数。

搜索时，粒子的位置受最大位置和最小位置限制，如果某粒子在某维的位置超出该维的最大位置或最小位置，则该粒子的位置被限制为该维的最大位置或最小位置（$x_{mind} \leqslant x_{id} \leqslant x_{maxd}$）。类似，粒子的速度也被最大速度和最小速度所限制（$v_{mind} \leqslant v_{id} \leqslant v_{maxd}$）。

式(3-1)右边的第 1 部分为由粒子先前速度的惯性引起的"惯性"部分；第 2 部分表示粒子本身思考的"认知"部分，即粒子本身的信息对自己下一步行为的影响；第 3 部分表示粒子间的信息共享和相互合作的"社会"部分，即群体信息对粒子下一步行为的影响。式(3-1)表明主要通过三部分来计算粒子 i 新的速度：①粒子 i 前一时刻的速度；②粒子 i 当前的位置与自己最好位置之间的距离；③粒子 i 当前位置与群体最好位置之间的距离。粒子 i 通过式(3-2)计算新位置的坐标，通过式(3-1)和式(3-2)决定下一步的运动位置。在二维空间中（$d=2$），粒子根据式(3-1)和式(3-2)从位置 $x(t) \rightarrow x(t+1)$ 移动的原理如图 3-1 所示。

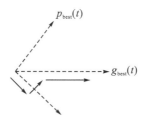

图 3-1　粒子移动示意图

3) 粒子群算法实现步骤

基本 PSO 算法实现步骤如下[3]。

步骤 1：初始化，设置粒子群体规模 m、惯性权值 u、加速系数 c_1 和 c_2，最大允许迭代次数或适应值误差限，各粒子的初始位置和初始速度等。

步骤 2：按目标函数评价各粒子的初始适应值 f_{fit}。

步骤 3：根据式(3-1)计算各粒子新的速度，并对各粒子新的速度进行限幅处理。

步骤 4：根据式(3-2)计算各粒子新的位置，并对各粒子新的位置进行限幅处理。

步骤 5：按目标函数重新评价各粒子的适应值。

步骤 6：对每个粒子，比较其当前适应值和其个体历史最好适应值，若当前适应值更优，则令当前适应值为其个体历史最好适应值，并保存当前位置为其个体历史最好位置 p_{best}。

步骤 7：比较群体所有粒子的当前适应值和群体经历过的历史最好适应值，若某个粒子的当前适应值更优，则令该粒子的当前适应值为全局历史最好适应值，并保存该粒子的当前位置为群体历史最好位置 g_{best}。

步骤 8：若满足停止条件（适应值误差达到设定的适应值误差限或迭代次数超过最大允许迭代次数 G_{max}），搜索停止，输出搜索结果。否则，返回步骤 3 继续搜索。

3.1.2 粒子群算法优化 BP 网络权值的新方法

针对 BP 网络存在学习效率低、收敛速度慢和易陷入局部极值等问题，采用基于粒子群算法优化 BP 网络的学习算法已有很多研究，这些改进算法对加速收敛和避免陷入局部极值有一定的效果。不过，这些研究的训练过程大多采用 BP 算法的 Sigmoid 函数作为激活函数，只进行 BP 算法训练的前向传播过程，没有进行训练的误差反向传播的权值调整过程。其权值调整亦未采用梯度下降法，而是直接采用 PSO 优化神经网络的权值，因而实际上只是基于 PSO 优化的前向神经网络算法。

文献[3]中提出将 PSO 优化算法与 BP 网络算法相结合是完全基于 BP 网络算法的基本思想，只是在基本 BP 算法的误差反向传播调整权值的基础上，再引入 PSO 算法进行权值修正，是严格意义上的基于 PSO 的 BP 网络算法。文献[3]还通过采用 4 个典型的复杂函数对新的算法进行仿真实验，并与基本 BP 算法和基于遗传算法优化的 BP 算法(GA-BP)及基于 PSO 优化算法的前向传播过程的 PSO-BP(前传)算法的仿真实验结果进行分析比较。

1)基于 PSO 算法的 BP 网络结构优化(PSO-BP)

由于 BP 网络的隐节点数通常都是采用试凑法来确定的，即用修剪法或逐步构造法进行实验，不断更改隐节点个数，从而相应的初始权值和阈值也需随隐节点数的不同而相应改变，因而对网络收敛性和学习效率都有一定的影响。为了减小这种影响，通过构造不同的网络结构，对每个网络结构皆生成 m 个不同初始权值和阈值的 BP 网络，并采用 PSO 和 BP 的混合算法进行优化，得到训练后的 BP 网络误差最小时的网络结构。

2)基于改进 PSO 算法的 BP 网络权值调整

对 $l(l = 1, 2, \cdots, m)$ 个不同初始权值和阈值的网络，都采用基本 BP 算法按式(2-1)～式(2-9)进行训练。当全部样本每训练完 1 遍后，分别按式(3-3)和式(3-4)计算 n_1 个训练样本的训练误差 E_1 和 n_2 个检测样本的检测误差 E_2。

$$E_1 = \frac{1}{n_1} \sum_{p_1=1}^{n_1} (O_{p_1} - T_{p_1})^2 \tag{3-3}$$

$$E_2 = \frac{1}{n_2} \sum_{p_2=1}^{n_2} (O_{p_2} - T_{p_2})^2 \tag{3-4}$$

式中，n_1 和 n_2 分别为训练样本个数和检测样本个数；O_{p_1} 和 T_{p_1} 分别为训练样本 p_1 的网络实际输出值和期望输出值；O_{p_2} 和 T_{p_2} 分别为检测样本 p_2 的网络实际输出值和期望输出值。

PSO 算法的速度迭代公式(3-1)还可以改写为

$$v_{id}^{(t+1)} - u \cdot v_{id}^{(t)} = c_1 r_1 (p_{id} - x_{id}^{(t)}) + c_2 r_2 (p_{gd} - x_{id}^{(t)}) \tag{3-5}$$

式(3-5)表明：粒子相继两次速度的改变取决于粒子当前位置相对于其历史最佳位置和群体历史最佳位置的变化。因此，若把网络的连接权值视作 PSO 算法中粒子的速度，则在网络训练过程中，相继两次连接权值的改变可视作粒子速度的改变。因而类比式(3-5)，网络的权值改变量还可按式(3-6)和式(3-7)计算。

$$\Delta w_{kj} = c_1 r_1 [w_{kj}(b) - w_{kj}] + c_2 r_2 [w_{kj}(g) - w_{kj}] \tag{3-6}$$

$$\Delta w_{ji} = c_1' r_1' [w_{ji}(b) - w_{ji}] + c_2' r_2' [w_{ji}(g) - w_{ji}] \tag{3-7}$$

式中，$w_{kj}(b)$ 和 $w_{ji}(b)$ 为第 l 个网络所经历过的历史上具有最小检测误差(最佳适应值)E_2 时的网络连接权值；$w_{kj}(g)$ 和 $w_{ji}(g)$ 为 m 个群体网络中历史上具有最小检测误差(最佳适应值)E_2 时的网络连接权值；c_1、c_2 和 c_1'、c_2' 的意义与式(3-1)中 c_1 和 c_2 的意义相同；r_1、r_2 和 r_1'、r_2' 的意义亦与式(3-1)中 r_1 和 r_2 的意义相同。

每训练完 1 遍后，应综合考虑 BP 算法和 PSO 算法的共同效果，即在基本 BP 网络连接权值调整式(2-6)和式(2-7)的右边，还应分别增加由式(3-6)和式(3-7)表示的权值改变量，因此，综合式(2-6)、式(2-7)和式(3-6)、式(3-7)，得到网络连接权值的调整式(3-8)和式(3-9)；而 θ_k、θ_j 的调整仍保持式(2-8)和式(2-9)形式不变。

$$w_{kj}(t+1) = w_{kj}(t) + \alpha \delta_k H_j + c_1 r_1 [w_{kj}(b) - w_{kj}] + c_2 r_2 [w_{kj}(g) - w_{kj}] \tag{3-8}$$

$$w_{ji}(t+1) = w_{ji}(t) + \alpha \sigma_j I_j + c_1' r_1' [w_{ji}(b) - w_{ji}] + c_2' r_2' [w_{ji}(g) - w_{ji}] \tag{3-9}$$

训练停止条件仍为 $\max(E_1, E_2) \leqslant \varepsilon$，此时得到的网络连接权值和阈值为最终权值和阈值。其中，E_1 为由式(3-3)计算得到的 n_1 个训练样本的方均误差，E_2 为由式(3-4)计算得到的 n_2 个检验样本的方均误差。

3.1.3　基于改进粒子群算法的 BP 网络权值优化的仿真实验

1) 典型测试函数

选用以下 4 个典型函数作为权值优化的模拟函数[3]：

(1) $f_1 = 100 \times (x_1^2 - x_2)^2 + (1 - x_1)^2$　($x_i \in [-10, 10]$, $i = 1, 2$)

(2) $f_2 = x_1^2 + x_2^3 - x_1 x_2 x_3 + x_3 - \sin x_2^2 - \cos(x_1 x_3^2)$　($x_i \in [-2\pi, 2\pi]$, $i = 1, 2, 3$)

(3) $f_3 = x_1^{x_2^{x_3}} + x_3^{x_4^{x_5}}$　($x_i \in [0, 2]$, $i = 1, 2, \cdots, 5$)

(4) $f_4 = \sum_{i=1}^{8} x_i^i$　($x_i \in [-1, 1]$, $i = 1, 2, \cdots, 8$)

2) 粒子群算法优化 BP 网络的参数设置及权值优化

构建不同隐节点数 h 的 i-h-1 三层 BP 网络结构模型。①初始样本的生成：每个测试函数都构造不同隐节点数的网络结构，并对不同结构的网络设置群体规模为 m=40 的不同权值和阈值。②在自变量取值范围内，随机生成训练样本数和检测样本数，如表 3-1 所示。基于 PSO 算法优化 BP 网络权值的参数设置如表 3-1 所示。③采用改进的 PSO-BP 算法 [式(3-8)、式(3-9)]优化不同结构的网络权值，从中优选能使拟合(训练)误差为最小(E_{1m})的隐节点数的 BP 网络为最佳结构网络，其最佳隐节点数如表 3-2 所示。改进 PSO-BP 算法对 4 个测试函数进行模拟的拟合误差和测试误差如表 3-3 所示。

表 3-1   改进 PSO 算法优化 BP 网络权值的参数设置

解群体规模 m	训练样本数 n_1	检测样本数 n_2	学习因子 c_1，c_1'；c_2，c_2'	最大迭代遍数 T_M	权值和阈值数 D	最小训练停止误差 E_{1m}
40	150	50	1.4	1000	$h(i+2)+1$	10^{-6}

表 3-2   4 个测试函数 $f_1 \sim f_4$ 具有的最佳隐节点数及最少迭代遍数 k

测试函数	最佳隐节点数 h_m	能达到的训练误差 E_{1m}	k 改进 PSO-BP 算法	传统 PSO-BP 算法	GA-BP 算法	BP 算法
f_1	7	0.0005	30	40	711	9122
f_2	6	0.0004	23	65	556	13618
f_3	10	0.012	21	43	312	788
f_4	7	0.015	36	77	359	541

表 3-3   多种优化算法用于 4 个测试函数的拟合误差和测试误差比较

测试函数	改进 PSO-BP 算法 E_1	E_2	传统 PSO-BP 算法 E_1	E_2	GA-BP 算法 E_1	E_2	BP 算法 E_1	E_2
f_1	4.87×10^{-6}	2.98×10^{-4}	4.16×10^{-5}	0.110844	5.37×10^{-4}	0.041519	1.00×10^{-4}	0.417800
f_2	3.56×10^{-5}	9.26×10^{-4}	2.54×10^{-4}	0.066119	3.30×10^{-4}	0.064065	3.69×10^{-4}	0.135000
f_3	0.005850	0.003419	0.008941	0.002599	0.009272	0.003002	0.011400	0.194900
f_4	0.007367	0.008337	0.015331	0.019901	0.011973	0.016747	0.012000	0.013200

3) 测试函数的误差分析与比较

(1) 为了与改进 PSO-BP 算法的性能进行比较，表 3-3 中还分别列出用传统 PSO-BP 算法、遗传优化 GA-BP 算法和 BP 算法模拟 4 个测试函数的拟合误差和测试误差。

(2) 为了对比四种优化算法的收敛速度，对每个测试函数，构造最佳 BP 网络结构，在四种优化算法都能达到相同训练误差 E_{1m} 的情况下，四种优化算法达到 E_{1m} 时需要的训练遍数 k 如表 3-2 所示。可见，对 4 个测试函数，改进 PSO-BP 算法的迭代遍数都小于其他三种优化算法的迭代遍数，即收敛速度加快。

(3) 从表 3-3 可见，对 4 个测试函数，无论是训练误差 E_1，还是检验误差 E_2，改进 PSO-BP 算法大都小于其他三种优化算法。从而表明：改进 PSO-BP 算法不仅能加速收敛，而且还提高了学习能力和泛化能力。

(4) 传统 PSO-BP 优化算法直接用 PSO 迭代算法生成 BP 网络的权值，再以网络正向传播的最小训练误差 E_{1m} 作目标函数，指导 PSO 的优化；而改进 PSO-BP 算法在权值调整过程中，既采用了由 BP 算法各个训练样本的误差反传进行权值修正，又考虑了全部训练样本每训练完一遍后，通过跟踪个体网络历史最佳权值和群体网络历史最佳权值来更新权值，因此是完全不同于传统 PSO-BP 算法的优化算法。

3.2　基于蚁群算法的 BP 网络权值优化算法

3.2.1　蚁群算法

1. 蚁群算法的基本思想

蚁群算法(ant colony algorithm，ACA)是意大利学者 Dorigo 等受自然界中蚂蚁的行为启发而提出的一种搜索算法[4]。蚂蚁在寻找食物过程中，总可以找到从食物源到巢穴间的最短距离。蚂蚁的这种寻优能力在于：蚂蚁在所经过的路径上留下一种被称为信息素(pheromone)的挥发性分泌物，而信息素会随着时间的推移逐渐消失。蚂蚁在觅食过程中能够感知这种物质的存在及其强度，并以此来指导自己的运动方向，倾向于朝着这种物质强度高的方向移动，即选择该路径的概率与当时这条路径上该物质的强度成正比。信息素强度越高的路径，选择它的蚂蚁就越多，则在该路径上留下的信息素的强度也就越大；而强度大的信息素又会吸引更多的蚂蚁，从而形成一种正反馈，促使大部分的蚂蚁最终都会走一条最佳路径。

2. 基本蚁群算法模型

以求解平面上 n 个城市的旅行商问题(travelling salesman problem，TSP)为例说明基本蚁群算法模型[2]。n 个城市的 TSP 就是寻找通过 n 个城市各一次，且最后回到出发点的最短路径。蚁群算法中最关键的是路径选择规则和信息素更新规则。

1) 路径选择规则

设 m 是蚁群中蚂蚁的数量，$d_{ij}(i, j = 1, 2, \cdots, n)$ 表示城市 i 和城市 j 之间的距离，$\tau_{ij}(t)$ 表示 t 时刻在城市 i 与城市 j 连线上信息素的强度。初始时刻，各条路径上信息素的强度相同，设 $\tau_{ij}(0) = C$ (C 为常数)。蚂蚁 $k(k = 1, 2, \cdots, m)$ 在运动过程中，根据各条路径上信息素的强度决定转移方向。$p_{ij}^k(t)$ 表示 t 时刻蚂蚁 k 从城市 i 转移到城市 j 的概率，其计算公式如式(3-10)所示。

$$p_{ij}^k = \begin{cases} \dfrac{\tau_{ij}^\alpha(t)\eta_{ij}^\beta(t)}{\sum\limits_{s \in \text{allowed}_k} \tau_{is}^\alpha(t)\eta_{is}^\beta(t)}, & j \notin \text{tab}\, u_k \\ 0, & \text{其他} \end{cases} \tag{3-10}$$

式中，$\text{tab}\, u_k(k = 1, 2, \cdots, m)$ 为蚂蚁 k 已走过城市的集合；$\text{allowed}_k = \{0, 1, \cdots, n-1\} - \text{tab}\, u_k$，为蚂蚁 k 下一步允许选择的城市。开始时，$\text{tab}\, u_k$ 中只有 1 个元素，即蚂蚁 k 的出发城市。随着选择的进行，$\text{tab}\, u_k$ 中的元素不断增加。η_{ij} 是能见度(又称期望程度)，通常取路径 i-j 长度(城市 i 和 j 之间距离)的倒数，即 $\eta_{ij} = 1/d_{ij}$。α、β 分别为调节信息素强度 τ 与能见度 η_{ij} 的相对重要程度。因此，转移概率是能见度和信息素强度的权衡。

2) 信息素更新规则

随着时间的推移，以前留在各条路径上的信息素逐渐消失。设信息素的保留系数为 ρ（$0 < \rho < 1$），它体现了信息素强度的持久性；而 $1-\rho$ 则表示信息素的挥发程度。经过 Δt 个时刻，蚂蚁完成一次循环，各路径上信息素的强度要根据式（3-11）和式（3-12）作调整。

$$\tau_{ij}(t+\Delta t) = \rho \cdot \tau_{ij}(t) + \Delta \tau_{ij}(\Delta t) \tag{3-11}$$

$$\Delta \tau_{ij}(\Delta t) = \sum_{k=1}^{m} \Delta \tau_{ij}^{k} \tag{3-12}$$

式中，$\Delta \tau_{ij}^{k}$ 为第 k 只蚂蚁在本次循环中留在路径 i-j 上的信息素强度；$\Delta \tau_{ij}(\Delta t)$ 为本次循环中 m 只蚂蚁在路径 i-j 上所留下的信息素强度之和。

Dorigo 曾给出 3 种不同模型，分别称为蚁周系统（ant cycle system，ACS）模型、蚁量系统（ant quantity system，AQS）模型和蚁密系统（ant density system，ADS）模型[4]。它们的差别在于：①信息素的更新时刻不同，即 ACS 是在蚂蚁走完全程，回到起点时按式（3-11）和式（3-12）更新信息素，而 AQS、ADS 则是蚂蚁每到达一个城市就更新它所走过的路径上的信息素；②每次信息素更新的量 $\Delta \tau_{ij}^{k}$ 不同，它们的区别在于后两种模型中利用的是局部信息，而前者利用的是整体信息。

在 ACS 中，$\Delta \tau_{ij}^{k}$ 为

$$\Delta \tau_{ij}^{k} = \begin{cases} \dfrac{Q}{L_k}, & 第 k 只蚂蚁经过路径 i\text{-}j \\ 0, & 其他 \end{cases} \tag{3-13}$$

在 AQS 和 ADS 中，$\Delta \tau_{ij}^{k}$ 分别为

$$\Delta \tau_{ij}^{k} = \begin{cases} \dfrac{Q}{d_{ij}}, & 第 k 只蚂蚁经过路径 i\text{-}j \\ 0, & 其他 \end{cases} \tag{3-14}$$

$$\Delta \tau_{ij}^{k} = \begin{cases} Q, & 第 k 只蚂蚁经过路径 i\text{-}j \\ 0, & 其他 \end{cases} \tag{3-15}$$

以上诸式中，L_k 为蚂蚁 k 走过的路径总长度；Q 为一个常数。在 ADS 中，Q 定义了蚂蚁 k 在经过路径 i-j 时释放信息素的量。在 ACS 与 AQS 中，分别用 L_k 与 d_{ij} 调节信息素的释放量。用基本蚁群算法求解 TSP 时，ACS 性能较好。蚁群算法中 α、β、ρ 和 Q 等参数对算法性能有较大的影响，详见文献[5]。

3) 基本蚁群算法的主要步骤

步骤 1：置 $n_c=0$（n_c 为迭代步数或搜索次数），对各 τ_{ij} 和 $\Delta \tau_{ij}$ 赋初值，并将 m 只蚂蚁置于 n 个顶点上。

步骤 2：将各蚂蚁的初始出发点置于当前解集中。对每只蚂蚁 $k(k=1, 2, \cdots, m)$，按概率 p_{ij}^{k} 转移至下一顶点 j，将顶点 j 置于当前解集。

步骤 3：计算各蚂蚁 k 的目标函数值 $Z_k(k=1, 2, \cdots, m)$，记录当前的最优解。

步骤 4：按更新方程式 (3-11)～式 (3-13)［或式 (3-14)、式 (3-15)］修改路径 $i\text{-}j$ 上的信息素强度。

步骤 5：对各路径 $i\text{-}j$，置 $\Delta\tau_{ij}=0$，$n_c=n_c+1$。

步骤 6：若 $n_c<$ 预定的迭代次数，则转至步骤 2。

基本蚁群算法也存在一些缺陷，如需要较长的搜索时间，当规模较大时也易陷入局部最优解，即产生过早收敛等问题。蚁群中各个体的运动是随机的，在进化的初始阶段，各个路径上信息量相差不明显，通过信息正反馈，使得较好路径上的信息量逐渐增大，当群体规模较大时，很难在较短的时间内从大量杂乱无章的路径中找出一条较好的路径。对基本蚁群算法的改进主要是为了克服算法的两个缺点：进化时间较长和容易产生过早收敛。

3.2.2　基于蚁群算法的 BP 网络模型

1) 基于蚁群算法优化的 BP 算法的基本思想

蚁群算法优化 BP 网络参数 (权值和阈值) 的基本思想为[5]：设初始时刻，网络的每个参数有 M 个值可供选择，它们分别存放在 M 个存储单元处。m 只蚂蚁沿网络依一定顺序排列的参数存储单元连接的路径周游。将蚂蚁每次行经路径上的存储单元存放的参数值赋予 BP 网络，用样本训练网络。再将 BP 网络每训练一遍后的误差函数值 (训练误差和检测误差) 用于计算蚂蚁行经路径上的信息量增量，同时计算蚂蚁从一个存储单元向下一个存储单元转移的期望程度，进而计算转移概率。同时，根据相继两次网络训练误差的变化，调整蚂蚁行经路径上的存储单元存放的参数值和训练误差。简单说来，就是将蚂蚁行经路径上的存储单元存放的参数值赋予网络训练，再用 BP 网络的误差函数值引导蚂蚁行经路径上的信息更新、路径选择和转移及路径上存储单元存放的参数的优化调整。如此交互迭代优化，直到网络训练误差和检测误差达到指定的精度要求为止。

2) 算法的实现过程

基于蚁群算法优化的 BP 网络的参数优化的基本步骤如下[5]。

步骤 1：初始化参数。设每个网络的参数 (只考虑权值) 有 M 个初始权值 $W(i,i')\in[-1,1]$ 可供选择，称为备选权值，分别存放在 M 个存储单元处，i 代表第 i 个权值，i' 代表权值 i 的第 i' 个存储单元 $(i'=1,2,\cdots,M)$。初始时刻，所有存储单元连接的路径上信息量强度 $\tau_{ij}(0)=c$ (正常数)；所有存储单元存放的训练样本目标函数值 $E_1^{(0)}(i,i')=0$；蚂蚁数量为 m。

步骤 2：蚂蚁行经路径的选择过程。蚂蚁 $k(k=1,2,\cdots,m)$ 从网络的某初始权值 i 的存储单元 i' 出发，依次选择下一个权值 j 的存储单元 j' 连接的路径行走一周后，依然回到起始权值 i 的存储单元 i'，从而完成一次周游。

步骤 3：BP 网络的训练和检验过程及蚂蚁 k 的转移概率计算。将蚂蚁 k 行经路径上的存储单元存放的权值赋予 BP 网络，用样本训练网络一遍后，得到调整后网络的权值，并由误差函数式 (3-16)、式 (3-17) 分别计算训练样本的网络训练误差 E_1 和检验样本的检验误差 E_2。蚂蚁 k 在存储单元之间的转移期望程度按式 (3-18) 计算。

$$E_1 = \frac{1}{L_1} \sum_{l=1}^{L_1} \left[O_k(l) - T_k(l) \right]^2 \tag{3-16}$$

$$E_2 = \frac{1}{L_2} \sum_{l=1}^{L_2} \left[O_k(l') - T_k(l') \right]^2 \tag{3-17}$$

$$\eta_{(ii' \to jj')} = \begin{cases} \dfrac{1}{E_2}, & \text{此前路径上无蚂蚁走过} \\ \dfrac{1}{2}\left(\eta_{(ii' \to jj')} + \dfrac{1}{E_2} \right), & \text{此前路径上已有蚂蚁走过} \end{cases} \tag{3-18}$$

以上诸式中，E_1 和 E_2 分别为训练样本的训练误差和检验样本的检验误差；L_1 为训练样本数；L_2 为检验样本数；$O_k(l)$ 和 $T_k(l)$ 分别为训练样本 l 的网络实际输出与期望输出；$O_k(l')$ 和 $T_k(l')$ 分别为检验样本 l' 的网络实际输出与期望输出。

蚂蚁 k 留在路径上的信息量由式(3-13)计算，只要将式(3-13)中的 L_k 换为 E_1，再由式(3-11)、式(3-12)和式(3-10)，即可计算蚂蚁 k 由权值 i 的存储单元 i' 向权值 j 的存储单元 j' 的转移概率 $P^k_{(ii' \to jj')}$。

步骤 4：存储单元存放权值和存放误差的调整。存储单元除了存放网络权值外，还要存放网络的训练误差，而且每个存储单元存放的权值和训练误差并非固定不变，而是随 BP 网络每训练一遍后，训练误差和权值的调整分别按照式(3-19)和式(3-20)改变。

$$E_1^{(t+1)}(i,i') = \begin{cases} E_1^{(t+1)}(i,i'), & E_1^{(t)}(i,i') = 0 \text{或} \left\{ E_1^{(t)}(i,i') > 0 \text{且} E_1^{(t)}(i,i') \geqslant E_1^{(t+1)}(i,i') \right\} \\ E_1^{(t)}(i,i'), & E_1^{(t)}(i,i') > 0 \text{且} E_1^{(t)}(i,i') < E_1^{(t+1)}(i,i') \end{cases} \tag{3-19}$$

$$W_1^{(t+1)}(i,i') = \begin{cases} W_1^{(t+1)}(i,i'), & E_1^{(t)}(i,i') = 0 \text{或} \left\{ E_1^{(t)}(i,i') > 0 \text{且} E_1^{(t)}(i,i') \geqslant E_1^{(t+1)}(i,i') \right\} \\ W_1^{(t)}(i,i'), & E_1^{(t)}(i,i') > 0 \text{且} E_1^{(t)}(i,i') < E_1^{(t+1)}(i,i') \end{cases} \tag{3-20}$$

式中，$W_1^{(t)}(i,i')$ 和 $E_1^{(t)}(i,i')$ 分别为网络训练第 t 遍后存放在存储单元 i' 的网络权值和训练误差；$W_1^{(t+1)}(i,i')$ 和 $E_1^{(t+1)}(i,i')$ 分别为网络训练第 $t+1$ 遍后存放在存储单元 i' 的网络权值和训练误差。

式(3-19)、式(3-20)的意义为：若某存储单元此前还未曾有蚂蚁走过，或虽已有蚂蚁走过，但当前的训练误差 $E_1^{(t+1)}(i,i')$ 小于存储在该单元的训练误差 $E_1^{(t)}(i,i')$，则存储单元存放的训练误差和存储的权值都将被当前值替换；否则，存储单元存放的训练误差和权值均保留先前值不变。

步骤 5：算法的终止。当 m 只蚂蚁都完成一次周游后，在不同的存储单元连接路径上已积累一定的信息量。在下一次周游时，蚂蚁按照路径上累积的信息量 τ_{ij} 和期望转移程度 η_{ij}，根据式(3-10)进行路径转移。如此交互迭代优化，计算每条路径上的蚂蚁数量。若所有 m 只蚂蚁都选择了同一条路径，选择此路径或蚂蚁数量最多的路径上存储单元存放的权值赋予 BP 网络训练样本，直到训练样本和检验样本的误差值达到指定精度要求为止。

3.2.3　基于蚁群算法的 BP 网络权值优化的仿真实验

1) 函数模拟及运行参数的设置

为了验证该算法的非线性映射能力，将若干不同类型的初等函数(线性函数、指数函数、幂函数、三角函数、对数函数等)进行随机组合，构建了如下的 7 个较复杂的非线性测试函数[5]，训练 BP 网络。

$$F_1 = 100 \times \left(x_1^2 - x_2\right)^2 + (1 - x_1)^2 \quad (x_i \in [-2.048, 2.048],\ \text{隐节点数} H = 4)$$

$$F_2 = \left(4 - 2.1x_1^2 + x_1^4/3\right)x_1^2 + x_1x_2 + \left(-4 + 4x_2^2\right)x_2^2 \quad (x_i \in [-100, 100],\ \text{隐节点数} H = 4)$$

$$F_3 = \left\{3/\left[0.05 + \left(x_1^2 + x_2^2\right)\right]\right\}^2 + \left(x_1^2 + x_2^2\right)^2 \quad (x_i \in [-5.12, 5.12],\ \text{隐节点数} H = 4)$$

$$F_4 = e^{-(x_1-1)^2} + e^{-(x_2+1)^2} \quad (x_i \in [-2.6, 2.6],\ \text{隐节点数} H = 4)$$

$$F_5 = \left(x_1^2 + x_2^2\right)^{0.25} \times \sin^2\left[50\left(x_1^2 + x_2^2\right)^{0.1} + 1\right] \quad (x_i \in [-100, 100],\ \text{隐节点数} H = 4)$$

$$F_6 = 2\sin x_1 - 0.5x_2 + 1.5\sin x_3 \quad (x_i \in [0, 2\pi],\ \text{隐节点数} H = 5)$$

$$F_7 = 5x_1 + 4x_2^2 + 3x_3^3 + 2x_4^4 + x_5^5 \quad (x_i \in [-1, 1],\ \text{隐节点数} H = 6)$$

对上述 7 个函数，分别用 BP 算法和基于 ACA 的 BP(ACA-BP)算法对随机产生的同一组训练样本和检验样本进行训练和检验。在运行过程中，两种 BP 算法的初始权值和阈值均在[-1, 1]内随机选取，而网络结构和学习参数都设置为相同。基于 ACA-BP 算法的 ACA 运行参数和 BP 网络的学习参数如表 3-4 所示。

表 3-4　基于 ACA-BP 算法的 ACA 运行参数和 BP 网络学习参数

ACA 运行参数						BP 网络学习参数			
式(3-13)中的 Q	信息残留程度	相对重要性参数 α	相对重要性参数 β	蚂蚁数量 m	权值的存储单元数 M	训练样本数 L_1	检验样本数 L_2	学习参数 a	学习参数 b
50	0.7	1.5	2.0	80	50	80	20	0.2	0.5

2) 训练与检验结果

为了比较 ACA-BP 算法和 BP 算法的收敛速度快慢、拟合误差大小和泛化能力强弱，需要弱化随机性。对上述 7 个测试函数，两种算法都各自独立运行 8 次，分别计算得到 8 次训练误差的平均值 E_1 和 8 次检验误差的平均值 E_2，如表 3-5 所示，两种算法的平均训练次数 N 亦见表 3-5。

表 3-5　BP 算法与 ACA-BP 算法优化性能的比较

函数	BP 算法			ACA-BP 算法		
	N	E_1	E_2	N	E_1	E_2
F_1	1437	0.007986	0.025111	796	0.004987	0.024884
F_2	1887	0.008900	0.049620	1174	0.004989	0.014848

函数	BP 算法			ACA-BP 算法		
	N	E_1	E_2	N	E_1	E_2
F_3	2078	0.006113	0.036286	1598	0.004993	0.021586
F_4	2528	0.007855	0.014099	2183	0.006889	0.010412
F_5	3000	0.029135	0.066091	3000	0.026160	0.035022
F_6	2930	0.005867	0.009780	2326	0.005373	0.009392
F_7	1407	0.004996	0.010046	1286	0.004998	0.007643

3) 结果分析

(1) ACA-BP 算法和 BP 算法对 7 个测试函数的多次独立优化过程中，在相同训练次数情况下，后者的训练误差 E_1 和检验误差 E_2 随每次初始权值选取的不同和训练样本的不同而差异较大；而前者的 E_1 和 E_2 则相对稳定，表明 ACA-BP 算法具有较强的鲁棒性。

(2) 从表 3-5 可见，在训练误差 E_1 或检验误差 E_2 为相同数量级情况下，ACA-BP 算法的训练次数少于 BP 算法的训练次数；而且多数情况下，ACA-BP 算法的训练误差 E_1 和检验误差 E_2 也比 BP 算法的相应误差要小。

(3) ACA-BP 算法用蚂蚁行径上存储单元存放的权值赋予 BP 网络训练，又以 BP 网络每训练一遍后的训练误差和检验误差作为目标函数，去引导蚂蚁的行经路径和概率转移；而蚂蚁行经路径上存储单元存放的权值和训练误差亦随 BP 网络训练误差的调整而改变，因而该算法是一种不同于传统的用 ACA 优化 BP 权值的新算法。

(4) ACA-BP 算法从 BP 网络的 M 组初始权值种群出发，利用蚂蚁算法的正反馈机制和分布式并行计算能力，可使 BP 算法能在全局多点同时进行解搜索，避免了 BP 算法易陷入局部极值的局限，改善了 BP 算法的性能。

(5) ACA-BP 算法保留了 BP 算法概念清晰、易于理解和计算简便的特点。

(6) BP 网络的性能还受到网络结构、样本集的数量和质量的复杂性等多种因素的影响。这些问题将在本书第 4～6 章进一步探讨。

3.3　基于免疫进化算法的 BP 网络权值优化算法

3.3.1　免疫进化算法

倪长健等在研究了现有进化算法的优点与不足的基础上，提出了一种全局优化的免疫进化算法(immune evolutionary algorithm，IEA)[6]。该算法以父代最优个体为基础产生子代群体，并以最优个体的收敛来代替群体的收敛。在寻优过程中，该算法还把确定性的变化和随机性的搜索有效结合，用以提高收敛速度。

1) 免疫进化算法的基本思想

免疫进化算法中的最优个体即为每代适应度最高的可行解。其基本思想为[6]：从概率意义上讲，一方面，每代最优个体和全局最优解之间的空间距离可能小于群体中其他个体和全局最优解之间的空间距离；另一方面，与最优个体之间的空间距离较小的个体可能有较高的适应度。因此，最优个体是求解问题特征信息的直接体现。借鉴生物免疫机制，免疫进化算法中子代个体的生成方式如式(3-21)所示。

$$\begin{cases} x_i^{t+1} = x_{i\,\text{best}}^t + \sigma_i^t N(0,1) \\ \sigma_i^t = \sigma_i^0 \exp\left(\dfrac{-At}{T}\right) \end{cases} \quad (i=1,2,\cdots,M) \tag{3-21}$$

式中，x_i^{t+1} 为子代个体的可行解第 i 个分量；$x_{i\,\text{best}}^t$ 为父代最优个体第 i 个分量；σ_i^t 为父代群体第 i 个分量的标准差；A 为标准差动态调整系数；T 为总的进化代数；$N(0,1)$ 为产生的服从标准正态分布的随机数，它以 99.7% 的概率分布在 $[-3,3]$；t 为进化的代数；σ_i^0 为对应于初始群体的第 i 个分量的标准差。A 和 σ_i^0 具体取值根据被研究的问题来确定，通常 $A \in [1,10]$，$\sigma_i^0 \in [1,3]$。

免疫进化算法的本质在于充分利用最优个体的信息，以最优个体的进化来代替群体的进化。由标准差的动态调整式(3-21)可见，该算法具有以下优点：①进化的早期和中期，在加大以最优个体为中心的附近解空间局部搜索的同时，也兼顾了此中心附近解空间以外的区域搜索，使群体能保持较好的多样性，可有效避免不成熟收敛；②在进化后期，随着局部搜索能力的加强，算法能以更高的精度和较快的速度逼近全局最优解；③算法原理简单，参数设置又少又方便，编程简便。因此，标准差的动态调整可以在群体多样性和选择力度之间起到调节和平衡的作用。文献[7]借助马尔可夫链分析，证明该算法是全局收敛的。

2) 免疫进化算法的实现步骤

免疫进化算法采用传统的十进制实数表示法。若考虑如下的优化问题：

$$\max\{f(x)\,|\,x \in X\} \tag{3-22}$$

其中，$f(x)$ 为适应度函数。设初始群体规模为 N，且群体规模不随进化代数而发生变化。其实现步骤如下[6]。

步骤 1：确定问题的表达方式。

步骤 2：随机生成初始群体，计算其适应度值，确定最优个体 x_b^0，给 σ_i^0 赋初值。

步骤 3：根据式(3-21)进行进化操作，在解空间内生成 N 个子代群体。

步骤 4：计算子代群体的适应度值，确定最优个体 x_b^{t+1}。若 $f(x_b^{t+1}) > f(x_b^t)$，则选定最优个体为 x_b^{t+1}；否则，最优个体仍为 x_b^t。

步骤 5：反复执行步骤 3 和步骤 4，直至达到终止条件，选择最后一代的最优个体为寻优的结果。

3.3.2 基于免疫进化算法的 BP 网络模型

免疫进化算法将确定性的变化与随机性的搜索进行了有效的结合，不仅能加快收敛速度，而且还能较好地解决算法中群体多样性和选择力度之间的矛盾，从而有效地克服了不成熟收敛，可实现全局最优。为充分利用 BP 网络较强的学习能力，又能有效发挥免疫进化算法具有全局寻优和快速收敛的优势，提出将免疫进化算法(IEA)与 BP 网络相结合的基于免疫进化算法的 BP 网络权值优化模型[8](简称 IEA-BP 网络模型)，可以加速 BP 算法收敛和避免陷入局部极值。从实际需要出发，同样只需构造输入层、隐层和 1 个输出节点的输出层共三层 BP 网络即可。

为了优化 BP 网络模型的权值，以 P 个训练样本的网络输出的相对误差绝对值均值作为目标函数：

$$\min E_1 = \frac{1}{P}\sum_{l=1}^{P}\frac{|O_l - T_l|}{T_l} \tag{3-23}$$

式中，O_l 和 T_l 分别为训练样本 l 的网络输出与期望输出；P 为训练样本数。

用免疫进化算法优化 BP 网络模型时，首先随机产生 s 个连接输入层节点与隐节点的初始权值个体 $w_{1i}^{(0)}$ 和 s 个连接隐节点与输出层节点的初始权值个体 $w_{2i}^{(0)}(i=1,2,\cdots,s)$，分别构成 BP 网络模型的初始权值群体 $W_1^{(0)}$ 和 $W_2^{(0)}$。用训练样本集训练 BP 网络，并用检验样本集对网络进行检验。当根据目标准则函数式 (3-23) 计算出检验样本的每对权值个体 $(w_{1i}^{(0)}, w_{2i}^{(0)})$ 对应的目标函数值 $f_i^{(0)}(i=1,2,\cdots,s)$ 的检验误差 E_1 不再减小，而一直增大时，以其中最小目标函数值 $f_m^{(0)}$ 对应的权值个体对 $(w_{1m}^{(0)}, w_{2m}^{(0)})(m\in i)$ 为网络的初始最优权值；然后依据免疫进化算法迭代公式 (3-21)，将初始最优权值个体对 $(w_{1m}^{(0)}, w_{2m}^{(0)})$ 再次对应生成 s 个连接输入层节点与隐节点的子代权值个体 $w_{1i}^{(1)}$，同时生成 s 个连接隐节点与输出层节点的子代权值个体 $w_{2i}^{(2)}(i=1,2,\cdots,s)$，分别构成子代权值群体 $W_1^{(0)}$ 和 $W_2^{(0)}$；再用训练样本集训练 BP 网络，并用检验样本集对网络进行检验。迭代过程反复进行，直至达到最终的优化目标值 f^* 及对应优化后的权值对 (w_1^*, w_2^*) 时为止。基于免疫进化算法的 BP 网络模型详见文献 [8]。

3.4 基于禁忌搜索算法的 BP 网络权值优化算法

3.4.1 禁忌搜索算法

禁忌搜索(taboo search，TS)算法是一种有目的的启发式搜索方法[9]。TS 算法主要用于解决组合优化问题，与局部优化法相比陷入局部极小值的概率很小，比遗传算法、模拟退火算法更易于利用问题的特殊信息。因此，它具有更强的全局搜索能力，在复杂和大型问题上有独特的效果。

1) 禁忌搜索算法的基本思想及特点

禁忌搜索算法的基本思想为[2]：假设给出一个解邻域，首先在解邻域中找出一个初始局部解 x 作为当前解，并令当前解为最优解；然后以这个当前解 x 作为起点，在解邻域中搜索最优解 x'。当然，这个最优解可能与前一次所得的最优解相同。为了避免这种循环现象的出现,设置一个记忆近期操作的禁忌表,如果当前的搜索操作是记录在此表中的操作,那么这一搜索操作就被禁止;否则以 x' 取代 x 作为当前解。但禁忌表有可能限制某些可以导致更好解的"移动"。为了尽可能不错过产生最优解的"移动",若满足特赦规则,即使它处于禁忌表中,这个移动也可实现。

禁忌搜索算法的主要特点是:在搜索过程中可接受劣解,因而具有较强的"爬山"能力;②新解不是在当前解的邻域中随机产生,而是或优于当前最优解,或是非禁忌的最佳解,因而获得优良解的概率远大于其他解。

作为一种启发式算法,禁忌搜索算法也有明显不足:①对初始解有较强的依赖性,一个较差的初始解会降低禁忌搜索的收敛速度;②迭代搜索过程是串行的,仅是单一状态的移动而非并行搜索。

2)禁忌搜索算法的基本概念

与禁忌搜索算法有关的基本概念包括:禁忌表(tabu list)、邻域(neighbourhood)、禁忌条件(tabu condition)、特赦规则(aspiration criterion)以及终止规则(termination criterion)等。其中,禁忌表是禁忌搜索算法的核心,禁忌对象和禁忌长度是禁忌表的两个关键指标。禁忌表的长度可以固定,也可以改变。处在禁忌表中的移动在近期的迭代中是被禁止的,除非满足破禁水平(也称藐视准则或特赦准则)。而邻域结构、禁忌对象、禁忌长度、特赦准则和终止规则是与禁忌搜索算法的搜索效率和求解质量直接相关的关键要素。有关禁忌搜索算法的基本概念详见文献[2]。

3)禁忌搜索算法的实现步骤

基本禁忌搜索算法实现步骤如下[2]。

步骤 1:随机生成一个初始点 x_0,计算出它的目标函数值 $f(x_0)$,初始化当前点 $x=x_0$,最优点 $x_{best}=x_0$, $f(x_{best})=f(x_0)$。

步骤 2:生成当前点 x 的邻域,计算出邻域内各点的目标函数值。

步骤 3:选邻域内目标函数值最优的点 x^*。

步骤 4:判断特赦规则。如果特赦规则满足,则新的当前点移到 x^*,即 $x=x^*$,同时更新最优点 $x_{best}=x^*$, $f(x_{best})=f(x^*)$,转到步骤 6;否则转到步骤 5。

步骤 5:判断点 x^* 是否被禁忌,如果点 x^* 没被禁忌,新的当前点移到 x^*,转到步骤 6;否则 x^* 从邻域中删除,转到步骤 3。

步骤 6:更新禁忌表,并判断终止规则。若终止规则满足,则终止计算,否则转到步骤 2。

3.4.2 基于禁忌搜索算法的 BP 网络模型

1)TS 算法优化 BP(TS-BP)网络权值和阈值的基本方法

将 TS 算法应用于 BP 网络参数(包括权值和阈值)调整[10, 11],其禁忌对象为:将 P 个训练样本依次输入网络，在输出节点获得输出 $O_l(l=1,2,\cdots,P)$。以式(3-23)的目标值作为禁忌对象，并以计算得到的 E_1 为基点，左右偏移一个极小范围，形成一个极小的禁忌区间，实现对某个确定的目标值 E 的禁忌操作。设置网络参数的调整方式，如下所示：

$$w_{ji}(t+1) = w_{ji}(t) + \Delta w_{ji}(t) \tag{3-24}$$

$$v_{kj}(t+1) = v_{kj}(t) + \Delta v_{kj}(t) \tag{3-25}$$

$$\theta_j(t+1) = \theta_j(t) + \Delta \theta_j(t) \tag{3-26}$$

$$r_k(t+1) = r_k(t) + \Delta r_k(t) \tag{3-27}$$

式中，$w_{ji}(t)$、$v_{kj}(t)$、$\theta_j(t)$ 和 $r_k(t)$ 皆为当前解的网络参数；$w_{ji}(t+1)$、$v_{kj}(t+1)$、$\theta_j(t+1)$ 和 $r_k(t+1)$ 皆为下一次迭代的网络参数；$\Delta w_{ji}(t)$、$\Delta v_{kj}(t)$、$\Delta \theta_j(t)$ 和 $\Delta r_k(t)$ 皆为网络参数调整值。而网络参数改变量 Δw、Δv、$\Delta \theta$ 和 Δr 为

$$\Delta w(\text{或} \Delta v, \Delta \theta, \Delta r) = \begin{cases} \pm 0.05 \sim \pm 0.1, & \text{集中性搜索} \\ \pm 0.5 \sim \pm 2.0, & \text{多样性搜索} \end{cases}$$

采用短期禁忌列表进行集中性搜索和长期禁忌列表作为多样性搜索相结合的 TS 算法。集中性搜索目的是对当前搜索到的优良解(网络参数)的邻域作进一步的精确搜索，以便达到全局最优；而多样性搜索用以扩大搜索空间，以便跳出局部最优，从而实现全局最优。

将 P 个训练样本依次输入按式(3-24)～式(3-27)网络参数调整后的网络，在输出节点获得输出 O_l，按式(3-23)计算误差 $E_1(t+1)$，若 $E_1(t+1) < E_1(t)$，则用网络参数 $w_{ji}(t+1)$、$v_{kj}(t+1)$、$\theta_j(t+1)$ 和 $r_k(t+1)$ 分别取代 $w_{ji}(t)$、$v_{kj}(t)$、$\theta_j(t)$ 和 $r_k(t)$；否则，$w_{ji}(t)$、$v_{kj}(t)$、$\theta_j(t)$ 和 $r_k(t)$ 保持不变，再重新代入式(3-24)～式(3-27)。

2) TS-BP 算法的特点

采用 TS-BP 算法指导 BP 网络的参数(权值和阈值)调整，使参数调整过程中避免了局部邻域搜索，具有收敛于全局最优的能力。因而基于 TS 算法的 BP 网络优化不仅能提高学习效率，而且还能改善模型的寻优性能。

3.5 新疆伊犁河雅马渡站年径流量的 IEA-BP 和 TS-BP 预测模型

3.5.1 资料来源及模型的建立

为了验证 IEA-BP 网络模型和 TS-BP 网络模型的有效性，以新疆伊犁河雅马渡站年径流量的预测为例。新疆伊犁河雅马渡站 23 年的实测年径流量 $y_i(i=1,2,\cdots,23)$ 及其影响因子 $x_{ij}(i=1,2,\cdots,23;\ j=1,2,3,4)$ 数据如表 3-6 所示[12]。4 个影响因子分别为：

x_{i1}：前 1 年 11 月至当年 3 月伊犁气象站的总降雨量；

x_{i2}：前 1 年 8 月欧亚地区平均纬向环流指数；

x_{i3}：前 1 年 6 月欧亚地区平均径向环流指数；

x_{i4}：前 1 年 6 月 2800MHz 太阳射电流量。

用前 17 年的资料作为 IEA-BP 网络和 TS-BP 网络两种预测模型的建模样本，后 6 年资料留作两种预测模型的检测（或预测）样本。IEA-BP 网络模型和 TS-BP 网络模型的参数设置见表 3-7；两种预测模型对 17 个训练样本的拟合值 y_i' 和对 6 个检测样本的预测值 y_i' 及其相对误差 r_i 亦见表 3-6。

表 3-6　新疆伊犁河雅马渡站年径流量实际值及三种 BP 模型的拟合和预测结果

年份序号	径流量 y_i	影响因子实际值				IEA-BP 模型		TS-BP 模型		BP 模型	
		x_{i1}	x_{i2}	x_{i3}	x_{i4}	y_i'	r_i	y_i'	r_i	y_i'	r_i
1	346	114.6	1.10	0.71	85	422.8	22.19	390.1	12.75	359.5	3.89
2	410	132.4	0.97	0.54	73	409.3	-0.16	408.7	-0.32	363.3	-11.39
3	385	103.5	0.96	0.66	67	416.8	8.26	400.1	3.91	358.8	-6.80
4	446	179.3	0.88	0.59	89	452.6	1.49	449.3	0.73	381.2	-14.53
5	300	92.7	1.15	0.44	154	315.3	5.11	322.5	7.49	380.3	26.76
6	453	115.0	0.74	0.65	252	442.3	-2.37	479.9	5.93	454.1	0.23
7	495	163.6	0.85	0.58	220	448.0	-9.50	469.2	-5.21	444.1	-10.28
8	478	139.5	0.70	0.59	217	447.4	-6.41	472.7	1.11	447.9	-6.29
9	341	76.7	0.95	0.51	162	351.8	3.17	354.4	3.92	397.1	16.46
10	326	42.1	1.08	0.47	110	299.1	-8.25	276.0	-15.33	362.0	11.05
11	364	77.8	1.19	0.57	91	341.3	-6.24	333.7	-8.31	354.3	-2.66
12	456	100.6	0.82	0.59	83	412.5	-9.54	395.7	-13.24	371.7	-18.49
13	300	55.3	0.96	0.40	69	292.4	-2.52	289.9	-3.35	356.9	18.98
14	433	152.1	1.04	0.49	77	405.3	-6.39	414.1	-4.36	363.2	-16.11
15	336	81.0	1.08	0.54	96	347.0	3.27	338.6	0.79	360.8	7.39
16	289	29.8	0.83	0.49	120	320.9	11.03	307.6	6.45	379.3	31.26
17	483	248.6	0.79	0.50	147	466.7	-3.37	494.6	2.41	428.5	-11.28
18	402	64.9	0.59	0.50	167	385.2	-4.19	397.9	-1.02	425.2	5.76
19	384	95.7	1.02	0.48	160	349.9	-8.88	354.2	-7.76	392.5	2.47
20	314	89.9	0.96	0.39	105	317.3	1.05	316.4	0.77	371.5	18.30
21	401	121.8	0.83	0.60	140	429.8	7.17	409.8	2.18	402.5	0.33
22	280	78.5	0.89	0.44	94	333.9	-0.63	330.7	18.10	370.1	10.13
23	301	90.5	0.95	0.43	89	322.1	10.66	334.1	11.00	366.0	21.58

注：①18~23 为检测样本；②x_{i1} 的单位为 mm；x_{i2}、x_{i3} 无单位；x_{i4} 的单位为 10^{-22}W/(m²·Hz)；y_i 和 y_i' 的单位为 m³/s；r_i 的单位为%。

表 3-7　IEA-BP 模型和 TS-BP 模型的参数设置

IEA-BP 模型							TS-BP 模型						
隐节点数 h	进化代数 t	群体规模 s	α	β	初始权值范围	训练次数 M	隐节点数 h	禁忌长度 l	群体规模 m	邻域范围	E_{1m}	初始权值范围	迭代次数 T
4	15	20	0.12	0.15	$[-10,10]$	1800	7	40	40	$[0.05, 0.1]$ $[-0.1, -0.05]$	0.003	$(-1, 1)$	5000

3.5.2 三种 BP 网络模型计算结果的分析与比较

为了比较, 表 3-6 中还列出了用 BP 网络对前 17 个训练样本的拟合值及后 6 个检测样本的预测值及其相对误差。从表 3-6 可得: IEA-BP 网络模型、TS-BP 网络模型和 BP 网络模型对 6 个检测样本预测值相对误差绝对值的平均值分别为 5.43%、6.81% 和 9.76%。可见, IEA-BP 网络模型和 TS-BP 网络模型训练样本的训练误差和检测样本的预测误差明显小于 BP 网络模型的相应误差。

IEA-BP 网络模型和 TS-BP 网络模型不仅避免了 BP 算法由于采用梯度下降法致使学习效率低、收敛速度慢和容易陷入局部极小的局限, 而且模型预测精度也有明显的提高。

3.6 本 章 小 结

本章针对 BP 网络存在学习效率低、收敛速度慢和易陷入局部极值的局限, 分别提出了用粒子群算法、蚁群算法、免疫进化算法和禁忌搜索算法优化 BP 网络权值的四种新方法。应用于实例预测表明: 这些模型既能提高 BP 算法学习效率, 避免不成熟收敛, 而且还能提高模型预测精度。

参 考 文 献

[1] Kennedy J, Eberhart R. Particle swarm optimization[C]//Proceedings of ICNN'95-International Conference on Neural Networks. Perth, WA, Australia. IEEE, 1995: 1942-1948.

[2] 李祚泳, 汪嘉杨, 熊建秋, 等. 可持续发展评价模型与应用[M]. 北京: 科学出版社, 2007.

[3] 李祚泳, 汪嘉杨, 郭淳. PSO 算法优化 BP 网络的新方法及仿真实验[J]. 电子学报, 2008, 36(11): 2224-2228.

[4] Dorigo M, Stützle T. Ant colony optimization: overview and recent advances[J]. Handbook of Metaheuristics, 2010, 146: 227-263.

[5] 李祚泳, 汪嘉杨, 郭淳, 等. 基于蚁群算法的 BP 网络优化算法[J]. 计算机应用, 2010, 30(6): 1513-1515, 1518.

[6] 倪长健, 丁晶, 李祚泳. 免疫进化算法[J]. 西南交通大学学报, 2003, 38(1): 87-91.

[7] 倪长健, 丁晶, 李祚泳. 基于优秀抗体的免疫算法及其收敛性问题的研究[J]. 系统工程, 2002, 20(3): 72-76.

[8] 郭淳, 李祚泳, 党媛. 基于免疫进化算法的 BP 网络模型在径流预测中的应用[J]. 水资源保护, 2009, 25(5): 1-4.

[9] Cvijovicacute D, Klinowski J. Taboo search: An approach to the multiple minima problem[J]. Science, 1995, 667(3): 664-666.

[10] 汪嘉杨, 李祚泳, 熊建秋, 等. 混合禁忌搜索算法在湖泊富营养化评价中的应用[J]. 湖泊科学, 2007, 19(4): 445-450.

[11] 李祚泳, 汪嘉杨, 邹敏, 等. 基于禁忌搜索的前向神经网络的径流预测[J]. 四川大学学报(工程科学版), 2008, 40(4): 7-11.

[12] 崔东文, 金波. 鸟群算法-投影寻踪回归模型在多元变量年径流预测中的应用[J]. 人民珠江, 2016, 37(11): 26-30.

第 4 章　BP 网络结构优化

本章在分析 BP 网络的泛化能力与网络结构、样本复杂性之间的关系基础上，提出用复相关系数 R 定量描述由样本数据分布特性和变化规律所引起的样本集复杂性；建立用检测误差 E_2 表示的 BP 网络泛化能力与网络隐节点数 H、样本因子数 n、样本数 N 和样本集的复相关系数 R 之间含参数的一般关系表达式。通过 222 个复杂函数的模拟仿真实验，应用免疫进化算法对表达式中参数进行优化，得出参数优化后的解析表达式，并对优化得到的最佳泛化能力(即最小检测误差 E_{20})的解析表达式进行可靠性论证。在提出用新概念广义复相关系数 R_n 描述包括样本数量和样本质量在内的样本集的复杂性基础上，导出具有最佳泛化能力的 BP 网络隐节点数 H_0 与样本集的广义复相关系数 R_n 之间满足的反比关系式。并模拟 100 个仿真测试函数，用隐节点数反比关系式和 6 个传统的隐节点数经验公式构建的 BP 网络预测模型进行预测对比检验。

4.1　BP 网络泛化能力与网络结构之间关系的研究进展

进入 21 世纪以来，虽然以深度学习算法为代表的新型神经网络的理论和应用研究均取得了长足的进展[1]，但比较而言，传统的 BP 网络因其原理简单、编程简便，尤其是具有只需三层的网络结构就可以实现以任意精度逼近任意非线性函数这一优势，而使它在诸多领域的应用仍十分广泛[2-5]。

然而 BP 网络也存在易陷入局部极小、参数选择困难、学习效率低、泛化能力差、易出现过拟合和结构设计(主要指隐节点数选择)的理论依据不足等缺陷[6]。在用于描述 BP 网络性能的诸多指标中，网络的泛化能力和学习效率是衡量 BP 网络性能的两个主要指标。因为没有泛化能力或泛化能力差的网络没有任何理论意义，学习效率低则降低了网络的实用价值，因而这两个指标备受人们的关注，但却又是难以解决的问题[7]。关于提高网络的学习效率，加速收敛的方法已有很多探讨[8]。虽然网络初始参数和学习参数的选择、调整和所用的学习算法也会对网络的泛化能力产生影响，但网络结构和样本集复杂性才是影响泛化能力的两个重要因素。因此，这两个问题的解决在 BP 网络研究中具有重要的理论意义和实用价值。网络泛化能力、过拟合及网络结构设计的理论和方法研究，已取得若干进展[9]，如 Setiono 提出采用权重惩罚提高泛化能力[10]；郭海如等给出一种基于随机 GA 的提高 BP 网络泛化能力的方法[11]；李祚泳和彭荔红确立了 BP 网络出现过拟合时，泛化能力与学习能力之间满足的不确定关系式，并由此不确定关系式指出为改进泛化能力的最佳停止训练方法[12]。由于网络结构设计难度很大，因此，已有的研究多是一些网络结构设计的定性分析结论或选择隐节点数的经验公式[13-15]。经验公式不仅缺乏严格的理论依据，不能保证构建的网络具有最佳泛化能力，而且对同一训练样本集，不同经验公式计算的隐节点数存在差异，具有不确定性[16, 17]。关于样本集的复杂性，相关学者仅对由因子数和样本数引起的样本数量复杂性有所研究，而对由样本集的数据分布和变化规律特性所确定的样本质量复杂性的定量研究则很少见报道。因此，对于一个给定的训练样本集，在选择适当的网络初始参数和学习参数的情况下，如何根据样本集的复杂性构造一个具有最佳泛化能力的 BP 网络结构，是一个具有重要理论意义和实用价值的问题。这个问题的解决，将极大地推动 BP 网络理论和应用的发展。

4.2 BP 网络泛化能力表示式

4.2.1 BP 网络泛化能力与网络结构和样本复杂性之间关系的分析

Barron 给出了 BP 网络对样本集学习过程中，用检测误差表示总泛化能力的一般表示式[18]，并指出泛化能力应由样本集的复杂性(c_f)和网络结构复杂性(隐节点数 H)共同决定，但并没有说明如何描述样本集的复杂性，也没有给出泛化能力的具体表达式。因此，解决泛化能力问题的关键为：①如何定量描述样本集的复杂性；②如何建立表示 BP 网络泛化能力的检测误差 E_2 与网络结构和样本集的复杂性之间确定的解析表达式；③对一个实际问题，如何根据样本集的复杂性，构造一个适当的网络结构，使 BP 网络具有最佳泛化能力。

为此，本章在分析 BP 网络的泛化能力与网络结构、样本复杂性之间的关系基础上，提出用样本集的复相关系数 R 或广义复相关系数 R_n 描述样本集的复杂性，并认为一个具有最佳泛化能力的网络取决于选择一个适当的网络结构，使逼近误差和估计误差二者相协调[19]，从而建立用检测误差 E_2 表示 BP 网络泛化能力与网络结构(隐节点数 H)和样本集的复杂性(复相关系数 R)之间含参数的解析表达式。通过复杂函数的模拟仿真实验，优化确定解析表达式中的参数，得出参数优化后的定量解析表达式，并对优化得到的解析表达式进行可靠性论证。进一步导出具有最佳泛化能力的 BP 网络结构隐节点数 H_0 与样本集的复杂性广义复相关系数 R_n 之间满足的关系式[20]，可对 BP 网络的理论和应用发展起促进作用。

4.2.2 BP 网络泛化能力的一般表示式

国内外学者对只有一个隐层的三层 BP 网络训练的动态过程进行分析后发现：随着网络结构复杂性增加，用检测误差表示的泛化能力与用训练误差表示的学习能力的变化趋势分为三个阶段：①训练误差和检测误差皆单调减小；②训练误差单调减小，检测误差变化较复杂，但最终达到最小，即网络泛化能力达到最佳；③训练误差单调减小，而检测误差单调增加，即泛化能力逐渐减弱，出现过拟合现象。对于只有一个隐层的三层 BP 网络，Barron 给出了样本集学习过程中用检测误差表示的总泛化能力的表示式，如式(4-1)所示[18]。

$$\mathrm{err}\left(f_{n,N}\right) \leqslant o\left(\frac{c_f^2}{H}\right) + o\left(\frac{Hn\ln N}{N}\right) \tag{4-1}$$

式中，c_f 代表样本集(问题)的复杂程度；o 表示无穷小量；H 为网络隐节点数；n 和 N 分别为样本集的因子数和(训练)样本数。

式(4-1)右端上界的第一项称为逼近误差，表征样本集包含的关于未知函数的信息，由样本集的质量复杂性(c_f)和网络结构复杂性(H)共同决定；第二项称为估计误差，表征网络结构所能表示的函数集对未知函数的拟合能力，由网络结构复杂性(H)和样本数 N、因子数 n 决定。可见，在训练样本集已确定的情况下，由于因子数 n、训练样本数 N 和样本集的复杂性 c_f 已确定，故随着网络结构复杂性的增加(H 增大)，第一项将逐渐减小，而第二项将逐渐增大，因此，好的泛化能力取决于选择一个适当的隐节点数 H，使式(4-1)右端的第 1 项逼近误差和第 2 项估计误差得到协调。

根据表示式(4-1)不难发现，样本集的复杂性 c_f 主要体现在样本规模和样本质量两个方面。样本规模可简单理解为训练样本数 N、因子数 n；样本质量指样本数据反映总体分布的程度，它与采样过程相关；训练样本的复杂性决定了训练集所包含的信息。虽然样本质量对网络的泛化能力有很大的影响，但样本质量对泛化能力的影响的定量研究迄今尚未见报道。为此，提出用样本集的复相关系数 R 的倒数 $1/R$ 表征样本的复杂程度 c_f，即 $c_f = 1/R$；并引入参数 α、β 分别替代式(4-1)右端的两个无穷小量 o。若将检测误差下界记为 E_2，则由式(4-1)可得网络的检测误差下界 E_2 [式(4-1)取等号，变为等式]与网络的隐节点数 H、样本因子数 n、训练样本数 N 及样本复相关系数 R 之间含参数的一般关系表达式[20]，如式(4-2)所示。

$$E_2 = \beta \frac{1}{R^2 H} + \alpha \frac{Hn\ln N}{N} \tag{4-2}$$

式中，β 为逼近参数；α 为估计参数；R 为样本集的复相关系数；H、n 和 N 的意义与式(4-1)中的相同。

4.3 具有最佳泛化能力的 BP 网络隐节点数 H_0 满足的反比关系式

4.3.1 BP 网络最佳隐节点数 H_0 满足的 H_0-R_n 反比关系式的建立

由前述可知，给定一个训练样本集，存在一个与样本集复杂性相匹配的最佳隐节点数 H_0 的网络结构，使该结构下的 BP 网络具有最佳泛化能力。即好的泛化能力取决于式(4-2)中右端两项的协调。于是问题转化为求 E_2 为最小值时的最佳隐节点数 H_0。为此，先将 H 视作正实数，对式(4-2)求 E_2 关于 H 的一阶偏导数，得到：

$$\frac{\partial E_2}{\partial H} = -\beta \frac{1}{R^2 H^2} + \alpha \frac{n\ln N}{N} \tag{4-3}$$

令

$$\frac{\partial E_2}{\partial H} = 0$$

得

$$\beta \frac{1}{R^2 H^2} = \alpha \frac{n \ln N}{N}$$

即

$$H^2 R^2 \frac{n \ln N}{N} = \frac{\beta}{\alpha} \tag{4-4}$$

式(4-4)两边同时开平方，得

$$H \left(\frac{n \ln N}{N} \right)^{1/2} R = \left(\frac{\beta}{\alpha} \right)^{1/2} \tag{4-5}$$

定义广义复相关系数：

$$R_n = \left(\frac{n \ln N}{N} \right)^{1/2} R \tag{4-6}$$

记

$$C = (\beta / \alpha)^{1/2} \tag{4-7}$$

则式(4-5)可记为

$$HR_n = C \tag{4-8}$$

若用 H_0 代表(理论)最佳隐节点数，则有

$$H_0 = [C / R_n] \tag{4-9}$$

式中，符号[ ]表示取整；R_n 为由式(4-6)表示的广义复相关系数；式(4-7)所示的 C 为需要优化确定的 β 和 α 构成的组合参数。式(4-9)表明：当参数 C 被优化确定后，具有最佳泛化能力的网络的隐节点数 H_0 与样本集的广义复相关系数 R_n 成反比，即 H_0-R_n 反比关系式。

4.3.2　广义复相关系数 R_n 的计算

由式(4-6)可知，广义复相关系数由样本总体分布(样本质量)引起的样本集复杂性(用复相关系数 R 表示)与样本因子数 n 和训练样本数 N(样本数量)引起的样本集复杂性共同决定。复相关系数 R 描述自变量(因子集)综合起来与因变量关系的密切程度，是反映因子集合优劣程度的数量指标。对于一个给定的样本集，全部 n 个因子(自变量)与因变量 y 的复相关系数定义为

$$R = \sqrt{1 - R^* / R_{yy}^*} \tag{4-10}$$

式中，R^* 是相关系数构成的相关矩阵的行列式，表示如下：

$$R^* = \begin{vmatrix} r_{11} & r_{12} & \cdots & r_{1n} & r_{1y} \\ \vdots & \vdots & & \vdots & \vdots \\ r_{n1} & r_{n2} & \cdots & r_{nn} & r_{ny} \\ r_{y1} & r_{y2} & \cdots & r_{yn} & r_{yy} \end{vmatrix} \tag{4-11}$$

式中，$r_{jj'}(j, j' = 1, 2, \cdots, n)$ 是因子 x_j 与 $x_{j'}$ 之间的单相关系数，r_{jy} 或 $r_{yj}(j = 1, 2, \cdots, n)$ 是因子 x_j 与因变量 y 之间的单相关系数。而 R_{yy}^* 是相关矩阵去掉第 $n+1$ 行、第 $n+1$ 列后的代数余子式，即

$$R_{yy}^* = (-1)^{2n+1} \begin{vmatrix} r_{11} & r_{12} & \cdots & r_{1n} \\ r_{21} & r_{22} & \cdots & r_{2n} \\ \vdots & \vdots & & \vdots \\ r_{n1} & r_{n2} & \cdots & r_{nn} \end{vmatrix} \tag{4-12}$$

从式(4-10)可以看出，复相关系数小于等于 1，即有 $0 < R \leq 1$。

可见，只要能确定出对任意训练样本集都适合的参数 α、β，再由式(4-7)计算得到普适组合参数 $C = (\beta / \alpha)^{1/2}$，并由式(4-10)和式(4-6)计算出广义复相关系数 R_n，就能由 H_0 与 R_n 的反比关系式(4-9)，计算出具有最佳泛化能力的 BP 网络需要的最佳隐节点数 H_0。

式(4-6)为广义复相关系数 R_n 与复相关系数 R 之间的关系式。从式(4-6)可知，当 $\left(\dfrac{n \ln N}{N}\right)^{1/2} = 1$，即 $N = n \ln N$ 时 $R_n = R$，说明复相关系数只是满足 $N = n \ln N$ 的广义复相关系数的特例。此外，复相关系数 R 满足 $0 < R \leq 1$，而广义复相关系数 R_n 则为 $0 < R_n \leq b$(b 为可大于 1 的实数)，R_n 可以满足 $R_n \leq R$，也可以满足 $R \leq R_n$。

4.4　最佳泛化能力的泛化误差表达式中参数 α 和 β 的优化

4.4.1　构建模拟测试函数和网络结构进行仿真实验

为得到适用于任何复杂训练样本集的 H_0-R_n 反比关系式(4-9)中的组合优化参数 C，需要确定对诸多不同训练样本集都适合的 BP 网络的检测误差表示式(4-2)中的优化参数 α、β 值。为此，模拟构建了 222 个不同复杂函数(附录 A)，用 BP 网络进行模拟仿真实验。为使模拟实验函数能更好地仿真现实中的各种复杂问题，这 222 个函数包括由若干个典型测试函数、代数函数和超越函数(对数函数、指数函数、幂函数、各种三角函数、反三角函数、双曲函数、反双曲函数)的任意随机组合而构成的复杂函数(附录 A)。为计算简化，且不失一般性，本实验只构建具有 1 个输入层、1 个隐层和 1 个输出节点的输出层的三层 BP 网络用于训练和检验。模拟函数实验过程中，BP 网络的结构(输入节点数 n 与隐节点数 H)及网络的初始权值 w_{ij} 设置和训练样本数 N_1/检验样本数 N_2 等的变化范围，如表 4-1 所示。采用各模拟函数定义域内样本因子随机值的极差归一化值作为样本的网络因子输入值，各模拟函数样本的计算值的极差归一化值作为样本的网络期望(目标)输出值。

表 4-1　BP 网络的结构和参数的设置范围

BP 网络隐节点数 H	BP 网络输入节点数 （模拟函数因子数）n	训练样本数 N_1/检验样本数 N_2， $N_1+N_2=N$（N 为样本总数）	随机赋予 BP 网络 初始权值 w_{ij}
$H \in [3,20]$	$n \in [3,15]$	$(0.6{\sim}0.7)N/(0.4{\sim}0.3)N$	$w_{ij} \in [-1,1]$

注：表中 $[a,b]$ 表示区间内的整数；$(c{\sim}d)N$ 表示训练样本或检验样本数与总样本数 N 的关系。

4.4.2　参数 α 和 β 的优化

为了优化确定具有最佳泛化能力的检测误差表达式(4-2)中的参数 α 和 β，需要构造满足式(4-13)所示的优化目标函数式。

$$\min Q(\alpha,\beta) = \frac{1}{L \times K} \sum_{l=1}^{L} \sum_{k=1}^{K} \left| E_2^{(1)}(l,k) - E_2^{(0)}(l,k) \right| \tag{4-13}$$

式中，$E_2^{(1)}(l,k)$ 和 $E_2^{(0)}(l,k)$ 分别为用第 l 个模拟函数训练 BP 网络时，当隐节点数 H 改变到第 $k(k=1,2,\cdots,18)$ 次的 BP 网络的实际最小检测误差和当优化参数 α 和 β 分别为某值时，由式(4-2)计算得到的理论最小检测误差；L 为模拟函数的总个数(L=222)；由于对每个模拟实验函数而言，隐节点数从 3 个开始，逐次改变到 20 个，因此，K 为对每个函数的数值模拟实验过程中，BP 网络隐节点数改变的总次数(K=18)。对 222 个模拟函数中的每一个函数，用随机生成的训练样本集的归一化值输入相应 BP 网络，并相继改变 BP 网络的隐节点数 $H(H=3,4,\cdots,20)$，进行训练，用检验样本集的归一化值进行检验，以每次不同的隐节点数的实际检验误差最小值，作为式(4-13)中的 $E_2^{(1)}(l,k)$；同时由式(4-2)计算出相应的隐节点数的理论最小检验误差值，作为式(4-13)中的 $E_2^{(0)}(l,k)$。对 222 个模拟函数进行同步的数值仿真实验。用免疫进化算法[21]对式(4-2)中的参数 α 和 β 反复迭代优化，当优化目标函数式(4-13)满足 $\min Q$=0.0449 且不再减小时，停止迭代，最终得到 BP 网络对 222 个模拟函数皆具有最佳泛化能力时的检测误差表达式中的参数 β 和 α 分别为 β_0=0.033098，α_0=0.005285，将 β_0 和 α_0 代入式(4-7)，得 $C_0=(\beta_0/\alpha_0)^{1/2}$=2.5025。从而得到具有最佳泛化能力的 BP 网络的隐节点数 H_0 与训练样本集的广义复相关系数 R_n 之间的 H_0-R_n 反比关系式，如式(4-14)所示[20]。

$$H_0 = \left[2.5025/R_n \right] \tag{4-14}$$

式中，H_0 是具有最佳泛化能力的 BP 网络的隐节点数；R_n 是训练样本集的广义复相关系数；[ ]表示取整。

由于优化得出的参数 β_0、α_0 存在一定的不确定性，则由 β_0、α_0 计算得出的参数 C_0=2.5025 也存在不确定性。因此，由 $2.5025/R_n$ 计算得出的值也是不能完全确定的。故式(4-14)右边的[ ]既可向上取整，也可向下取整。多数情况下，需要用向上和向下都取整得到的隐节点数构建网络预测模型，进行预测效果比较，从中选择拟合和预测的综合效果较好者作为网络结构模型。由于 222 个函数模拟实验过程中，隐节点数 H 的变化范围为 H=3~20，因此，由式(4-14)计算得到样本集相应的广义复相关系数的适用范围 R_n=0.1251~0.8341。事实上，222 个模拟函数中，$R_n<0.1251$ 的函数仅 2 个，占比不到

1%；此外，即使 $R_n=1$，由式(4-14)计算得到的隐节点数也可以有 $H=3$，而 $R_n>1$ 的模拟函数也仅 12 个，只占 5%。因此，式(4-14)对 $0.1251<R_n\leqslant1$ 范围都是实用的。

H_0-R_n 反比关系式(4-14)表明：随着样本集复杂性增加，广义复相关系数 R_n 减小，为使网络具有最佳泛化能力，网络的最佳隐节点数 H_0 应与广义复相关系数 R_n 成反比增加，即网络结构复杂性也相应增加。

4.5　模型的可靠性分析和验证

4.5.1　最小检测误差公式的可靠性分析

将网络具有最佳泛化能力的最小检测误差 E_{20} 时参数 β_0、α_0 和 H_0 之间的关系式(4-9)代入泛化误差 E_2 的表达式(4-2)中，可得网络的最小检测误差理论值为

$$E_{20}=\beta_0\frac{2}{R^2H_0} \tag{4-15}$$

或

$$E_{20}=\alpha_0\frac{2H_0n\ln N}{N} \tag{4-16}$$

式(4-15)和式(4-16)中，$\beta_0=0.033098$；$\alpha_0=0.005285$；H_0 为用 H_0-R_n 反比关系式(4-14)计算得出的网络隐节点数；E_{20} 为用隐节点数 H_0 构造的网络，训练样本达到的最小理论检测误差；R 为复相关系数；n 和 N 分别为训练样本的因子数和样本数。

优化得出的参数 β_0 和 α_0 存在的不确定性对最小误差 E_{20} 的影响程度可通过对式(4-15)和式(4-16)的灵敏度分析来确定。而检测误差公式(4-15)或式(4-16)的灵敏度是指网络最小检测误差 E_{20} 对优化得出的参数 β_0 和 α_0 的不确定性(相对误差)的响应程度。通过对式(4-15)或式(4-16)的分析，估计最小检测误差 E_{20} 计算结果的偏差。根据灵敏度分析理论，由式(4-15)和式(4-16)可得最小检测误差 E_{20} 的相对误差 $\Delta E_2/E_{20}$ 与参数 β_0、α_0 的相对误差和灵敏度 S_β、S_α 之间的关系分别如式(4-17)和式(4-18)所示。

$$\frac{\Delta E_2}{E_{20}}=S_\beta\frac{\Delta\beta}{\beta_0} \tag{4-17}$$

$$\frac{\Delta E_2}{E_{20}}=S_\alpha\frac{\Delta\alpha}{\alpha_0} \tag{4-18}$$

式(4-17)和式(4-18)中，$\Delta E_2=E_{20}-E_2$；$\Delta\beta=\beta_0-\beta$；$\Delta\alpha=\alpha_0-\alpha$；$\beta_0=0.033098$；$\alpha_0=0.005285$；$E_{20}$ 为用训练样本训练网络，用满足 H_0-R_n 反比关系式(4-14)的理论最佳隐节点数 H_0 构造的网络，达到最佳泛化能力时的理论最小检测误差；E_2 为用训练样本训练不同隐节点数的网络，其中具有隐节点数为 H_n 的网络，训练后达到的实际最小检测误差；S_β 和 S_α 分别为参数 β 和 α 的灵敏度，定义为

$$S_\beta=\frac{\Delta E_2}{E_{20}}\bigg/\frac{\Delta\beta}{\beta_0}=\frac{\Delta E_2}{\Delta\beta}\cdot\frac{\beta_0}{E_{20}} \tag{4-19}$$

$$S_\alpha = \frac{\Delta E_2}{E_{20}} \bigg/ \frac{\Delta \alpha}{\alpha_0} = \frac{\Delta E_2}{\Delta \alpha} \cdot \frac{\alpha_0}{E_{20}} \qquad (4\text{-}20)$$

当 $\Delta \beta$ 和 $\Delta \alpha$ 都趋于 0 时，式(4-19)和式(4-20)可分别写为

$$S_\beta = \frac{\partial E_2}{\partial \beta} \cdot \frac{\beta_0}{E_{20}} = \frac{2}{R^2 H_0} \cdot \frac{\beta_0}{E_{20}} \qquad (4\text{-}21)$$

$$S_\alpha = \frac{\partial E_2}{\partial \alpha} \cdot \frac{\alpha_0}{E_{20}} = \frac{2H_0 n \ln N}{N} \cdot \frac{\alpha_0}{E_{20}} \qquad (4\text{-}22)$$

对每个模拟函数实验过程中，可由理论最佳隐节点数 H_0 计算得到的最小检测误差 E_{20} 和实际隐节点数 H_n 构造的网络训练样本达到的最小检测误差 E_2，计算出 $\Delta E_2/E_{20}$，并由式(4-21)和式(4-22)计算得出灵敏度 S_β 和 S_α。在所有模拟函数的 $\Delta E_2/E_{20}$ 和 S_β、S_α 都计算出的情况下，用免疫进化算法分别对式(4-17)和式(4-18)中的 $\Delta\beta/\beta_0$ 和 $\Delta\alpha/\alpha_0$ 反复迭代优化。当优化目标函数值分别达到 $\min Q_1 = \frac{1}{L} \sum_{l=1}^{L} \left(\frac{\Delta E_2}{E_{20}} - S_\beta \frac{\Delta \beta}{\beta_0} \right)^2 = 0.0145$ 和 $\min Q_2 = \frac{1}{L} \sum_{l=1}^{L} \left(\frac{\Delta E_2}{E_{20}} - S_\alpha \frac{\Delta \alpha}{\alpha_0} \right)^2 = 0.0141$ 时，停止迭代。最终得到参数 β 和 α 的相对误差分别为 $\Delta\beta/\beta_0 = 2.83\%$ 和 $\Delta\alpha/\alpha_0 = 7.21\%$，可见参数 β_0 和 α_0 的相对误差变化都小于 10%，因而优化得到的参数 β_0 和 α_0 具有较好的可靠性，从而 $C_0 = (\beta_0/\alpha_0)^{1/2} = 2.5025$ 亦具有可靠性。因此，导出的具有最佳泛化能力的网络的隐节点数 H_0-R_n 反比关系式(4-14)也是可靠的。

4.5.2 模型的验证

1) BP 网络隐节点数的 6 个经验公式

国内外有关文献[16, 22]给出了 BP 网络隐节点数计算的若干经验公式：

$$f_1: \quad h = \sqrt{n+p} + 5 \qquad (4\text{-}23)$$

$$f_2: \quad h = \log_2 N \qquad (4\text{-}24)$$

$$f_3: \quad h = n + 0.618(n-p) \qquad (4\text{-}25)$$

$$f_4: \quad h = N/(n+p) \qquad (4\text{-}26)$$

$$f_5: \quad h = \sqrt{n(p+3)} + 1 \qquad (4\text{-}27)$$

$$f_6: \quad h = \sqrt{np} \qquad (4\text{-}28)$$

式(4-23)~式(4-28)中，h 为网络隐节点数；n 为输入节点数；N 为样本数；p 为网络输出节点数。这里用小写 h 代表用经验公式计算得到的隐节点数是为了与用 H_0-R_n 反比关系式计算出的隐节点数相区别。

2) 不同隐节点数计算公式的效果比较与分析

为了验证具有最佳泛化能力的 BP 网络的隐节点数 H_0 与训练样本的广义复相关系数 R_n 之间的 H_0-R_n 反比关系式的正确性和实用性，重新任意模拟了 100 个检测函数(附录 B)用于验证。为了有可比性，对同一个模拟检测函数，网络的初始权值都在[-1, 1]区间内随机选取情况下，分别由 6 个隐节点数经验公式(4-23)~式(4-28)用 H_0-R_n 反比关系式(4-14)

计算得到的隐节点数构造网络，都用生成的同一组训练样本，训练隐节点数不同结构的网络，并用同一组检测样本进行效果检验。此 100 个检测函数的变量个数 n（即网络的输入节点数）、训练样本数 N_1、检测样本数 N_2、总样本数 $N(N=N_1+N_2)$、计算得到函数的复相关系数 R 和广义复相关系数 R_n、由 H_0-R_n 反比关系式(4-14)计算得到的理论最佳隐节点数 H_0、网络具有最佳泛化能力时的实际最小检测误差 E_2 及其相应的实际最佳隐节点数 H_n，如表 4-2 所示。在 100 个模拟检测函数中，用 H_0-R_n 关系式(4-14)和用 6 个经验公式(4-23)～式(4-28)计算得到的不同隐节点数构造的网络，能达到实际最小检测误差 E_2（即具有最佳泛化能力）的不同网络结构，如表 4-2 的第 11 列所示，其中，fc 代表用 H_0-R_n 关系式(4-14)计算得到的隐节点数构建的网络，f1～f6 分别代表用 6 个经验公式(4-23)～式(4-28)计算得到的隐节点数构建的网络。用不同隐节点数公式计算得到隐节点数构造的网络在 100 个模拟检测函数中达到实际最小泛化误差的函数个数[20]，如表 4-3 所示。

表 4-2　100 个检测函数的参数和最佳隐节点数 H_0 及达到最小检测误差 E_2 时的不同网络结构

序号	测试函数	n	N	N_1	N_2	R	R_n	H_0	H_n	E_2	达到 E_2 的不同网络结构
1	F3-1	3	35	20	15	0.1822	0.1221	20	20	0.167968	fc
2	F3-2	3	35	20	15	0.6935	0.4639	5	5	0.067297	fc，f4
3	F3-3	3	35	20	15	0.6439	0.4316	6	6	0.067297	fc
4	F3-4	3	35	20	15	0.4447	0.2981	8	8	0.067297	fc
5	F3-5	3	35	20	15	0.9932	0.6658	4	4	0.067297	fc，f3，f5
6	F3-6	3	16	10	6	0.9134	0.7592	3	7	0.113082	f1
7	F3-7	3	16	10	6	0.3617	0.3006	8	8	0.179959	fc，f1
8	F3-8	3	9	5	4	0.8717	0.8566	3	3	0.132309	fc
9	F3-9	3	9	5	4	0.9935	0.9763	3	3	0.081028	fc
10	F4-1	4	40	25	15	0.3107	0.2230	11	11	0.112295	fc
11	F4_2	4	40	25	15	0.4585	0.3290	8	8	0.079493	fc
12	F4_3	4	40	25	15	0.8054	0.5780	4	4	0.120683	fc
13	F4_4	4	40	25	15	0.2377	0.1706	15	15	0.108662	fc
14	F4_5	4	40	25	15	0.3330	0.2390	10	10	0.165749	fc
15	F4_6	4	40	25	15	0.1494	0.1072	23	23	0.143812	fc
16	F4_7	4	32	20	12	0.1954	0.1512	17	17	0.137495	fc
17	F4_8	4	16	10	6	0.8007	0.7684	3	3	0.193767	fc
18	F4_9	4	15	9	6	0.8196	0.8099	3	3	0.191123	fc
19	F5_1	5	40	25	15	0.6440	0.5167	5	5	0.111473	fc，f5
20	F5_2	5	40	25	15	0.4213	0.3380	7	7	0.094522	fc，f1，f3
21	F5_3	5	40	25	15	0.7497	0.6015	4	4	0.095594	fc，f4
22	F5_4	5	40	25	15	0.8345	0.6696	4	7	0.115999	f1，f3
23	F5_5	5	40	25	15	0.6399	0.5134	5	5	0.074747	fc，f5
24	F5_6	5	40	25	15	0.9742	0.7817	3	7	0.041941	f1，f3
25	F5_7	5	32	20	12	0.7748	0.6705	4	4	0.058999	fc
26	F5_8	5	20	13	7	0.7268	0.7219	3	3	0.102676	fc
27	F5_9	5	16	10	6	0.3813	0.4091	6	6	0.128647	fc

序号	测试函数	n	N	N_1	N_2	R	R_n	H_0	H_n	E_2	达到 E_2 的不同网络结构
28	F6_1	6	45	30	15	0.4029	0.3323	8	8	0.065337	fc, f1
29	F6_2	6	45	30	15	0.4894	0.4036	6	6	0.163066	fc, f5
30	F6_3	6	45	30	15	0.3736	0.3081	8	8	0.123752	fc, f1
31	F6_4	6	45	30	15	0.8017	0.6612	4	8	0.089863	f1
32	F6_5	6	45	30	15	0.7354	0.6065	4	4	0.120625	fc, f4
33	F6_6	6	32	20	12	0.3892	0.3690	7	7	0.099370	fc
34	F6_7	6	26	17	9	0.8531	0.8531	3	3	0.047927	fc, f2
35	F6_8	6	23	15	8	0.6665	0.6937	4	4	0.207171	fc
36	F6_9	6	16	10	6	0.8726	1.0256	2	2	0.056617	fc, f6
37	F7_1	7	50	30	20	0.2818	0.2172	12	3	0.096931	f2, f6
38	F7_2	7	50	30	20	0.5455	0.4860	5	5	0.171024	fc
39	F7_3	7	50	30	20	0.3971	0.3538	7	7	0.056106	fc
40	F7_4	7	50	30	20	0.4312	0.3841	7	7	0.055732	fc
41	F7_5	7	50	30	20	0.5598	0.5470	5	5	0.058344	fc
42	F7_6	7	32	21	11	0.4407	0.4440	6	6	0.118973	fc, f5
43	F7_7	7	31	20	11	0.8452	0.9081	3	11	0.085986	f3
44	F7_8	7	23	15	8	0.8033	0.9030	3	3	0.103341	fc, f2, f6
45	F8_1	8	55	35	20	0.7281	0.6564	4	4	0.118059	fc, f4
46	F8_2	8	55	35	20	0.2473	0.2229	11	12	0.049349	f3
47	F8_3	8	55	35	20	0.3615	0.3259	8	8	0.080351	fc, f1
48	F8_4	8	55	35	20	0.2321	0.2092	12	4	0.053621	f4
49	F8_5	8	55	35	20	0.9513	0.8632	3	3	0.063639	fc, f2, f6
50	F8_6	8	40	26	14	0.2205	0.2208	11	11	0.106867	fc
51	F8_7	8	31	20	11	0.7683	0.8410	3	3	0.148893	fc, f2, f6
52	F8_8	8	23	15	8	0.7764	0.9331	3	3	0.120079	fc, f2, f6
53	F9_1	9	55	35	20	0.5888	0.5630	4	4	0.060919	fc, f4
54	F9_2	9	55	35	20	0.4089	0.3910	6	6	0.089125	fc
55	F9_3	9	55	35	20	0.7798	0.8181	3	14	0.056946	f3
56	F9_4	9	55	35	20	0.3512	0.3358	7	7	0.143441	fc, f5
57	F9_5	9	55	35	20	0.9107	0.8820	3	3	0.105163	fc, f2, f6
58	F9_6	9	48	31	17	0.7671	0.7659	3	3	0.100063	fc, f2, f4, f6
59	F9_7	9	40	26	14	0.4758	0.5053	5	5	0.188173	fc
60	F9_8	9	32	20	12	0.9704	1.0885	2	14	0.067260	f3
61	F10_1	10	60	40	20	0.3306	0.3175	8	16	0.033962	f3
62	F10_2	10	60	40	20	0.6727	0.6460	4	4	0.024936	fc, f4
63	F10_3	10	60	40	20	0.3840	0.3688	7	7	0.181366	fc, f5
64	F10_4	10	60	40	20	0.3871	0.3717	7	7	0.039337	fc, f5
65	F10_5	10	60	40	20	0.2233	0.2144	12	12	0.183556	fc
66	F10_6	10	55	36	19	0.5676	0.5663	4	4	0.042094	fc
67	F10_7	10	46	30	16	0.6707	0.7141	4	7	0.055095	f5

续表

序号	测试函数	n	N	N_1	N_2	R	R_n	H_0	H_n	E_2	达到 E_2 的不同网络结构
68	F10_8	10	32	20	12	0.8993	1.1006	2	16	0.092252	f3
69	F11_1	11	60	40	20	0.5123	0.5160	5	17	0.054871	f3
70	F11_2	11	60	40	20	0.6113	0.6157	4	4	0.063655	fc
71	F11_3	11	60	40	20	0.4880	0.4915	5	3	0.048999	f2, f4, f6
72	F11_4	11	60	40	20	0.5320	0.5358	5	5	0.059557	fc
73	F11_5	11	60	40	20	0.7312	0.7365	3	3	0.062839	fc, f2, f4, f6
74	F11_6	11	62	40	22	0.5129	0.5166	5	5	0.138660	fc
75	F11_7	11	38	25	13	0.6687	0.7958	3	3	0.081079	fc, f2, f6
76	F12_1	12	65	40	25	0.6256	0.6581	4	4	0.045472	fc, f2
77	F12_2	12	65	40	25	0.7951	0.8364	3	3	0.130427	fc, f4, f6
78	F12_3	12	65	40	25	0.7189	0.7563	3	3	0.176012	fc, f4, f6
79	F12_4	12	65	40	25	0.4600	0.4839	5	5	0.052295	fc
80	F12_5	12	38	25	13	0.7800	0.9695	3	2	0.080816	f4
81	F12_6	12	62	40	22	0.4807	0.5057	5	3	0.044843	f4, f6
82	F12_7	12	71	46	25	0.5685	0.5682	4	4	0.042276	fc, f2, f4
83	F13_1	13	65	40	25	0.7713	0.8445	3	8	0.087121	f5
84	F13_2	13	65	40	25	0.5277	0.5778	4	4	0.163231	fc, f2, f6
85	F13_3	13	65	40	25	0.6856	0.7507	3	3	0.039819	fc, f4
86	F13_4	13	38	25	13	0.8029	1.0388	2	20	0.139739	f3
87	F13_5	13	46	30	16	0.6241	0.7577	3	3	0.084029	fc
88	F13_6	13	80	52	28	0.5714	0.5679	4	4	0.113255	fc, f2, f4, f6
89	F14_1	14	70	45	25	0.6479	0.7051	4	3	0.028667	f4
90	F14_2	14	70	45	25	0.9696	1.0552	2	2	0.061088	fc
91	F14_3	14	70	45	25	0.9279	1.0098	2	22	0.078244	f3
92	F14_4	14	46	30	16	0.9598	1.2092	2	2	0.107680	fc, f4
93	F14_5	14	77	50	27	0.5263	0.5508	5	4	0.188782	f2, f6
94	F14_6	14	86	56	30	0.5471	0.5488	5	4	0.037802	f2, f4, f6
95	F15_1	15	70	45	25	0.5470	0.6162	4	4	0.048989	fc, f2, f6
96	F15_2	15	70	45	25	0.6669	0.7512	3	3	0.036867	fc, f4
97	F15_3	15	70	45	25	0.5710	0.6432	4	4	0.154473	fc, f2, f6
98	F15_4	15	46	30	16	0.9467	1.2346	2	24	0.168865	f3
99	F15_5	15	77	50	27	0.7701	0.8343	3	3	0.076543	fc, f4
100	F15_6	15	92	62	30	0.4572	0.4569	5	5	0.038743	fc

表 4-3　不同隐节点数的网络在 100 个模拟测试函数中具有最小检测误差的函数个数

隐节点数计算公式	式(4-14)	式(4-23)	式(4-24)	式(4-25)	式(4-26)	式(4-27)	式(4-28)
最小检测误差个数	76	9	19	14	22	10	20

从表 4-3 可见：在 100 个测试函数中，以 H_0-R_n 反比关系式(4-14)计算得到的隐节点数构建的网络，能达到的最小检测误差的函数个数有 76 个，远远大于用 6 个经验公式(4-23)～式(4-28)计算得到的隐节点数构建的网络能达到的最小检测误差的函数个数，从而表明 H_0-R_n 反比关系式(4-14)的可行性和实用性。

4.6　本　章　小　结

4.6.1　具有最佳泛化能力的 BP 网络结构的建立过程及检验过程

具有最佳泛化能力的 BP 网络结构的建立及检验过程的流程如图 4-1 所示。

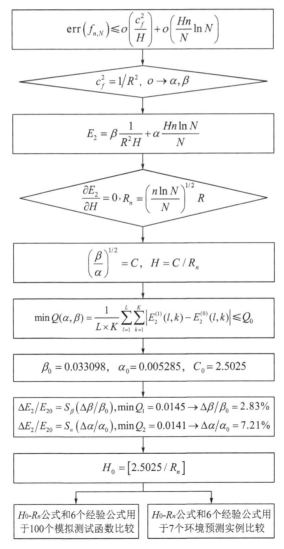

图 4-1　具有最佳泛化能力的 BP 网络的 H_0-R_n 关系式建立及检验流程图

4.6.2 本章的主要结果

在分析网络结构和样本集复杂性对 BP 网络泛化能力影响的基础上，提出用新概念广义复相关系数 R_n 来定量描述包括样本数量和样本质量在内的样本集的复杂性；提出用含参数的检测误差 E_2 表示 BP 网络的泛化能力的定量关系表达式；基于具有最佳泛化能力的检测误差 E_2 达到最小时的逼近误差与估计误差相协调，导出 BP 网络隐节点数 H_0 与样本的复杂性 R_n 之间满足的 H_0-R_n 反比关系式。与隐节点数经验公式相比，用 H_0-R_n 反比关系式确定隐节点数有严格的理论依据，并具有可靠性，与确定隐节点数的试凑法相比，省时、快速、简单。

4.6.3 分析与比较

（1）网络泛化能力（E_2）下界的定量关系表达式(4-2)揭示了网络结构复杂性（H）与样本集复杂性（复相关系数 R）两个重要因素对网络泛化能力的影响。依据误差理论和灵敏度概念，对最佳泛化能力时的表达式(4-2)进行了可靠性论证，从而表明由式(4-2)导出的最佳隐节点数的反比关系式(4-14)具有可靠性和合理性。

（2）由于用隐节点数经验公式(4-23)～式(4-28)构造的网络只与因子数 n、样本数 N、输出节点数 p 有关，没有考虑样本质量（数据分布特征和变化规律）的复杂性对网络泛化能力的影响，而用隐节点数 H_0-R_n 反比关系式(4-14)构造的网络，其中的广义复相关系数 R_n 既包含了样本集的因子数 n、样本数 N 表示的数量复杂性，又包含用复相关系数 R 表示的样本集的质量复杂性二者对泛化能力的影响，因而构造的网络的复杂性与样本集的复杂性更相匹配。

（3）用隐节点数 H_0-R_n 反比关系式(4-14)构建的网络用于 100 个模拟仿真函数实验，其预测效果皆优于用 6 个隐节点数经验公式构建的网络的预测效果，验证了隐节点数 H_0-R_n 反比关系式(4-14)的可行性和实用性。

（4）若存在多个因变量对应于同一组影响因子，可分别将每个因变量与该组影响因子建模，则同样可用隐节点数 H_0-R_n 反比关系式(4-14)计算的隐节点数构建网络预测模型。

4.6.4 结论

BP 网络隐节点数 H_0-R_n 反比关系式的重要意义在于：对于任意一个给定的训练样本集，在选择适当的网络初始参数和学习参数的情况下，为如何构造一个与训练样本集的复杂性相匹配的最佳隐节点数的网络结构，使 BP 网络具有最佳泛化能力这一基本问题的解决开辟了新途径。该方法具有普适性，因而具有重要的理论意义和实用价值。H_0-R_n 反比关系式的局限为：该公式是网络初始参数皆被限定在(-1,1)情况下导出的，若网络初始参数选择在其他不同区间，对具有最佳泛化能力时 H_0-R_n 反比关系式中组合参数 C 的优化结果是否有影响，还有待进一步深入探索。

参 考 文 献

[1] 焦李成, 杨淑媛, 刘芳, 等. 神经网络七十年: 回顾与展望[J]. 计算机学报, 2016, 39(8): 1697-1716.

[2] Paschalidou A K, Karakitsios S, Kleanthous S, et al. Forecasting hourly PM_{10} concentration in Cyprus through artificial neural networks and multiple regression models: implications to local environmental management[J]. Environmental Science and Pollution Research, 2011, 18(2): 316-327.

[3] Liu Y H, Zhu Q, Yao D, et al. Forecasting urban air quality via a back-propagation neural network and a selection sample rule[J]. Atmosphere, 2015, 6(7): 891-907.

[4] 李佟, 李军. 基于 BP 神经网络与马尔可夫链的污水处理厂脱氮效果模拟预测[J]. 环境科学学报, 2016, 36(2): 576-581.

[5] 孙宝磊, 孙暠, 张朝能, 等. 基于 BP 神经网络的大气污染物浓度预测[J]. 环境科学学报, 2017, 37(5): 1864-1871.

[6] Funahashi K. On the approximate realization of continuous mappings by neural networks[J]. Neural Networks, 1989, 2(3): 183-192.

[7] 魏海坤, 徐嗣鑫, 宋文忠. 神经网络的泛化理论和泛化方法[J]. 自动化学报, 2001, 27(6): 806-815.

[8] Wang J, Wu W, Zurada J M. Deterministic convergence of conjugate gradient method for feedforward neural networks[J]. Neurocomputing, 2011, 74(14-15): 2368-2376.

[9] 胡铁松, 严铭, 赵萌. 基于领域知识的神经网络泛化性能研究进展[J]. 武汉大学学报(工学版), 2016, 49(3): 321-328.

[10] Setiono R. A penalty-function approach for pruning feedforward neural networks[J]. Neural Computation, 1997, 9(1): 185-204.

[11] 郭海如, 李志敏, 万兴, 等. 一种基于随机 GA 的提高 BP 网络泛化能力的方法[J]. 计算机技术与发展, 2014, 24(1): 105-108.

[12] 李祚泳, 彭荔红. BP 网络学习能力与泛化能力满足的不确定关系式[J]. 中国科学(E 辑: 技术科学), 2003, 33(10): 887-895.

[13] Benardos P G, Vosniakos G C. Optimizing feedforward artificial neural network architecture[J]. Engineering Applications of Artificial Intelligence, 2007, 20(3): 365-382.

[14] Goh C K, Teoh E J, Tan K C. Hybrid multiobjective evolutionary design for artificial neural networks[J]. IEEE Transactions on Neural Networks, 2008, 19(9): 1531-1548.

[15] Islam M M, Sattar M A, Amin F, et al. A new adaptive merging and growing algorithm for designing artificial neural networks[J]. IEEE Trans. on Systems, Man, and Cybernetics Part B: Cybernetics, 2009, 39(3): 705-722.

[16] 焦斌, 叶明星. BP 神经网络隐层单元数确定方法[J]. 上海电机学院学报, 2013, 16(3): 113-116, 124.

[17] 蔡荣辉, 崔雨轩, 薛培静. 三层 BP 神经网络隐层节点数确定方法探究[J]. 电脑与信息技术, 2017, 25(5): 29-33.

[18] Barron A R. Approximation and estimation bounds for artificial neural networks[J]. Machine Learning, 1994, 14(1): 115-133.

[19] 李祚泳, 蔡辉. BP 网络过拟合满足的不确定关系式[J]. 系统工程与电子技术, 2002, 24(9): 94-96, 125.

[20] 李祚泳, 余春雪, 张正健, 等. 基于最佳泛化能力的 BP 网络隐节点数反比关系式的环境预测模型[J]. 环境科学学报, 2021, 41(2): 718-730.

[21] 倪长健, 丁晶, 李祚泳. 免疫进化算法[J]. 西南交通大学学报, 2003, 38(1): 87-91.

[22] 刘宇, 钟平安, 张梦然, 等. 水库优化调度 ANN 模型隐层节点数经验公式比较[J]. 水力发电, 2013, 39(5): 65-68.

第5章 H_0-R_n 关系式用于 BP 网络预测建模的实证检验

为了验证隐节点数 H_0-R_n 关系式用于实际问题的可行性和实用性，对洛河 BOD_5 浓度、青弋江 COD_{Cr} 浓度、南昌市降水酸碱值(pH)、郭庄泉流量(Q)、滦河地下水位、新疆伊犁河雅马渡站年径流量和某水库年径流量等 7 个实例，分别用隐节点数的 H_0-R_n 关系式和 6 个隐节点数经验公式计算得到的不同隐节点数，构建 BP 网络模型进行预测，并比较其预测结果。

5.1 基于隐节点数 H_0-R_n 关系式的 BP 网络预测建模步骤

将基于隐节点数 H_0-R_n 关系式的 BP 网络用于实际问题的预测建模步骤如下。

步骤 1：对预测变量及其影响因子(为叙述简便简称因子)的原始数据进行归一化变换。其因子和预测变量的归一化变换式如式(5-1)所示。

$$x'_j = \begin{cases} \left(x_j - x_{jm}\right)/x_{j0}, & \text{对预测量} Y \text{及正向因子} X_j \\ \left(x_{jM} - x_j\right)/x_{j0}, & \text{对逆向因子} X_j \end{cases} \tag{5-1}$$

式中，x'_j 为预测变量或因子的极差归一化值；x_j 为预测变量或因子的实际值；x_{jM} 和 x_{jm} 分别为设定的预测变量或因子的最大极值和最小极值；$x_{j0}=x_{jM}-x_{jm}$ 为预测变量或因子的最大极值与最小极值之差。对预测变量，只要将式(5-1)中字母 x 用字母 y 替换即可。

为了有可比性，对同一个实例，隐节点数的 H_0-R_n 关系式和 6 个经验公式的因子和预测变量的归一化变换式设置为相同。

步骤 2：由预测实例建模(训练)样本的因子和预测变量的原始数据，用第 4 章式(4-10)和式(4-6)计算实例的广义复相关系数 R_n。

步骤 3：分别由第 4 章隐节点数 H_0-R_n 关系式(4-14)和 6 个隐节点数经验公式[式(4-23)～式(4-28)]，计算各实例的 BP 网络建模所需的隐节点数 H_0。

步骤 4：对各实例，分别构建不同隐节点数的 BP 网络的预测模型；初始权值和阈值皆在(-1, 1)内随机赋予，并设置优化目标函数式，如式(5-2)所示。

$$\min Q_2 = \frac{1}{N_1} \sum_{i=1}^{N_1} \left(y'_i - y'_{i0}\right) \tag{5-2}$$

式中，N_1 为训练样本个数；y'_i 为当 BP 网络训练完某遍后，对第 i 个训练样本预测变量的模型计算输出值；y'_{i0} 为第 i 个训练样本的预测变量实际值的归一化值。

步骤 5：当优化目标函数式(5-2)满足一定精度要求时，停止训练，分别用训练好的不同网络计算检测样本 i 的模型计算输出值 y_i'。

步骤 6：将检测样本 i 的模型计算输出值 y_i' 代入其相应的预测变量的归一化变换式进行逆运算，计算出该预测变量的预测值 y_i。

步骤 7：计算检测样本 i 的预测值 y_i 与其实际值 y_{i0} 的相对误差绝对值 r_i 及多个检测样本预测值的相对误差绝对值的平均值。

步骤 8：分析、比较用不同隐节点数构建的 BP 网络模型预测值的相对误差绝对值的平均值、最大值和最小值。

5.2　基于 H_0-R_n 的 BP 网络的洛河某河段 BOD$_5$ 预测

实例 1　洛河某河段 15 个时段的水污染物 BOD$_5$ 浓度 y_i 及其 7 个因子，即 x_1(初始断面的 BOD$_5$ 浓度 L_0)、x_2(初始断面的氧亏浓度 c)、x_3(水温 T)、x_4(河流流量 Q)、x_5(排污口污水流量 q)、x_6(污水中 BOD$_5$ 浓度 I)和 x_7(流过该河段所需时间 t)的监测数据[1](实际值)如表 5-1 所示。用前 12 组数据作为建模样本，后 3 组数据留作检测样本。

表 5-1　洛河某河段不同时段的预测变量 BOD$_5$ 及因子的实际值

样本 t (时段)	因子实际值							BOD$_5$实际值
	x_{i1}	x_{i2}	x_{i3}	x_{i4}	x_{i5}	x_{i6}	x_{i7}	y_{i0}
1	6.88	-0.25	27.0	6.75	1.12	4.77	0.083	9.35
2	6.08	-2.21	27.5	4.78	1.12	1.93	0.083	12.30
3	2.14	-3.04	26.0	4.78	1.12	4.04	0.083	15.60
4	5.02	-0.73	26.0	8.56	1.12	3.63	0.073	5.88
5	7.89	-2.26	26.0	8.56	1.12	3.63	0.069	6.34
6	2.38	-1.65	15.0	1.49	1.56	4.28	0.104	4.00
7	1.86	-1.35	15.8	1.49	1.56	4.28	0.104	3.76
8	1.02	-2.12	17.1	1.49	1.38	4.28	0.104	3.98
9	1.22	-1.92	17.5	1.49	1.38	4.28	0.104	3.98
10	0.90	-0.27	17.0	3.63	0.99	2.02	0.104	2.78
11	1.58	-0.09	17.0	3.63	0.99	2.02	0.104	1.83
12	2.78	-1.17	13.5	3.27	0.99	1.14	0.104	2.56
13	2.10	-1.30	13.5	3.27	0.99	1.14	0.104	2.72
14	2.32	-0.60	14.5	3.65	0.86	0.57	0.104	1.64
15	1.96	-0.60	14.5	3.65	0.86	0.57	0.104	2.36

注：①13～15 为检测样本。②x_{i1}、x_{i2}、x_{i6} 和 y_{i0} 的单位均为 mg/L；x_{i3} 的单位为℃；x_{i4}、x_{i5} 的单位均为 m³/s；x_{i7} 的单位为 s。

　　7 个因子 $X_j (j=1,2,\cdots,7)$ 和预测变量 Y 的归一化变换式 (5-1) 中的 x_{jM} 和 x_{jm} 设置如表 5-2 第 1 行所示。由表 5-1 中 15 个样本的因子实际值 $x_{ij}(i=1,2,\cdots,15;\ j=1,2,\cdots,7)$ 和预测变量 $y_{i0}(i=1,2,\cdots,15)$ 的实际值及表 5-2 第 1 行的 x_{jM} 和 x_{jm} 值，计算得到 15 个样本的 7 个因子的归一化值 $x'_{ij}(i=1,2,\cdots,15;\ j=1,2,\cdots,7)$ 和预测变量的归一化值 $y'_{i0}(i=1,2,\cdots,15)$，如表 5-3 所示。根据表 5-1 中建模样本的因子和预测变量的实际值，由式 (4-10) 和式 (4-6) 计算得出实例 1 的广义复相关系数 R_n。实例 1 的因子数 n、训练样本数 N_1、检测样本数 N_2 和广义复相关系数 R_n 如表 5-4 第 1 列所示。

表 5-2　各实例的因子和预测变量归一化公式中的 x_{jM} 和 x_{jm} 及优化目标函数值 $\min Q$

实例	正向因子 X_j 和预测变量 Y x_{jM}/x_{jm}	逆向因子 X_j x_{jM}/x_{jm}	优化目标函数值 $\min Q$
实例 1：洛河 BOD_5	X_1: 8.0/0.8; X_3: 28/13; X_4: 8.8/1.3; X_5: 1.6/0.8; X_6: 4.9/0.4; Y: 16.35/0.85	X_2: −0.03/−3.13; X_7: 0.106/0.066	6.38×10^{-5}
实例 2：青弋江 COD_{Cr}	X_1: 11.4/5.5; X_2: 5.3/2.0; X_6: 19.0/6.5; X_7: 0.91/0.43; Y: 19.5/6.0	X_3: 2.05/0.2; X_4: 0.72/0.02; X_5: 0.14/0.036; X_8: 0.27/0.12	6.17×10^{-2}
实例 3：南昌市降水 pH	X_1: 0.11/0.038; X_2: 0.068/0.018; X_3: 0.618/0.118; X_4: 23/7; Y: 6.0/4.2		1.024×10^{-3}
实例 4：郭庄泉流量	X_1: 630/300; X_2: 13.30/0; Y: 7.8/2.0	X_3: 3.1/0.1	3.61×10^{-4}
实例 5：滦河地下水位	Y: 7.1/5.3	X_1: 60/−2; X_2: 25/−12; X_3: 12/0; X_4: 190/−5; X_5: 8.0/0.5	3.36×10^{-4}
实例 6：伊犁河雅马渡站年径流量	X_1: 270/10; X_3: 0.75/0.37; X_4: 270/50; Y: 520/270	X_2: 1.25/0.5	2.62×10^{-3}
实例 7：某水库年径流量	X_1: 200/100; X_4: 6.10/1.65; Y: 186/98	X_2: 975/35; X_3: 5850/30	5.90×10^{-3}

注：x_{jM} 和 x_{jm} 单位与相应的预测变量或因子的实际值 x_j 的单位相同。

表 5-3　洛河某河段不同时段的预测变量 BOD_5 及其因子的归一化值

样本 t (时段)	因子的归一化值 x'_{i1}	x'_{i2}	x'_{i3}	x'_{i4}	x'_{i5}	x'_{i6}	x'_{i7}	BOD_5 归一化值 y'_{i0}
1	0.8444	0.0710	0.9333	0.7267	0.4000	0.9711	0.5750	0.5484
2	0.7333	0.7032	0.9667	0.4640	0.4000	0.3400	0.5750	0.7387
3	0.1861	0.9710	0.8667	0.4640	0.4000	0.8089	0.5750	0.9516
4	0.5861	0.2258	0.8667	0.9680	0.4000	0.7178	0.8250	0.3245
5	0.9847	0.7194	0.8667	0.9680	0.4000	0.7178	0.9250	0.3542
6	0.2194	0.5226	0.1333	0.0253	0.9500	0.8622	0.0500	0.2032
7	0.1472	0.4258	0.1867	0.0253	0.9500	0.8622	0.0500	0.1877
8	0.0306	0.6742	0.2733	0.0253	0.7250	0.8622	0.0500	0.2019
9	0.0583	0.6097	0.3000	0.0253	0.7250	0.8622	0.0500	0.2019
10	0.0139	0.0774	0.2667	0.3107	0.2375	0.3600	0.0500	0.1245
11	0.1083	0.0194	0.2667	0.3107	0.2375	0.3600	0.0500	0.0632

| 样本 t | 因子的归一化值 | | | | | | | BOD$_5$ 归一化值 |
(时段)	x'_{i1}	x'_{i2}	x'_{i3}	x'_{i4}	x'_{i5}	x'_{i6}	x'_{i7}	y'_{i0}
12	0.2750	0.3677	0.0333	0.2627	0.2375	0.1644	0.0500	0.1103
13	0.1806	0.4097	0.0333	0.2627	0.2375	0.1644	0.0500	0.1206
14	0.2111	0.1839	0.1000	0.3133	0.075	0.0378	0.0500	0.0510
15	0.1611	0.1839	0.1000	0.3133	0.075	0.0378	0.0500	0.0974

注：13～15 为检测样本。

表 5-4　各实例的因子数 n、训练样本数 N_1、检验样本数 N_2 和广义复相关系数 R_n

| 项目 | 预测实例 | | | | | | |
	实例 1	实例 2	实例 3	实例 4	实例 5	实例 6	实例 7
n	7	8	4	3	5	4	4
N_1	12	16	15	20	18	20	18
N_2	3	2	4	5	6	3	3
R_n	1.0680	0.7250	0.2957	0.6594	0.7622	0.7128	0.7898

由隐节点数 H_0-R_n 关系式(4-14)和 6 个隐节点数经验公式(4-23)～式(4-28)计算得到实例 1 的 BP 网络建模的隐节点数，如表 5-5 第 1 行所示。用 H_0-R_n 关系式(4-14)构建的 BP 网络对实例 1 建模样本训练过程中，当优化目标函数式 min$Q$ 满足表 5-2 第 1 行所示的值时，停止训练，计算得到训练好的 BP 网络对实例 1 的 3 个检测样本(样本 13、样本 14、样本 15)的模型计算输出值 y'_i，如表 5-6 所示。将 y'_i 代入预测变量 Y 的归一化变换式(5-1)进行逆运算，计算得到各检测样本的预测值 y_i，如表 5-7 所示。计算得到各检测样本的预测值 y_i 与其实际值 y_{i0} 的相对误差绝对值 r_i 及其平均值，如表 5-8 所示。类似，用 6 个隐节点数经验公式(4-23)～式(4-28)计算得到的隐节点数(表 5-5 的第 1 行)构建的 BP 网络对实例 1 的各检测样本的模型计算输出值 y'_i、预测值 y_i 及其与实际值 y_{i0} 的相对误差绝对值 r_i，亦分别见表 5-6、表 5-7 和表 5-8。

表 5-5　用 H_0-R_n 关系式和 6 个经验公式计算得到各实例的 BP 网络隐节点数

| 实例 | 隐节点数 | | | | | | |
	fc	f1	f2	f3	f4	f5	f6
实例 1	2	8	3	11	1	6	3
实例 2	4	8	4	12	2	7	3
实例 3	9	7	3	5	3	5	2
实例 4	3	7	4	4	5	4	2
实例 5	4	7	4	7	3	5	2
实例 6	3	7	4	6	4	5	2
实例 7	4	7	4	5	3	5	2

表 5-6　不同隐节点数构建的 BP 网络对各实例检测样本的模型计算输出值 y_i'

实例	检测样本 i	y_i'						
		fc	f1	f2	f3	f4	f5	f6
实例 1 (洛河)	13	0.1185	0.1271	0.1110	0.1213	0.1361	0.1186	0.1110
	14	0.0696	0.0897	0.0361	0.0903	0.0903	0.0110	0.0361
	15	0.0831	0.1045	0.1323	0.1090	0.0884	0.1058	0.1323
实例 2 (青弋江)	17	0.6804	0.7356	0.6804	0.6859	0.7474	0.7007	0.7674
	18	0.1017	0.0852	0.1017	0.0481	0.1104	0.2407	0.2311
实例 3 (南昌市降水)	16	0.1842	0.2000	0.1111	0.2889	0.1111	0.2889	0.3389
	17	0.1713	0.1389	0.1333	0.1833	0.1333	0.1833	0.1167
	18	0.1763	0.2667	0.2444	0.1778	0.2444	0.1778	0.2833
	19	0.2486	0.3778	0.3611	0.3000	0.3611	0.3000	0.1167
实例 4 (郭庄泉流量)	21	0.4198	0.4103	0.3966	0.3966	0.5483	0.3966	0.5724
	22	0.3021	0.3138	0.4000	0.4000	0.3586	0.4000	0.3241
	23	0.3004	0.2897	0.2897	0.2897	0.1759	0.2897	0.2828
	24	0.1044	0.2086	0.2293	0.2293	0.2293	0.2293	0.0621
	25	0.0640	0.1017	0.1793	0.1793	0.0914	0.1793	0.1983
实例 5 (滦河地下水位)	19	0.0989	0.4556	0.0989	0.4556	0.6556	0.2444	0.4667
	20	0.0869	0.4444	0.0869	0.4444	0.5722	0.1556	0.4333
	21	0.1006	0.5833	0.1006	0.5833	0.6167	0.3667	0.5611
	22	0.6117	0.6333	0.6117	0.6333	0.6778	0.6389	0.6278
	23	0.7860	0.6722	0.7860	0.6722	0.7000	0.7722	0.4667
	24	0.8766	0.7333	0.8766	0.7333	0.7722	0.5389	0.6556
实例 6 (伊犁河雅马渡站年径流量)	21	0.7155	0.5680	0.5600	0.5680	0.5600	0.5120	0.4720
	22	0.1053	0.3560	0.3560	0.3320	0.3560	0.3360	0.3880
	23	0.1068	0.3600	0.3360	0.3280	0.3360	0.3320	0.3840
实例 7 (某水库年径流量)	19	0.3768	0.4432	0.376	0.3750	0.4659	0.3750	0.4545
	20	0.4015	0.4545	0.015	0.3750	0.4318	0.3750	0.4318
	21	0.4096	0.3068	0.409	0.4205	0.4318	0.4205	0.4545

表 5-7　不同隐节点数构建的 BP 网络对各实例检测样本的预测值 y_i

实例	检测样本 i	y_i						
		fc	f1	f2	f3	f4	f5	f6
实例 1 (洛河)	13	2.69	2.82	2.57	2.73	2.96	2.69	2.57
	14	1.93	2.24	1.41	2.25	2.25	1.02	1.41
	15	2.14	2.47	2.90	2.54	2.22	2.49	2.90
实例 2 (青弋江)	17	15.19	15.93	15.19	15.26	16.09	15.46	16.36
	18	7.37	7.15	7.37	6.65	7.49	9.25	9.12
实例 3 (南昌市降水)	16	4.49	4.56	4.40	4.72	4.40	4.72	4.81
	17	4.53	4.45	4.44	4.53	4.44	4.53	4.41

实例	检测样本 i	y_i						
		fc	f1	f2	f3	f4	f5	f6
实例 3 （南昌市降水）	18	4.52	4.68	4.64	4.52	4.64	4.52	4.71
	19	4.65	4.88	4.85	4.74	4.85	4.74	4.41
实例 4 （郭庄泉流量）	21	4.43	4.38	4.30	4.30	5.18	4.30	5.32
	22	3.75	3.82	4.32	4.32	4.08	4.32	3.88
	23	3.74	3.68	3.68	3.68	3.02	3.68	3.64
	24	2.61	3.21	3.33	3.33	2.46	3.33	2.36
	25	2.37	2.59	3.04	3.04	2.53	3.04	3.15
实例 5 （滦河地下水位）	19	5.48	6.12	5.48	6.12	6.48	5.74	6.14
	20	5.46	6.10	5.46	6.10	6.33	5.58	6.08
	21	5.48	6.35	5.48	6.35	6.41	5.96	6.31
	22	6.40	6.44	6.40	6.44	6.52	6.45	6.43
	23	6.71	6.51	6.71	6.51	6.56	6.69	6.14
	24	6.87	6.62	6.87	6.62	6.69	6.27	6.48
实例 6 （伊犁河雅马渡站年径流量）	21	449	412	410	412	410	398	388
	22	296	359	359	353	359	354	367
	23	297	360	354	352	354	353	366
实例 7 （某水库年径流量）	19	131	137	131	131	139	131	138
	20	133	138	133	131	136	131	136
	21	134	125	134	135	136	135	138

注：各实例检测样本 i 预测值 y_i 的单位与相应实际值 y_{i0} 的单位相同。

表 5-8　不同隐节点数构建的 BP 网络对各实例检验样本预测值的相对误差 r_i 及平均值和最大值

实例	样本	r_i/%						
		fc	f1	f2	f3	f4	f5	f6
实例 1	13	1.10	3.72	5.59	0.07	8.70	1.09	5.59
	14	17.68	36.84	13.80	36.91	36.87	37.55	13.80
	15	9.32	4.52	22.75	7.49	6.03	5.61	22.75
	平均	9.37	15.03	14.05	14.82	17.20	14.75	14.05
	最大	17.68	36.84	22.75	36.91	36.87	37.55	22.75
实例 2	17	2.63	2.11	2.63	2.18	3.17	0.87	4.85
	18	9.01	11.75	9.01	17.88	7.55	14.21	12.64
	平均	5.82	6.93	5.82	10.03	5.36	7.54	8.74
	最大	9.01	11.75	9.01	17.88	7.55	14.21	12.64
实例 3	16	1.49	0.91	4.33	3.44	4.33	3.44	4.60
	17	0.67	0.46	0.50	1.40	0.50	1.40	1.31
	18	1.09	2.49	1.45	0.97	1.45	0.97	3.11
	19	0.42	4.51	3.83	1.45	3.83	1.45	5.53
	平均	0.92	2.09	2.53	1.82	2.53	1.82	3.64
	最大	1.49	4.51	4.33	3.44	4.33	3.44	5.53

实例	样本	r_j/%						
		fc	f1	f2	f3	f4	f5	f6
实例 4	21	8.26	9.47	11.24	11.24	7.05	11.24	10.02
	22	3.59	2.01	10.71	10.71	4.62	10.71	0.54
	23	11.64	9.86	9.93	9.93	9.96	9.93	8.70
	24	7.77	13.35	17.81	17.81	13.12	17.81	16.61
	25	3.04	12.56	32.21	32.21	9.96	32.21	36.80
	平均	6.86	9.45	16.38	16.38	8.94	16.38	14.53
	最大	11.64	13.35	32.21	32.21	13.12	32.21	36.80
实例 5	19	0.00	11.74	0.00	11.74	18.22	4.74	12.03
	20	1.30	13.40	1.30	13.40	17.66	3.68	13.08
	21	0.54	15.24	0.54	15.24	16.30	8.14	14.57
	22	9.59	10.29	9.59	10.29	11.62	10.50	10.11
	23	6.17	2.99	6.17	2.99	3.73	5.88	2.86
	24	4.72	0.89	4.72	0.89	1.98	4.37	1.16
	平均	3.72	9.09	3.72	9.09	11.58	6.22	8.97
	最大	9.59	15.24	9.59	15.24	18.22	10.50	14.57
实例 6	21	11.94	2.82	2.33	2.76	2.33	0.51	3.15
	22	5.83	28.15	27.06	26.23	27.06	26.53	31.23
	23	1.43	19.56	17.68	16.88	17.68	17.16	21.57
	平均	6.40	16.84	15.69	15.29	15.69	14.73	18.65
	最大	11.94	28.15	27.06	26.23	27.06	26.53	31.23
实例 7	19	1.72	2.96	1.72	1.84	4.53	1.84	3.56
	20	0.53	4.05	0.53	1.00	2.92	1.00	2.81
	21	0.75	6.17	0.75	1.46	2.08	1.46	4.03
	平均	1.00	4.39	1.00	1.43	3.18	1.43	3.47
	最大	1.72	6.17	1.72	1.84	4.53	1.84	4.03

5.3　基于 H_0-R_n 的 BP 网络的青弋江宝塔根断面 COD_{Cr} 预测

实例 2　以青弋江海南渡断面的 DO、COD_{Mn}、BOD_5、NH_3-N、石油类、COD_{Cr} 和宝塔根断面的总磷(TP)、总氮(TN) 8 项指标的监测数据作为因子，建立以宝塔根断面同步监测的化学需氧量(COD_{Cr})数据作为预测变量的 BP 网络预测模型。其 18 组监测数据[2]如表 5-9 所示。用前 16 组数据作为建模样本，后 2 组数据留作检测样本。设置 8 个因子 X_j($j=1,2,\cdots,8$)和预测变量 Y 的归一化变换式(5-1)中的 x_{jM} 和 x_{jm} 如表 5-2 第 2 行所示。由表 5-9 中 18 个样本的因子实际值 x_{ij}($i=1,2,\cdots,18$；$j=1,2,\cdots,8$)和预测变量实际值 y_{i0}($i=1,2,\cdots,18$)及表 5-2 中第 2 行的 x_{jM} 和 x_{jm} 值，计算得到 18 个样本的 8 个因子归一化值 x'_{ij}($i=1,2,\cdots,18$；$j=1,2,\cdots,8$)和预测变量归一化值 y'_{i0}($i=1,2,\cdots,18$)，如表 5-10 所示。

表 5-9　青弋江宝塔根断面的 CODCr 及其 8 个因子的实际值

样本 i	年.月	因子实际值								CODCr 实际值
		x_{i1}	x_{i2}	x_{i3}	x_{i4}	x_{i5}	x_{i6}	x_{i7}	x_{i8}	y_{i0}
1	2004.01	9.12	3.26	0.30	0.037	0.133	12.99	0.861	0.131	13.48
2	2004.03	9.17	3.26	0.68	0.062	0.108	12.08	0.478	0.132	13.60
3	2004.05	6.95	3.10	0.67	0.075	0.119	14.06	0.704	0.150	13.44
4	2004.07	5.74	3.27	1.38	0.059	0.126	14.22	0.530	0.131	14.25
5	2004.09	7.81	3.33	0.35	0.093	0.086	14.64	0.621	0.129	14.39
6	2004.11	9.21	4.58	0.38	0.108	0.135	14.62	0.753	0.135	14.97
7	2005.01	11.07	5.09	0.89	0.079	0.045	18.23	0.742	0.130	18.94
8	2005.03	9.92	3.62	1.32	0.300	0.042	12.59	0.857	0.132	13.36
9	2005.05	7.78	2.78	1.97	0.185	0.044	9.12	0.646	0.168	8.64
10	2005.07	7.90	4.46	1.31	0.210	0.048	7.76	0.766	0.131	18.72
11	2005.09	7.84	2.91	1.27	0.212	0.046	8.65	0.800	0.153	18.49
12	2005.11	8.12	3.21	1.89	0.274	0.049	8.68	0.722	0.150	8.20
13	2006.01	10.82	2.35	0.87	0.423	0.046	17.80	0.846	0.144	16.35
14	2006.03	8.26	2.20	0.93	0.380	0.045	16.56	0.846	0.150	16.96
15	2006.05	8.42	2.52	1.05	0.260	0.041	7.13	0.865	0.158	6.58
16	2006.07	7.90	4.46	1.23	0.210	0.048	16.54	0.766	0.131	15.90
17	2006.09	7.78	2.88	0.99	0.245	0.046	15.62	0.716	0.161	15.60
18	2006.11	6.75	2.44	1.18	0.674	0.040	8.40	0.622	0.262	8.10

注：17、18 为检测样本。$x_{i1} \sim x_{i8}$ 和 y_{i0} 的单位均为 mg/L。

表 5-10　青弋江的 CODCr 及因子的归一化值

样本 i	年.月	因子归一化值								CODCr 归一化值
		x'_{i1}	x'_{i2}	x'_{i3}	x'_{i4}	x'_{i5}	x'_{i6}	x'_{i7}	x'_{i8}	y'_{i0}
1	2004.01	0.6136	0.3818	0.9459	0.9757	0.0673	0.5192	0.8979	0.9267	0.5541
2	2004.03	0.6220	0.3818	0.7405	0.9400	0.3077	0.4464	0.1000	0.9200	0.5630
3	2004.05	0.2458	0.3333	0.7459	0.9214	0.2019	0.6048	0.5708	0.8000	0.5511
4	2004.07	0.0407	0.3848	0.3622	0.9443	0.1346	0.6176	0.1875	0.9267	0.6111
5	2004.09	0.3915	0.4030	0.9189	0.8957	0.5192	0.6512	0.3979	0.9400	0.6215
6	2004.11	9.6288	0.7818	0.9027	0.8743	0.0481	0.6496	0.6729	0.9000	0.6644
7	2005.01	0.9440	0.9364	0.6270	0.9157	0.9135	0.9384	0.6500	0.9333	0.9511
8	2005.03	0.7492	0.4909	0.3946	0.6000	0.9423	0.4872	0.8896	0.9200	0.5452
9	2005.05	0.3864	0.2364	0.0432	0.7643	0.9231	0.2096	0.4500	0.6800	0.1956
10	2005.07	0.4068	0.7455	0.4000	0.7286	0.8846	0.1008	0.7000	0.9267	0.9422

续表

样本 i	年.月	因子归一化值								COD_{Cr} 归一化值
		x'_{i1}	x'_{i2}	x'_{i3}	x'_{i4}	x'_{i5}	x'_{i6}	x'_{i7}	x'_{i8}	y'_{i0}
11	2005.09	0.3966	0.2758	0.4216	0.7257	0.9038	0.1720	0.7708	0.7800	0.9252
12	2005.11	0.4440	0.3667	0.0865	0.6371	0.8750	0.1744	0.6083	0.8000	0.1630
13	2006.01	0.9017	0.1060	0.6378	0.4243	0.9038	0.9040	0.8667	0.8400	0.7667
14	2006.03	0.4678	0.0606	0.6054	0.4857	0.9135	0.8048	0.8667	0.8000	0.8119
15	2006.05	0.4949	0.1575	0.5405	0.6571	0.9519	0.0504	0.9063	0.7467	0.0430
16	2006.07	0.4068	0.7455	0.4432	0.7286	0.8846	0.8032	0.7000	0.9267	0.7333
17	2006.09	0.3864	0.2667	0.5730	0.6786	0.9038	0.7296	0.5958	0.7267	0.7111
18	2006.11	0.2119	0.1333	0.4713	0.0657	0.9615	0.1520	0.4000	0.0533	0.1556

注：17、18 为检测样本。

实例 2 的因子数 n、训练样本数 N_1、检测样本数 N_2 及根据表 5-9 中建模样本因子和预测变量的实际值，由式(4-10)和式(4-6)计算得出实例 2 的广义复相关系数 R_n，如表 5-4 第 2 列所示；再由隐节点数 H_0-R_n 关系式(4-14)和 6 个经验公式(4-23)～式(4-28)，计算得到实例 2 的 BP 网络建模的隐节点数，如表 5-5 第 2 行所示。用 H_0-R_n 关系式(4-14)构建的 BP 网络对实例 2 的建模样本训练过程中，当优化目标函数式 $\min Q$ 满足如表 5-2 第 2 行所示的值时，停止训练，计算得到训练好的 BP 网络对实例 2 的 2 个检测样本的模型计算输出值 y'_i，如表 5-6 所示。将 y'_i 代入预测变量 Y 的归一化变换式(5-1)进行逆运算，计算得到 2 个检测样本的预测值 y_i，如表 5-7 所示。计算得到 2 个检测样本预测值 y_i 与其实际值 y_{i0} 的相对误差绝对值 r_i 及其平均值，如表 5-8 所示。类似，分别用 6 个隐节点数经验公式(4-23)～式(4-28)计算得到的隐节点数(表 5-5 的第 2 行)构建 BP 网络对实例 2 的 2 个检测样本的模型计算输出值 y'_i、预测值 y_i 及其与实际值 y_{i0} 的相对误差绝对值 r_i 和平均值，亦分别见表 5-6、表 5-7 和表 5-8。

5.4 基于 H_0-R_n 的 BP 网络的南昌市降水 pH 预测

实例 3 以江西省南昌市大气中的 SO_2、NO_x、TSP 和降尘 4 项污染指标的监测数据作为因子，建立南昌市降水同步监测的预测变量 pH 的 BP 网络预测模型。其 19 组监测数据[3]如表 5-11 所示。用前 15 组数据作为建模样本，后 4 组数据留作检测样本。4 个因子 $X_j (j=1,2,3,4)$ 和预测变量 Y 的归一化变换式(5-1)中的 x_{jM} 和 x_{jm} 设置如表 5-2 第 3 行所示。由表 5-11 中 19 个样本的 4 个因子实际值 $x_{ij} (i=1,2,\cdots,19; j=1,2,3,4)$ 和预测变量实际值 $y_{i0} (i=1,2,\cdots,19)$ 及表 5-2 第 3 行的 x_{jM} 和 x_{jm} 值，计算得到 19 个样本的 4 个因子归一化值 $x'_{ij} (i=1,2,\cdots,19; j=1,2,3,4)$ 和预测变量归一化值 $y'_{i0} (i=1,2,\cdots,19)$，亦见表 5-11。

表 5-11 南昌市的降水 pH 及因子的实际值和归一化值

样本 i	年份	因子的实际值				pH 的实际值	因子的归一化值				pH 的归一化值
		x_{i1}	x_{i2}	x_{i3}	x_{i4}	y_{i0}	x'_{i1}	x'_{i2}	x'_{i3}	x'_{i4}	y'_{i0}
1	1981	0.075	0.063	0.552	21.750	4.33	0.5139	0.9000	0.8680	0.9219	0.0722
2	1982	0.068	0.055	0.598	11.980	4.34	0.4167	0.7400	0.9600	0.3113	0.0778
3	1983	0.085	0.037	0.393	16.870	4.32	0.6528	0.3800	0.5500	0.6169	0.0667
4	1984	0.066	0.044	0.423	18.370	4.52	0.3889	0.5200	0.6100	0.7106	0.1778
5	1985	0.064	0.040	0.400	17.780	5.80	0.3611	0.4400	0.5640	0.6738	0.8889
6	1986	0.043	0.038	0.421	14.410	4.62	0.0694	0.4000	0.6060	0.4631	0.2333
7	1987	0.049	0.029	0.359	11.087	4.51	0.1528	0.2200	0.4820	0.2554	0.1722
8	1988	0.071	0.023	0.452	13.645	4.35	0.4583	0.1000	0.6680	0.4153	0.0833
9	1989	0.075	0.035	0.281	14.516	4.25	0.5139	0.3400	0.3260	0.4698	0.0278
10	1990	0.043	0.028	0.189	9.733	4.43	0.0694	0.2000	0.1420	0.1708	0.1278
11	1991	0.048	0.031	0.150	10.133	4.55	0.1389	0.2600	0.0640	0.1958	0.1944
12	1992	0.073	0.025	0.210	11.277	4.48	0.4861	0.1400	0.1840	0.2673	0.1556
13	1993	0.068	0.029	0.200	12.171	4.60	0.4167	0.2200	0.1640	0.3232	0.2222
14	1994	0.104	0.026	0.230	10.191	4.60	0.9167	0.1600	0.2240	0.1994	0.2222
15	1995	0.069	0.029	0.280	9.251	4.54	0.4306	0.2200	0.3240	0.1407	0.1889
16	1996	0.070	0.022	0.186	8.530	4.60	0.4444	0.0800	0.1360	0.0956	0.2222
17	1997	0.054	0.031	0.180	8.750	4.47	0.2222	0.2600	0.1240	0.1094	0.1500
18	1998	0.045	0.039	0.174	7.200	4.57	0.0972	0.4200	0.1120	0.0125	0.2056
19	1999	0.048	0.040	0.180	8.970	4.67	0.1389	0.4400	0.1240	0.1231	0.2611

注：16～19 为检测样本。$x_{i1} \sim x_{i4}$ 的单位均为 mg/m^3；y_{i0}(pH) 无单位。

实例 3 的因子数 n、训练样本数 N_1、检测样本数 N_2 及根据表 5-11 建模样本的因子和预测变量的实际值，由式 (4-10) 和式 (4-6) 计算得出实例 3 的广义复相关系数 R_n，如表 5-4 第 3 列所示；再由隐节点数 H_0-R_n 关系式 (4-14) 和 6 个经验公式 (4-23) ～式 (4-28)，计算得到实例 3 的 BP 网络建模的隐节点数，如表 5-5 的第 3 行所示。用 H_0-R_n 关系式 (4-14) 构建的 BP 网络对实例 3 的建模样本训练过程中，当优化目标函数式 min$Q$ 满足如表 5-2 第 3 行所示的值时，停止训练，计算得到训练好的 BP 网络对实例 3 的 4 个检测样本的模型计算输出值 y'_i，如表 5-6 所示。将 y'_i 代入预测变量 Y 的归一化变换式 (5-1) 进行逆运算，计算得到 4 个检测样本的预测值 y_i，如表 5-7 所示。计算得到 4 个检测样本的预测值 y_i 与其实际值 y_{i0} 的相对误差绝对值 r_i 及其平均值，如表 5-8 所示。类似，分别用 6 个隐节点数经验公式 (4-23) ～式 (4-28) 计算得到的隐节点数 (表 5-5 的第 3 行) 构建 BP 网络，对实例 3 的 4 个检测样本的模型计算输出值 y'_i、预测值 y_i 及其与实际值 y_{i0} 的相对误差绝对值 r_i 和平均值，亦分别见表 5-6、表 5-7 和表 5-8。

5.5   基于 H_0-R_n 的 BP 网络的郭庄泉流量预测

实例 4   以降雨量、河流量和取水量 3 个指标作为影响因子 $X_j(j=1,2,3)$，建立山西省郭庄泉流量 Y 的 BP 网络预测模型。其 25 组监测数据[4]如表 5-12 所示。用前 20 组数据作为建模样本，后 5 组数据留作检测样本。3 个因子 $X_j(j=1,2,3)$ 和预测变量 Y 的归一化变换式 (5-1) 中的 x_{jM} 和 x_{jm} 设置如表 5-2 第 4 行所示。由表 5-12 中 25 个样本的因子实际值 $x_{ij}(i=1,2,\cdots,25;\ j=1,2,3)$ 和预测变量实际值 $y_{i0}(i=1,2,\cdots,25)$ 及表 5-2 第 4 行的 x_{jM} 和 x_{jm} 值，计算得到 25 个样本的因子归一化值 $x'_{ij}(i=1,2,\cdots,25;\ j=1,2,3)$ 和预测变量归一化值 $y'_{i0}(i=1,2,\cdots,25)$，亦见表 5-12。

表 5-12   郭庄泉流量及因子的实际值和归一化值

样本 i	年份	因子的实际值			泉流量实际值	因子的归一化值			泉流量归一化值
		x_{i1}	x_{i2}	x_{i3}	y_{i0}	x'_{i1}	x'_{i2}	x'_{i3}	y'_{i0}
1	1976	604.4	3.47	0.29	7.12	0.9224	0.2609	0.9367	0.8828
2	1977	533.6	11.01	0.30	7.34	0.7079	0.8271	0.9333	0.9207
3	1978	523.2	6.49	0.34	7.07	0.6764	0.4880	0.9200	0.8741
4	1979	472.3	6.30	0.37	7.33	0.5221	0.4737	0.9100	0.9190
5	1980	492.0	1.90	0.41	7.65	0.5818	0.1429	0.8967	0.9741
6	1981	507.0	1.11	0.44	7.21	0.6273	0.0835	0.8867	0.8983
7	1982	511.9	1.83	0.45	7.18	0.6421	0.1376	0.8833	0.8931
8	1983	597.3	8.06	0.47	6.95	0.9009	0.6060	0.8767	0.8534
9	1984	531.4	1.69	0.48	7.26	0.7012	0.1271	0.8733	0.9069
10	1985	603.0	1.40	0.52	7.25	0.9181	0.1053	0.8600	0.9052
11	1986	352.0	0.85	0.58	7.09	0.1576	0.0639	0.8400	0.8776
12	1987	485.0	0.20	0.63	6.92	0.5606	0.0150	0.8233	0.8483
13	1988	619.0	8.69	0.70	6.85	0.9667	0.6534	0.8000	0.8362
14	1989	502.0	1.28	0.77	6.47	0.6121	0.0962	0.7767	0.7707
15	1990	567.3	1.99	0.84	6.21	0.8100	0.1496	0.7533	0.7259
16	1991	453.3	1.46	0.93	6.00	0.4645	0.1098	0.7233	0.6897
17	1992	504.3	0.62	1.02	5.52	0.6191	0.0466	0.6933	0.6069
18	1993	610.0	1.36	1.12	5.09	0.9394	0.1023	0.6600	0.5328
19	1994	506.4	1.09	1.23	5.05	0.6255	0.0820	0.6233	0.5259
20	1995	442.4	4.32	1.36	4.81	0.4315	0.3248	0.5800	0.4845
21	1996	601.3	13.05	1.47	4.84	0.9130	0.9850	0.5433	0.4897
22	1997	311.2	1.83	1.73	3.90	0.0339	0.1376	0.4567	0.3276
23	1998	544.2	1.12	2.05	3.35	0.7400	0.0842	0.3500	0.2328
24	1999	428.8	0.42	2.46	2.83	0.3903	0.0316	0.2133	0.1431
25	2000	491.8	0.37	2.88	2.30	0.5812	0.0278	0.0733	0.0517

注：21~25 为检测样本。x_{i1} 的单位为 mm；x_{i2} 的单位为 $10^9\text{m}^3/\text{s}$；x_{i3} 和 y_{i0} 的单位均为 m^3/s。

实例 4 的因子数 n、训练样本数 N_1、检测样本数 N_2 及根据表 5-12 建模样本的因子和预测变量的实际值,由式(4-10)和式(4-6)计算得出实例 4 的广义复相关系数 R_n,如表 5-4 第 4 列所示;再由隐节点数 H_0-R_n 关系式(4-14)和 6 个经验公式(4-23)~式(4-28),计算得到实例 4 的 BP 网络建模的隐节点数,如表 5-5 第 4 行所示。用 H_0-R_n 关系式(4-14)构建的 BP 网络对实例 4 的建模样本训练过程中,当优化目标函数式 $\min Q$ 满足如表 5-2 第 4 行所示的值时,停止训练,计算得到训练好的 BP 网络对实例 4 的 5 个检测样本的模型计算输出值 y_i',如表 5-6 所示。将 y_i' 代入预测变量 Y 的归一化变换式(5-1)进行逆运算,计算得到 5 个检测样本的预测值 y_i,如表 5-7 所示。计算得到 5 个检测样本预测值 y_i 与其实际值 y_{i0} 的相对误差绝对值 r_i 及其平均值,如表 5-8 所示。类似,分别用 6 个隐节点数经验公式(4-23)~式(4-28)计算得到的隐节点数(表 5-5 的第 4 行)构建的 BP 网络对实例 4 的 5 个检测样本的模型计算输出值 y_i'、预测值 y_i 及其与实际值 y_{i0} 的相对误差绝对值 r_i 和平均值,亦分别见表 5-6、表 5-7 和表 5-8。

5.6 基于 H_0-R_n 的 BP 网络的滦河地下水位预测

实例 5 以河道流量、气温、饱和差、降水量和蒸发量 5 个指标作为因子 $X_j(j=1,2,3,4,5)$,建立滦河某观测站地下水位 Y 的 BP 网络预测模型。其 24 组(即 24 个月)监测数据[5]如表 5-13 所示。用前 18 组数据作为建模样本,后 6 组数据留作检测样本。5 个因子 $X_j(j=1,2,3,4,5)$ 和预测变量 Y 的归一化变换式(5-1)中的 x_{jM} 和 x_{jm} 设置如表 5-2 第 5 行所示。由表 5-13 中 24 个样本的因子实际值 $x_{ij}(i=1,2,\cdots,24;\ j=1,2,3,4,5)$ 和预测变量实际值 $y_{i0}(i=1,2,\cdots,24)$ 及表 5-2 第 5 行的 x_{jM} 和 x_{jm} 值,计算得到 24 个样本的因子归一化值 $x_{ij}'(i=1,2,\cdots,24;\ j=1,2,3,4,5)$ 和预测变量归一化值 $y_{i0}'(i=1,2,\cdots,24)$,如表 5-14 所示。

表 5-13 滦河某观测站的地下水位及因子的实际值

样本 i (时序)	因子的 实际值 x_{ij}					地下水位 实际值
	x_{i1}	x_{i2}	x_{i3}	x_{i4}	x_{i5}	y_{i0}
1	1.5	−10.0	1.2	1	1.2	6.92
2	1.8	−10.0	2.0	1	0.8	6.97
3	4.0	−2.0	2.5	6	2.4	6.84
4	13.0	10.0	5.0	30	4.4	6.50
5	5.0	17.0	9.0	18	6.3	5.75
6	9.0	22.0	10.0	113	6.6	5.54
7	10.0	23.0	8.0	29	5.6	5.63
8	9.0	21.0	6.0	74	4.6	5.62
9	7.0	15.0	5.0	21	2.3	5.96
10	9.5	8.5	5.0	15	3.5	6.30

续表

样本 i (时序)	因子的实际值 x_{ij}					地下水位实际值
	x_{i1}	x_{i2}	x_{i3}	x_{i4}	x_{i5}	y_{i0}
11	5.5	0.0	6.2	14	2.4	6.80
12	12.0	0.5	4.5	11	0.8	6.90
13	0.5	1.0	2.0	1	1.0	6.70
14	3.0	−7.0	2.5	2	1.3	6.77
15	7.0	0.0	3.0	4	4.1	6.67
16	10.0	10.0	7.0	0	3.2	6.33
17	4.5	18.0	10.0	19	6.5	5.82
18	8.0	21.5	11.0	81	7.7	5.58
19	57.0	22.0	5.5	186	5.5	5.48
20	35.0	19.0	5.0	114	4.6	5.38
21	39.0	13.0	5.0	60	3.6	5.51
22	23.0	6.0	3.0	35	2.6	5.84
23	11.0	1.0	2.0	4	1.7	6.32
24	4.5	−7.0	1.0	6	1.0	6.56

注：19～24 为检测样本。x_{i1} 的单位为 m^3/s；x_{i2} 的单位为 ℃；x_{i3} 为饱和差；x_{i4} 和 x_{i5} 的单位均为 mm；y_{i0} 的单位为 m。

表 5-14 滦河地下水位及因子的归一化值

样本 i (时序)	因子归一化值 x'_{ij}					地下水位归一化值
	x'_{i1}	x'_{i2}	x'_{i3}	x'_{i4}	x'_{i5}	y'_{i0}
1	0.9435	0.9459	0.9000	0.9692	0.9067	0.9000
2	0.9387	0.9459	0.8333	0.9692	0.9600	0.9278
3	0.9032	0.7297	0.7917	0.9436	0.7467	0.8556
4	0.7581	0.4054	0.5833	0.8205	0.4800	0.6667
5	0.8871	0.2162	0.2500	0.8820	0.2267	0.2500
6	0.8226	0.0811	0.1667	0.3949	0.1867	0.1333
7	0.8065	0.0541	0.3333	0.8256	0.3200	0.1833
8	0.8226	0.1081	0.5000	0.5949	0.4533	0.1777
9	0.8548	0.2703	0.5833	0.8667	0.7600	0.3667
10	0.8145	0.4459	0.5833	0.8974	0.6000	0.5556
11	0.8790	0.6757	0.4833	0.9025	0.7467	0.8333
12	0.7742	0.6622	0.6250	0.9179	0.9600	0.8889
13	0.9597	0.6486	0.8333	0.9692	0.9333	0.7778
14	0.9194	0.8649	0.7917	0.9641	0.8933	0.8167
15	0.8548	0.6757	0.7500	0.9538	0.5200	0.7611
16	0.8065	0.4055	0.4167	0.9744	0.6400	0.5722
17	0.8952	0.1892	0.1667	0.8769	0.2000	0.2889

样本 i (时序)	因子 归一化值 x'_{ij}					地下水位 归一化值
	x'_{i1}	x'_{i2}	x'_{i3}	x'_{i4}	x'_{i5}	y'_{i0}
18	0.8387	0.0946	0.0833	0.5590	0.0400	0.1556
19	0.0484	0.0811	0.5417	0.0205	0.3333	0.1000
20	0.4032	0.1622	0.5833	0.3897	0.4533	0.0444
21	0.3387	0.3243	0.5833	0.6667	0.5867	0.1167
22	0.5968	0.5135	0.7500	0.7949	0.7200	0.3000
23	0.7903	0.6486	0.8333	0.9538	0.8400	0.5667
24	0.8952	0.8649	0.9167	0.9436	0.9333	0.7000

注：19～24 为检测样本。

    实例 5 的因子数 n、训练样本数 N_1、检测样本数 N_2 及根据表 5-13 中建模样本的因子和预测变量的实际值，由式(4-10)和(4-6)计算得出实例 5 的广义复相关系数 R_n，如表 5-4 第 5 列所示；再由隐节点数 H_0-R_n 关系式(4-14)和 6 个经验公式(4-23)～式(4-28)，计算得到实例 5 的 BP 网络建模的隐节点数，如表 5-5 第 5 行所示。用 H_0-R_n 关系式(4-14)构建的 BP 网络对实例 5 的建模样本训练过程中，当优化目标函数式 $\min Q$ 满足如表 5-2 第 5 行所示的值时，停止训练，计算得到训练好的 BP 网络对实例 5 的 6 个检测样本的模型计算输出值 y'_i，如表 5-6 所示。将 y'_i 代入预测变量 Y 的归一化变换式(5-1)进行逆运算，计算得到 6 个检测样本的预测值 y_i，如表 5-7 所示。计算得到 6 个检测样本预测值 y_i 与其实际值 y_{i0} 的相对误差绝对值 r_i 和平均值，如表 5-8 所示。类似，分别用 6 个隐节点数经验公式(4-23)～式(4-28)计算得到的隐节点数(表 5-5 的第 5 行)构建网络对实例 5 的 6 个检测样本的模型计算输出值 y'_i、预测值 y_i 及其与实际值 y_{i0} 的相对误差绝对值 r_i 和平均值，亦分别见表 5-6、表 5-7 和表 5-8。

5.7   基于 H_0-R_n 的 BP 网络的伊犁河雅马渡站年径流量预测

    实例 6 以前一年 11 月至当年 3 月新疆伊犁气象站的总降雨量、前一年 8 月欧亚地区月平均纬向环流指数、前一年 6 月欧亚地区月平均径向环流指数、前一年 6 月 2800MHz 太阳射电流量作为 4 个因子 $X_j (j = 1, 2, 3, 4)$，建立伊犁河雅马渡站年(均)径流量 Y 的 BP 网络预测模型。其 23 组(即 23 年)监测数据[6]如表 5-15 所示。用前 20 组数据作为建模样本，后 3 组数据留作检测样本。4 个因子 $X_j (j = 1, 2, 3, 4)$ 和预测变量 Y 的归一化变换式(5-1)中的 x_{jM} 和 x_{jm} 设置如表 5-2 第 6 行所示。由表 5-15 中 23 个样本的因子实际值 $x_{ij} (i = 1, 2, \cdots, 23; j = 1, 2, 3, 4)$ 和预测变量实际值 $y_{i0} (i = 1, 2, \cdots, 23)$ 及表 5-2 第 6 行给出的 x_{jM} 和 x_{jm} 值，计算得到 23 个样本的因子归一化值 $x'_{ij} (i = 1, 2, \cdots, 23; j = 1, 2, 3, 4)$ 和预测变量归一化值 $y'_{i0} (i = 1, 2, \cdots, 23)$，亦见表 5-15。

表 5-15　新疆伊犁河雅马渡站年径流量及因子的实际值和归一化值

样本 i	年份	因子的实际值				年径流量实际值	因子的归一化值				年径流量归一化值
		x_{i1}	x_{i2}	x_{i3}	x_{i4}	y_{i0}	x'_{i1}	x'_{i2}	x'_{i3}	x'_{i4}	y'_{i0}
1	1981	114.6	1.10	0.71	85	346	0.4023	0.2000	0.8947	0.1591	0.3040
2	1982	132.4	0.97	0.54	73	410	0.4708	0.3733	0.4474	0.1045	0.5600
3	1983	103.5	0.96	0.66	67	385	0.3596	0.3867	0.7632	0.0773	0.4600
4	1984	179.3	0.88	0.59	89	446	0.6512	0.4933	0.5789	0.1773	0.7040
5	1985	92.7	1.15	0.44	154	300	0.3181	0.1333	0.1842	0.4727	0.1200
6	1986	115.0	0.74	0.65	252	453	0.4038	0.6800	0.7368	0.9182	0.7320
7	1987	163.6	0.85	0.58	220	495	0.5908	0.5333	0.5526	0.7727	0.9000
8	1988	139.5	0.70	0.59	217	478	0.4981	0.7333	0.5789	0.7591	0.8320
9	1989	76.7	0.95	0.51	162	341	0.2565	0.4000	0.3684	0.5091	0.2840
10	1990	42.1	1.08	0.47	110	326	0.1235	0.2267	0.2632	0.2727	0.2240
11	1991	77.8	1.19	0.57	91	364	0.2608	0.0800	0.5263	0.1864	0.3760
12	1992	100.6	0.82	0.59	83	456	0.3485	0.5733	0.5789	0.1500	0.7440
13	1993	55.3	0.96	0.40	69	300	0.1742	0.3867	0.0789	0.0864	0.1200
14	1994	152.1	1.04	0.49	77	433	0.5465	0.2800	0.3158	0.1227	0.6520
15	1995	81.0	1.08	0.54	96	336	0.2731	0.2267	0.4474	0.2091	0.2640
16	1996	29.8	0.83	0.49	120	289	0.0762	0.5600	0.3158	0.3182	0.0760
17	1997	248.6	0.79	0.50	147	483	0.9177	0.6133	0.3421	0.4409	0.8520
18	1998	64.9	0.59	0.50	167	402	0.2112	0.8800	0.3421	0.5318	0.5280
19	1999	95.7	1.02	0.48	160	384	0.3296	0.3067	0.2895	0.5000	0.4560
20	2000	89.9	0.96	0.39	105	314	0.3073	0.3867	0.0526	0.2500	0.1760
21	2001	121.8	0.83	0.60	140	401	0.4300	0.5600	0.6053	0.4091	0.5240
22	2002	78.5	0.89	0.44	94	280	0.2635	0.4800	0.1842	0.2000	0.0400
23	2003	90.5	0.95	0.43	89	301	0.3096	0.4000	0.1579	0.1773	0.1240

注：21~23 为检测样本。x_{i1} 的单位为 mm；x_{i2} 和 x_{i3} 均为环流指数；x_{i4} 的单位为 10^{-22}W/($m^2 \cdot$Hz)；y_{i0} 的单位为 m^3/s。

　　实例 6 的因子数 n、训练样本数 N_1、检测样本数 N_2 及根据表 5-15 建模样本的因子和预测变量的实际值，由式(4-10)和式(4-6)计算得出实例 6 的广义复相关系数 R_n，如表 5-4 第 6 列所示；再由隐节点数 H_0-R_n 关系式(4-14)和 6 个经验公式(4-23)~式(4-28)，计算得到实例 6 的 BP 网络建模的隐节点数，如表 5-5 的第 6 行所示。用 H_0-R_n 关系式(4-14)计算得到的隐节点数构建的 BP 网络对实例 6 建模样本训练过程中，当优化目标函数式 min$Q$ 满足如表 5-2 第 6 行所示的值时，停止训练，计算得到训练好的 BP 网络对实例 6 的 3 个检测样本的模型计算输出值 y'_i，如表 5-6 所示。将 y'_x 代入预测变量 Y 的归一化变换式(5-1)进行逆运算，计算得到 3 个检测样本的预测值 y_i，如表 5-7 所示。计算得到 3 个检测样本预测值 y_i 与其实际值 y_{i0} 的相对误差绝对值 r_i 及其平均值，如表 5-8 所示。类似，分别用 6 个隐节点数经验公式(4-23)~式(4-28)计算得到的隐节点数(表 5-5 第 6 行)构建 BP 网络对实例 6 的 3 个检测样本的模型计算输出值 y'_i、预测值 y_i 及其与实际值 y_{i0} 的相对误差绝对值 r_i 和平均值，亦分别见表 5-6、表 5-7 和表 5-8。

5.8 基于 H_0-R_n 的 BP 网络的某水库年径流量预测

实例 7 以年均降雨量、树木植被的采伐面积、树木采伐量、流水含沙量等 4 个指标作为因子 $X_j (j = 1, 2, 3, 4)$，建立某水库流域年(均)径流量 Y 的 BP 网络预测模型。其 21 组(即 21 年)监测数据[7]如表 5-16 所示。用前 18 组数据作为建模样本，后 3 组数据留作检测样本。4 个因子 $X_j (j = 1, 2, 3, 4)$ 和预测变量 Y 的归一化变换式(5-1)中 x_{jM} 和 x_{jm} 的设置如表 5-2 的第 7 行所示。由表 5-16 中 21 个样本的因子实际值 $x_{ij} (i = 1, 2, \cdots, 21; j = 1, 2, 3, 4)$ 和预测变量实际值 $y_{i0} (i = 1, 2, \cdots, 21)$ 及表 5-2 中第 7 行的 x_{jM} 和 x_{jm} 值，计算得到 21 个样本的 4 个因子的归一化值 $x'_{ij} (i = 1, 2, \cdots, 21; j = 1, 2, 3, 4)$ 和预测变量的归一化值 $y'_{i0} (i = 1, 2, \cdots, 21)$，亦见表 5-16。

表 5-16 某水库流域年径流量及因子的实际值和归一化值

样本 i	年份	因子的实际值				年径流量实际值	因子的归一化值				年径流量归一化值
		x_{i1}	$x_{i2}/(\times 10^2)$	$x_{i3}/(\times 10^2)$	x_{i4}	y_{i0}	x'_{i1}	x'_{i2}	x'_{i3}	x'_{i4}	y'_{i0}
1	1981	184	151	290	3.30	180.0	0.8400	0.8766	0.9553	0.3708	0.9318
2	1982	152	205	433	3.20	143.0	0.5200	0.8191	0.9308	0.3483	0.5114
3	1983	136	800	1428	2.90	130.0	0.3600	0.1862	0.7598	0.2809	0.3636
4	1984	191	910	2124	3.54	179.0	0.9100	0.0691	0.6402	0.4247	0.9205
5	1985	124	825	2286	5.78	113.0	0.2400	0.1596	0.6124	0.9281	0.1705
6	1986	168	200	1430	5.64	164.0	0.6800	0.8245	0.7595	0.8966	0.7500
7	1987	182	180	164	4.12	178.0	0.8200	0.8457	0.9770	0.5550	0.9091
8	1988	186	50	2110	3.12	182.0	0.8600	0.9840	0.6426	0.3303	0.9545
9	1989	104	176	2840	3.87	103.0	0..0400	0.8500	0.5172	0.4989	0.0568
10	1990	104	176	2840	3.87	103.0	0.0400	0.8500	0.5172	0.4989	0.0568
11	1991	112	492	4861	2.68	106.0	0.1200	0.5138	0.1699	0.2315	0.0909
12	1992	108	406	5574	2.11	108.0	0.0800	0.6053	0.0474	0.1034	0.1136
13	1993	145	778	5462	2.96	150.0	0.4500	0.2096	0.0667	0.2944	0.5909
14	1994	122	928	4765	1.85	120.0	0.2200	0.0500	0.1864	0.0449	0.2500
15	1995	146	635	4681	2.84	151.0	0.4600	0.3617	0.2009	0.2674	0.6023
16	1996	158	517	5142	3.62	156.0	0.5800	0.4872	0.1216	0.4427	0.6591
17	1997	116	600	4806	3.84	114.0	0.1600	0.3989	0.1794	0.4921	0.1818
18	1998	142	750	5403	2.71	138.0	0.4200	0.2394	0.0768	0.2382	0.4545
19	1999	135	856	5321	3.24	133.5	0.3500	0.1266	0.0909	0.3573	0.4034
20	2000	129	754	4863	3.05	132.6	0.2900	0.2351	0.1696	0.3146	0.3932
21	2001	124	642	4457	3.14	133.0	0.2400	0.3543	0.2393	0.3348	0.3977

注：19~21 为检测样本。x_{i1} 的单位为 mm；x_{i2} 的单位为 m²；x_{i3} 的单位为 m³；x_{i4} 的单位为 kg/m³；y_{i0} 的单位为 m³/s。

实例 7 的因子数 n、训练样本数 N_1、检测样本数 N_2 及根据表 5-16 建模样本的因子和预测变量的实际值，由式(4-10)式(4-6)计算得出实例 7 的广义复相关系数 R_n，如表 5-4

第 7 列所示；再由隐节点数 H_0-R_n 关系式(4-14)和 6 个经验公式(4-23)～式(4-28)，计算得到实例 7 的 BP 网络建模的隐节点数，如表 5-5 第 7 行所示。用 H_0-R_n 关系式(4-14)计算得到的隐节点数构建的 BP 网络对实例 7 建模样本训练过程中，当优化目标函数式 min$Q$ 满足如表 5-2 第 7 行所示的值时，停止训练，计算得到训练好的 BP 网络对实例 7 的 3 个检测样本的模型计算输出值 y_i'，如表 5-6 所示。将 y_i' 代入预测变量 Y 的归一化变换式(5-1)进行逆运算，计算得到 3 个检测样本的预测值 y_i，如表 5-7 所示。计算得到 3 个检测样本预测值 y_i 与其实际值 y_{i0} 的相对误差绝对值 r_i 和平均值，如表 5-8 所示。类似，分别用 6 个隐节点数经验公式(4-23)～式(4-28)计算得到的隐节点数(表 5-5 的第 7 行)构建网络对实例 7 的 3 个检测样本的模型计算输出值 y_i'、预测值 y_i 及其与实际值 y_{i0} 的相对误差绝对值 r_i 和平均值，亦分别见表 5-6、表 5-7 和表 5-8。

5.9　不同结构的 BP 网络的实例预测结果比较

由表 5-8 可得：各实例不同结构(不同隐节点数)的 BP 模型预测的相对误差绝对值的最小值、最大值和平均值如图 5-1 所示[8]。

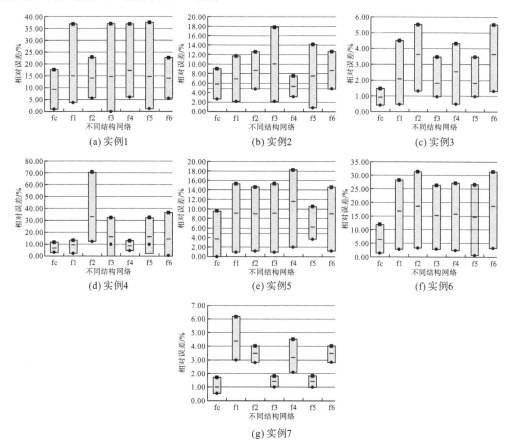

图 5-1　不同结构的 BP 网络对各实例预测的相对误差绝对值的最大值、最小值和平均值比较

从表 5-8 和图 5-1 可见，7 个预测实例中，除实例 2 用 H_0-R_n 关系式构建的 BP 模型的预测相对误差绝对值 r_i 的均值（5.82%）和最大值（9.01%）分别略大于用经验公式（4-26）构建的网络预测相对误差绝对值的均值（5.36%）和最大值（7.55%）外，其余用 H_0-R_n 关系式（4-14）构建的 BP 模型的预测相对误差绝对值的平均值和最大值，皆分别小于用 6 个隐节点数经验公式构建的 BP 模型的预测相对误差绝对值的平均值和最大值，验证了用隐节点数 H_0-R_n 关系式（4-14）确定的隐节点数构建 BP 模型比用传统的隐节点数经验公式构建的 BP 模型更具有可行性和实用性。

5.10　本 章 小 结

本章分别将隐节点数的 H_0-R_n 关系式和 6 个隐节点数经验公式计算得到的不同隐节点数构建的 BP 网络模型，用于对水文、水资源以及大气环境、水环境要素等 7 个实例进行预测，并比较不同模型的预测结果。结果表明：用隐节点数 H_0-R_n 关系式（4-14）构建的网络不仅有坚实的理论基础，而且用于 7 个实例预测效果优于用 6 个隐节点数经验公式构建的网络的预测效果，验证了隐节点数 H_0-R_n 反比关系式（4-14）的可行性和实用性。

参 考 文 献

[1] 李世玲. 基于投影寻踪和遗传算法的一种非线性系统建模方法[J]. 系统工程理论与实践, 2005, 25(4): 22-28.

[2] 李峻, 孙世群. 基于 BP 网络模型的青弋江水质预测研究[J]. 安徽工程科技学院学报(自然科学版), 2008, 23(2): 23-26.

[3] 徐源蔚, 李祚泳, 汪嘉杨. 基于集对分析的降水酸度及水质相似预测模型研究[J]. 环境污染与防治, 2015, 37(2): 59-62, 88.

[4] 高波. 郭庄泉流量衰减原因分析及对策[J]. 水资源保护, 2002, 18(1): 64-65, 70.

[5] 曹邦兴. 基于蚁群径向基函数网络的地下水预测模型[J]. 计算机工程与应用, 2010, 46(2): 224-226.

[6] 崔东文, 金波. 鸟群算法-投影寻踪回归模型在多元变量年径流预测中的应用[J]. 人民珠江, 2016, 37(11): 26-30.

[7] 郭淳. BP 神经网络结构设计及其在水环境中的应用[D]. 成都: 成都信息工程学院, 2010.

[8] 李祚泳, 余春雪, 张正健, 等. 基于最佳泛化能力的 BP 网络隐节点数反比关系式的环境预测模型[J]. 环境科学学报, 2021, 41(2): 718-730.

第6章　BP网络过拟合不确定关系式的几种表示式

BP 网络的训练过程中存在过拟合现象。所谓过拟合是指用有限的样本集对一个给定的 BP 网络进行训练,在训练过程的初始阶段,随着训练误差的减小,泛化误差(检验误差)也逐渐减小,但减小到某种程度后,尽管训练误差仍继续减小,泛化误差反而增大(即网络的泛化能力下降)的一种现象。BP 网络泛化能力(或称推广能力)是指经训练后的网络对未在训练集中出现(但具有同一规律)的样本做出正确反应的能力。BP 网络学习的目的是通过有限训练样本的学习找到隐含在样本背后的规律(如函数形式),因而相对于其他性能而言,网络的泛化能力是 BP 算法最重要的性能指标之一。它的高低是评定网络是否适合问题求解的一种很好的尺度。而网络的泛化能力与学习能力之间应该存在某种联系,因此,研究 BP 网络学习能力与泛化能力之间的关系是解决过拟合现象的关键。这个问题的解决将推动 BP 网络理论和应用的发展。正因为如此,BP 网络的学习能力和泛化能力的相互关系及其他因素对它们的影响的研究越来越受到人们的关注[1]。

6.1　BP 网络过拟合满足的测不准关系式

BP 网络属于前馈网络,前馈网络存在过拟合现象。研究 BP 网络过拟合现象出现时的学习能力与泛化能力之间的相互关系是 BP 网络建模的基本问题之一。关于 BP 网络的泛化能力的研究,国内外已开展了不少工作[2-11]。Atiya 和 Ji[2]从实际应用中得出网络的泛化能力依赖于网络的结构和训练样本的特性。Levin 等[3]在随机框架下讨论了多层神经网络学习的一般输入输出关系问题。他们将信息论中的最小长度准则和神经网络的随机理论联系起来,用网络训练后预测一独立输入输出对的概率作为网络泛化能力的一种度量。Fogel[4]和 Murata 等[5]均在考虑了网络泛化能力后,推广了 Akaike 信息准则,导出新的网络信息准则,对给定的训练集,可用它们选择优化网络模型。Schwartz[6]研究了网络平均泛化能力的统计理论框架,把泛化能力视作权向量的函数 $g(\bar{\omega})$,给出了网络平均泛化能力随样本数 N 的变化规律。但困难在于除一些简单情况外,关于泛化能力的先验分布 $\rho_0(g)$ 的知识一般无法通过解析法求得。Wolpert[7]从数学上提出用构造推广器的方案来研究一般的推广问题。文献[8]指出设计最优隐层神经元数目是解决过拟合现象的关键,但寻求最优隐层神经元个数并非易事。文献[9]对复杂系统给出了一种将系统分块模拟提高网络泛化能力的神经网络算法。文献[10]从提高网络特征能力、分类能力和修改神经元激活函数等几方面给出了提高前馈网络泛化能力的若干实际方案。文献[11]提出了与 BP 算法相结合的，以权值修正量小于某一给定的较小值为收敛标准的权值控制算法来提高 BP 网络的泛化能力。总的说来，国内外在改善和提高网络的泛化能力的实际算法方面取得了若干进展[12]，但已有的研究大多集中在分析训练样本复杂性或网络结构的复杂性对网络泛化能力的影响，而真正从理论角度系统分析影响网络泛化能力的因素的研究进展不大，比如有关 BP 网络过拟合现象出现时的学习能力和泛化能力与网络结构、样本复杂性之间关系的定量研究则很少有报道。

6.1.1　BP 网络权值改变与辨识误差满足的过拟合测不准关系式

在信息论中，根据香农-维纳(Shannon-Wiener，S-W)公式，一个质量为 m 的物体以光量子形式传递的最大平均信息量 S 满足一般测不准关系式[13]：

$$|\Delta p| \cdot |\Delta x| \geqslant \frac{S\hbar}{2\log_2(1 + M/N)} \tag{6-1}$$

式中，Δp 和 Δx 分别为物体的动量变化和位置变化；S 为传递的最大平均信息量；M 为信息的平均功率；N 为环境噪声的平均功率；M/N 为信噪比；$\hbar=h/2\pi$，h 为普朗克常数。

从信息论观点看，BP 网络的学习(训练)和测试过程是网络从训练样本获得的信息，经激活函数作用后，以权值作载体，传递并输出信息的过程。在训练过程中，不断改变网络的权值，以适应从样本获取信息的学习能力。将 BP 网络学习过程与信息论中的信息传递过程相类比，二者之间的有关量有如表 6-1 所示的对应关系[14]。

表 6-1　信息传递过程与 BP 网络学习过程有关量的对应关系

信息传递过程中的有关量	BP 网络学习过程中的有关量
Δp：观测到的物体的动量变化	ΔW：计算得到的 BP 网络的权值改变量
Δx：观测到的物体的位置变化	Δy：计算得到的网络对新样本的辨识误差
S：系统传递的最大平均信息量	n：网络所能传递的最大平均信息量
M：信息平均功率	M'：训练样本集的网络输出平均归一化值
N：环境噪声平均功率	N'：训练样本集的网络输出的方均根误差(噪声)
M/N：信噪比	M'/N'：网络输出信号与误差的比值
$\hbar = \dfrac{h}{2\pi}$，h 为普朗克常数	p：过拟合参数

根据表 6-1 中二者有关量的对应关系，类比信息论中的一般测不准关系式(6-1)，可以推测：在 BP 网络训练过程中出现过拟合现象停止训练时，样本集相继训练两遍后的网络权值改变量的绝对值 $|\Delta W|$(反映学习能力)与网络对未参与训练的新样本的辨识误差的绝对值 $|\Delta y|$(表征泛化能力)之间也应满足类似的过拟合不确定关系式，此过拟合测不准关系式[15]如式(6-2)所示。

$$|\Delta W| \cdot |\Delta y| \geqslant \frac{np}{2\log_2(1 + M'/N')} \tag{6-2}$$

式中，p 为满足关系式(6-2)的过拟合参数；n 为网络输入节点数(样本因子数)，在满足 $\log_2 N_1 > 3$ (N_1 为训练样本数)和 $n \geqslant 2$ 情况下，代表信息量；M' 和 N' 分别为网络训练完 t 遍后，训练样本集的网络输出平均归一化值和输出的方均根误差，如式(6-3)和式(6-4)所示。

$$M' = \sum_{i=1}^{N_1} O_{ki} / N_1 \tag{6-3}$$

$$N' = \sqrt{\sum_{i=1}^{N_1} (O_{ki} - T_{ki})^2 / N_1} \tag{6-4}$$

而 N_2 个未参与训练的测试样本集的辨识误差 Δy 用方均根误差计算：

$$|\Delta y| = \sqrt{\sum_{i'=1}^{N_2} (O_{ki'} - T_{ki'})^2 / N_2} \tag{6-5}$$

式中，N_2 为未加入训练的新样本的数目；$Q_{ki'}$ 和 $T_{ki'}$ 分别为样本 i' 在输出节点 k 的网络输出值和期望输出值。第 i 个输入节点的权值计算公式为

$$W_j = \sum_{j'=1}^{H} |W_{jj'}| \cdot |V_{j'}| \tag{6-6}$$

式中，H 为隐节点个数；$W_{jj'}$ 为第 j 个输入节点与第 j' 个隐节点的连接权值；$V_{j'}$ 为第 j' 个隐节点与输出节点的连接权值。网络相继训练完两遍后，n 个输入节点的权值改变量的绝对值的和的平均值为

$$\Delta W = \frac{1}{n}\sum_{j=1}^{n} |\Delta W_j| = \frac{1}{n}\sum_{j=1}^{n} |W_j(T) - W_j(T-1)| \tag{6-7}$$

6.1.2　数值模拟实验

1)确定过拟合参数值

用包含输入层、隐层和 1 个输出节点的输出层的三层 BP 网络建模进行数值模拟实验。将模拟的连续函数设计为三类[15]：A 类，简单的线性或近似线性函数；B 类，较复杂的幂函数和对数函数等；C 类，复杂的指数函数和线性函数的逆函数等。各类函数的输入节点数 n 和隐节点数 H 的变化范围见表 6-2。对各类函数，训练样本数 N_1、因子数 n、系数 a_i 和自变量 x_j 均在各自的限定范围内随机赋予，一共进行了数百次任意组合建模实验，得到表 6-2 中三类不同复杂函数的 BP 网络训练过程中，当过拟合现象出现时，满足测不准关系式(6-2)成立的$|\Delta W|$、$|\Delta y|$、过拟合参数 p 和 N' 如表 6-2 所示。

表 6-2   三类不同函数过拟合现象出现时的有关参数变化范围

函数类型	H 变化范围	n 变化范围	权值改变 $|\Delta W|$	测试样本方均根误差 $|\Delta y|$	过拟合参数 p	输出的方均根误差 N'
A 类	3～15	3～9	10^{-4}～10^{-3}	10^{-2}～10^{-1}	10^{-6}～10^{-4}	10^{-2}～10^{-1}
B 类	3～15	3～9	10^{-3}～10^{-2}	10^{-2}～10^{-1}	10^{-5}～10^{-3}	10^{-2}～10^{-1}
C 类	3～15	3～9	10^{-3}～10^{-2}	10^{-2}～10^{-1}	10^{-5}～10^{-3}	10^{-2}～10^{-1}

一般，p 的取值范围为 $[10^{-6}, 10^{-3}]$，不同类的函数的取值范围略有差异。从式(6-2)可见，BP 网络出现过拟合现象后，若继续训练，$|\Delta W|$ 将继续减小，而 $|\Delta y|$ 必然增大，过拟合现象将更加显著。

2) 函数复杂性的判定

函数的复杂性可以用复相关系数来描述，复相关系数的定义及计算见 4.3.2 节。通过数值模拟实验得到表 6-2 中三类函数 $n=3$～5 的复相关系数 R 如表 6-3 所示。一般而言，随着函数复杂性的增加，复相关系数逐渐减小，即 $R_A > R_B > R_C$。

表 6-3   几类不同函数的复相关系数 R 随因子数 n 不同而变化情况

函数类型	函数名称	R		
		$n=3$	$n=4$	$n=5$
A 类	线性函数	1.0000	1.0000	1.0000
B 类	对数函数	0.9839	0.9786	0.9780
	幂函数	0.9835	0.9722	0.9704
C 类	指数函数	0.8954	0.8059	0.7893
	线性逆函数	0.9051	0.8378	0.7889

6.1.3   过拟合判别式

设问题的训练样本数为 N_1，因子数为 n。首先依据 N_1 个训练样本的 n 个因子的数据，计算得到复相关系数 R 的大小，粗略估计问题的复杂度，由复杂度从表 6-3 中确定出函数类型；再依据表 6-2 选取测不准关系式(6-2)中参数 p 的取值范围。因为过拟合刚出现时，一般有 $|\Delta y| \sim |N'|$，因此，在式(6-2)中，令 $p=p_0$ 和 $|\Delta y|=|N'|$，则测不准关系式(6-2)变为

$$|\Delta W| \cdot |N'| \geqslant \frac{np_0}{2\log_2(1 + M'/N')} \tag{6-8}$$

式中，各字母的意义与式(6-2)中相应字母意义相同。在 BP 网络训练的初期阶段，由于 $|\Delta W|$ 和 $|N'|$ 都较大，不确定关系式(6-8)总能满足，随着训练的进行，不确定关系式(6-8)左边 $|\Delta W|$ 和 $|N'|$ 迅速减小，而右边变化不大。当训练进行到某个时刻，式(6-8)不再成立，出现：

$$|\Delta W| \cdot |N'| \leqslant \frac{np_0}{2\log_2(1 + M'/N')} \tag{6-9}$$

式(6-9)说明此时已出现过拟合现象，应停止训练。过拟合判别式(6-9)即可作为 BP 网络过拟合现象出现的判别依据。用多组不同数据对 BP 网络进行训练和检验过程中，当出现了从判别式(6-8)到式(6-9)的符号改变时，列出其中 3 组数据，BP 网络出现过拟合现象前后分别满足关系式(6-8)和式(6-9)的 $|\Delta W_1|$ 和 $|\Delta W_2|$ 见表 6-4。

表 6-4　由过拟合判别式判断过拟合现象出现前后权值改变的数值检验结果

函数类型	N_1	n	H	p_0	M'	N'	$|\Delta W_1|$	$|\Delta W_2|$
A 类	70	6	13	1.0×10^{-5}	1.90×10^{-1}	2.23×10^{-2}	4.11×10^{-3}	4.00×10^{-4}
B 类	20	3	7	1.0×10^{-5}	1.02×10^{-1}	2.64×10^{-2}	1.66×10^{-3}	1.70×10^{-4}
C 类	25	4	4	1.0×10^{-6}	1.67×10^{-1}	3.12×10^{-2}	2.14×10^{-4}	2.20×10^{-5}

6.1.4　结论

通过三类不同复杂函数的 BP 网络数值模拟实验，确定出 BP 网络的过拟合测不准关系式(6-2)中的过拟合参数 p 的取值范围(区间)为 $1 \times 10^{-6} \sim 1 \times 10^{-3}$，且过拟合参数 p 的取值范围随函数复杂性的增大(复相关系数减小)而扩大。因此，实际问题的 BP 网络建模过程中，满足过拟合判别式时，应停止训练，避免出现过拟合现象。

6.2　BP 网络过拟合不确定关系的改进式

6.1 节通过数值模拟实验，确定了测不准关系式(6-2)中过拟合参数 p 的取值范围为 $1 \times 10^{-6} \sim 1 \times 10^{-3}$；进一步指出参数的取值范围与问题(逼近函数)的复杂性 R 有关，而函数的复杂性又可用复相关系数来描述。不过，由于不同类型的不同复杂程度函数的复相关系数没有严格的区分界限，因而在实际问题的 BP 网络训练过程中，应用建立的测不准关系式判别过拟合现象是否出现时，由于判别式中过拟合参数 p 的取值有较大的不确定性，极大地限制了判别式用于指导 BP 网络建模过程中的作用。为此，需要对测不准关系式(6-2)进行改进，并通过模拟更多不同复杂程度函数的数值实验，重新确定出改进后的不确定关系式中过拟合参数 p 的取值范围。在此基础上进一步指出实际问题的 BP 网络训练过程中，为提高网络的泛化能力，防止出现过拟合现象的有效判别方法。

6.2.1　改进后的 BP 网络的不确定关系式

理论分析和应用实践均表明：BP 网络的学习能力和泛化能力与网络结构(主要指隐层节点数 H)、问题规模(给定训练样本数 N_1 和样本因子数 n)和问题复杂性程度(函数的类型)都有关[5]。问题复杂性程度可用函数复相关系数来近似刻画。事实上，问题复杂性不仅与问题的函数类型有关，也与问题规模即训练样本数 N_1 和因子数 n 有联系。但不确定关系式(6-2)右端的因子数 n 只部分反映了问题的复杂性，而未包含与训练样本数 N_1 和函数类型有关的复杂性；关系式(6-2)右端也没有能反映与学习能力和泛化能力有关的网络结构参数 H(隐节点数)。因此，关系式(6-2)中过拟合参数 p 的取值必然随函数类型、训练样本数 N_1 和网络结构参数 H 的不同而在较大范围内变化。为了尽可能减少上述因素对过拟合参数 p 的影响，使 p 的取值能被限制在一个较小范围内变化，对关系式(6-2)进行以下几点改进[16]：①用代表网络结构的隐节点数 H 替换关系式(6-2)右端的输入节点数 n；②在关系式(6-2)的右端引进一个能同时表征问题规模和函数类型复杂程度的复相关系数 R 作因子；③用相对权值改变量 $\Delta W = \Delta W_1 / \Delta W_2$ 取代关系式(6-2)中的绝对权值改变量 ΔW，从而得到改进后的过拟合不确定关系式，如式(6-10)所示[16]。

$$|\Delta W| \cdot |\Delta y| \geqslant \frac{RHp'}{2\log_2(1 + M'/N')} \tag{6-10}$$

式中，p' 为满足式(6-10)成立的过拟合参数；H 为构造 BP 网络的隐节点数；R 是描述问题复杂性(即训练样本集复杂性)的复相关系数；M'、N' 和 Δy 的意义与式(6-2)中的意义相同，其计算公式分别与式(6-3)～式(6-5)相同。而网络训练过程中，样本集相继训练完两遍后的相对权值改变量 ΔW 则用式(6-11)计算。

$$\Delta W = \Delta W_1 / \Delta W_2 \tag{6-11}$$

式中，

$$\Delta W_1 = \left\{ \sum_{j=1}^{n}\sum_{j'=1}^{H}\left[|W_{jj'}(t)| \times |V_{j'}(t)|\right] - \sum_{j=1}^{n}\sum_{j'=1}^{H}\left[|W_{jj'}(t-1)| \times |V_{j'}(t-1)|\right] \right\} / n \tag{6-12}$$

$$\Delta W_2 = \left\{ \sum_{j=1}^{n}\sum_{j'=1}^{H}\left[|W_{jj'}(t)| \times |V_{j'}(t)|\right] + \sum_{j=1}^{n}\sum_{j'=1}^{H}\left[|W_{jj'}(t-1)| \times |V_{j'}(t-1)|\right] \right\} / (2n) \tag{6-13}$$

式中，$W_{jj'}$ 为输入节点 j 与隐节点 j' 之间的连接权值；$V_{j'}$ 为隐节点 j' 与输出节点 k 之间的连接权值；t 为训练的遍数；n 为网络输入节点数。

6.2.2 确定过拟合参数 p 值的数值模拟实验

用通常的三层 BP 网络进行数值建模实验。为简化，选取网络输出节点个数 $k=1$ 个。数值实验过程中，分别在 $n=3$～8 范围内随机选取网络输入节点数和在 $H=3$～15 范围内随机选取隐节点数；分别在 $N_1=8$～128 范围内随机选取训练样本数和在 $N_2'=4$～64 范围内随机选取用作检验泛化能力的检测样本数。数值实验中采用各类模拟函数定义域内的因子随机取值的归一化值作为网络的因子输入值；而训练样本的期望输出值是各类模拟函数计算值的归一化值。一共模拟了线性函数类、对数函数类、指数函数类、幂函数类、三角函数类、反三角函数类和双曲函数类等 12 种不同类型复杂程度的函数。对上述各类函数均进行了数百组不同数值实验，得出 BP 网络过拟合现象出现时，学习能力与泛化能力之间应满足的一般不确定性关系式(6-10)中过拟合参数 p 的取值范围为 1×10^{-5}～5×10^{-4}，只有极个别例外。关系式(6-10)说明：构造隐节点数为 H 的三层 BP 网络对给定样本集进行训

练，当训练进行到一定阶段，出现过拟合现象后，若继续训练，虽然可以使 ΔW 进一步减小，提高了网络的学习能力，但因不等式 (6-10) 右端的 R、H、p' 均已固定，而因子 $\log_2(1+M'/N')$ 改变很小，因此，可以认为不等式右端近似保持不变。为保持不等式 (6-10) 成立，左端的 $|\Delta y|$ 增大，即泛化能力变差，这就是过拟合现象。

6.2.3　不确定关系式可判定建模过程中是否出现过拟合

BP 网络过拟合不确定关系式 (6-10) 同样可用于判别在实际问题的 BP 网络训练过程中，是否已出现过拟合。数值实验结果表明：在网络远未出现过拟合现象的训练阶段，一般说来训练样本的拟合误差 N' 与未参与训练的样本的辨识误差 Δy 大致处于同一数量级，即 $N' \sim \Delta y$（"$\sim$" 表示两者数量级相同，当然多数情况下 $|N'|<|\Delta y|$）。此阶段虽然未出现过拟合，但因 N' 和 Δy 都较大，因此，若用 N' 代替不等式 (6-10) 左端的 Δy，不确定关系式 (6-10) 自然成立。随着训练进行到接近或刚开始出现过拟合时，N' 与 Δy 接近相等，若用 N' 代替式 (6-10) 中的 Δy，关系式 (6-10) 仍然成立，即有

$$|\Delta W| \cdot |N'| \geqslant \frac{RHp'}{2\log_2(1+M'/N')} \tag{6-14}$$

式中，过拟合参数 p' 的取值范围如式 (6-15) 所示：

$$p' \in [p_1', p_2'] = [1\times10^{-5}, 5\times10^{-4}] \tag{6-15}$$

故对某具体问题建模，过拟合参数的限定范围为

$$5\times10^{-4} \geqslant \frac{2|\Delta W| \cdot |N'| \log_2(1+M'/N')}{RH} \geqslant 1\times10^{-5} \tag{6-16}$$

不等式组 (6-16) 说明：随着网络训练进行，$\dfrac{2|\Delta W| \cdot |N'| \log_2(1+M'/N')}{RH}$ 计算值逐渐减小，当它小于 5×10^{-4} 时，训练就进入了可能出现过拟合的阶段；若继续训练下去，直到计算值大于 1×10^{-5} 时，一定已出现过拟合，此时必须停止训练。基于过拟合不确定关系式 (6-10) 的 BP 网络应用于实际建模过程中的过拟合判别操作步骤如下。

步骤 1　由给定的 N_1 个训练样本的因变量及其 n 个自变量 (因子) 的数值，计算复相关系数 R。

步骤 2　在用 BP 网络对 N_1 个样本训练过程中，不断检验 $p' = \dfrac{2|\Delta W| \cdot |N'| \log_2(1+M'/N')}{RH}$ 计算值。

步骤 3　若在网络达到指定精度停止训练前，总有 $p'>5\times10^{-4}$，说明网络在训练过程中还未处于过拟合阶段，不用考虑过拟合；若在网络达到指定精度停止训练前，已有 $1\times10^{-4} \leqslant p'$ $<5\times10^{-4}$，则认为此时有可能已出现过拟合，就可取停止训练时的 p_0 值为过拟合参数值；若达到指定精度停止训练前，就已出现 $1\times10^{-5} \leqslant p' < 1\times10^{-4}$，甚至 $p'<1\times10^{-5}$，则可认为训练多半早已出现过拟合，尽管模型还未达到指定精度，也应停止训练。表 6-5 给出了 BP 网络用于 10 个实际问题训练过程中，过拟合参数 p_0' 的确定值及有关量计算结果。

表 6-5   几个实际问题的 BP 网络建模的过拟合判别结果

n	H	N_1	R	$\|\Delta W\|/$ $(\times 10^{-5})$	M'	N'	p_0'	$\|\Delta W\| \cdot \|N'\|/$ $(\times 10^{-5})$	$RHp_0'/\left[2\log_2(1+M'/N')\right]$ $/(\times 10^{-5})$
3	6	80	0.8870	43.100	0.6930	0.0735	1×10^{-4}	3.1679	7.8663
3	8	42	0.3859	252.763	0.0466	0.1554	1×10^{-4}	39.2794	40.7928
4	12	79	0.9280	104.000	0.2820	0.0711	5×10^{-5}	7.3944	12.0395
4	8	48	0.9217	200.216	0.3112	0.0797	1×10^{-4}	15.9572	16.0687
5	4	79	0.8968	60.234	0.6336	0.1018	1×10^{-4}	6.1318	6.2865
5	11	56	0.3460	86.300	0.0327	0.1420	2×10^{-5}	12.2546	12.7290
6	12	30	0.8280	25.500	0.1490	0.0440	1×10^{-5}	1.1220	2.3288
6	5	63	0.8320	59.900	0.3620	0.1490	1×10^{-4}	8.9251	11.6972
7	3	78	0.7770	58.500	0.1180	0.2080	1×10^{-4}	12.168	17.9764
7	11	82	0.9089	95.107	0.5443	0.0930	5×10^{-5}	8.8449	9.0008

6.2.4   结论

(1)改进后的 BP 网络过拟合不确定关系式(6-10)中的过拟合参数 p' 的取值范围为 $1\times 10^{-5}\sim 5\times 10^{-4}$,已比未作改进的 BP 网络过拟合不确定关系式(6-2)中的过拟合参数 p 的取值范围 $1\times 10^{-6}\sim 1\times 10^{-4}$ 缩小了 2 个数量级。

(2)由于复相关系数 R 不能完全表征问题的复杂性,因此,即使某些问题有相同的 R 值,其复杂性也可能不完全相同,从而使关系式中过拟合参数 p' 的取值仍存在差异。因此,对于一个实际问题,要准确地确定 p' 的取值有一定困难,一般只能在 $1\times 10^{-5}\sim 5\times 10^{-4}$ 范围内进行实验选取。

(3)一般说来,若用 BP 网络建立给定样本集的分类和识别模型,要求学习能力好是主要的,此时 N' 应尽可能小,由判别式(6-16)知,宜选择接近下限的值 $p_0'=1\times 10^{-5}$ 作为过拟合参数判定值;反之,若是建立 BP 网络的预测模型,要求学习能力和泛化能力二者兼顾,则宜选择过拟合参数变化范围的中段值作为过拟合参数判定值 p_0'。

(4)虽然 BP 网络过拟合不确定关系改进式(6-10)可以认为是普适的,但关系式中过拟合参数 p' 的取值范围只是通过若干不同类函数的过拟合数值模拟实验结果而定,因而只具有统计意义。

6.3   BP 网络学习能力与泛化能力之间满足的不确定关系式

6.3.1   BP 网络学习能力及泛化能力与其他因素之间的不确定关系式

虽然改进后的 BP 网络过拟合不确定关系式(6-10)中过拟合参数 p' 的取值范围已比原有 p 的取值范围缩小了 2 个数量级,但事实上,随着 BP 网络训练的继续进行,权值的改变

量 $|\Delta W|$ 逐渐减小，拟合效果越来越好，即网络对训练样本集的平均训练相对误差 $\overline{\left|\dfrac{\Delta z}{z}\right|}$ 逐渐减小，而网络对检验样本集的平均测试相对误差 $\overline{\left|\dfrac{\Delta y}{y}\right|}$ 与辨识误差 $|\Delta y|$ 变化趋势是一致的。

因此，若用 $\overline{\left|\dfrac{\Delta z}{z}\right|}$ 和 $\overline{\left|\dfrac{\Delta y}{y}\right|}$ 分别取代式 (6-10) 中的 $|\Delta W|$ 和 $|\Delta y|$，过拟合不确定关系式 (6-10) 仍然成立，只不过右边的过拟合参数 p' 的取值范围不同而已。为了区别，将过拟合参数 p' 记为 q，从而又有如式 (6-17) 所示的过拟合不确定关系式[17-19]。

$$\overline{\left|\frac{\Delta z}{z}\right|}\cdot\overline{\left|\frac{\Delta y}{y}\right|}\geqslant\frac{RHq}{2\log_2(1+M'/N')} \tag{6-17}$$

式中，q 为待定的过拟合参数；R、H 和 M'/N' 与式 (6-10) 中的意义和计算方法完全相同；$\overline{\left|\dfrac{\Delta z}{z}\right|}$ 和 $\overline{\left|\dfrac{\Delta y}{y}\right|}$ 分别用式 (6-18) 和式 (6-19) 计算：

$$\overline{\left|\frac{\Delta z}{z}\right|}=\frac{1}{N_1}\sum_{i=1}^{N_1}\left|\frac{O_i-T_i}{T_i}\right| \tag{6-18}$$

$$\overline{\left|\frac{\Delta y}{y}\right|}=\frac{1}{N_2}\sum_{i'=1}^{N_2}\left|\frac{O_{i'}-T_{i'}}{T_{i'}}\right| \tag{6-19}$$

式中，N_1 和 N_2 分别为训练集样本数和检验集样本数；O_i、$O_{i'}$ 和 T_i、$T_{i'}$ 分别为训练样本 i 和检验样本 i' 的网络输出值与期望输出值。

6.3.2　确定过拟合参数值 q 的数值模拟实验

用包含输入层、隐层和输出层各 1 层的三层 BP 网络进行数值建模实验。为简便，选取网络输出节点个数 $k=1$ 个。在确定过拟合参数 q 的数值模拟实验过程中，为使网络达到一定的泛化能力，既要适当减少计算工作量，又不失一般性，将网络输入节点数和隐节点数的变化范围分别限定为 $n=3\sim15$ 和 $H=3\sim30$，已能满足多数实际问题的需要；训练样本数和检测样本数分别在 $N_1=16\sim128$ 和 $N_2=8\sim64$ 范围内随机选取。考虑到应用 BP 网络对实际问题建模时，通常使用归一化的样本因子值，因此，数值实验中采用各类模拟函数定义域内的因子随机选取值的归一化值作为网络的因子输入值；而训练样本的期望输出值是各类模拟函数计算值的归一化值。实验中一共模拟了 12 个不同类型复杂函数，①线性函数：$y=\sum_{j=1}^{n}a_jx_j$；②对数函数：$y=\sum_{j=1}^{n}a_j\ln(x_j+j)$；③指数函数：$y=\sum_{j=1}^{n}a_j\mathrm{e}^{x_j}$；④幂函数：$y=\sum_{j=1}^{n}a_jx_j^j$；⑤正弦函数：$y=\sum_{j=1}^{n}a_j\sin(jx_j)$；⑥余弦函数：$y=\sum_{j=1}^{n}a_j\cos(jx_j)$；⑦正切函数：$y=\sum_{j=1}^{n}a_j\mathrm{tg}(jx_j)$；⑧反正弦函数：$y=\sum_{j=1}^{n}a_j\arcsin(jx_j)$；⑨反余弦函数：

$$y = \sum_{j=1}^{n} a_j \arccos\left(jx_j\right) ；⑩ 反正切函数： \quad y = \sum_{j=1}^{n} a_j \operatorname{arctg}\left(jx_j\right) ；⑪ 双曲正、余弦函数：$$

$$y = \sum_{j=1}^{n} a_j \left(e^{jx_j} \mp e^{-jx_j}\right)\bigg/2 ；⑫ 复杂函数[代数函数和超越函数(对数函数、幂函数、各种三角$$

函数、反三角函数、双曲函数、反双曲函数)任意随机组合成的函数]。赋予各类函数中的系数 a_j 为 0～±100 内的随机数；x_j 为样本的第 j 个因子值，其赋值为 0～±100/10 范围内满足函数定义域的随机数。

数值模拟实验过程中，采用各类模拟函数定义域内因子随机选取的归一化值作为网络的因子输入值，训练样本的期望输出值是各类模拟函数计算值的归一化值。对上述各类函数均进行了数百组不同的过拟合数值实验，归纳得出结果：BP 网络训练过程中出现过拟合现象时，满足过拟合不确定关系式(6-17)中的过拟合参数 q 的取值范围一般为 7×10^{-3}～7×10^{-2}，只有极个别例外。此不确定关系式说明：构造一定结构的三层 BP 网络，对某给定的样本集进行训练，当训练进行到一定阶段出现过拟合现象后，若训练继续进行，虽然可以使训练样本集的拟合相对误差进一步减小，提高了网络的学习能力，但因不确定关系式(6-17)右边的复相关系数 R、网络隐节点数 H、过拟合参数 q 的变化范围皆确定，而因子 $\log_2(1+M'/N')$ 变化很小，因此，可以认为不确定关系式(6-17)右边近似保持不变。为保持不确定关系式成立，当不确定关系式(6-17)左边训练样本集的平均训练(拟合)相对误差 $\overline{|\Delta z / z|}$ 进一步减小的同时，检验样本集的测试相对误差绝对值的均值 $\overline{|\Delta y / y|}$ 必然增大，即泛化能力降低，这正是过拟合现象出现的必然结果。因此，式(6-17)同样可以作为 BP 网络过拟合现象出现时，BP 网络的学习能力与泛化能力之间应满足的不确定关系式。

6.3.3   不确定关系式的几点讨论

由过拟合不确定关系式(6-17)可以得出以下结果[17]。

(1)由于训练样本集总是有限的，因此，网络对训练集以外的样本的泛化误差是不可避免的；一定结构的网络对函数的逼近能力(训练误差)也是有限的。而过拟合不确定关系式(6-17)给 BP 网络的泛化能力与学习能力之间的关系加上了确定的限制，虽然这个限制的大小常常与模拟对象有关，但这个限制的存在是固有的，是不能通过改进网络结构设计或改善样本资料(样本数、样本质量和样本代表性等)加以克服的；而改进网络结构设计(指调整隐节点数 H)或改善样本资料(表现为函数的复杂性 R 大小发生改变)只能使泛化能力与学习能力之间逐渐达到较佳匹配关系。这个较佳匹配关系在不确定关系式(6-17)取等号时出现。

(2)当网络结构给定，即隐节点数 H 保持不变，若(训练)样本数 N_1 增加，则复相关系数 R 变小，此时，式(6-17)右端不确定性程度减小，网络泛化能力增强；反之，若样本数 N_1 减少，则不确定性程度增大，网络泛化能力减弱。

(3)当问题给定(因子数 n、样本数 N_1 和复相关系数 R 保持一定)，若减小网络结构，即隐节点数 H 减少，此时式(6-17)右端不确定性程度亦减小，网络泛化能力增强；反之，若增大网络结构，则不确定性程度增大，网络泛化能力减弱。

(4)若样本数 N_1 减少，则复相关系数 R 增大，且若隐节点数 H 增多，此时式(6-17)右端不确定性程度增大，网络泛化能力减小。这说明网络设计能力超过样本数需求，故过拟合现象显著；反之，若样本数 N_1 增多，则复相关系数 R 减小，若隐节点数 H 减少，此时式(6-17)右端不确定性程度减弱，网络泛化能力增强。这说明相对于较小的网络结构，若样本数目已足够多，则不易出现过拟合现象。

(5)逼近函数形式不变，保持隐节点数 H 不变，样本数 N_1 不变，若因子数 n 增大，则复相关系数 R 增大，此时式(6-17)右端不确定性程度增大，网络泛化能力减弱；反之，若因子数 n 减小，则不确定性程度减小，网络泛化能力增强。

上述(2)～(5)结果均遵循网络结构设计最简原则，并与数值模拟实验实际观察到的结果相符合。

6.3.4　根据逼近误差要求和样本复杂性选取隐节点数

不确定关系式(6-17)可用于指导网络结构的设计[17]。对于一个训练好的网络，若要求训练样本集的平均训练相对误差(逼近误差)为 ε_1，则 N'/M' 可近似用 ε_1 代替。

数值模拟实验过程中，不断观察检验样本集的测试相对误差变化，当测试相对误差达最小时，网络的泛化能力与学习能力有最佳的匹配。在训练相对误差 $\varepsilon_1 \leqslant 0.5$ 情况下($\varepsilon_1 > 0.5$ 已没有实际意义)，此时训练样本集的训练相对误差 $\varepsilon_1 = \overline{|\Delta z / z|}$ 与检验样本集的测试相对误差 $\varepsilon_2 = \overline{|\Delta y / y|}$ 之间近似地可用以下公式相联系：

$$\varepsilon_2 = (\varepsilon_1 / 2)^{1/2} \qquad (\varepsilon_1 \leqslant 0.50) \tag{6-20}$$

记过拟合参数 q 的取值范围为 $q \in [q_1, q_2] = [7 \times 10^{-3}, 7 \times 10^{-2}]$，将式(6-20)代入式(6-17)左端，若式(6-17)右端的过拟合参数 q 值按 0.618 优选法选取其第 1 个优点值 $q' = (q_2 - q_1) \times 0.618 + q_1 = 4.59 \times 10^{-2}$，则由不确定关系式(6-17)得

$$H \leqslant \frac{30.8}{R} \varepsilon_1^{3/2} \log_2 \left(1 + \frac{1}{\varepsilon_1}\right) \tag{6-21}$$

按四舍五入法取整，并取"="得

$$H^* = \left[\frac{30.8}{R} \varepsilon_1^{3/2} \log_2 \left(1 + \frac{1}{\varepsilon_1}\right)\right] \tag{6-22}$$

式(6-22)表明：若希望构造的网络有好的泛化能力，当过拟合参数 q 取定后，其隐节点数的选取由样本的复杂性 R、问题要求的训练样本的训练相对误差 ε_1 的取值确定。而复杂性又与问题规模(样本数 N_1 和因子数 n)和函数的性质有关。可见，样本(模拟函数)越复杂，R 越小，所需隐节点数越多，即网络结构越复杂；要求的训练误差 ε_1 越小，所需隐节点数越少，即网络结构越简单。因此，若应用 BP 网络对复杂样本进行训练，而要求的训练误差又要小，则构建一个具有较好泛化能力的网络的隐节点数的选取应取决于式(6-22)右边 R 和 ε_1 的协调。

6.3.5　BP 网络隐节点数确定公式合理性的验证

为了验证由式(6-22)所确定的隐节点数 H^* 构建的 BP 网络是否合理、可行，对如表 6-6 所示的 5 类函数，用式(6-22)计算确定的隐节点数 H^* 构建的 BP 网络，进行数值模拟实验。其中，第 5 类复合函数是由多种不同的初等函数(代数函数和超越函数)任意组合构成的复杂函数。例如，表 6-6 中第 1 个复合函数可为如下构成：

$$y = 19\,\text{th}\,x_1 - 247\arcsin\frac{2x_2}{1+x_2^2} + 172\sin^2 x_3\cos x_4^2 + 0.91\,\text{ch}\sqrt[5]{x_5^2+x_6^2} + 74\lg(1001+x_7)$$

将问题要求或预先设定的样本集的训练误差 ε_1 以及计算出的函数的复相关系数 R 值，代入式(6-22)计算，得到所需构建的 BP 网络的隐节点数 H^*，如表 6-6 所示。

表 6-6　几类函数的隐节点数的数值模拟实验及过拟合验证结果

函数类型	ε_1	R	H^*	n	N_1	N_2	$\overline{\lvert\Delta z/z\rvert}$	$\overline{\lvert\Delta y/y\rvert}$	M'/N'	$q/(\times10^{-2})$
线性函数	0.05	1.0000	2	6	104	13	0.0477	0.1933	19.206	3.98
	0.08	1.0000	3	3	58	28	0.0894	0.1953	8.043	3.66
	0.10	1.0000	3	7	27	10	0.0833	0.2197	9.859	4.17
	0.13	1.0000	5	6	22	14	0.1343	0.2361	7.890	3.89
	0.15	1.0000	5	5	51	34	0.1795	0.2416	5.807	4.75
对数函数	0.05	0.9051	2	3	56	23	0.0501	0.1258	20.862	3.07
	0.08	0.8435	3	4	124	48	0.0921	0.2098	10.588	5.31
	0.10	0.9012	4	5	49	30	0.1071	0.2758	8.421	5.22
	0.15	0.8745	6	4	79	61	0.1491	0.2698	6.996	4.49
	0.20	0.8618	8	5	24	13	0.2075	0.3216	6.691	5.64
指数函数	0.07	0.5585	4	7	30	16	0.0734	0.2143	16.357	5.70
	0.10	0.5075	7	13	97	13	0.1161	0.2870	9.247	6.24
	0.13	0.4630	10	11	34	11	0.1327	0.2593	6.086	4.05
	0.15	0.4886	11	9	25	15	0.1780	0.2740	8.158	5.72
	0.20	0.4534	16	15	45	26	0.2297	0.3445	5.151	5.82
幂函数	0.08	0.8805	3	3	100	44	0.0709	0.1877	12.647	3.73
	0.10	0.8320	4	7	63	30	0.1206	0.2339	7.043	5.03
	0.13	0.8048	6	5	76	20	0.1499	0.2461	6.030	4.24
	0.15	0.7452	7	9	102	22	0.1585	0.2996	5.456	4.79
	0.20	0.7407	10	13	59	26	0.2374	0.3011	5.950	5.33
复合函数	0.08	0.3005	9	7	65	43	0.0905	0.2983	9.595	6.67
	0.10	0.3232	10	12	24	10	0.1093	0.2799	7.669	5.74
	0.13	0.3678	12	5	78	35	0.1323	0.2674	6.464	4.48
	0.15	0.3869	14	8	56	45	0.1979	0.2171	4.995	3.99
	0.20	0.3465	21	15	48	21	0.1823	0.3717	5.426	4.87

以隐节点数 H^* 构建 BP 网络，进行过拟合参数 q 的数值模拟实验，不同实验中的样本因子数 n、训练样本数 N_1、检验样本数 N_2，以及当出现过拟合现象时式(6-17)中 $\overline{|\Delta z / z|}$、$\overline{|\Delta y / y|}$、$M'/N'$、过拟合参数 q 等的实验结果，亦见表 6-6。可见，5 类函数的 25 个验证实验的 q 值均在 $[7 \times 10^{-3}, 7 \times 10^{-2}]$ 内，从而表明用式(6-22)计算确定的隐节点数 H^* 构建的 BP 网络既能基本满足设定的样本集的训练误差 ε_1 要求，又能使网络具有较佳的泛化能力。因此，由式(6-22)计算确定的隐节点数 H^* 构建的 BP 网络是一种合理和可行的选择。而由 BP 网络隐节点数计算的若干经验公式 $H = \log_2 N_1$、$H = \sqrt{n + p} + 5$、$H = \sqrt{n(p+3)} + 1$、$H = \sqrt{np}$（其中，n 为样本因子数，p 为输出节点数）确定的隐节点数未考虑函数的复杂性和训练样本精度的要求，且对同一个实验函数，由上述不同经验公式确定的隐节点数往往差异很大。

确定隐节点数 H^* 的计算公式(6-22)是基于不确定关系式(6-17)导出的，而式(6-17)则是基于网络结构的复杂性与问题规模相匹配的网络结构设计的最简原则，因而它的导出有较充分的理论依据。只要给定问题要求的训练误差 ε_1 和计算出复相关系数 R，就可由式(6-22)确定有一定泛化能力的 BP 网络所需选择的隐节点数 H^*。由于复相关系数 R 既包含了问题性质本身的复杂性，又隐含了问题规模（因子数 n 和样本数 N_1）的复杂性，因此，由给定问题要求的训练精度 ε_1 和复相关系数 R，用式(6-22)计算确定的隐节点数 H^* 构建的 BP 网络同时考虑了多种因素的影响，是一种较合理的选择。

6.3.6　改进 BP 网络泛化能力的最佳停止训练法

不确定关系式(6-17)还可用于指导 BP 网络训练，改进泛化能力。具体做法如下[17]：一般说来，BP 网络训练过程中，刚开始出现过拟合时，训练样本集的平均训练相对误差 $\varepsilon_1 = \overline{|\Delta z / z|}$ 与检验样本集的平均测试相对误差 $\varepsilon_2 = \overline{|\Delta y / y|}$ 近似地通过式(6-20)相联系。因此，由式(6-17)有

$$\frac{1}{\sqrt{2}} \varepsilon_1^{3/2} \geqslant \frac{RHq}{2 \log_2(1 + M'/N')}$$

故有

$$q \leqslant \sqrt{2} \varepsilon_1^{3/2} \frac{\log_2(1 + M'/N')}{RH}$$

由于过拟合参数 $q \in [7 \times 10^{-3}, 7 \times 10^{-2}]$，故上式右端限制范围为

$$1 \times 10^{-3} \leqslant \frac{\sqrt{2} \varepsilon_1^{3/2} \log_2(1 + M'/N')}{7RH} \leqslant 1 \times 10^{-2} \tag{6-23}$$

BP 网络用于某一具体问题建模，R、H 是确定的；在训练过程中，样本集每训练完一遍，可以计算出 ε_1 和 M'/N' 值。因此，只需要在训练过程中，不断观察 $q = \dfrac{\sqrt{2} \varepsilon_1^{3/2} \log_2(1 + M'/N')}{7RH}$ 值的变化。随着训练的进行，ε_1 不断减小，q 亦不断减小，若在 BP 网络达到指定精度停止训练前，总有 $q > 1 \times 10^{-2}$，则认为训练过程中并未出现过拟合。若在停止训练前，已有 $q \leqslant 1 \times 10^{-2}$，甚至 $q \leqslant 1 \times 10^{-3}$，则可认为训练过程中已出现过拟合，尽管训练还未达到指定

精度，也必须停止训练。可见式(6-17)对实际问题的 BP 网络建模训练过程中防止出现过拟合，改进泛化能力具有指导意义。

6.3.7 结论

(1)基于计算不确定性原理和神经网络结构设计最简原则，建立了训练样本集的训练相对误差与检验样本集的测试相对误差之间满足的不确定关系式(6-17)。其直接、明确、简单地揭示了 BP 网络过拟合时的学习(模拟)能力与泛化能力之间满足的定量关系式。通过数值模拟实验，确定了式(6-17)中过拟合参数 q 的取值范围为 $q \in [7 \times 10^{-3}, 7 \times 10^{-2}]$。

(2)过拟合不确定关系式(6-17)给出了 BP 网络对给定问题模拟能力(逼近精度)的确定的上限，超过这个上限，函数的模拟能力越强(训练误差越小)，则泛化能力越弱(预测或测试误差越大)。指出了 BP 网络对给定样本集训练过程中，为达到最佳泛化能力的实现途径。

(3)其他前向神经网络过拟合时也应有与式(6-17)相似的形式，只是不同的前向网络关系式右端某些字母代表的具体含义和确定出的参数的取值范围有所不同。因此，式(6-17)形式具有普遍意义。

(4)基于式(6-22)的 BP 网络结构的隐节点数是在满足问题给定精度要求下，使网络具有较佳泛化能力的一种合理选择，其合理性通过数值模拟实验得到验证。公式形式简洁，计算简单。对一个给定的训练样本集，只要计算出它的复相关系数 R 和给定模型精度要求 ε_1，即可确定具有较佳泛化能力的网络所需隐节点数 H^*。不过，由于式(6-22)是由不确定关系式(6-17)导出的，而式(6-17)建立过程中，只考虑了网络结构、函数复杂性和问题规模对学习能力和泛化能力的影响，并未考虑样本质量、样本代表性、初始权值和先验知识等对泛化能力的影响，此外，复相关系数 R 并不能完全表征函数(问题)的复杂性，并且隐节点数的确定是一个复杂而困难的问题，因而式(6-22)也不能说是 BP 网络隐节点数的最佳选择。

6.4 基于广义复相关系数的过拟合关系式

虽然 6.1~6.3 节分别建立了三种不同形式的 BP 网络学习能力及泛化能力与其他因素之间满足的不确定关系式，但用于描述样本集复杂性的复相关系数 R 未包括由样本集因子数和样本数所引起的样本复杂性。本节则用更能全面反映由样本集规模(样本数和因子数)及样本数据分布特征和分布规律所引起的样本复杂性的广义复相关系数 R_n 替代复相关系数 R，通过模拟众多不同类型复杂函数的数值仿真实验，并采用人工蜂群算法优化确定得出不确定关系式中的过拟合参数，建立 BP 网络出现过拟合时，表示学习能力的训练相对误差与表示泛化能力的测试相对误差之间满足的又一种形式的不确定关系式。

6.4.1 基于广义复相关系数建立的过拟合关系式

式(6-17)中用于描述问题复杂性(样本集复杂性)的复相关系数 R 没有明显反映问题规

模(样本因子数 n 及样本数 N_1)对问题复杂性的直接影响。为了反映这种影响,可用式(4-6)定义的广义复相关系数 R_n 替代复相关系数 R,用于描述样本的复杂程度。因而式(6-17)被替换为如式(6-24)所示基于广义复相关系数 R_n 的过拟合关系式[20]:

$$\left|\frac{\Delta z}{z}\right| \cdot \left|\frac{\Delta y}{y}\right| \geqslant \frac{R_n H q'}{2\log_2(1 + M'/N')} \tag{6-24}$$

式中,R_n 为由式(4-6)表示的广义复相关系数;q' 为待优化确定的过拟合参数;其余字母的含义与式(6-17)中的完全相同。

式(6-24)表明:对于某一个确定的样本集来说,当 BP 网络训练已达到较佳泛化能力时,如果网络训练继续进行,那么在训练误差 $\left|\Delta z/z\right|$ 继续减小的同时,为了保证不等式(6-24)的成立,泛化误差 $\left|\Delta y/y\right|$ 必然增大。因此,由式(6-24)建立的过拟合不确定关系式是不确定性原理在 BP 网络数值模拟过程中的表现。

6.4.2　过拟合参数的数值模拟实验

仍构建具有 1 个输入层、1 个隐层和 1 个输出层的三层 BP 网络。在数值模拟实验中,输入节点数(因子数)的变化范围为 $n=2\sim9$,隐节点数 H 的选取由式(4-14)中的 H_0 确定。训练样本数在 $N_1=20\sim50$ 范围内随机选取,检验样本数在 $N_2=10\sim20$ 范围内随机选取。每次数值实验尽可能满足检验样本数 N_2 约占训练样本数 N_1 的 $1/5\sim1/2$。

实验模拟了如 6.3.2 节同样的代数函数和超越函数(对数函数、指数函数、幂函数、各种三角函数)及任意随机组合成的复杂函数所列的 5 种不同类型共计 200 个函数。各种类型函数中的系数 a_i 为 $0\sim100$ 范围内的随机数。用各类模拟函数定义域内因子随机取值的归一化值作为网络的训练样本因子输入值;而训练样本的期望输出值则是各类模拟函数计算值的归一化值。对 5 类 200 个不同函数,分别构造 BP 网络进行过拟合训练:对每个函数,均以 N_1($N_1=20\sim50$)个学习样本训练 BP 网络,以 N_2($N_2=10\sim20$)个检验样本对训练好的网络进行检验。当检验误差不再减小,反而增大时,停止训练网络。记录过拟合时的训练误差(亦即 $\left|\Delta z/z\right|$)、泛化误差(亦即 $\left|\Delta y/y\right|$)、训练样本集的网络平均输出值与方均根误差之比 M'/N',并将 $\left|\Delta z/z\right|$、$\left|\Delta y/y\right|$、M'/N'、样本的广义复相关系数 R_n 及由式(4-14)计算得到的网络最佳隐节点数 H_0 代入式(6-24),从而得到网络训练出现过拟合时,200 个不同函数对应的过拟合参数值 q'_k($k=1,2,\cdots,200$)(附录 C)。

6.4.3　基于人工蜂群算法的过拟合参数 q' 的优化

1)人工蜂群算法简介

Karaboga 于 2005 年提出的人工蜂群算法(artificial bee colony algorithm,ABC 算法)是建立在蜜蜂自组织模型基础上的一种新颖的群体智能优化算法。该算法原理简单,在非线性数值函数优化上有着比启发式算法更加优越的性能。

在 ABC 算法中,人工蜂群由引领采蜜蜂、侦察蜂和观察蜂三个部分组成。每个蜜源的位置代表优化问题的一个可行解。蜜源的花蜜量对应于相应解的适应度。ABC 算法的过程描述如下[20]。

随机产生 S 个初始解(S 既是引领采蜜蜂个数，也是蜜源数)构成初始解群。每个解 $x_i(i=1,2,\cdots,S)$ 又是一个 d 维向量，d 是待优化参数的个数。

$$
\begin{array}{l}
\text{第 1 解} x_1 \rightarrow \\
\text{第 2 解} x_2 \rightarrow \\
\\
\text{第 } S \text{ 解} x_S \rightarrow
\end{array}
\left.
\begin{bmatrix}
x_1^1 & x_1^2 & \cdots & x_1^d \\
x_2^1 & x_2^2 & \cdots & x_2^d \\
\vdots & \vdots & & \vdots \\
x_S^1 & x_S^2 & \cdots & x_S^d
\end{bmatrix}
\right\} S \text{ 个}
$$
$$
\underbrace{\qquad\qquad\qquad\qquad}_{d \text{ 维}}
$$

初始化后，引领采蜜蜂、观察蜂和侦察蜂开始各自的搜索过程。

(1) 引领采蜜蜂(S 个)首先检查各个蜜源(S 个)的花蜜量(适应度)，然后根据记忆中的蜜源位置，即式(6-25)产生 S 个新蜜源位置(新解)。检查新蜜源位置的花蜜量，若新位置的花蜜量高于旧位置，则记住新位置并忘记原位置。

$$
v_i^j = x_i^j + \varphi_i^j \cdot (x_i^j - x_k^j) \tag{6-25}
$$

式中，v_i^j 表示对第 $j(j=1,2,\cdots,d)$ 个优化参数，引领采蜜蜂产生的新位置(新解)；$k=1,2,\cdots,S$ 和 $i=1,2,\cdots,S$ 分别是随机选择的下标，且 $k \neq i$；φ_i^j 为对第 j 个优化参数在 $[-1,1]$ 范围内产生的随机数，其控制 x_i 邻域内新位置的产生并表示蜜蜂对两个蜜源位置的比较。

所有的引领采蜜蜂完成搜索过程后，将蜜源位置的花蜜量(适应度)及位置信息与观察蜂分享。

(2) 观察蜂按与蜜源花蜜量有关的概率，即式(6-26)选择蜜源，并像引领采蜜蜂那样依据式(6-25)对记忆中的蜜源位置做一定的改变，产生新蜜源位置。检查新蜜源位置的花蜜量，若新位置的花蜜量高于旧位置，则记住新位置并忘记原位置。

$$
P_i = \frac{\text{fit}_i}{\sum_{n=1}^{S} \text{fit}_n} \tag{6-26}
$$

式中，P_i 是与蜜源 x_i 处花蜜量(适应度)有关的概率；fit_i 是每个蜜源 x_i 的花蜜量(适应度)；S 是蜜源(解)的数量。

(3) 假如一个蜜源位置经过预先设定的循环次数 l_c 后仍不能被改进(即没有被重新选择)，则该蜜源被抛弃。该蜜源处的引领采蜜蜂转变为侦察蜂。被抛弃的蜜源位置将由侦察蜂依据式(6-27)在解空间内随机发现的新位置代替。

$$
x_i^j = x_{\min}^j + \text{rand}(0,1) \cdot \left(x_{\max}^j - x_{\min}^j\right) \tag{6-27}
$$

式中，$x_i^j(i=1,2,\cdots,S,\ j=1,2,\cdots,D)$ 表示对第 j 个优化参数，侦察蜂发现的新位置(新解)；$x_{\max}^j$ 和 $x_{\min}^j$ 分别表示对第 j 个优化参数，在解 x_i 中的最大值和最小值；$\text{rand}(0,1)$ 表示在 $(0,1)$ 产生的随机数。

(1)~(3)重复进行，直到达到算法预先设定的最大循环次数 M_c 为止。

2）过拟合参数 q' 的优化

为了优化式(6-24)中的过拟合参数 q'，需要构造满足式(6-28)的优化准则目标函数：

$$\min Q = \frac{1}{K}\sum_{i=1}^{K}\left|\left|\overline{\frac{\Delta y}{y}}\right|\cdot\left|\overline{\frac{\Delta z}{z}}\right| - \frac{R_n H q'}{2\log_2\left(1+M'/N'\right)}\right| \tag{6-28}$$

式中，K 为优化过程中采用的函数个数；$\overline{|\Delta z/z|}$ 为出现过拟合时的训练样本相对误差平均值；$\overline{|\Delta y/y|}$ 为出现过拟合时的测试样本相对误差平均值；R_n 为样本的广义复相关系数；H 为最佳隐节点数；M'/N' 为训练样本集的网络平均输出值与方均根误差之比；q' 为待优化的参数。

用人工蜂群算法优化确定 q' 的实现过程为：首先随机产生 S 个 q' 值，将每一个 q' 值分别代入 K 个不同的函数中，由式(6-28)计算出每个 q' 对应的目标值 Q，并以其中最小目标值 $Q_{\min}$ 相对应的 q' 作为每次循环的最优蜜源位置。用人工蜂群算法优化计算，可得出满足 K 个不同函数的 q' 值。人工蜂群算法的参数设置见文献[20]。3 次优化得到 q' 的平均值 $\bar{q}'$ 的分布范围为 $\bar{q}'\in[0.85\times10^{-2},1.67\times10^{-2}]$。可见，$q'_{\max}/q'_{\min}=1.9658\approx2$ 倍，其均值为 1.27×10^{-2}。

6.4.4　两个不同表示的不确定关系式的比较

基于复相关系数 R 建立的 BP 网络学习能力和泛化能力之间满足的不确定关系式(6-17)和基于广义复相关系数 R_n 建立的 BP 网络学习能力和泛化能力之间满足的不确定关系式(6-24)有以下关系。

(1)两个不确定关系式都以相同形式描述了 BP 网络过拟合现象出现时，学习能力与泛化能力之间满足的不确定关系。

(2)两个不确定关系式中的过拟合参数 q 和 q' 的数值大小虽然有所不同，但只要 $0.01\leqslant\dfrac{n\ln N_1}{N_1}\leqslant1$，即 $0.01N_1\leqslant n\ln N_1\leqslant N_1$，则 $R_n=(0.1\sim1)R$。因此，通常情况下，R_n 和 R 之间的数值大小差异不会超过 1 个数量级。从而式(6-17)和式(6-24)中的过拟合参数 q 和 q' 的大小差异亦不会超过 1 个数量级，事实上，由 R_n 优化得出的 q' 的分布范围 $q'\in[0.8483\times10^{-2},1.6675\times10^{-2}]$ 与优化得到的 q 的分布范围 $q\in[0.7\times10^{-2},7\times10^{-2}]$ 都处在同一数量级内，说明用 R 或 R_n 表示的两个不确定关系式(6-17)和式(6-24)都是成立的，彼此是相容的，也都是科学合理的。

6.4.5　由训练精度确定的最佳隐节点数计算公式

三层 BP 网络结构的设计主要是隐节点数 H 的确定。实际上，隐节点数 H 的选择除了与样本复杂性(用广义复相关系数 R_n 表示)有关外，还与问题要求的训练精度(模型的精度要求)有关。因此，在式(4-7)中 $C=(\beta/\alpha)^{1/2}$ 还应与模型精度要求 ε 有关，即 C 应表示

为 C_ε。不确定关系式(6-24)中信噪比 M'/N' 可用训练精度 $1/\varepsilon$ 近似代替。因而式(6-24)可表示为

$$\left|\frac{\Delta z}{z}\right| \cdot \left|\frac{\Delta y}{y}\right| \geqslant \frac{R_n H q'}{2\log_2(1+1/\varepsilon)} \tag{6-29}$$

当过拟合现象刚出现时，式(6-29)应取等号，并还可表示为

$$HR_n = 2\log_2(1+1/\varepsilon)\frac{1}{q'}\left|\frac{\Delta z}{z}\right| \cdot \left|\frac{\Delta y}{y}\right| \tag{6-30}$$

将式(6-30)与式(4-8)比较，可得

$$C = 2\log_2(1+1/\varepsilon)\frac{1}{q'}\left|\frac{\Delta z}{z}\right| \cdot \left|\frac{\Delta y}{y}\right| \tag{6-31}$$

将不同 R_n 区间内的各模拟函数在 BP 网络训练刚出现过拟合时的训练精度 ε_j 代入 $2\log_2(1+1/\varepsilon)$ 计算，并取平均值得 $2\log_2(1+1/\varepsilon) \approx 10$。于是考虑与训练精度要求有关的最佳隐节点数计算公式应为

$$HR_n = 2\log_2(1+1/\varepsilon)C_\varepsilon \tag{6-32}$$

即

$$H = \left[\frac{2\log_2(1+1/\varepsilon)C_\varepsilon}{R_n}\right] \tag{6-33}$$

式中，C_ε 为考虑训练精度要求后的最佳隐节点数计算公式中的常数，与适用于式(4-14)的 R_n 区间相对应的 C_ε 取值应为 $C_\varepsilon = 0.25025$；$[\ ]$ 表示取整。

6.4.6 由训练精度确定的最佳隐节点数的模拟实验

为了验证由式(6-33)确定的隐节点数 H 所构建的 BP 网络是否合理，对表 6-6 中的 5 种不同类型的函数进行数值模拟实验。

将预先设定的网络训练误差 ε_1，由式(4-6)计算得到的不同样本集(由函数生成)的广义复相关系数 R_n，以及 R_n 区间内对应的 C_ε 代入式(6-33)，计算得到构建 BP 网络所需的隐节点数 H，如表 6-7 所示，表中的 H_0 为由式(4-14)计算得到的隐节点数。

表 6-7 期望训练精度为 0.005、0.01、0.02 和 0.03 时的隐节点数 H 选取情况

函数类型	n	N_1	N_2	R_n	期望ε_1	H	期望ε_1	H	期望ε_1	H	期望ε_1	H	H_0
	2	20	10	0.1571	0.005	11	0.01	10	0.02	8	0.03	7	7
对数函数	4	40	20	0.2257	0.005	8	0.01	7	0.02	6	0.03	5	5
	6	45	15	0.2153	0.005	8	0.01	7	0.02	6	0.03	5	5
	2	30	10	0.2736	0.005	6	0.01	5	0.02	5	0.03	4	4
指数函数	4	40	10	0.3933	0.005	9	0.01	8	0.02	7	0.03	6	6
	6	40	10	0.3979	0.005	9	0.01	8	0.02	7	0.03	6	6

续表

函数类型	n	N_1	N_2	R_n	期望 ε_1	H	期望 ε_1	H	期望 ε_1	H	期望 ε_1	H	H_0
	2	35	10	0.2878	0.005	6	0.01	5	0.02	4	0.03	4	4
幂函数	3	35	10	0.3606	0.005	10	0.01	9	0.02	8	0.03	7	7
	3	35	15	0.3474	0.005	6	0.01	5	0.02	4	0.03	4	3
	2	30	10	0.1727	0.005	10	0.01	9	0.02	7	0.03	7	7
正弦函数	4	40	10	0.1787	0.005	10	0.01	8	0.02	7	0.03	6	6
	5	45	15	0.2057	0.005	8	0.01	7	0.02	6	0.03	6	6
	2	30	10	0.1352	0.005	13	0.01	11	0.02	9	0.03	9	8
正切函数	5	40	10	0.2196	0.005	8	0.01	7	0.02	6	0.03	5	5
	6	30	10	0.3594	0.005	10	0.01	9	0.02	8	0.03	7	7

　　从表 6-7 可以看出，随着训练精度要求的提高(即 ε_1 减小)，网络所需构造的最佳隐节点数亦略有增加。

　　为了验证训练误差期望值在 0.01～0.1 以外时，由式(6-33)确定的隐节点数 H 所构建 BP 网络的合理性，另外选取了 3 个测试函数进行检验。其结果如表 6-8 所示，表中 ε_1 和 ε_2 分别为实际训练误差和实际检验误差。

表6-8　考虑期望训练精度要求的隐节点数 H 与未考虑精度要求的隐节点数 H_0 构建的网络检验效果的对比

函数类型	n	N_1	N_2	R_n	期望 ε_1	H	实际 ε_1	实际 ε_2	H_0	实际 ε_1	实际 ε_2
幂函数	6	45	15	0.4431	0.005	8	0.0040	0.0296	6	0.0045	0.0325
幂函数	5	35	15	0.4966	0.005	8	0.0054	0.0093	5	0.0056	0.0091
幂函数	7	40	10	0.494	0.005	8	0.0063	0.0208	5	0.0096	0.0224

　　从表 6-8 可以看出，考虑期望训练精度要求选取的隐节点数 H 所构建的 BP 网络检验效果总体好于未考虑精度要求选取的隐节点数 H_0 所构建的 BP 网络检验效果。

6.5　本 章 小 结

　　本章建立了 4 种不同表示形式的 BP 网络过拟合出现时学习能力及泛化能力之间满足的不确定关系式，它们之间的比较如表 6-9 所示。

表 6-9　几种过拟合不确定关系式的比较

4 个不同过拟合关系式	异同点
$$\lvert \Delta W \rvert \cdot \lvert \Delta y \rvert \geqslant \frac{np}{2\log_2(1+M'/N')} \quad (6\text{-}2)$$ $(p \in [1\times10^{-6}, 1\times10^{-3}])$	4 个过拟合不确定关系式都能间接或直接描述网络的学习能力与泛化能力之间的关系。其中，式(6-2)和式(6-10)是用训练过程中相邻两次训练的权值改变量作为学习能力，用测试样本的辨识误差作为泛化能力；而式(6-17)和式(6-24)是用训练过程中相邻两次训练后训练样本集的拟合相对误差绝对值的平均值作为学习能力，用检测样本集的测试相对误差绝对值的平均值作为泛化能力

续表

4 个不同过拟合关系式		异同点
$\left\|\Delta W\right\| \cdot \left\|\Delta y\right\| \geqslant \dfrac{RHp'}{2\log_2(1+M'/N')}$ $(p' \in [1\times10^{-5}, 5\times10^{-4}])$	(6-10)	式(6-2)用样本因子数 n 作为样本集的复杂性;式(6-10)和式(6-17)用样本集的复相关系数 R 和网络隐点数 H 的乘积作为样本集的复杂性;式(6-24)用样本集的广义复相关系数 R_n 和网络隐节点数 H 的乘积作为样本集的复杂性 复相关系数 R 与广义复相关系数 R_n 的联系:R 满足 $0 < R \leqslant 1$,而 R_n 满足 $0 < R_n \leqslant b$(b 为可大于 1 的实数),可以满足 $R_n \leqslant R$,也可以满足 $R \leqslant R_n$。当 $N = n\ln N$ 时,$R_n = R$
$\left\|\dfrac{\Delta z}{z}\right\| \cdot \left\|\dfrac{\Delta y}{y}\right\| \geqslant \dfrac{RHq}{2\log_2(1+M'/N')}$ $(q \in [7\times10^{-3}, 7\times10^{-2}])$	(6-17)	两个不同形式的过拟合不确定关系式(6-17)和式(6-24)中过拟合参数 q 和 q' 都在同一数量级范围内,表明得出的两个不同表示的不确定关系式都是成立的
$\left\|\dfrac{\Delta z}{z}\right\| \cdot \left\|\dfrac{\Delta y}{y}\right\| \geqslant \dfrac{R_nHq'}{2\log_2(1+M'/N')}$ $(q' \in [0.85\times10^{-2}, 1.67\times10^{-2}])$	(6-24)	随着关系式中函数复杂性描述的不断改进,优化得出的过拟合参数取值范围逐渐缩小,使过拟合参数的确定变得容易。通过比较最佳隐节点数计算公式(4-14)与过拟合不确定关系式(6-24),将最佳隐节点数计算公式(4-14)拓展为与训练精度要求有关的隐节点数的计算公式(6-33),通过函数模拟实验,验证了推广后的隐节点数计算公式的合理性

参 考 文 献

[1] 胡铁松, 严铭, 赵萌. 基于领域知识的神经网络泛化性能研究进展[J]. 武汉大学学报(工学版), 2016, 49(3): 321-328.

[2] Atiya A, Ji C Y. How initial conditions affect generalization performance in large networks[J]. IEEE Transactions on Neural Networks, 1997, 8(2): 448-451.

[3] Levin E, Tishiby N, Solia S A. A statistical approach to learning and generalization in layered neural networks[J]. Proceedings of the IEEE, 1990, 78(10): 1568-1574.

[4] Fogel D B. An information criterion for optimal neural network selection[J]. IEEE Transactions on Neural Networks, 1991, 2(5): 490-497.

[5] Murata N, Yoshizawa S, Amari S. Network information criterion-determining the number of hidden units for an artificial neural network model[J]. IEEE Transactions on Neural Networks, 1994, 5(6): 865-872.

[6] Schwartz D B. Exhaustive learning[J]. Neural Computation, 1990, 2(3): 374-385.

[7] Wolpert D H. A mathematical theory of generalization: part I, part II[J]. Complex Systems, 1990, 4: 151-200, 201-249.

[8] 魏海坤. 神经网络结构设计的理论与方法[M]. 北京: 国防工业出版社, 2005.

[9] 江学军, 唐焕文. 前馈神经网络泛化性能力的系统分析[J]. 系统工程理论与实践, 2000, 20(8): 36-40.

[10] 彭汉川, 甘强, 韦钰. 提高前馈神经网络推广能力的若干实际方法[J]. 电子学报, 1998, 26(4): 116-119.

[11] 张翔, 丁晶. 提高多层前馈神经网络推广能力的权值控制算法[J]. 水科学进展, 1998, 9(4): 373-377.

[12] 郭海如, 李志敏, 万兴, 等. 一种基于随机 GA 的提高 BP 网络泛化能力的方法[J]. 计算机技术与发展, 2014, 24(1): 105-108.

[13] Zha Y L. Information uncertainty principle[J]. Chinese Science Bulletin, 1989, 34(1): 86-87.

[14] 李祚泳, 蔡辉, 丁晶. BP 网络的学习能力与推广能力之间满足的不确定关系式[J]. 四川大学学报(工程科学版), 2003, 35(1): 15-19.

[15] 李祚泳, 邓新民. BP 网络的过拟合现象满足的测不准关系式[J]. 红外与毫米波学报, 2000, 19(2): 142-144.

[16] 李祚泳, 彭荔红. BP 网络过拟合现象满足的不确定关系新的改进式[J]. 红外与毫米波学报, 2002, 21 (4): 293-296.

[17] 李祚泳, 彭荔红. BP 网络学习能力与泛化能力满足的不确定关系式[J]. 中国科学 (E 辑: 技术科学), 2003, 33 (10): 887-895.

[18] Li Z Y, Peng L H. An exploration of the uncertainty relation satisfied by BP network learning ability and generalization ability [J]. Science in China (Series F) Information Sciences, 2004, 47 (2): 137-150.

[19] 李祚泳, 易勇鸷. BP 网络学习能力与泛化能力之间的定量关系式[J]. 电子学报, 2003, 31 (9): 1341-1344.

[20] 郭淳. BP 神经网络结构设计及其在水环境中的应用[D]. 成都: 成都信息工程学院, 2010.

第 7 章　NV-FNN 的普适评价模型及实例验证

为了建立结构简单、实用的神经网络的普适评价模型，针对 BP 神经网络模型收敛速度慢、易于陷入局部极值和实用性受限的缺陷，采用双极性 Sigmoid 函数作为隐层节点(神经元)的激活函数和对隐层节点输出线性求和的前向神经网络模型。在提出指标参照值和指标规范变换式的设计原则和方法的基础上，将规范变换思想和优化算法相结合，优化建立适用于任意系统多指标评价的 2-2-1 和 3-2-1 两种简单结构的前向神经网络普适评价模型。理论分析和实例检验均表明：该模型对任意系统的任意多项指标皆普适、通用，其评价过程也比 BP 神经网络或传统的前向神经网络模型简单、实用。

7.1　NV-FNN 的普适评价模型

7.1.1　NV-FNN 的普适评价模型建立的基本思想

BP 网络因具有自组织、自学习、自适应和较强的非线性映射能力及原理简单等优点[1, 2]，而在众多领域的系统分析与评价中得到广泛应用[3-13]。但 BP 网络采用误差反向传播的梯度下降法调整网络权值，不可避免地存在学习效率低、收敛速度慢和易于陷入局部极值的缺陷[14]。随着优化技术的发展，有人提出了用优化算法或智能优化算法直接优化前向神经网络(forward neural network, FNN)(简称前向网络)的连接权值的学习算法，能较好地避免陷入局部极值[15, 16]。不过，将传统的前向网络用于环境系统建模，当指标较多时，由于需要优化的参数较多，网络的结构变得复杂，因而无论用何种优化方法，都会使优化效率和模型的求解精度受到影响。此外，即使对同一个系统，不能建立对不同指标或不同指标数目都能普适、通用的前向网络模型，更不能建立适用于多个不同系统(例如环境系统、水文水资源系统、气象系统、安全系统、社会经济可持续发展系统等)的指标都能普适、通用的前向网络普适模型，因而传统的前向网络模型的应用亦受到很大的限制。

研究表明，对任意系统，只要按照一定的普适原则和方法，总能设置适当的指标参照值和指标值的规范变换式，并对指标值进行规范变换，使变换后的不同指标的同级标准规范值仅在较小范围内变化，从而可以认为规范变换后的各指标皆等效于同一个规范指标，因而只需对该等效规范指标，构建结构简单的 2-2-1 和 3-2-1 两种前向网络模型，这两种模型对任意系统的任意规范指标同样适用；因此，适用于任意系统评价的指标规范值的前向神经网络(normalized values-forward neural network, NV-FNN)模型不仅能避免陷入局部极值，而且不受系统指标数的限制，对任意指标都普适、通用；其评价过程也比 BP 网络模型和传统的前向网络模型更简化，适用范围更广泛。规范变换与优化算法相结合用于前向网络建模的思想和方法也为高维、非线性数据的分析处理或其他模型的建立提供了一种新思路。

7.1.2 指标值的规范变换式和参数的设置

1) 指标值的规范变换式

任何系统可能存在正向、逆向两类指标。所谓正向指标是指系统的评价级别越高，指标的分级标准值越大；逆向指标是指系统的评价级别越高，指标的分级标准值越小。不同系统的不同指标的同级标准值之间差异往往很大(有的达多个数量级)，且各指标的不同分级标准值之间可呈线性(或近似线性)或非线性变化。若直接使用指标值建模，不可能建立对不同系统的不同指标都规范、统一、普适、通用的前向网络模型。为了消除不同系统不同指标(变量)对建模的影响，需要对各指标的原始数据进行正规化或标准化处理[17]。

通过对多种不同系统的指标分级标准值(有国标或无国标)的观察、分析、比较和归纳表明：对于任意系统，无论评价指标的类型(正向类或逆向类指标)、属性(线性变化或非线性变化、快变或缓变、定性或定量、物化或生物等指标)、指标分级标准值及量纲之间存在多大差异，总能依据幂指数 n_j 的设定原则(表 7-1)和指标参照值 c_{j0} 的设置方法，构建由式(7-1)所示的幂函数变换式和式(7-2)所示的对数函数规范式所组成的规范变换式，并对各指标的各级标准值进行规范变换，使系统的不同指标规范变换后的同级标准规范值 $x'_{jk}(k=1,2,\cdots,K，K$ 表示总分级数) 都能限定在各级标准规范值 x'_{jk} 的较小区间内(表 7-2)，从而可以认为任意系统规范变换后的各指标 $x'_j(j=1,2,\cdots,n)$ 皆等效于同一个规范指标 x'_0，此等效指标的某级标准规范值 x'_{0k} 即该级标准不同指标规范值的均值。而同级标准的多个不同指标规范值 $x'_{jk}(j=1,2,\cdots,n)$ 只不过是此级标准等效规范指标 x'_{0k} 的多次(n 次)不确定性取值。因此，对等效规范指标建立的各种评价模型也适用于任意系统的任意指标规范值的评价，使不同系统的评价模型变得简洁、规范、统一、普适和通用[18]。

$$X_j = \begin{cases} \left(c_j/c_{j0}\right)^{n_j}, & c_{j0} \leqslant c_j \leqslant c_{j0}\mathrm{e}^{10/n_j}, & \text{且}\left[\max_k\{c_{jk}\}/\min_k\{c_{jk}\}\right]>2 \\ \left[\left(c_j-c_{jb}\right)/c_{j0}\right]^{n_j}, & c_j \geqslant c_{jb}+c_{j0}, & \text{且}\left[\max_k\{c_{jk}\}/\min_k\{c_{jk}\}\right]\leqslant 2 \\ 1, & c_j < c_{j0}\text{或}c_j < c_{jb}+c_{j0} \\ \mathrm{e}^{10}, & c_j > c_{j0}\mathrm{e}^{10/n_j} \\ \left(c_{j0}/c_j\right)^{n_j}, & c_{j0}\mathrm{e}^{-10/n_j} \leqslant c_j \leqslant c_{j0}, & \text{且}\left[\max_k\{c_{jk}\}/\min_k\{c_{jk}\}\right]>2 \\ \left[\left(c_{jb}-c_j\right)/c_{j0}\right]^{n_j}, & c_j \leqslant c_{jb}-c_{j0}, & \text{且}\left[\max_k\{c_{jk}\}/\min_k\{c_{jk}\}\right]\leqslant 2 \\ 1, & c_j > c_{j0}\text{或}c_j > c_{jb}-c_{j0} \\ \mathrm{e}^{10}, & c_j < c_{j0}\mathrm{e}^{-10/n_j} \end{cases} \tag{7-1}$$

$$x'_j = \frac{1}{10} \ln X_j \qquad (7\text{-}2)$$

式中，X_j 和 x'_j 分别为指标 j 的变换值和规范变换值(简称规范值)；c_{j0} 为设置的指标 j 的参照值；c_j 为指标 j 的分级标准值或实际值；c_{jb} 为设定的指标 j 的阈值；n_j 为设定的指标 j 的幂指数，且 $n_j > 0$。式(7-1)右边 1~4 行适用于正向指标变换，5~8 行适用于逆向指标变换。

表 7-1 n_j 的取值与 t_j 变化范围的对应关系

t_j	(2, 7]	(6, 30]	>27
n_j	2	1	0.5

表 7-2   任意系统各级标准指标规范值 x'_{jk} 的变化范围、平均值 $\bar{x}'_{jk}$ 及标准差 σ_{jk}

分级 k	x'_{jk} 的变化范围	$\bar{x}'_{jk}$	σ_{jk}
1	[0.10, 0.24]	0.1855	0.0278
2	[0.18, 0.32]	0.2417	0.0341
3	[0.25, 0.40]	0.3064	0.0305
4	[0.33, 0.46]	0.3779	0.0326
K	[0.40, 0.55]	0.4430	0.0275

2) 幂指数 n_j 和指标参照值 c_{j0} 的设置

首先，根据指标 j 各级标准中的最大值与最小值之比 $t_j = \max_k \{c_{jk}\} / \min_k \{c_{jk}\}$（或 $t_j = \max_k |c_{jb} - c_{jk}| / \min_k |c_{jb} - c_{jk}|$）的变化范围，估计 n_j 的最可能取值，见表 7-1。

其次，若共分 K 级标准，在初步确定 n_j 的基础上设定 c_{j0}，若能使由式(7-1)和式(7-2)计算得到的指标 j 的 1 级标准规范值 x'_{j1} 和第 K 级标准规范值 x'_{jK} 在如表 7-2 所示的范围内，则由式(7-1)和式(7-2)计算得到第 $2, 3, \cdots, K-1$ 级标准规范值 $x'_{j2}, x'_{j3}, \cdots, x'_{j(K-1)}$ 多数情况下也会在表 7-2 所示的各级范围内变化，则 c_{j0} 确定；若标准规范值不在该范围内，则可以对初步设定的 c_{j0} 进行微调，使各级标准规范值 $x'_{jk}(k = 1, 2, \cdots, K)$ 都能在表 7-2 所示的范围内变化。

需要说明几点：①在基本满足不同指标的同级标准规范值差异不大的情况下，c_{j0} 也应尽可能设置为计算简便的实数。②为使依据分级标准建立的评价模型有更好的泛化能力(推广能力)和鲁棒性，相邻两级的指标规范值 x'_{jk} 的变化范围应有少部分重叠，如表 7-2 所示。③表 7-2 是按照 $K=5$ 设置的，不过对一个具体问题，K 分几级依实际需要而定。但不论分多少级，其第 1 级标准的指标规范值 x'_{j1} 和第 k 级标准的指标规范值 x'_{jk} 一般应在如表 7-2 所示的变化范围内，其余中间各级指标的标准规范值变化范围可作适当调整，但若 $K<5$ 级，则可将第 1 级的上限设置为 0.25；第 K 级的下限设置为 0.35。④当将式(7-1)

和式(7-2)用于计算指标 j 的 k 级标准规范值时，c_{jk}、X_{jk} 和 x'_{jk} 分别为指标 j 的分级标准值、分级标准变换值和标准规范值，且 c_{j0}、c_{jb}、c_j 和 c_{jk} 的单位都相同。

7.1.3　适用于任意系统的 NV-FNN 评价模型

1) 适用于任意系统的 NV-FNN 评价模型的特点

适用于指标规范值的前向神经网络(NV-FNN)模型与 BP 网络模型或传统的前向网络模型(FNN)不同之处如下。

(1) 由于对应于 0 至无穷大的输入，单极性 Sigmoid 函数的网络隐层节点输出变化范围为 0.5~1；而双极性 Sigmoid 函数的网络隐层节点输出变化范围为 0~1，引起权值调整量增大，不仅使前向网络的功能更强大，而且能加速收敛。因此，不用单极性 Sigmoid 激活函数，而采用如式(7-3)所示的双极性 Sigmoid 函数作为隐层节点的激活函数[18]。

$$f(x) = (1 - \mathrm{e}^{-x}) / (1 + \mathrm{e}^{-x}) \tag{7-3}$$

(2) 此外，输出层节点输出亦不采用通常的 Sigmoid 激活函数，而采用对隐节点输出的线性求和计算，如式(7-4)所示。但因网络隐层节点采用双极性 Sigmoid 非线性激活函数，因而信息从网络输入层输入到输出层输出仍是非线性的。因此，NV-FNN 既能保持较强的非线性映射能力，又比 BP 网络和传统的 FNN 结构更简化。

$$O_l = \sum_{h=1}^{H} v_{hl} \cdot f_h \sum_{h=1}^{H} v_{hl} \cdot \frac{1 - \mathrm{e}^{-x}}{1 + \mathrm{e}^{-x}} \tag{7-4}$$

式中，f_h 为隐节点 h 的输出；v_{hl} 为隐节点 h 与输出节点 l 的连接权值，通常取 $l=1$；H 为隐层节点数目；O_l 为输出节点 l 的输出；x 为样本 i 的输入矢量，$x = \sum_{j=1}^{n} w_{hj} x'_{ji}$，其中，$w_{hj}$ 为输入节点 j 与隐节点 h 的连接权值，x'_{ji} 为训练样本 i 的指标 j 的规范值，n 为指标数目，也是输入节点数目。

(3) 以式(7-1)和式(7-2)计算得到任意系统的指标规范值 x'_{ji} 作为 NV-FNN 模型表示式(7-3)和式(7-4)的输入，由于规范变换后的各指标皆等效于某一个规范指标，因而若对规范指标建立了某种结构的 NV-FNN 模型，则该模型对所有的规范指标皆适用，因此，建立的模型具有普适性和通用性。

为了建立对任意系统多项指标规范值都能普适、通用的 NV-FNN 模型，必须而且只需构建并进行参数优化得到具有 2 个输入节点、2 个隐节点、1 个输出节点的 2-2-1 结构的前向网络[NV-FNN(2)]模型或具有 3 个输入节点、2 个隐节点、1 个输出节点的 3-2-1 结构的前向网络[NV-FNN(3)]模型，即可满足简单而实用要求。而对 $n(n>1)$ 项指标的前向网络评价，只需将其视为由 n 个优化得到的 NV-FNN(2)模型或 n 个 NV-FNN(3)模型组合输出的平均即可。因此，NV-FNN 模型不受指标数的限制。特别是当指标很多时，该模型比 BP 神经网络评价模型或传统的前向网络(FNN)评价模型都简单，应用也更方便。

2) 设计优化目标函数式

为了优化 NV-FNN［包括 NV-FNN（2）和 NV-FNN（3）］的网络结构［式(7-4)］的连接权值 w_{hj} 和 v_{hl}，需设计优化目标函数式，如式(7-5)所示：

$$\min Q = \frac{1}{500} \sum_{k=1}^{5} \sum_{i=1}^{100} \left(Q_{ik} - T_k \right)^2 \tag{7-5}$$

式中，O_{ik} 为由式(7-4)计算得到训练样本 i 的 k 级标准的 NV-FNN 实际输出值；$T_k(k=1,2,\cdots,5)$ 为训练样本 i 的 k 级标准的 NV-FNN 期望输出值。同级标准的训练样本的网络期望输出值 T_k 应设计为相同，5 级标准的 NV-FNN 网络期望输出值可分别设计为：$T_1=0.15$，$T_2=0.25$，$T_3=0.30$，$T_4=0.45$，$T_5=0.65$。采用基于免疫进化的野草算法[19]（immune evolutionary algorithm-invasive weed optimization，IEA-IWO）对连接权值 w_{hj} 和 v_{hl} 进行优化。IEA-IWO 的基本原理及其算法实现详见文献[19]，其参数设置为：种群规模 $P_s=15$；族群规模 $Q_s=200$；非线性调节指数 $n=3$；标准差动态调整系数 $A=5$；族群最大可生成种子数 $S_M=5$；族群最小可生成种子数 $S_m=1$；初始步长 $\sigma_0=3$；最终步长 $\sigma_{final}=0.0000001$。

3) 各级标准样本的随机生成

在表 7-2 中任意系统指标各级标准规范值 x'_{jk} 限定变化范围内，以其中心值作为正态分布函数的中心，各级标准随机生成的 100 个正态分布数作为各级标准的 100 个训练样本；5 级标准共随机生成的 500 个正态分布数作为 5 级标准的 500 个训练样本。各级标准随机生成的 100 个正态分布数的均值和标准差见表 7-2。

4) 构建 2 个输入节点、2 个隐节点及 1 个输出节点的 2-2-1 结构 NV-FNN（2）评价模型

(1) 训练样本的组成。将表 7-2 中各级标准生成的第 1 个、第 2 个正态分布随机数组成第 1 个训练样本的 2 个评价指标(简称指标)；再将第 2 个、第 3 个正态分布随机数组成第 2 个训练样本的 2 个指标；依次递推，直至将第 100 个和第 1 个正态分布随机数组成第 100 个训练样本的 2 个指标。各级标准的 100 个正态分布随机数共组成 100 个训练样本，5 级标准的 500 个正态分布随机数共组成 500 个 NV-FNN（2）的训练样本，用于训练 2-2-1 结构的 NV-FNN（2）评价模型。

(2) 结构为 2-2-1 的 NV-FNN（2）评价模型的输出式。为了优化结构为 2-2-1 的 NV-FNN（2）评价模型的连接权值 w_{hj} 和 $v_{hl}(h=1,2；j=1,2；l=1)$，在满足优化目标函数式(7-5)条件下，将上述生成的 500 个样本代入式(7-4)所示的网络结构为 2-2-1 的 NV-FNN 评价模型，用 IEA-IWO 对连接权值 w_{hj} 和 v_{hl} 进行反复迭代优化，当优化目标函数 $\min Q = \frac{1}{500} \sum_{k=1}^{5} \sum_{i=1}^{100} \left(Q_{ik} - T_k \right)^2 \leqslant 2.6866 \times 10^{-4}$ 时，停止迭代，得到优化好的 2-2-1 结构的 NV-FNN（2）评价模型的权值矩阵 $w_{2\times2}$ 和 $v_{2\times1}(h=1,2；j=1,2；l=1)$ 为

$$w_{2\times2} = \begin{bmatrix} 1.3667 & 1.1956 \\ 0.5564 & 0.9215 \end{bmatrix}, \qquad v_{2\times1} = \begin{bmatrix} 0.5903 \\ 0.2508 \end{bmatrix}$$

从而得到结构为 2-2-1 的 NV-FNN(2) 评价模型的输出表示式为

$$O_i(2) = v_1 \frac{1-\mathrm{e}^{-(w_{11}x_1'+w_{12}x_2')}}{1+\mathrm{e}^{-(w_{11}x_1'+w_{12}x_2')}} + v_2 \frac{1-\mathrm{e}^{-(w_{21}x_1'+w_{22}x_2')}}{1+\mathrm{e}^{-(w_{21}x_1'+w_{22}x_2')}}$$

$$= 0.5903 \times \frac{1-\mathrm{e}^{-(1.3667x_1'+1.1956x_2')}}{1+\mathrm{e}^{-(1.3667x_1'+1.1956x_2')}} + 0.2508 \times \frac{1-\mathrm{e}^{-(0.5564x_1'+0.9215x_2')}}{1+\mathrm{e}^{-(0.5564x_1'+0.9215x_2')}}$$

$$(7\text{-}6)$$

5) 构建 3 个输入节点、2 个隐节点及 1 个输出节点的 3-2-1 结构的 NV-FNN(3) 评价模型

(1) 训练样本的组成。与网络结构为 2-2-1 的 NV-FNN(2) 评价模型训练样本的组成类似,将表 7-2 中各级标准生成的第 1 个、第 2 个、第 3 个正态分布随机数组成第 1 个训练样本的 3 个指标;再将第 2 个、第 3 个、第 4 个正态分布随机数组成第 2 个训练样本的 3 个指标;依次递推,直至将第 100 个、第 1 个和第 2 个正态分布随机数组成第 100 个训练样本的 3 个指标。各级标准仍是 100 个训练样本,5 级标准共有 500 个训练样本,用于训练 3-2-1 结构的 NV-FNN(3) 评价模型。

(2) 结构为 3-2-1 的 NV-FNN(3) 评价模型的输出式。为了优化结构为 3-2-1 的 NV-FNN(3) 评价模型的连接权值 w_{jh} 和 v_{hl}($h=1, 2$;$j=1, 2, 3$;$l=1$),同样在满足优化目标函数式(7-5)条件下,将上述生成的 500 个样本代入式(7-4)所示的网络结构为 3-2-1 的 NV-FNN(3) 评价模型,用 IEA-IWO 算法对连接权值 w_{jh} 和 v_{hl} 反复迭代优化,当优化目标函数 $\min Q \leqslant 1.9766 \times 10^{-4}$ 时,停止迭代,得到优化好的 3-2-1 结构的 NV-FNN(3) 评价模型的权值矩阵 $\boldsymbol{w}_{2\times3}$ 和 $\boldsymbol{v}_{2\times1}$($h=1, 2$;$j=1, 2, 3$;$l=1$)为

$$\boldsymbol{w}_{2\times3} = \begin{bmatrix} 0.7299 & 0.6488 & 0.4848 \\ 0.2071 & 0.4960 & 0.5868 \end{bmatrix}, \qquad \boldsymbol{v}_{2\times1} = \begin{bmatrix} 0.6922 \\ 0.4354 \end{bmatrix}$$

从而得到结构为 3-2-1 的 NV-FNN(3) 评价模型的输出表示式为

$$O_i(3) = v_1 \frac{1-\mathrm{e}^{-(w_{11}x_1'+w_{12}x_2'+w_{13}x_3')}}{1+\mathrm{e}^{-(w_{11}x_1'+w_{12}x_2'+w_{13}x_3')}} + v_2 \frac{1-\mathrm{e}^{-(w_{21}x_1'+w_{22}x_2'+w_{23}x_3')}}{1+\mathrm{e}^{-(w_{21}x_1'+w_{22}x_2'+w_{23}x_3')}}$$

$$= 0.6922 \times \frac{1-\mathrm{e}^{-(0.7299x_1'+0.6488x_2'+0.4848x_3')}}{1+\mathrm{e}^{-(0.7299x_1'+0.6488x_2'+0.4848x_3')}} + 0.4354 \times \frac{1-\mathrm{e}^{-(0.2071x_1'+0.4960x_2'+0.5868x_3')}}{1+\mathrm{e}^{-(0.2071x_1'+0.4960x_2'+0.5868x_3')}}$$

$$(7\text{-}7)$$

式(7-6) 和式(7-7) 中,$x_j'(j=1, 2, 3)$ 为样本 i 指标 j 的规范值。

7.1.4 任意系统的 NV-FNN 评价模型的建立步骤

NV-FNN 评价模型用于系统评价的具体建立步骤如下。

步骤 1:对一个有确定指标及其分级标准的任意系统,首先按照表 7-1 和表 7-2 指标参照值 c_{j0} 和幂指数 n_j 的设置原则和方法,确定各指标的幂指数 n_j、参照值 c_{j0} 和指标值的变换式(7-1) 的具体形式,并由指标变换式具体形式和式(7-2) 计算出各指标的各级标准规范值 x_{jk}' 及待评价样本 i 的指标 j 的规范值 x_{ji}'。

步骤 2:设待评价样本共 n 项指标,依次将各级标准的第 1 项和第 2 项指标,第 2 项和

第 3 项指标，……，第 n 项和第 1 项指标的标准规范值分别代入 2-2-1 结构的 NV-FNN(2) 评价模型的输出表示式(7-6)，计算得到各级标准的 n 个 NV-FNN(2) 评价模型计算输出值，并求平均，得到 2-2-1 结构的 NV-FNN(2) 评价模型输出的各分级标准值 $O_k(2)(k=1,2,\cdots,K)$；完全类似，依次将各级标准的第 1 项、第 2 项和第 3 指标，第 2 项、第 3 项和第 4 指标，……，第 n 项、第 1 项和第 2 项指标的标准规范值分别代入 3-2-1 结构的 NV-FNN(3) 评价模型的输出表示式(7-7)，计算得到各级标准的 n 个 NV-FNN(3) 评价模型计算输出值，并求平均，得到 3-2-1 结构的 NV-FNN(3) 评价模型输出的各分级标准值 $O_k(3)(k=1,2,\cdots,K)$。

步骤 3：分别将待评价样本 i 的第 1 项和第 2 项指标，第 2 项和第 3 项指标，……，第 n 项和第 1 项指标的规范值代入 2-2-1 结构的 NV-FNN(2) 评价模型的输出表示式(7-6)，计算得到样本 i 的 n 个 NV-FNN(2) 评价模型计算输出值，并求平均，得到样本 i 的 2-2-1 结构的 NV-FNN(2) 评价模型输出值 $O_i(2)$；完全类似，依次将样本 i 的第 1 项、第 2 项和第 3 指标，第 2 项、第 3 项和第 4 指标，……，第 n 项、第 1 项和第 2 项指标的标准规范值分别代入 3-2-1 结构的 NV-FNN(3) 评价模型的输出表示式(7-7)，计算得到样本 i 的 n 个 NV-FNN(3) 评价模型计算输出值，并求平均，得到 3-2-1 结构的 NV-FNN(3) 评价模型输出值 $O_i(3)$。

步骤 4：将待评价样本 i 的网络平均输出值 O_i 与网络模型输出的各分级标准值 $O_k(k=1,2,3,\cdots,K)$ 进行比较，即可对待评价样本的评价等级作出判断。

7.2 任意系统的 NV-FNN 评价模型的可靠性分析

由于任意系统指标实际值 c_j 具有随机不确定性，故用式(7-1)和式(7-2)规范变换后的指标规范值 x_j' 也有随机不确定性。这种不确定性对 NV-FNN 评价模型输出结果的可靠性有一定影响，通过对 NV-FNN 评价模型的双极性 Sigmoid 函数输出的灵敏度分析可以确定其影响大小。

依据系统灵敏度定义，可得双极性 Sigmoid 函数的输出 O_j 的相对误差 $\Delta O_j/O_j$ 和指标实际值 c_j 的相对误差 $\Delta c_j/c_j$ 有如下关系[20]：

$$\frac{\Delta O_j}{O_j} = S_{c_j} \frac{\Delta c_j}{c_j} \tag{7-8}$$

式中，S_{c_j} 为 NV-FNN 模型的双极性 Sigmoid 函数的输出 O_j 对指标值的灵敏度。此外，若指标变换式(7-1)中的正向和逆向指标的 n_j 分别用正、负表示，则变换式(7-1)可统一用正向指标形式表示。由变换式(7-1)和规范式(7-2)分别可得

$$\frac{\Delta X_j}{X_j} = n_j \frac{\Delta c_j}{c_j} \tag{7-9}$$

$$\frac{\Delta x_j'}{x_j'} = \frac{1}{\ln X_j} \cdot \frac{\Delta X_j}{X_j} = \frac{1}{10 x_j'} \cdot \frac{\Delta X_j}{X_j} \tag{7-10}$$

因而有

$$\frac{\Delta x'_j}{x'_j} = \frac{n_j}{10x'_j} \cdot \frac{\Delta c_j}{c_j} \tag{7-11}$$

由双极性 Sigmoid 函数的输出式：

$$O_j = \frac{1 - e^{-x'_j}}{1 + e^{-x'_j}} \tag{7-12}$$

可得

$$\frac{\partial O_j}{\partial x'_j} = \frac{2e^{-x'_j}}{(1 + e^{-x'_j})^2}$$

$$\frac{\Delta O_j}{O_j} = \frac{2e^{-x'_j}}{1 - e^{-2x'_j}} \Delta x'_j = \frac{2e^{-x'_j}}{1 - e^{-2x'_j}} \cdot \frac{1}{10} \cdot \frac{\Delta X_j}{X_j} = \frac{e^{-x'_j}}{1 - e^{-2x'_j}} \cdot \frac{n_j}{5} \cdot \frac{\Delta c_j}{c_j} \tag{7-13}$$

比较式 (7-8) 和式 (7-13)，可得 NV-FNN 模型的双极性函数的输出 O_j 对指标值的灵敏度为

$$S_{c_j} = \frac{n_j}{5} \cdot \frac{e^{-x'_j}}{1 - e^{-2x'_j}} \tag{7-14}$$

完全类似，可得 NV-FNN 模型的双极性 Sigmoid 函数的输出 O_j 对指标参照值 c_{j0} 的灵敏度计算式如式 (7-15) 所示：

$$S_{c_{j0}} = \frac{n_j}{5} \cdot \frac{e^{-x'_{j0}}}{1 - e^{-2x'_{j0}}} \tag{7-15}$$

对任意系统的指标变换式 (7-1) 中的 n_j 只取 $n_j = \pm 2$、± 1、± 0.5。而 NV-FNN 评价模型中 x'_j 的取值范围通常为 $x'_j \in [0.1, 0.5]$。因此，当 n_j 为上述值时，由式 (7-14) 计算得到双极性 Sigmoid 函数的输出 O_j 对指标值 c_j 的灵敏度 S_{c_j} 随 x'_j 的变化曲线是一条连续曲线，如图 7-1 所示。

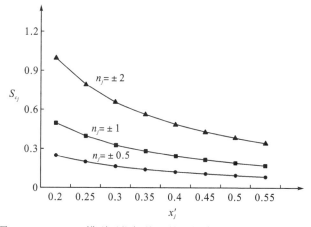

图 7-1　NV-FNN 模型对指标值 c_j 的灵敏度 S_{c_j} 随 x'_j 的变化曲线

由图 7-1 可见，当变换式中参数 $n_j = \pm 0.5$、$n_j = \pm 1$ 和 $x'_j \geqslant 0.2$ 的 $n_j = \pm 2$ 时，计算得到的 NV-FNN 评价模型灵敏度都满足 $\left| S_{c_j} \right| \leqslant 1$，即低灵敏度模型，低灵敏度正是模型稳定性和可靠性所要求的。若指标实际值的相对误差（不确定性）为 $\Delta c_j / c_j$，由式(7-8)可知，$\Delta O_j / O_j \leqslant \Delta c_j / c_j$。可见，由 NV-FNN 评价模型计算得到的输出 O_j 的相对误差 $\Delta O_j / O_j$ 一般不被放大，反而被缩小；只有当参数 $n_j = \pm 2$ 且 $x'_j < 0.2$ 时，模型输出的相对误差 $\Delta O_j / O_j$ 才有可能被放大，但也仅是指标实际值的相对误差 $\Delta c_j / c_j$ 的 1～2 倍。因此，广义环境系统的 NV-FNN 评价模型的输出是稳定、可靠的。

若各级标准规范值 x'_{jk} 被限制在表 7-2 所示的变化范围内（亦即表 7-4 第 2 列），则由式(7-15)计算得到双极性 Sigmoid 函数的输出 O_j 对指标参照值 c_{j0} 的灵敏度 $S_{c_{j0}}$ 见表 7-3。可见，除 $n_j = \pm 2$ 变换外，NV-FNN 模型的双极性 Sigmoid 函数的输出 O_j 对指标参照值 c_{j0} 仍是低灵敏度。

表 7-3　NV-FNN 模型的双极性 Sigmoid 函数的输出 O_j 对指标参照值 c_{j0} 的灵敏度 $S_{c_{j0}}$

n_j	$S_{c_{j0}}$							
	$x'_j = 0.55$	$x'_j = 0.50$	$x'_j = 0.45$	$x'_j = 0.40$	$x'_j = 0.35$	$x'_j = 0.30$	$x'_j = 0.25$	$x'_j = 0.20$
± 0.5	± 0.0865	± 0.0960	± 0.1074	± 0.1217	± 0.1400	± 0.1642	± 0.1979	± 0.2483
± 1	± 0.1730	± 0.1920	± 0.2149	± 0.2434	± 0.2800	± 0.3284	± 0.3959	± 0.4966
± 2	± 0.3460	± 0.3840	± 0.4298	± 0.4868	± 0.5600	± 0.6568	± 0.7917	± 0.9932

在 $\dfrac{\Delta O_j}{O_j} = \dfrac{2\mathrm{e}^{-x'_j}}{1 - \mathrm{e}^{-2x'_j}} \Delta x'_j$ 中，当 x'_j 和 $\Delta x'_j$ 分别用表 7-4 中各级标准生成样本标准规范值的均值 $\bar{x}'_j$ 和生成样本标准规范值的标准差 σ_{jk} 代入时，可得满足规范变换要求的指标参照值 c_{j0} 的不同取值而引起的 NV-FNN 模型各级标准输出值的相对误差，见表 7-4。可以看出，尽管指标参照值 c_{j0} 取值具有不确定性，但此不确定性对 NV-FNN 评价模型各级标准输出值的影响（相对误差）较小，其最大相对误差（1 级标准）为 0.1490，小于 0.15。

表 7-4　任意系统各级标准的指标规范值 x'_{jk} 的变化范围、平均值 $\bar{x}'_{jk}$、标准差 σ_{jk} 和
NV-FNN 模型输出值的相对误差 r_{jk}

x'_{jk}	x'_{jk} 的变化范围	$\bar{x}'_{jk}$	σ_{jk}	r_{jk} /%
x'_{j1}	$[0.10, 0.24]$	0.1855	0.0278	14.90
x'_{j2}	$[0.18, 0.32]$	0.2417	0.0341	13.97
x'_{j3}	$[0.25, 0.40]$	0.3064	0.0305	9.80
x'_{j4}	$[0.33, 0.46]$	0.3779	0.0326	8.42
x'_{j5}	$[0.40, 0.55]$	0.4430	0.0275	6.01

7.3　NV-FNN 评价模型用于环境质量评价

7.3.1　济南市空气质量的 NV-FNN 评价模型

1) 指标参照值和变换式的设置及指标规范值的计算

2001~2011 年济南市的 3 项空气环境指标的分级标准值 c_{jk}[《环境空气质量标准》(GB 3095—2012)] 及监测值 c_j 分别如表 7-5 和表 7-6 所示[21]。设置各指标的参照值 c_{j0} 和变换式，分别如表 7-5 和式 (7-16) 所示。根据式 (7-16) 和式 (7-2) 计算出这 3 项指标的分级标准规范值 x'_{jk} 和济南市各年度指标监测值 c_j 的规范值 x'_j，亦分别见表 7-5 和表 7-6。

$$X_j = \begin{cases} c_j / c_{j0}, & c_j \geqslant c_{j0}, & \text{指标 NO}_2 \\ \left(c_j / c_{j0} \right)^2, & c_j \geqslant c_{j0}, & \text{指标 SO}_2 \text{、 PM}_{10} \\ 1, & c_j < c_{j0}, & \text{所有指标} \end{cases} \tag{7-16}$$

式中，各指标的 c_{j0} 值见表 7-5，c_{j0} 和 c_j 的单位均为 mg/m^3。

表 7-5　济南市空气环境指标的参照值 c_{j0}、分级标准值 c_{jk} 及标准规范值 x'_{jk}

指标	c_{j0}	c_{jk}		x'_{jk}	
		1 级	2 级	1 级	2 级
SO$_2$	0.012	0.02	0.06	0.1022	0.3219
NO$_2$	0.005	0.04	0.04	0.2079	0.2079
PM$_{10}$	0.023	0.04	0.07	0.1107	0.2226

注：c_{j0} 和 c_{jk} 的单位为 mg/m^3。

表 7-6　2001~2011 年济南市空气质量监测值 c_j 及规范值 x'_j

年份	c_j			x'_j		
	SO$_2$	NO$_2$	PM$_{10}$	SO$_2$	NO$_2$	PM$_{10}$
2011	0.051	0.036	0.104	0.2894	0.1974	0.3018
2010	0.045	0.027	0.117	0.2644	0.1686	0.3253
2009	0.050	0.025	0.123	0.2854	0.1609	0.3353
2008	0.052	0.022	0.126	0.2933	0.1482	0.3402
2007	0.056	0.023	0.118	0.3081	0.1526	0.3270
2006	0.040	0.021	0.114	0.2408	0.1435	0.3201
2005	0.060	0.024	0.128	0.3219	0.1569	0.3433
2004	0.045	0.038	0.149	0.2644	0.2028	0.3737
2003	0.064	0.047	0.149	0.3348	0.2241	0.3737
2002	0.055	0.040	0.129	0.3045	0.2079	0.3449
2001	0.058	0.037	0.145	0.3151	0.2001	0.3682

注：c_j 的单位为 mg/m^3。

2) 模型输出的评价分级标准值和样本的模型计算输出值及评价结果

按照 7.1.4 节的评价步骤 2，在视各指标等权的情况下，由表 7-5 中各级标准的指标规范值 x'_{jk} 及式 (7-6)、式 (7-7)，分别计算得到 NV-FNN(2) 和 NV-FNN(3) 评价模型输出的分级标准值 $O_k(2)$ 和 $O_k(3)$ 及其均值 O_k，见表 7-7。同样，按照步骤 3，由表 7-6 中济南市各年度 3 项指标规范值 x'_j 及式 (7-6)、式 (7-7) 分别计算得到 2001～2011 年济南市空气质量的 NV-FNN(2) 和 NV-FNN(3) 评价模型计算输出值 $O_i(2)$ 和 $O_i(3)$，见表 7-8。依据表 7-7 中模型输出的分级标准值 $O_k(2)$ 和 $O_k(3)$ 得到济南市各年度空气质量评价结果，见表 7-8。

表 7-7　NV-FNN(2) 和 NV-FNN(3) 评价模型输出的分级标准值 $O_k(2)$、$O_k(3)$ 及均值 O_k

分级标准	k=1	k=2	分级标准	k=1	k=2	分级标准	k=1	k=2
$O_k(2)$	0.1309	0.2308	$O_k(3)$	0.1292	0.2287	O_k	0.1301	0.2298

表 7-8　多种评价模型和方法对 2001～2011 年济南市空气质量的评价结果

年份	NV-FNN(2)		NV-FNN(3)		超标倍数法	
	$O_i(2)$	等级	$O_i(3)$	等级	SI	等级
2011	0.2395	2	0.2393	2	0.3082	2
2010	0.2307	2	0.2304	2	0.3025	2
2009	0.2373	2	0.2373	2	0.3079	2
2008	0.2372	2	0.2373	2	0.3084	2
2007	0.2390	2	0.2391	2	0.3095	2
2006	0.2151	2	0.2145	2	0.2918	2
2005	0.2487	2	0.2491	2	0.3171	2
2004	0.2541	2	0.2546	2	0.3203	3
2003	0.2797	2	0.2812	2	0.3401	2
2002	0.2589	2	0.2594	2	0.3233	2
2001	0.2660	2	0.2670	2	0.3296	2

表 7-8 中还列出了文献 [21] 用超标倍数赋权法的评价结果。可见，除 2004 年外，NV-FNN(2) 和 NV-FNN(3) 评价模型对其余年份济南市空气质量评价结果与超标倍数赋权法的评价结果完全一致。

7.3.2　天津市塘沽区地表水水质的 NV-FNN 评价模型

1) 指标参照值和变换式的设置及指标规范值的计算

2006 年天津市塘沽区 5 个地表水监测点为大梁子 (1#)、船闸 (2#)、唐汉桥 (3#)、宁车站 (4#)、北塘库 (5#)，其 5 项地表水指标监测值 c_j 及指标分级标准值 c_{jk} 如表 7-9 所示 [22]。

设置指标变换式如式(7-17)所示，指标 DO、COD_{Mn}、COD_{Cr}、BOD_5、$NH_3\text{-}N$ 的参照值 c_{j0} 分别为 20mg/L、0.2mg/L、5mg/L、1mg/L、0.03mg/L。由式(7-17)和式(7-2)计算得到 5 项指标各级标准规范值 x'_{jk} 及各测点 5 项指标监测值 c_j 的规范值 x'_j，见表 7-9。

$$X_j = \begin{cases} c_j / c_{j0}, & c_j \geqslant c_{j0}, & \text{指标}NH_3\text{-}N、COD_{Mn} \\ \left(c_j / c_{j0}\right)^2, & c_j \geqslant c_{j0}, & \text{指标}BOD_5、COD_{Cr} \\ \left(c_{j0} / c_j\right)^2, & c_j \leqslant c_{j0}, & \text{指标}DO \\ 1, & c_j > c_{j0}, & \text{指标}DO \\ 1, & c_j < c_{j0}, & \text{指标}NH_3\text{-}N、BOD_5、COD_{Cr}、COD_{Mn} \end{cases} \quad (7\text{-}17)$$

式中，各指标 c_{j0} 和 c_j 的单位均为 mg/L。

表 7-9　天津市塘沽区地表水评价指标的监测值 c_j、规范值 x'_j 及分级标准值 c_{jk}、标准规范值 x'_{jk}

指标	项目	地表水分级标准					项目	塘沽区监测点				
		$k=1$	$k=2$	$k=3$	$k=4$	$k=5$		大梁子	船闸	唐汉桥	宁车站	北塘库
DO	c_{jk}	7.5	6	5	3	2	c_j	8.9	8.9	4.3	6.6	9.6
	x'_{jk}	0.1962	0.2408	0.2773	0.3794	0.4605	x'_j	0.1619	0.1619	0.3074	0.2217	0.1468
COD_{Mn}	c_{jk}	2	4	6	10	15	c_j	13.27	11.92	11.63	8.94	9.19
	x'_{jk}	0.2303	0.2996	0.3401	0.3912	0.4317	x'_j	0.4195	0.4088	0.4063	0.3800	0.3828
COD_{Cr}	c_{jk}	15	15	20	30	45	c_j	53	48	68	79	56
	x'_{jk}	0.2197	0.2197	0.2773	0.3584	0.4394	x'_j	0.4722	0.4524	0.522	0.5520	0.4832
BOD_5	c_{jk}	2	3	4	6	10	c_j	4.2	4.8	6.2	7.4	2.5
	x'_{jk}	0.1386	0.2197	0.2773	0.3584	0.4605	x'_j	0.2870	0.3137	0.3649	0.4003	0.1833
$NH_3\text{-}N$	c_{jk}	0.15	0.5	1	1.5	2	c_j	8.67	14.01	11.88	7.13	0.11
	x'_{jk}	0.1609	0.2813	0.3507	0.3912	0.4200	x'_j	0.5666	0.6146	0.5981	0.5471	0.1299

注：各指标的 c_{jk} 和 c_j 的单位均为 mg/L。

2)模型输出的评价分级标准值和样本的模型计算输出值及评价结果

按照 7.1.4 节的评价步骤 2，在视各指标等权的情况下，由表 7-9 中各级标准的指标规范值 x'_{jk} 及式(7-6)、式(7-7)，分别计算得到 NV-FNN(2)和 NV-FNN(3)评价模型输出的分级标准值 $O_k(2)$ 和 $O_k(3)$ 及其均值 $O_k(k=1,2,\cdots,5)$，见表 7-10。同样，按照步骤 3，由表 7-9 中塘沽区各监测点 5 项地表水指标规范值 x'_j 及式(7-6)、式(7-7)分别计算得到 2006 年天津市塘沽区 5 个监测点的 NV-FNN(2)和 NV-FNN(3)评价模型计算输出值 $O_i(2)$ 和 $O_i(3)$，见表 7-11。依据表 7-10 中模型输出的分级标准值 $O_k(2)$、$O_k(3)$ 得到天津市塘沽区 5 个监测点地表水水质的评价结果，见表 7-11。

表 7-10 天津市塘沽区地表水 NV-FNN(2) 和 NV-FNN(3) 评价模型输出值的
分级标准值 $O_k(2)$、$O_k(3)$ 及均值 O_k

模型输出 分级标准	级别				
	$k=1$	$k=2$	$k=3$	$k=4$	$k=5$
$O_k(2)$	0.1750	0.2305	0.2747	0.3319	0.3820
$O_k(3)$	0.1735	0.2299	0.2757	0.3364	0.3912
O_k	0.1743	0.2302	0.2752	0.3341	0.3866

表 7-11 多种评价模型和方法对天津市塘沽区地表水水质的评价结果

监测点	NV-FNN(2)		NV-FNN(3)		等效数值法	模糊综合法
	$O_i(2)$	等级	$O_i(3)$	等级	等级	等级
1#	0.3352	5	0.3409	5	5	5
2#	0.3417	5	0.3481	5	5	5
3#	0.3793	5	0.3888	5	5	5
4#	0.3639	5	0.3726	5	5	5
5#	0.2379	3	0.2404	3	4	4

表 7-11 中还列出了文献[22]用等效数值法和模糊综合法对天津市塘沽区 5 个监测点地表水水质的评价结果。可以看出,NV-FNN(2) 和 NV-FNN(3) 评价模型的评价结果除北塘库(5#)与其他两种方法评价结果相差一级外,其余 4 个监测点评价结果则完全一致。

7.3.3 黑龙洞泉域地下水水质的 NV-FNN 评价模型

1) 指标参照值和变换式的设置及指标规范值的计算

黑龙洞泉域地下水 5 个监测点为南鼓山(1#)、磁山镇(2#)、固镇(3#)、二里山(4#)、黑龙洞(5#),其 6 项地下水指标监测值 c_j 及分级标准值 c_{jk} 如表 7-12 所示[23]。设置指标变换式如式(7-18)所示,指标 C_1(HDS)、C_2(SO_4^{2-})、C_3(Cl^-)、C_4(NO_3-N)、C_5(SS)、C_6(F^-) 的参照值 c_{j0} 分别为 15mg/L、7mg/L、7mg/L、0.5mg/L、30mg/L、0.05mg/L。由式(7-18) 和式(7-2)计算得到 6 项指标各级标准规范值 x'_{jk} 及各测点 6 项指标监测值 c_j 的规范值 x'_j,见表 7-12。

$$X_j = \begin{cases} c_j / c_{j0}, & c_j \geqslant c_{j0}, & \text{指标} C_1 \sim C_6 \\ 1, & c_j < c_{j0}, & \text{指标} C_1 \sim C_6 \end{cases} \tag{7-18}$$

式中,各指标名称见表 7-12,其 c_{j0} 和 c_j 的单位均为 mg/L。

表 7-12　黑龙洞泉域地下水评价指标的监测值 c_j、规范值 x_j' 及分级标准值 c_{jk}、标准规范值 x_{jk}'

指标	项目	地下水分级标准					项目	黑龙洞泉域监测点				
		$k=1$	$k=2$	$k=3$	$k=4$	$k=5$		南鼓山	磁山镇	固镇	二里山	黑龙洞
总硬度 (C₁)	c_{jk}	150	300	450	550	900	c_j	558.0	282.7	291.3	396.3	381.5
	x_{jk}'	0.2303	0.2996	0.3401	0.3602	0.4094	x_j'	0.3616	0.2936	0.2966	0.3274	0.3236
硫酸盐 (C₂)	c_{jk}	50	150	250	350	500	c_j	283.4	22.8	103.9	109.3	110.3
	x_{jk}'	0.1966	0.3065	0.3576	0.3912	0.4269	x_j'	0.3701	0.1181	0.2698	0.2748	0.2757
氯化物 (C₃)	c_{jk}	50	150	250	350	500	c_j	139.0	11.0	19.5	25.5	18.0
	x_{jk}'	0.1966	0.3065	0.3576	0.3912	0.4269	x_j'	0.2989	0.0452	0.1025	0.1293	0.0944
硝酸盐 (C₄)	c_{jk}	2	5	20	20	30	c_j	4.89	3.44	5.36	6.03	3.83
	x_{jk}'	0.1386	0.2303	0.3689	0.3689	0.4094	x_j'	0.2280	0.1929	0.2372	0.2490	0.2036
溶固 (C₅)	c_{jk}	300	500	1000	2000	3000	c_j	882	287	398	468	379
	x_{jk}'	0.2303	0.2813	0.3507	0.4200	0.4605	x_j'	0.3381	0.2258	0.2585	0.2747	0.2536
氟化物 (C₆)	c_{jk}	0.5	1	1	2	3	c_j	0.3	0.1	0.3	0.3	0.3
	x_{jk}'	0.2303	0.2996	0.2996	0.3689	0.4094	x_j'	0.1792	0.0693	0.1792	0.1792	0.1792

注：各指标 c_{jk} 和 c_j 的单位均为 mg/L。

2）模型输出的评价分级标准值和样本的模型计算输出值及评价结果

按照 7.1.4 节的评价步骤 2，在视各指标等权的情况下，由表 7-12 中各级标准的指标规范值 x_{jk}' 及式(7-6)、式(7-7)，分别计算得到 NV-FNN(2) 和 NV-FNN(3) 评价模型输出的分级标准值 $O_k(2)$ 和 $O_k(3)$ 及其均值 $O_k(k=1,2,\cdots,5)$，见表 7-13；同样，按照步骤 3，由表 7-12 中各监测点 6 项地下水指标规范值 x_j' 及式(7-6)、式(7-7)分别计算得到黑龙洞泉域 5 个监测点地下水的 NV-FNN(2) 和 NV-FNN(3) 评价模型计算输出值 $O_i(2)$ 和 $O_i(3)$，见表 7-14。依据表 7-13 中模型输出的分级标准值 $O_k(2)$ 和 $O_k(3)$ 得到黑龙洞泉域 5 个监测点地下水水质评价结果，见表 7-14。

表 7-13　黑龙洞泉域地下水 NV-FNN(2) 和 NV-FNN(3) 评价模型输出值的分级标准值 $O_k(2)$、$O_k(3)$ 及均值 O_k

模型	模型输出分级标准	级别				
		$k=1$	$k=2$	$k=3$	$k=4$	$k=5$
NV-FNN	$O_k(2)$	0.1880	0.2603	0.3082	0.3378	0.3683
	$O_k(3)$	0.1867	0.2607	0.3110	0.3428	0.3760
	O_k	0.1874	0.2605	0.3096	0.3403	0.3722

表 7-14 多种评价模型和方法对黑龙洞泉域地下水水质的评价结果

监测点	NV-FNN(2)		NV-FNN(3)		属性识别法
	$O_i(2)$	等级	$O_i(3)$	等级	等级
1#	0.2671	3	0.2682	3	3
2#	0.1461	1	0.1449	1	1
3#	0.2056	2	0.2048	2	2
4#	0.2188	2	0.2182	2	2
5#	0.2034	2	0.2027	2	2

表 7-14 中还列出了文献[23]用属性识别法对黑龙洞泉域 5 个监测点地下水水质的评价结果。可以看出，NV-FNN(2)和 NV-FNN(3)评价模型对 5 个监测点的地下水水质评价结果与属性识别法的评价结果完全一致。

7.3.4 武汉市东湖富营养化的 NV-FNN 评价模型

1) 指标参照值和变换式的设置及指标规范值的计算

武汉市东湖 10 个湖区的 5 项富营养化指标的分级标准值 c_{jk} 如表 7-15 所示[24]。设置指标变换式如式(7-19)所示。各富营养化指标 Chla、TP、COD_{Mn}、BOD_5、NH_3-N 的参照值 c_{j0} 分别为 0.05μg/L、0.1μg/L、0.01mg/L、0.2mg/L、0.001mg/L。各湖区指标监测值 c_j 如表 7-16 所示[5]。由式(7-19)及式(7-2)计算得到富营养化指标各级标准规范值 x'_{jk} 及各湖区指标监测值 c_j 的规范值 x'_j 分别见表 7-15 和表 7-16。

$$X_j = \begin{cases} c_j / c_{j0}, & c_j \geq c_{j0}, & \text{指标BOD}_5 \\ \left(c_j / c_{j0}\right)^{0.5}, & c_j \geq c_{j0}, & \text{指标Chla、TP、COD}_{Mn}\text{、NH}_3\text{-N} \\ 1, & c_j < c_{j0}, & \text{所有5项指标} \end{cases} \quad (7\text{-}19)$$

式中，各指标 c_{j0} 和 c_j 的单位与表 7-15 中 c_{jk} 的单位相同。

表 7-15 武汉市东湖 5 项富营养化指标分级标准值 c_{jk} 和标准规范值 x'_{jk}

指标	1 级		2 级		3 级		4 级		5 级	
	c_{jk}	x'_{jk}	c_{jk}	x'_{jk}	c_{jk}	x'_{jk}	c_{jk}	x'_{jk}	c_{jk}	x'_{jk}
Chla	1.6	0.1733	10	0.2649	64	0.3577	160	0.4035	1000	0.4952
TP	4.6	0.1914	23	0.2719	110	0.3502	250	0.3912	1250	0.4717
COD_{Mn}	0.48	0.1936	1.8	0.2596	7.1	0.3283	14	0.3622	54	0.4297
BOD_5	1.2	0.1792	2.8	0.2639	6.6	0.3497	12	0.4094	30	0.5011
NH_3-N	0.055	0.2004	0.2	0.2649	0.65	0.3238	1.5	0.3657	5	0.4259

注：Chla 和 TP 的 c_{jk} 单位为 μg/L；COD_{Mn}、BOD_5 和 NH_3-N 的 c_{jk} 单位为 mg/L。

表 7-16　武汉市东湖 10 个湖区富营养化指标的监测值 c_j 及规范值 x'_j

指标	项目	1#	2#	3#	4#	5#	6#	7#	8#	9#	10#
Chla	c_j	50.23	28.16	8.19	42.47	12.07	18.57	5.26	12.46	83.86	59.61
	x'_j	0.3456	0.3167	0.2549	0.3372	0.2743	0.2959	0.2328	0.2759	0.3712	0.3542
TP	c_j	220	80	49	520	50	130	68	60	540	170
	x'_j	0.3848	0.3342	0.3097	0.4278	0.3107	0.3585	0.3261	0.3198	0.4297	0.3719
COD$_{Mn}$	c_j	7.94	5.67	3.49	9.75	5.15	5.43	5.35	5.37	11.08	11.30
	x'_j	0.3339	0.3170	0.2928	0.3441	0.3122	0.3149	0.3141	0.3143	0.3505	0.3515
BOD$_5$	c_j	8.47	6.03	2.74	12.49	2.36	4.98	2.20	2.84	12.55	8.42
	x'_j	0.3746	0.3406	0.2617	0.4134	0.2468	0.3215	0.2398	0.2653	0.4139	0.3740
NH$_3$-N	c_j	1.84	0.50	0.31	5.63	0.67	0.49	0.34	0.33	6.29	3.30
	x'_j	0.3759	0.3107	0.2868	0.4318	0.3254	0.3097	0.2914	0.2900	0.4373	0.4051

注：各指标 c_j 的单位与表 7-15 中 c_{jk} 的单位相同。

2）模型输出的评价分级标准值和样本的模型计算输出值及评价结果

按 7.1.4 节的评价步骤 2，在视各指标等权的情况下，由表 7-15 中各级标准的指标规范值 x'_{jk} 及式(7-6)、式(7-7)，分别计算得到 NV-FNN(2) 和 NV-FNN(3) 评价模型输出的分级标准值 $O_k(2)$ 和 $O_k(3)$ 及其均值 $O_k(k=1,2,\cdots,5)$，见表 7-17；同样，按照步骤 3，由表 7-16 中武汉市东湖 10 个湖区的 5 项富营养化指标的规范值 x'_j 及式(7-6)、式(7-7)分别计算得到武汉市东湖的 NV-FNN(2) 和 NV-FNN(3) 评价模型计算输出值 $O_i(2)$ 和 $O_i(3)$，见表 7-18。依据表 7-17 中模型输出的分级标准值 $O_k(2)$ 和 $O_k(3)$ 得到武汉市东湖 10 个湖区富营养化评价结果，见表 7-18。

表 7-17　武汉市东湖富营养化 NV-FNN(2) 和 NV-FNN(3) 评价模型输出值的
分级标准值 $O_k(2)$、$O_k(3)$ 及均值 O_k

模型	模型输出分级标准	级别				
		$k=1$	$k=2$	$k=3$	$k=4$	$k=5$
NV-FNN	$O_k(2)$	0.1737	0.2416	0.3053	0.3402	0.3979
	$O_k(3)$	0.1722	0.2413	0.3078	0.3453	0.4090
	O_k	0.2030	0.2415	0.3065	0.3427	0.4034

表 7-18　多种评价模型和方法对武汉市东湖 10 个湖区的富营养化评价结果

湖区	NV-FNN(2)		NV-FNN(3)		HTS 法	BP 神经网络法
	$O_i(2)$	等级	$O_i(3)$	等级	等级	等级
1#	0.3220	4	0.3257	4	5	5（重富）
2#	0.2906	3	0.2924	3	4	4（富）

湖区	NV-FNN(2)		NV-FNN(3)		HTS 法	BP 神经网络法
	$O_i(2)$	等级	$O_i(3)$	等级	等级	等级
3#	0.2552	3	0.2554	3	4	4(富)
4#	0.3435	5	0.3490	5	5	5(重富)
5#	0.2659	3	0.2665	3	4	4(富)
6#	0.2876	3	0.2892	3	4	4(富)
7#	0.2548	3	0.2551	3	4	4(富)
8#	0.2652	3	0.2658	3	4	4(富)
9#	0.3509	5	0.3570	5	5	5(重富)
10#	0.3285	4	0.3327	4	5	5(重富)

表 7-18 中还列出了文献[24]用混合禁忌搜索(hybrid taboo search，HTS)算法和 BP 神经网络法的评价结果。本节的 1 级(贫营养)对应文献[24]中的 1 级(极贫营养)和 2 级(贫营养)，2 级(中营养)对应其 3 级(中富营养)，3 级(富营养)对应其 4 级(富营养)，4 级(重富营养)和 5 级(极富营养)对应其 5 级(重富营养)。可以看出，NV-FNN(2)和 NV-FNN(3)评价模型对武汉市东湖 10 个湖区的富营养化评价结果与 HTS 算法和 BP 神经网络法的评价结果完全一致。

7.4 NV-FNN 评价模型用于水资源评价

7.4.1 黄河山西段水资源承载力的 NV-FNN 评价模型

1) 指标参照值和变换式的设置及指标规范值的计算

黄河流域山西省 9 个河段水资源承载力 10 项指标分级标准值 c_{jk} 及实际值 c_j 分别如表 7-19 和表 7-20 所示[25]。设置指标变换式如式(7-20)所示。指标名称及参照值 c_{j0} 见表 7-19，由式(7-20)及式(7-2)计算得到指标各级标准规范值 x'_{jk} 和各河段指标实际值 c_j 的规范值 x'_j 分别见表 7-19 和表 7-20。

$$X_j = \begin{cases} \left(c_{j0}/c_j\right)^2, & c_j \leqslant c_{j0}, \quad \text{指标} C_1 、 C_{10} \\ \left(c_j/c_{j0}\right)^2, & c_j \geqslant c_{j0}, \quad \text{指标} C_2 \sim C_9 \\ 1, & c_j > c_{j0}, \quad \text{指标} C_1 、 C_{10} \\ 1, & c_j < c_{j0}, \quad \text{指标} C_2 \sim C_9 \end{cases} \tag{7-20}$$

式中，各指标的 c_{j0} 值见表 7-19，各指标名称及其 c_{j0}、c_j 的单位与表 7-19 中相应指标名称及其 c_{j0}、c_{jk} 的单位相同。

表 7-19　黄河山西段水资源承载力指标的参照值 c_{j0}、分级标准值 c_{jk} 和标准规范值 x'_{jk}

指标	c_{j0}	c_{jk}			x'_{jk}		
		$k=1$	$k=2$	$k=3$	$k=1$	$k=2$	$k=3$
C_1	3000	1000	750	500	0.2197	0.2773	0.3584
C_2	10	20	40	60	0.1386	0.2773	0.3584
C_3	34	100	150	200	0.2158	0.2969	0.3544
C_4	1500	3000	6000	10000	0.1386	0.2773	0.3794
C_5	1	2	4	6	0.1386	0.2773	0.3584
C_6	25	50	100	150	0.1386	0.2773	0.3584
C_7	65	200	300	400	0.2248	0.3059	0.3634
C_8	30	70	130	175	0.1695	0.2932	0.3527
C_9	0.6	1.5	2.5	3.5	0.1833	0.2854	0.3527
C_{10}	10	3.5	2.5	1.5	0.2100	0.2773	0.3794

注：C_1 为人均水资源量，其 c_{j0} 和 c_{jk} 的单位为 m^3/a；C_2 为水资源利用率，其 c_{j0} 和 c_{jk} 的单位为%；C_3 为人口密度，其 c_{j0} 和 c_{jk} 的单位为人/km^2；C_4 为人均工业产值，其 c_{j0} 和 c_{jk} 的单位为元；C_5 为生态环境用水量，其 c_{j0} 和 c_{jk} 的单位为%；C_6 为万元工业产值需水量，其 c_{j0} 和 c_{jk} 的单位为 m^3；C_7 为农作物灌溉定额，其 c_{j0} 和 c_{jk} 的单位为 m^3/hm^2；C_8 为城市生活用水定额，其 c_{j0} 和 c_{jk} 的单位为 $L/(d·人)$；C_9 为年需水模数，其 c_{j0} 和 c_{jk} 的单位为 $10^4m^3/km^2$；C_{10} 为年供水模数，其 c_{j0} 和 c_{jk} 的单位为 $10^4m^3/km^2$。

表 7-20　黄河山西段水资源承载力各指标的实际值 c_j 及其规范值 x'_j

指标	项目	太原	临汾	运城	吕梁	忻州	晋城	晋中	长治	朔州
C_1	c_j	98	305	124	149	450	298	149	1316	257
	x'_j	0.6843	0.4572	0.6372	0.6005	0.3794	0.4619	0.6005	0.1648	0.4915
C_2	c_j	330	107	373	175	25	76	306	12	66
	x'_j	0.6993	0.4740	0.7238	0.5724	0.1833	0.4056	0.6842	0.0365	0.3774
C_3	c_j	511	211	368	174	81	278	283	68	71
	x'_j	0.5420	0.3651	0.4763	0.3265	0.1736	0.4203	0.4238	0.1386	0.1473
C_4	c_j	36535	16813	12212	9828	4439	24038	19119	14240	8040
	x'_j	0.6386	0.4833	0.4194	0.3760	0.2170	0.5548	0.5090	0.4501	0.3358
C_5	c_j	5.0	4.3	4.5	2.0	2.0	3.0	4.7	3.0	2.0
	x'_j	0.3219	0.2917	0.3008	0.1386	0.1386	0.2197	0.3095	0.2197	0.1386
C_6	c_j	52.7	39.2	46.7	28.5	76.5	38.0	41.3	38.0	76.5
	x'_j	0.1491	0.0900	0.1250	0.0262	0.2237	0.0837	0.1004	0.0837	0.2237
C_7	c_j	319	279	254	293	289	282	271	282	289
	x'_j	0.3182	0.2914	0.2726	0.3012	0.2984	0.2935	0.2855	0.2935	0.2984
C_8	c_j	210	155	140	99	95	144	190	144	95
	x'_j	0.3892	0.3284	0.3081	0.2388	0.2305	0.3137	0.3692	0.3137	0.2305

指标	项目	太原	临汾	运城	吕梁	忻州	晋城	晋中	长治	朔州
C_9	c_j	16.48	6.88	17.04	4.56	0.91	6.28	12.93	1.06	1.20
	x'_j	0.6626	0.4879	0.6693	0.4056	0.0833	0.4696	0.6141	0.1138	0.1386
C_{10}	c_j	19.68	10.36	8.12	2.22	1.00	4.33	6.66	0.37	0.48
	x'_j	0.0000	0.0000	0.0417	0.3010	0.4605	0.1674	0.0813	0.6594	0.6073

注：各指标 c_j 的单位与表 7-19 中 c_{jk} 和 c_{j0} 的单位相同。

2) 模型输出的评价分级标准值和样本的模型计算输出值及评价结果

按 7.1.4 节的评价步骤 2，在视各指标等权的情况下，由表 7-19 中各级标准的指标规范值 x'_{jk} 及式(7-6)、式(7-7)，分别计算得到 NV-FNN(2) 和 NV-FNN(3) 评价模型输出的分级标准值 $O_k(2)$ 和 $O_k(3)$ 及其均值 $O_k(k=1,2,3)$，见表 7-21；同样，按照步骤 3，由表 7-20 中黄河流域山西省 9 个河段水资源承载力 10 项指标的规范值 x'_j 及式(7-6)、式(7-7)分别计算得到黄河流域山西省 9 个河段水资源承载力的 NV-FNN(2) 和 NV-FNN(3) 评价模型计算输出值 $O_i(2)$ 和 $O_i(3)$，见表 7-22。依据表 7-21 中模型输出的分级标准值 $O_k(2)$ 和 $O_k(3)$ 得到黄河流域山西省 9 个河段水资源承载力的评价结果，见表 7-22。

表 7-21　黄河山西段水资源承载力的 NV-FNN(2) 和 NV-FNN(3) 评价模型输出的
分级标准值 $O_k(2)$、$O_k(3)$ 及均值 O_k

模型	模型输出分级标准	$k=1$	$k=2$	$k=3$
NV-FNN	$O_k(2)$	0.1648	0.2583	0.3209
	$O_k(3)$	0.1537	0.2593	0.3244
	O_k	0.1593	0.2588	0.3226

表 7-22　多种评价模型和方法对黄河山西段水资源承载力的评价结果

流域河段	NV-FNN(2)		NV-FNN(3)		极大熵原理法
	$O_i(2)$	等级	$O_i(3)$	等级	等级
太原	0.3710	3	0.3858	3	3
临汾	0.2896	3	0.2939	3	3
运城	0.3399	3	0.3509	3	3
吕梁	0.2879	3	0.2935	3	3
忻州	0.2173	2	0.2176	2	2
晋城	0.2994	3	0.3041	3	3
晋中	0.3416	3	0.3520	3	3
长治	0.2229	2	0.2249	2	2
朔州	0.2657	3	0.2692	3	2

表 7-22 中还列出了文献[25]用极大熵原理法对黄河流域山西省 9 个河段水资源承载力的评价结果。可以看出，除 NV-FNN(2) 和 NV-FNN(3) 评价模型对朔州的评价结果与极大熵原理法的评价结果相差一级外，其余 8 个河段的评价结果则完全一致。

7.4.2　福建省地级市水资源可持续利用的 NV-FNN 评价模型

1) 指标参照值和变换式的设置及指标规范值的计算

福建省 9 个地级市水资源可持续利用 6 项指标的分级标准值 c_{jk} 及实际值 c_j 分别如表 7-23 和表 7-24 所示[26]。设置指标变换式如式(7-21)所示，设置人均水资源量(C_1)、每平方千米水资源量(C_2)、人均用水量(C_3)、万元 GDP 用水量(C_4)、万元工业用水量(C_5)和水资源利用率(C_6)的参照值 c_{j0} 分别为 30000m³、800000m³、100m³、160m³、5m³ 和 5%。由式(7-21) 及式(7-2)计算得到指标各级标准规范值 x'_{jk} 和 9 个地级市各指标实际值 c_j 的规范值 x'_j，分别见表 7-23 和表 7-24。

$$X_j = \begin{cases} c_{j0}/c_j, & c_j \leqslant c_{j0}, & 指标C_1、C_2 \\ c_j/c_{j0}, & c_j \geqslant c_{j0}, & 指标C_5 \\ (c_j/c_{j0})^2, & c_j \geqslant c_{j0}, & 指标C_3、C_4、C_6 \\ 1, & c_j < c_{j0}, & 指标C_3 \sim C_6 \\ 1, & c_j > c_{j0}, & 指标C_1、C_2 \end{cases} \tag{7-21}$$

式中，各指标 c_{j0}、c_j 的单位与表 7-23 中相应的 c_{jk} 单位相同。

表 7-23　福建省 9 个地级市水资源可持续利用指标的分级标准值 c_{jk} 和标准规范值 x'_{jk}

分级标准 k	C_1		C_2		C_3		C_4		C_5		C_6	
	c_{jk}	x'_{jk}	c_{jk}	x'_{jk}	c_{jk}	x'_{jk}	c_{jk}	x'_{jk}	c_{jk}	x'_{jk}	c_{jk}	x'_{jk}
1	5000	0.1792	120000	0.1897	200	0.1386	300	0.1257	25	0.1609	10	0.1386
2	3000	0.2303	75000	0.2367	400	0.2773	600	0.2644	75	0.2708	20	0.2773
3	1500	0.2996	30000	0.3283	600	0.3584	1000	0.3665	150	0.3401	30	0.3584
4	500	0.4094	15000	0.3977	800	0.4159	1500	0.4476	300	0.4094	40	0.4159

注：$C_1 \sim C_5$ 的 c_{jk} 的单位为 m³；C_6 的 c_{jk} 的单位为%。

表 7-24　福建省 9 个地级市的水资源可持续利用 6 项指标的实际值 c_j 及规范值 x'_j

地级市	C_1		C_2		C_3	
	c_j	x'_j	c_j	x'_j	c_j	x'_j
福州	1663.32	0.2892	73127.6	0.2392	390	0.2722
厦门	860.31	0.3552	45795.6	0.2860	250	0.1833
莆田	1095.14	0.3310	54650.9	0.2684	320	0.2326
泉州	1450.92	0.3029	69690.5	0.2441	355	0.2534

地级市	C_1		C_2		C_3	
	c_j	x'_j	c_j	x'_j	c_j	x'_j
漳州	2507.00	0.2482	72582.3	0.2400	501	0.3223
龙岩	6414.50	0.1543	138377.0	0.1755	814	0.4194
三明	8067.59	0.1313	130729.0	0.1811	1093	0.4783
南平	8775.91	0.1229	128309.0	0.1830	885	0.4361
宁德	4526.18	0.1891	106134.0	0.2020	460	0.3052

地级市	C_4		C_5		C_6	
	c_j	x'_j	c_j	x'_j	c_j	x'_j
福州	219	0.0628	51	0.2322	25.61	0.3267
厦门	83	0.0000	12	0.0875	45.42	0.4413
莆田	379	0.1725	32	0.1856	26.68	0.3349
泉州	217	0.0609	59	0.2468	27.77	0.3429
漳州	433	0.1991	49	0.2282	20.37	0.2809
龙岩	851	0.3342	273	0.4000	11.95	0.1743
三明	991	0.3647	409	0.4404	13.17	0.1937
南平	986	0.3637	228	0.3820	9.41	0.1265
宁德	570	0.2541	66	0.2580	9.44	0.1271

注: 各指标名称及其 c_j 的单位与表 7-23 中相应指标名称及其 c_{jk} 的单位相同。

2) 模型输出的评价分级标准值和样本的模型计算输出值及评价结果

按 7.1.4 节的评价步骤 2, 在视各指标等权的情况下, 由表 7-23 中各级标准的指标规范值 x'_{jk} 及式 (7-6)、式 (7-7), 分别计算得到 NV-FNN(2) 和 NV-FNN(3) 评价模型输出的分级标准值 $O_k(2)$ 和 $O_k(3)$ 及其均值 $O_k (k=1, 2, 3, 4)$, 见表 7-25; 同样, 按照步骤 3, 由表 7-24 中福建省 9 个地级市的水资源可持续利用 6 项指标的规范值 x'_j 及式 (7-6)、式 (7-7) 分别计算得到福建省 9 个地级市水资源可持续利用的 NV-FNN(2) 和 NV-FNN(3) 评价模型计算输出值 $O_i(2)$ 和 $O_i(3)$, 见表 7-26。依据表 7-25 中模型输出的分级标准值 $O_k(2)$ 和 $O_k(3)$ 得到福建省 9 个地级市水资源可持续利用的评价结果, 见表 7-26。

表 7-25   福建省 9 个地级市水资源可持续利用的 NV-FNN(2) 和 NV-FNN(3)
评价模型输出的分级标准值 $O_k(2)$、$O_k(3)$ 及均值 O_k

模型	模型输出分级标准	$k=1$	$k=2$	$k=3$	$k=4$
	$O_k(2)$	0.1447	0.2367	0.3051	0.3626
NV-FNN	$O_k(3)$	0.1431	0.2363	0.3078	0.3697
	O_k	0.1439	0.2365	0.3064	0.3661

表 7-26　多种评价模型和方法对福建省 9 个地级市水资源可持续利用的评价结果

福建省地级市	NV-FNN(2)		NV-FNN(3)		引力指数公式
	$O_i(2)$	等级	$O_i(3)$	等级	等级
福州	0.2165	2	0.2162	2	2
厦门	0.2034	2	0.2049	2	3
莆田	0.2314	2	0.2314	2	2
泉州	0.2204	2	0.2204	2	2
漳州	0.2312	2	0.2307	2	2
龙岩	0.2489	3	0.2503	3	3
三明	0.2660	3	0.2690	3	3
南平	0.2417	3	0.2436	3	3
宁德	0.2043	2	0.2034	2	2

表 7-26 中还列出了用文献[27]的引力指数公式计算得到的福建省 9 个地级市水资源可持续利用的评价结果。可以看出，除 NV-FNN(2) 和 NV-FNN(3) 评价模型对厦门的评价结果与用引力指数公式得出的评价结果相差一级外，其余 8 个地级市的评价结果完全一致。

7.5　NV-FNN 评价模型用于安全或灾害评价

7.5.1　全国五省、区水安全的 NV-FNN 评价模型

1) 指标参照值和变换式的设置及指标规范值的计算

我国云南、江苏、河南、广西、陕西五省(自治区)水安全评价 19 项指标的分级标准值 c_{jk} 及实际值 c_j 分别见表 7-27 和表 7-28[28]。设置指标参照值 c_{j0} 和阈值 c_{jb}，见表 7-27，设置指标变换式如式(7-22)所示，由式(7-22)及式(7-2)计算得到我国五省(自治区)水安全指标各级标准规范值 x'_{jk} 及我国五省(自治区)水安全各指标实际值 c_j 的规范值 x'_j，分别见表 7-27 和表 7-28。

$$X_j = \begin{cases} c_j / c_{j0}, & c_j \geqslant c_{j0}, & \text{指标} C_3、C_4、C_{10}、C_{11}、C_{13}、C_{14}、C_{18}、C_{19} \\ \left(c_j / c_{j0} \right)^2, & c_j \geqslant c_{j0}, & \text{指标} C_5、C_6、C_7 \\ c_{j0} / c_j, & c_j \leqslant c_{j0}, & \text{指标} C_1、C_2、C_{15}、C_{16} \\ \left(c_{j0} / c_j \right)^2, & c_j \leqslant c_{j0}, & \text{指标} C_{12}、C_{17} \\ \left[\left(c_{jb} - c_j \right) / c_{j0} \right]^{0.5}, & c_j \leqslant c_{jb} - c_{j0}, & \text{指标} C_9 \\ \left[\left(c_{jb} - c_j \right) / c_{j0} \right]^2, & c_j \leqslant c_{jb} - c_{j0}, & \text{指标} C_8 \\ 1, & c_j > c_{jb} - c_{j0}, & \text{指标} C_8、C_9 \\ 1, & c_j > c_{j0}, & \text{指标} C_1、C_2、C_{12}、C_{15} \sim C_{17} \\ 1, & c_j < c_{j0}, & \text{指标} C_3 \sim C_7、C_{10}、C_{11}、C_{13}、C_{14}、C_{18}、C_{19} \end{cases} \quad (7\text{-}22)$$

式中，各指标的 c_{j0} 和 c_{jb} 值见表 7-27；各指标名称及其 c_{j0}、c_{jb} 和 c_j 的单位与表 7-27 中相应指标名称及其 c_{j0}、c_{jb} 和 c_{jk} 的单位相同。

表 7-27　我国五省（自治区）水安全评价指标的参照值 c_{j0}、阈值 c_{jb}、分级标准值 c_{jk} 及标准规范值 x'_{jk}

指标	c_{j0}	c_{jb}	c_{jk}				x'_{jk}			
			$k=1$	$k=2$	$k=3$	$k=4$	$k=1$	$k=2$	$k=3$	$k=4$
C_1	4		0.525	0.375	0.225	0.085	0.2031	0.2367	0.2878	0.3851
C_2	25		3.5	2.5	1.5	0.575	0.1966	0.2303	0.2813	0.3772
C_3	3		20	55	85	125	0.1897	0.2909	0.3344	0.3730
C_4	3		15	45	70	90	0.1609	0.2708	0.3150	0.3401
C_5	40		85	150	210	270	0.1508	0.2644	0.3316	0.3819
C_6	100		200	400	600	800	0.1386	0.2773	0.3584	0.4159
C_7	0.7		1.25	2.75	4.25	5.75	0.1160	0.2737	0.3607	0.4212
C_8	5	105	95	85	75	65	0.1386	0.2773	0.3584	0.4159
C_9	0.03	65	64.5	53.5	42	30.5	0.1407	0.2974	0.3321	0.3524
C_{10}	0.02		0.125	0.375	0.625	0.875	0.1833	0.2931	0.3442	0.3778
C_{11}	0.005		0.025	0.075	0.125	0.175	0.1609	0.2708	0.3219	0.3555
C_{12}	130		66.25	48.75	31.25	13.75	0.1348	0.1962	0.2851	0.4493
C_{13}	0.5		3	9	15	21	0.1792	0.2890	0.3401	0.3738
C_{14}	1		6.5	19.5	32.5	45.5	0.1872	0.2970	0.3481	0.3818
C_{15}	150		22	16	10	4	0.1920	0.2238	0.2708	0.3624
C_{16}	500		87.5	62.5	37.5	12.5	0.1743	0.2079	0.2590	0.3689
C_{17}	2000		640	525	415	305	0.2279	0.2675	0.3145	0.3761
C_{18}	2		17.5	32.5	47.5	62.5	0.2169	0.2788	0.3168	0.3442
C_{19}	0.3		1.5	4.5	7.5	10.5	0.1609	0.2708	0.3219	0.3555

注：C_1 为人均水资源量，其 c_{j0} 和 c_{jk} 的单位为 $10^4 m^3$；C_2 为公顷平均水资源量，其 c_{j0} 和 c_{jk} 的单位为 $10^4 m^3$；C_3 为地表水利用率，其 c_{j0} 和 c_{jk} 的单位为%；C_4 为地下水利用率，其 c_{j0} 和 c_{jk} 的单位为%；C_5 为工业万元产值用水量，其 c_{j0} 和 c_{jk} 的单位为 m^3；C_6 为人均用水量，其 c_{j0} 和 c_{jk} 的单位为 m^3；C_7 为单位面积 COD_{Mn} 排放量，其 c_{j0} 和 c_{jk} 的单位为 t/km^2；C_8 为工业废水处理达标率，其 c_{j0}、c_{jb} 和 c_{jk} 的单位为%；C_9 为Ⅳ级以上水质占总河长比例，其 c_{j0}、c_{jb} 和 c_{jk} 的单位为%；C_{10} 为侵蚀模数；C_{11} 为荒漠化指数；C_{12} 为森林覆盖率，其 c_{j0} 和 c_{jk} 的单位为%；C_{13} 为洪水受灾面积率，其 c_{j0} 和 c_{jk} 的单位为%；C_{14} 为干旱受灾面积率，其 c_{j0} 和 c_{jk} 的单位为%；C_{15} 为单位面积蓄水工程库容，其 c_{j0} 和 c_{jk} 的单位为 m^3/km^2；C_{16} 为堤防保护耕地面积率，其 c_{j0} 和 c_{jk} 的单位为%；C_{17} 为人均粮食，其 c_{j0} 的单位为 kg；C_{18} 为灌溉面积率，其 c_{j0} 和 c_{jk} 的单位为%；C_{19} 为氟病区人口数比例，其 c_{j0} 和 c_{jk} 的单位为%。

表 7-28　我国五省（自治区）19 项水安全指标实际值 c_j 及规范值 x'_j

指标	c_j					x'_j				
	云南	江苏	河南	广西	陕西	云南	江苏	河南	广西	陕西
C_1	0.572	0.058	0.072	0.355	0.098	0.1945	0.4234	0.4017	0.2422	0.3709
C_2	3.825	0.855	0.825	3.615	0.690	0.1877	0.3376	0.3411	0.1934	0.3590

续表

指标	c_j					x'_j				
	云南	江苏	河南	广西	陕西	云南	江苏	河南	广西	陕西
C_3	5.565	134.752	18.407	17.619	13.157	0.0618	0.3805	0.1814	0.1770	0.1478
C_4	0.837	10.739	41.572	3.013	28.500	0.0000	0.1275	0.2629	0.0004	0.2251
C_5	114	81	66	192	71	0.2095	0.1411	0.1002	0.3137	0.1148
C_6	340	600	220	650	220	0.2448	0.3584	0.1577	0.3744	0.1577
C_7	0.775	6.156	4.913	4.335	1.587	0.0204	0.4348	0.3897	0.3647	0.1637
C_8	79.12	95.89	91.52	74.00	80.88	0.3288	0.1200	0.1984	0.3649	0.3147
C_9	23.0	61.2	72.4	54.0	55.9	0.3622	0.2421	0.0000	0.2952	0.2857
C_{10}	0.242	0.094	0.149	0.264	1.000	0.2493	0.1548	0.2008	0.2580	0.3912
C_{11}	0.009	0.000	0.005	0.000	0.185	0.0588	0.0000	0.0000	0.0000	0.3611
C_{12}	48.2	7.4	20.2	49.7	47.4	0.1984	0.5732	0.3724	0.1923	0.2018
C_{13}	5.84	1.58	23.92	5.31	3.85	0.2458	0.1151	0.3868	0.2363	0.2042
C_{14}	3.208	37.535	29.592	22.687	32.098	0.1166	0.3625	0.3388	0.3122	0.3469
C_{15}	2.170	17.801	23.715	9.527	1.768	0.4236	0.2131	0.1845	0.2757	0.4441
C_{16}	5.705	94.518	49.060	5.332	5.914	0.4473	0.1666	0.2322	0.4541	0.4437
C_{17}	342.304	417.666	443.118	340.499	302.108	0.3530	0.3132	0.3014	0.3541	0.3780
C_{18}	18.921	65.703	52.346	27.658	20.531	0.2247	0.3492	0.3265	0.2627	0.2329
C_{19}	0.038	4.947	10.345	0.254	8.613	0.0000	0.2803	0.3540	0.0000	0.3357

注：各指标 c_j 的单位与表 7-27 中 c_{j0}、c_{jb} 和 c_{jk} 的单位相同。

2) 模型输出的评价分级标准值和样本的模型计算输出值及评价结果

按 7.1.4 节的评价步骤 2，在视各指标等权的情况下，由表 7-27 中各级标准的指标规范值 x'_{jk} 及式 (7-6)、式 (7-7)，分别计算得到 NV-FNN (2) 和 NV-FNN (3) 评价模型输出的分级标准值 $O_k(2)$ 和 $O_k(3)$ 及其均值 $O_k(k=1,2,3,4)$，见表 7-29；同样，按照步骤 3，由表 7-28 中我国五省 (自治区) 19 项水安全指标的规范值 x'_j 及式 (7-6)、式 (7-7) 分别计算得到我国五省 (自治区) 水安全的 NV-FNN (2) 和 NV-FNN (3) 评价模型计算输出值 $O_i(2)$ 和 $O_i(3)$，见表 7-30。依据表 7-29 中模型输出的分级标准值 $O_k(2)$ 和 $O_k(3)$ 得到我国五省 (自治区) 水安全的评价结果，见表 7-30。

表 7-29　我国五省 (自治区) 水安全评价的 NV-FNN (2) 和 NV-FNN (3) 评价
模型输出的分级标准值 $O_k(2)$、$O_k(3)$ 及均值 O_k

模型	模型输出分级标准	$k=1$	$k=2$	$k=3$	$k=4$
	$O_k(2)$	0.1588	0.2404	0.2874	0.3346
NV-FNN	$O_k(3)$	0.1573	0.2402	0.2891	0.3394
	O_k	0.1580	0.2403	0.2882	0.3370

表 7-30   多种评价模型和方法对我国五省（自治区）水安全的评价结果

区域	NV-FNN(2)		NV-FNN(3)		模糊物元法	主分量法
	$O_i(2)$	等级	$O_i(3)$	等级	等级	等级
云南	0.1877	2	0.1882	2	2	2
江苏	0.2421	3	0.2432	3	3	3
河南	0.2252	2	0.2261	2	3	3
广西	0.2221	2	0.2231	2	3	3
陕西	0.2588	3	0.2606	3	3	3

注：$O_i(2)$ 和 $O_i(3)$ 计算 O 时，分别用 $O_i(2)$ 的 5 个组合个数和 $O_i(3)$ 的 3 个组合个数占总组合数 8 的比例进行加和计算。

表 7-30 中还列出了文献[28]用模糊物元法和主分量法对我国五省（自治区）水安全的评价结果。可以看出，除 NV-FNN(2) 和 NV-FNN(3) 评价模型对河南、广西的水安全评价结果与其他两种方法评价结果相差一级外，其余 3 省水安全评价结果则完全一致。

7.5.2   广东省台风灾情的 NV-FNN 评价模型

1) 指标参照值和变换式的设置及指标规范值的计算

广东省台风 5 项灾情指标[农作物受灾面积（C_1）、死亡人数（C_2）、受灾人口（C_3）、倒塌房屋（C_4）、直接经济损失（C_5）]的分级标准值 c_{jk} 及 6 个编号[200104（1#）、200114（2#）、200220（3#）、200604（4#）、200606（5#）、199710（6#）]的该 5 项指标实际值分别如表 7-31 和表 7-32 所示[29]。设置 5 项指标 $C_1 \sim C_5$ 的参照值 c_{j0} 分别为 1 万 hm^2、0.05 人、20 万人、0.12 万间、1.2 亿元。设置各指标的变换式如式（7-23）所示。由式（7-23）及式（7-2）计算得到指标各级标准规范值 x'_{jk} 及广东省 6 个编号台风的 5 项指标实际值 c_j 的规范值 x'_j，分别见表 7-31 和表 7-32。

$$X_j = \begin{cases} (c_j / c_{j0})^{0.5}, & c_j \geqslant c_{j0}, \quad \text{指标} C_2 \\ c_j / c_{j0}, & c_j \geqslant c_{j0}, \quad \text{指标} C_1、C_3、C_4、C_5 \\ 1, & c_j < c_{j0}, \quad \text{全部5项指标} \end{cases} \tag{7-23}$$

式中，各指标的 c_{j0} 值见表 7-31；各指标 c_{j0} 和 c_j 的单位与表 7-31 中相应指标 c_{j0} 和 c_{jk} 的单位相同。

表 7-31   台风灾情 5 项指标参照值 c_{j0}、分级标准值 c_{jk}、标准规范值 x'_{jk}

指标	c_{j0}	k=1（微灾）		k=2（小灾）		k=3（中灾）		k=4（大灾）		k=5（巨灾）	
		c_{jk}	x'_{jk}	c_{jk}	x'_{jk}	c_{jk}	x'_{jk}	c_{jk}	x'_{jk}	c_{jk}	x'_{jk}
C_1	1	≤5	0.1609	20	0.2996	30	0.3401	40	0.3689	>40	0.3689
C_2	0.05	≤1	0.1498	10	0.2649	20	0.2996	100	0.3800	>100	0.3800

续表

指标	c_{j0}	k=1（微灾）		k=2（小灾）		k=3（中灾）		k=4（大灾）		k=5（巨灾）	
		c_{jk}	x'_{jk}	c_{jk}	x'_{jk}	c_{jk}	x'_{jk}	c_{jk}	x'_{jk}	c_{jk}	x'_{jk}
C_3	20	≤100	0.1609	300	0.2708	700	0.3555	900	0.3807	>900	0.3807
C_4	0.12	≤0.5	0.1427	1	0.2120	3	0.3219	10	0.4423	>10	0.4423
C_5	1.2	≤5	0.1427	20	0.2813	30	0.3219	100	0.4423	>100	0.4423

注：C_1 的 c_{j0} 和 c_{jk} 的单位为万 hm^2；C_2 的 c_{j0} 和 c_{jk} 的单位为人；C_3 的 c_{j0} 和 c_{jk} 的单位为万人；C_4 的 c_{j0} 和 c_{jk} 的单位为万间；C_5 的 c_{j0} 和 c_{jk} 的单位为亿元。

表 7-32　广东省 6 个台风灾情评价指标值 c_j 及其规范值 x'_j

台风编号	C_1		C_2		C_3		C_4		C_5	
	c_j	x'_j	c_j	x'_j	c_j	x'_j	c_j	x'_j	c_j	x'_j
1#	29.17	0.3373	26	0.3127	712.34	0.3573	1.09	0.2206	28.78	0.3177
2#	11.27	0.2422	4	0.2191	21.27	0.0062	1.00	0.2120	7.89	0.1883
3#	5.14	0.1637	0	0.0000	64.35	0.1169	0.08	0.0000	0.78	0.0000
4#	30.90	0.3431	123	0.3904	779.00	0.3662	12.12	0.4615	143.67	0.4785
5#	35.18	0.3560	46	0.3412	473.50	0.3164	2.49	0.3033	66.27	0.4011
6#	27.90	0.3329	71	0.3629	913.40	0.3821	2.30	0.2953	32.18	0.3289

注：各指标 c_j 的单位与表 7-31 中相应指标 c_{j0} 和 c_{jk} 的单位相同。

2) 模型输出的评价分级标准值和样本的模型计算输出值及评价结果

按 7.1.4 节的评价步骤 2，在视各指标等权的情况下，由表 7-31 中各级标准的指标规范值 x'_{jk} 及式(7-6)、式(7-7)，分别计算得到 NV-FNN(2) 和 NV-FNN(3) 评价模型输出的分级标准值 $O_k(2)$ 和 $O_k(3)$ 及其均值 O_k($k=1,2,\cdots,5$)，见表 7-33；同样，按照步骤 3，由表 7-32 中广东省 6 个台风 5 项灾情指标的规范值 x'_j 及式(7-6)、式(7-7)分别计算得到广东省 6 个台风的 NV-FNN(2) 和 NV-FNN(3) 评价模型计算输出值 $O_i(2)$ 和 $O_i(3)$，见表 7-34。依据表 7-33 中模型输出的分级标准值 $O_k(2)$ 和 $O_k(3)$ 得到 6 个台风的灾情等级评价结果，见表 7-34。

表 7-33　广东省台风灾情的 NV-FNN(2) 和 NV-FNN(3) 评价模型输出的
分级标准值 $O_k(2)$、$O_k(3)$ 及均值 O_k

模型类型	k=1	k=2	k=3	k=4	k=5
$O_k(2)$	0.1411	0.2402	0.2939	0.3525	>0.3525
$O_k(3)$	0.1397	0.2427	0.2968	0.3549	>0.3549
O_k	0.1404	0.2415	0.2954	0.3537	>0.3537

表 7-34   广东省 6 个编号台风灾情的 NV-FNN(2) 和 NV-FNN(3) 评价模型输出

及多种评价模型和方法的评价结果

台风编号	NV-FNN(2)		NV-FNN(3)		Hopfield 神经网络
	$O_i(2)$	等级	$O_i(3)$	等级	等级
200104	0.2784	3	0.2797	3	大灾
200114	0.1619	2	0.1593	2	小灾
200220	0.0527	1	0.0519	1	微灾
200604	0.3561	5	0.3630	5	巨灾
200606	0.3055	4	0.3096	4	大灾
199710	0.3039	4	0.3065	4	大灾

表 7-34 中还列出了文献[29]用 Hopfield 神经网络法对广东省 6 个编号台风灾情的评价结果。可以看出，除 NV-FNN(2) 和 NV-FNN(3) 评价模型对 200104 号台风的灾情评价结果(3 级，中灾)与 Hopfield 神经网络法的评价结果(4 级，大灾)相差一级外，其余 5 个编号台风的灾情评价结果则完全一致。

7.6   NV-FNN 评价模型用于城市可持续发展评价

7.6.1   指标参照值和变换式的设置及指标规范值的计算

郑州市、西安市、上海市 2000 年可持续发展评价 28 项指标的分级标准值 c_{jk}、实际值 c_j 分别见表 7-35 和表 7-36[30]。设置指标参照值 c_{j0} 见表 7-35，设置指标变换式如式(7-24)所示。由式(7-24)和式(7-2)计算得到可持续发展指标各级标准规范值 x'_{jk} 及郑州市、西安市、上海市 2000 年可持续发展各指标实际值 c_j 的规范值 x'_j 分别见表 7-35 和表 7-36。

$$X_j = \begin{cases} \left[(100-c_j)/c_{j0}\right]^2, & c_j \leqslant 100-c_{j0}, & \text{指标} C_{22} \\ (c_j/c_{j0})^2, & c_j \geqslant c_{j0}, & \text{指标} C_1 \text{、} C_3 \\ c_{j0}/c_j, & c_j \leqslant c_{j0}, & \text{指标} C_5 \text{、} C_7 \text{、} C_9 \text{、} C_{13} \text{、} C_{15} \text{、} C_{18} \text{、} C_{20} \text{、} C_{23} \sim C_{27} \\ (c_{j0}/c_j)^2, & c_j \leqslant c_{j0}, & \text{指标} C_2 \text{、} C_6 \text{、} C_8 \text{、} C_{11} \text{、} C_{14} \text{、} C_{16} \text{、} C_{17} \text{、} C_{19} \text{、} C_{21} \text{、} C_{28} \\ (c_{j0}/c_j)^{0.5}, & c_j \leqslant c_{j0}, & \text{指标} C_4 \text{、} C_{10} \text{、} C_{12} \\ 1, & \text{与上述条件相反, 指标} C_1 \sim C_{28} \end{cases}$$

(7-24)

式中，各指标的 c_{j0} 值见表 7-35；各指标名称及其 c_{j0} 和 c_j 的单位与表 7-35 中相应指标名称及其 c_{j0} 和 c_{jk} 的单位相同。

表 7-35　可持续发展评价指标参照值 c_{j0}、分级标准值 c_{jk} 和标准规范值 x'_{jk}

指标	c_{j0}	c_{jk}			x'_{jk}		
		$k=1$	$k=2$	$k=3$	$k=1$	$k=2$	$k=3$
C_1	2	5	7	9	0.1833	0.2506	0.3008
C_2	225	90	70	50	0.1833	0.2335	0.3008
C_3	600	1600	2400	3200	0.1962	0.2773	0.3348
C_4	30000	650	350	50	0.1916	0.2226	0.3198
C_5	30000	3500	2500	1500	0.2148	0.2485	0.2996
C_6	200	80	60	40	0.1833	0.2408	0.3219
C_7	300	35	25	15	0.2148	0.2485	0.2996
C_8	20000	8000	6000	4000	0.1833	0.2408	0.3219
C_9	100	14.5	9.5	4.5	0.1931	0.2354	0.3101
C_{10}	25000	525	275	25	0.1932	0.2255	0.3454
C_{11}	35	13.5	10.5	7.5	0.1905	0.2408	0.3081
C_{12}	15000	332.5	167.5	2.5	0.1905	0.2247	0.435
C_{13}	80	12.5	7.5	2.5	0.1856	0.2367	0.3466
C_{14}	150	50	40	30	0.2197	0.2644	0.3219
C_{15}	15000	2050	1350	650	0.199	0.2408	0.3139
C_{16}	200	80	60	40	0.1833	0.2408	0.3219
C_{17}	120	45	35	25	0.1962	0.2464	0.3137
C_{18}	50	8.5	5.5	2.5	0.1772	0.2207	0.2996
C_{19}	20	8	6	4	0.1833	0.2408	0.3219
C_{20}	20	3.1	1.9	0.7	0.1864	0.2354	0.3352
C_{21}	300	100	80	60	0.2197	0.2644	0.3219
C_{22}	1	95	85	75	0.1609	0.2708	0.3219
C_{23}	800	95	65	35	0.2131	0.251	0.3129
C_{24}	150	25	15	5	0.1792	0.2303	0.3401
C_{25}	6000	1075	675	175	0.1719	0.2185	0.3535
C_{26}	60	10	6	2	0.1792	0.2303	0.3401
C_{27}	400	60	40	20	0.1897	0.2303	0.2996
C_{28}	300	100	80	60	0.2197	0.2644	0.3219

注：C_1 为人口自然增长率，其 c_{j0} 和 c_{jk} 的单位为%；C_2 为非农业人口比重，其 c_{j0} 和 c_{jk} 的单位为%；C_3 为人口密度，其 c_{j0} 和 c_{jk} 的单位为人/km²；C_4 为万人拥有大学生人数，其 c_{j0} 和 c_{jk} 的单位为个；C_5 为人均 GDP，其 c_{j0} 和 c_{jk} 的单位为美元；C_6 为第三产业占 GDP 比重，其 c_{j0} 和 c_{jk} 的单位为%；C_7 为投资率，其 c_{j0} 和 c_{jk} 的单位为%；C_8 为社会劳动生产率，其 c_{j0} 和 c_{jk} 的单位为美元/人；C_9 为 GDP 增长率，其 c_{j0} 和 c_{jk} 的单位为%；C_{10} 为人均教育投资，其 c_{j0} 和 c_{jk} 的单位为美元；C_{11} 为平均受教育年限，其 c_{j0} 和 c_{jk} 的单位为年；C_{12} 为百人公共图书馆藏书量，其 c_{j0} 和 c_{jk} 的单位为册；C_{13} 为科技支出占财政支出比重，其 c_{j0} 和 c_{jk} 的单位为‰；C_{14} 为科技对经济增长的贡献率，其 c_{j0} 和 c_{jk} 的单位为%；C_{15} 为人均水资源占有量，其 c_{j0} 和 c_{jk} 的单位为 m³；C_{16} 为水重复利用率，其 c_{j0} 和 c_{jk} 的单位为%；C_{17} 为建成区绿化覆盖率，其 c_{j0} 和 c_{jk} 的单位为%；C_{18} 为人均道路面积，其 c_{j0} 和 c_{jk} 的单位为 m²；C_{19} 为人均公共绿地面积，其 c_{j0} 和 c_{jk} 的单位为 m²；C_{20} 为环境保护投资指数；C_{21} 为工业废水排放达标率，其 c_{j0} 和 c_{jk} 的单位为%；C_{22} 废气处理率，其 c_{j0} 和 c_{jk} 的单位为%；C_{23} 为工业固体废物综合利用率，其 c_{j0} 和 c_{jk} 的单位为%；C_{24} 为人均居住面积，其 c_{j0} 和 c_{jk} 的单位为 m²；C_{25} 为 10 万人拥有医院床位数，其 c_{j0} 和 c_{jk} 的单位为张；C_{26} 为城市基础设施建设投资增长率，其 c_{j0} 和 c_{jk} 的单位为%；C_{27} 为生活污水处理率，其 c_{j0} 和 c_{jk} 的单位为%；C_{28} 为生活垃圾处理率，其 c_{j0} 和 c_{jk} 的单位为%。

表 7-36　郑州市、西安市、上海市可持续发展评价指标的参照值 c_{j0}、实际值 c_j 和规范值 x'_j

指标	c_{j0}	c_j			x'_j		
		郑州	西安	上海	郑州	西安	上海
C_1	2	7.62	8.36	2.12	0.2675	0.2861	0.0117
C_2	225	72.8	64.2	82.5	0.2257	0.2508	0.2007
C_3	600	2168	2003	2897	0.2569	0.2411	0.3149
C_4	30000	533	492	798	0.2015	0.2055	0.1813
C_5	30000	1961	1911	4507	0.2728	0.2754	0.1896
C_6	200	63.5	47.6	51.6	0.2295	0.2871	0.271
C_7	300	17	20	31	0.2871	0.2708	0.227
C_8	20000	6503	7362	8293	0.2247	0.1999	0.1761
C_9	100	12.0	6.1	10.8	0.212	0.2797	0.2226
C_{10}	25000	168	95	742	0.2501	0.2786	0.1759
C_{11}	35	7.08	7.90	9.40	0.3196	0.2977	0.2629
C_{12}	15000	141	70	476	0.2334	0.2684	0.1725
C_{13}	80	14	2	11	0.1743	0.3689	0.1984
C_{14}	150	42.75	37.38	48.99	0.2511	0.2779	0.2238
C_{15}	15000	300	250	1000	0.3912	0.4094	0.2708
C_{16}	200	58	77	80	0.2476	0.1909	0.1833
C_{17}	120	30.3	33.3	20.9	0.2753	0.2564	0.3495
C_{18}	50	4.3	3.2	7.2	0.2453	0.2749	0.1938
C_{19}	20	4.58	4.90	3.60	0.2948	0.2813	0.343
C_{20}	20	1.0	1.0	3.1	0.2996	0.2996	0.1864
C_{21}	300	94.6	67.0	93.2	0.2308	0.2998	0.2338
C_{22}	1	90.0	86.0	89.4	0.2303	0.2639	0.2361
C_{23}	800	62.0	54.0	93.3	0.2557	0.2696	0.2149
C_{24}	150	13.88	13.72	15.19	0.238	0.2392	0.229
C_{25}	6000	698	583	569	0.2151	0.2331	0.2356
C_{26}	60	5.2	4.4	8.3	0.2446	0.2613	0.1978
C_{27}	400	17.3	24.7	49.4	0.3141	0.2785	0.2092
C_{28}	300	98.4	90.4	100.0	0.2229	0.2399	0.2197

注：各指标名称及其 c_{j0} 和 c_j 的单位与表 7-35 中相应指标名称及其 c_{j0} 和 c_{jk} 的单位相同。

7.6.2　模型的评价分级标准值

按 7.1.4 节的评价步骤 2，在视各指标等权的情况下，由表 7-35 中各级标准的指标规范值 x'_{jk} 及式 (7-6)、式 (7-7)，分别计算得到 NV-FNN(2) 和 NV-FNN(3) 评价模型输出的分级标准值 $O_k(2)$ 和 $O_k(3)$ 及其均值 $O_k(k=1,2,3)$，见表 7-37。

表 7-37　郑州市、西安市、上海市可持续发展评价的 NV-FNN(2) 和 NV-FNN(3)
评价模型输出的分级标准值 $O_k(2)$、$O_k(3)$ 及均值 O_k

模型输出分级标准	$k=1$	$k=2$	$k=3$
$O_k(2)$	0.1779	0.2217	0.2910
$O_k(3)$	0.1764	0.2209	0.2928
O_k	0.1771	0.2213	0.2919

7.6.3　样本的模型计算输出值及评价结果

按照 7.1.4 节步骤 3，由表 7-36 中郑州市、西安市、上海市 2000 年可持续发展的 28
项指标规范值 x'_j 及式(7-6)、式(7-7)分别计算得到郑州市、西安市、上海市 2000 年可持
续发展评价的 NV-FNN(2) 和 NV-FNN(3) 评价模型计算输出值 $O_i(2)$ 和 $O_i(3)$，见表 7-38。
依据表 7-37 中模型输出的分级标准值 $O_k(2)$ 和 $O_k(3)$ 得到郑州市、西安市、上海市可持续
发展的等级评价结果，见表 7-38。

表 7-38　多种评价模型和方法对郑州市、西安市、上海市可持续发展的评价结果

城市	NV-FNN(2)		NV-FNN(3)		SPA 法	模糊分析法
	$O_i(2)$	等级	$O_i(3)$	等级	等级	等级
郑州	0.2317	3	0.2313	3	2	2
西安	0.2461	3	0.2462	3	3	2
上海	0.2009	2	0.2001	2	1	1

表 7-38 中还列出了文献[30]用集对分析(set pair analysis，SPA)法和模糊分析法对郑
州市、西安市、上海市 2000 年可持续发展的评价结果，分别是 2 级、3 级、1 级和 2 级、
2 级、1 级。实际情况是：郑州市 28 项指标中，分别有 1 项、11 项和 16 项指标处于强可
持续(1 级)、基本可持续(2 级)和弱可持续(3 级)，因此评价为 3 级比 2 级更合理；西安
市 28 项指标中，分别有 6 项和 22 项指标处于 2 级和 3 级，因此，评价为 3 级较合理；上
海市 28 项指标中分别有 8 项、12 项和 8 项指标处于 1 级、2 级和 3 级，因此，评价为 2
级比评价为 1 级更合理。NV-FNN(2) 和 NV-FNN(3) 评价模型对郑州市、西安市、上海市
2000 年可持续发展评价结果均为 3 级、3 级和 2 级，与实际完全一致，比用 SPA 法和模
糊分析法的评价结果更合理，而且计算简便。

7.7　本　章　小　结

本章提出将指标规范变换与优化算法相结合，构建并优化得到适用于任意系统评价的
两种简单结构的前向神经网络[NV-FNN(2) 和 NV-FNN(3)]评价模型，并对评价模型进行

可靠性分析。本章还将优化得到的 NV-FNN(2) 和 NV-FNN(3) 评价模型用于多个不同领域的实例验证，并与其他传统评价模型或方法的评价结果进行比较，评价结果基本一致，从而表明适用于任意系统的 NV-FNN(2) 和 NV-FNN(3) 评价模型皆具有规范、普适、统一、简单、实用的特点。

NV-FNN(2) 和 NV-FNN(3) 评价模型的意义为：对任意系统评价，只需要依据评价问题的指标分级标准，适当设置指标参照值和规范变换式，分别计算指标分级标准规范值 x'_{jk} 和待评价样本的指标规范值 x'_j，直接用优化得到的 NV-FNN(2) 和 NV-FNN(3) 评价模型计算待评价样本的模型输出值，并将其与分级标准的模型输出值进行比较，就可以对样本的评价等级进行判断。

参 考 文 献

[1] Ventresca M, Tizhoosh H R. Improving the convergence of backpropagation by opposite transfer functions[J]. IEEE Int. Joint Conf. On Neural Network Proc., 2006, 1(10): 4777-4784.

[2] 陈柳, 马广大. 大气中 SO_2 浓度的小波分析及神经网络预测[J]. 环境科学学报, 2006, 26(9): 1553-1558.

[3] Kukkonen J. Extensive evaluation of neural network models for the prediction of NO_2 and PM_{10} concentrations compared with a deterministic modelling system and measurements in central Helsinki[J]. Atmospheric Environment, 2003, 37(32): 4539-4550.

[4] 李祚泳. B-P 网络用于环境质量分类研究[J]. 环境科学, 1994, 15(5): 75-77.

[5] 李祚泳. 环境监测优化布点的人工神经网络模型[J]. 中国环境科学, 1997, 17(1): 27-29.

[6] 李祚泳, 邓新民. 人工神经网络在台风预报中的应用初探[J]. 自然灾害学报, 1995, 4(2): 86-90.

[7] Perez P, Reyes J. Prediction of maximum of 24-h average of PM_{10} concentrations 36h in advance in Santiago Chile[J]. Atmospheric Environment, 2002, 36(28): 4555-4561.

[8] Singh K P, Basant A, Malik A, et al. Artificial neural network modelling of the river water quality: A case study[J]. Ecological Modelling, 2009, 220(6): 888-895.

[9] Viotti P, Liuti G, Genova P. Atmospheric urban pollution applications of an artificial neural network (ANN) to the city of Perugia[J]. Ecological Modelling, 2002, 148(1): 27-46.

[10] 李祚泳. B-P 神经网络用于氘灯辐亮度值预测[J]. 光学技术, 1998, 24(2): 55-57.

[11] 李祚泳. 用 B-P 神经网络实现多波段遥感图像的监督分类[J]. 红外与毫米波学报, 1998, 17(2): 153-156.

[12] 李祚泳, 丁恒康. BP 网络应用于大气颗粒物的源解析[J]. 中国环境监测, 2005, 21(2): 74-76, 83.

[13] 李祚泳, 徐婷婷, 邹长武. 基于 BP 网络的地物影像光谱识别及效果检验[J]. 光电子·激光, 2005, 16(8): 978-981.

[14] Wang X G, Tang Z, Tamura H, et al. An improved back-propagation algorithm to avoid the local minima problem[J]. Neurocomputing, 2004, 56(1): 455-460.

[15] Harri N, Teri H, Ari K. Evolving the neural network model for forecasting air pollution time series[J]. Engineering Applications of Artificial Intelligence, 2004, 17(2): 159-167.

[16] Zhang J R, Zhang J, Lok T M, et al. A hybrid particle swarm optimization back-propagation algorithm for feedforward neural network training[J]. Applied Mathematics and Computation, 2007, 185(2): 1026-1037.

[17] 李祚泳, 魏小梅, 汪嘉杨, 等. 基于指标规范变换的广义环境系统评价的普适指数公式[J]. 环境科学学报, 2020, 40(6): 2286-2299.

[18] 李祚泳, 徐源蔚, 汪嘉杨, 等. 基于前向神经网络的广义环境系统评价普适模型[J]. 环境科学学报, 2015, 35(9): 2996-3005.

[19] 张小丽. 改进野草算法及用于环境质量综合评价模型优化[D]. 成都: 成都信息工程大学, 2015.

[20] 郑彤, 陈春云. 环境系统数学模型[M]. 北京: 化学工业出版社, 2003.

[21] 高明美, 孙涛, 张坤. 基于超标倍数赋权法的济南市大气质量模糊动态评价[J]. 干旱区资源与环境, 2014, 28(9): 150-154.

[22] 储金宇, 席彩文. 地表水环境质量的等效数值评价法[J]. 水资源保护, 2009, 25(2): 28-29.

[23] 郭凤台, 王瑞京, 孙红. 属性识别模型在黑龙洞泉域地下水质评价中的应用[J]. 节水灌溉, 2008, (11): 43-45.

[24] 刘华祥, 李永华. 东湖富营养化的模糊评价研究[J]. 水资源保护, 2006, 22(3): 28-29, 46.

[25] 陈南祥, 杨淇翔. 基于博弈论组合赋权的流域水资源承载力集对分析[J]. 灌溉排水学报, 2013, 32(2): 81-85.

[26] 刘梅冰, 陈兴伟. 福建省水资源可持续利用的模糊综合评判[J]. 福建师范大学学报(自然科学版), 2006, 22(1): 107-111.

[27] 李祚泳, 张小丽, 汪嘉杨, 等. 指标规范值表示的水资源系统评价的引力指数公式[J]. 水利学报, 2015, 46(7): 792-801, 810.

[28] 郦建强. 水资源安全及其综合评价模型研究[D]. 南京: 河海大学, 2008.

[29] 陈仕鸿, 刘晓庆. 基于离散型 Hopfield 神经网络的台风灾情评估模型[J]. 自然灾害学报, 2011, 20(5): 47-52.

[30] 陈媛, 王文圣, 汪嘉杨, 等. 基于集对分析的城市可持续发展评价[J]. 人民黄河, 2010, 32(1): 11-13.

第8章 与误差修正结合的 NV-FNN 普适预测模型

未来是人们希望和理想之所在，若要驾驭未来，就要用科学的理论和方法进行预测。为此，国内外学者提出了多种能用于预测的数学模型和方法。不过，由于预测变量往往受多种复杂因素的影响，其预测结果常常难以满足实际需要。预测建模与评价建模相比：首先，评价通常是静态的，而预测是动态的。其次，评价只需依据制定的指标评价分级标准，对评价对象的状态作出判断，评判结果容易满足实况，而预测需要由系统状态变量的过去和现状的已有资料，预测变量的未来变化趋势，预测结果难以满足精准、可信的要求。因此，预测建模尤其是多影响因子的预测建模远比评价建模复杂。不仅如此，传统的机理性预测模型和非机理性预测模型都存在模型结构复杂和预测精度不高的局限。为此，本章提出了基于预测变量及其影响因子规范变换与相似样本误差修正法相结合的简单结构的前向神经网络 (NV-FNN) 预测模型，既简化了模型结构，又极大地提高了模型的预测精度[1-3]；并论证了精度的提高与预测变量的影响因子数目、样本数目、样本原始数据分布特性和变化规律以及选用何种预测模型均无关，因而基于规范变换与相似样本误差修正相结合的 NV-FNN 预测模型不仅普适、规范，而且简单、实用。

8.1 NV-FNN 普适预测模型

8.1.1 NV-FNN 预测模型建立的基本思想

预测模型通常分为机理性预测模型和非机理性预测模型两类。非机理性预测模型因不涉及复杂的产生机理而变得相对简单、应用方便，常被人们采用。非机理性预测模型通常包括各种统计预测模型[1-7]、不确定性预测模型[8-11]和神经网络[12-20]、投影寻踪[21]、支持向量机[22-30]等智能预测模型。其中，应用较为广泛的是前向神经网络预测模型。

传统的各种前向神经网络预测模型各有其特点，但共同存在的不足之处是：①在影响因子较多而又复杂(比如数据非线性、非正态、波动大)情况下，不仅模型结构设计复杂，计算工作量大，学习效率低，收敛速度慢，而且因为需要优化的参数多，在参数优化调试过程中，需要兼顾具有不同特性的众多因子(为叙述简便，将影响因子简称因子)以满足不同预测模型制定的目标函数式的精度要求。因此，无论是何种神经网络预测模型，即使训练时间长，模型也很难达到指定的精度要求。②从理论上讲，只要有代表性的训练样本数足够多, 多层前向神经网络(比如 BP 网络)的模型结构又足够复杂, 并与问题相匹配, 则都能以任意精度逼近任意函数。不过, 对实际问题, 样本数总是有限的, 而且代表性也是不完全的。因此, 对高维、非线性预测问题, 传统的前向神经网络(包括 BP 网络)预测模型的预测效果也难以满足实际需要。为此, BP 网络预测模型或传统的 FNN 预测模型的选择是: 要么增加训练样本个数, 以满足模型的复杂结构; 要么减少因子个数, 以简化模型结构。对实际问题, 增加训练样本个数往往是不现实的; 为了简化预测模型结构, 传统的预测建模或采用主分量分析法提取少数几个主成分作为预测建模的因子[31], 或用相关系数法剔除不重要因子[32], 或用相似性准则选择对预测变量有显著作用的因子[33]。但无论用何种减少因子个数的方法来简化模型结构, 皆会丢失样本部分信息, 致使信息部分失真。这也许就是 BP 网络预测模型预测结果大多不理想(精度不高)和对不同样本(尤其对异常样本)预测的误差差异很大(稳定性差)的原因之一。因此, 为了建立收敛速度较快, 而又有较高预测精度的预测模型, 不仅需要在不损失样本信息情况下简化 BP 网络模型结构, 而且还必须消除或削弱因样本数有限(不完备)和样本的代表性不全(不充分)而对 BP 网络模型预测精度的影响。有学者对上述某些预测模型提出了改进的预测建模法, 在某些特定情况下可以加快收敛速度。不过, 对复杂的预测问题, 模型的预测精度尤其是对异常样本的预测精度仍不高, 而且对不同样本数和因子数的建模, 不能规范和统一。因此, 建立适用于多因子和大样本的普适、规范、简洁、实用的预测模型具有十分重要的理论意义和实用价值。

针对传统的预测模型对多因子、非线性的复杂问题建模, 存在模型结构复杂、需要优化的参数多、学习效率低、预测精度不高、稳定性差以及对不同样本数和因子数的预测建模不能普适、规范和统一的局限, 提出基于规范变换与误差修正相结合的任意系统预测模型。其基本思想是[34]: 针对因子多, 致使模型结构复杂, 因而学习效率低的局限, 采用等效因子降维法, 在不损失信息前提下, 将高维降为低维, 从而简化模型结构; 针对简化了的模型结构会使原数据变化特性和规律有所改变, 提出用相似样本误差修正公式对预测样本的模型输出值进行误差修正, 使原数据特性得到补偿、恢复和重现, 进一步提高模型的预测精度, 从而达到既规范、普适、简化、统一预测模型结构的目的, 又提高了模型预测的稳定性和精度。

8.1.2　预测变量及其影响因子的规范变换式

传统的预测模型的预测变量及其因子通常采用的归一化或标准化变换是各自独立的变换, 因而变换前、后因子的个数及数据变化特性皆不会发生改变。若对预测变量及其因子采用如式(8-1)和式(8-2)所示的规范变换[35, 36], 此规范变换要求变换后的样本预测变量及各因子的最小规范值 y'_{jm} (或 x'_{jm})和最大规范值 y'_{jM} (或 x'_{jM})分别被限定在如 $[0.15, 0.30]$ 和 $[0.40, 0.55]$ 的较小范围内, 并能使规范变换后的不同因子规范值皆呈现近似相同的变化规律。因而该变换的特点是: 变换后用规范值表示的各因子之间不再彼此独立, 而有相互关联。因此, 规范变换后的所有因子可视为等效于同一个规范因子, 从而将多因子的高维复杂预测建模问题简化为仅是对等效规范因子的简单 3 维、2 维或 1 维的预测建模问题，使传统的预测模型结构得到极大简化。因子等效的含义是指规范变换后的所有因子的规范值（数据）不仅分布规律、变化特性呈近似正态分布，而且它们的分布参数（数学期望和方差）差异很小，十分接近。因而，用规范值表示的每个因子对预测变量的影响大小近似相同，即完全等效。

$$X_j = \begin{cases} \left(c_j / c_{j0}\right)^{n_j}, & c_{j0} \leq c_j \leq c_{j0}\mathrm{e}^{10/n_j}, & \text{且}\left[\max_k\{c_{jk}\} / \min_k\{c_{jk}\}\right] > 2 \\[2mm] \left[\left(c_j - c_{jb}\right) / c_{j0}\right]^{n_j}, & c_j \geq c_{jb} + c_{j0}, & \text{且}\left[\max_k\{c_{jk}\} / \min_k\{c_{jk}\}\right] \leq 2 \\[2mm] 1, & c_j < c_{j0} \text{或} c_j < c_{jb} + c_{j0} \\[2mm] \mathrm{e}^{10}, & c_j > c_{j0}\mathrm{e}^{10/n_j} \\[2mm] \left(c_{j0} / c_j\right)^{n_j}, & c_{j0}\mathrm{e}^{-10/n_j} \leq c_j \leq c_{j0}, & \text{且}\left[\max_k\{c_{jk}\} / \min_k\{c_{jk}\}\right] > 2 \\[2mm] \left[\left(c_{jb} - c_j\right) / c_{j0}\right]^{n_j}, & c_j \leq c_{jb} - c_{j0}, & \text{且}\left[\max_k\{c_{jk}\} / \min_k\{c_{jk}\}\right] \leq 2 \\[2mm] 1, & c_j > c_{j0} \text{或} c_j > c_{jb} - c_{j0}, \\[2mm] \mathrm{e}^{10}, & c_j < c_{j0}\mathrm{e}^{-10/n_j} \end{cases} \tag{8-1}$$

$$x'_j = \frac{1}{10}\ln X_j \tag{8-2}$$

式中，c_j 为因子或预测变量实际值；c_{j0} 为设置的因子或预测变量的参照值；c_{jb} 为设定的因子或预测变量的阈值；X_j 和 x'_j 分别为因子或预测变量的变换值和规范值；k 代表全体样本个数；n_j 为因子或预测变量的幂指数，它由因子或预测变量实际值的最大值与最小值之比 $t_j = \max_k\{c_{jk}\} / \min_k\{c_{jk}\}$（或 $t_j = \max_k|c_{jb} - c_{jk}| / \min_k|c_{jb} - c_{jk}|$）的变化范围确定，如表 8-1 所示。式(8-1)右边 1～4 行适用于正向因子或预测变量的变换，5～8 行适用于逆向因子或预测变量的变换。

表 8-1 n_j 的取值与 t_j 变化范围的对应关系

t_j	(2, 6]	(6, 30]	>30
n_j	2	1	0.5

变换式(8-1)中参数 c_{jb}、n_j 和 c_{j0} 的确定过程如下。

第一步，确定因子 j 是否需要设置 c_{jb}。有以下两种情况的正向、逆向因子，需要设置 c_{jb}：①原始数据中有 $c_j \leq 0$ 的因子，其目的是使所有样本的该因子值全变为正值，即有 $c_j - c_{jb} > 0$（对正向型因子）或 $c_{jb} - c_j > 0$（对逆向型因子）；②计算得到 $t_j < 2$ 的因子，需要设置适当阈值 c_{jb}，使计算得到满足该因子的 $t_j > 2$ 为止。对 c_{jb} 取值的限制条件为：对正向因子，$c_{jb} < \min\{c_j\}$；对逆向因子，$c_{jb} > \max\{c_j\}$。

第二步，确定 n_j。在计算出因子的 t_j 后，就可根据表 8-1，确定 n_j 的取值。

第三步，确定因子的 c_{j0}。首先，在 [0.15, 0.30] 内，设置因子最小规范值 x'_{jm}（比如令 $x'_{jm} = 0.02$），将第二步已确定的 n_j 及设置的 x'_{jm} 和 $\min\{c_j\}$（或 c_{jb}）代入式(8-1)和式(8-2)

中，进行逆运算，求解出 c_{j0}；再将求得的 c_{j0}、n_j 和 $\max\{c_j\}$（或 c_{jb}）值代入式(8-1)和式(8-2)中，计算得到最大规范值 x'_{jM}。若 x'_{jM} 在 $[0.40, 0.55]$ 内，则 c_{j0} 即确定的参照值；否则，需对 c_{j0} 作微调，再重复上述过程，直到最小规范值 x'_{jm} 和最大规范值 x'_{jM} 能分别在被限定的较小范围内即可。

8.1.3　两种简单结构的 NV-FNN 预测模型

相对于其他神经网络预测模型，只要训练样本数足够多、模型结构又与问题相匹配，BP 网络具有以任意精度逼近任意函数和相对简单等优势而应用广泛。不过，BP 网络预测模型对多因子、非线性复杂问题，除了具有模型结构复杂、学习效率低、泛化能力和稳定性较差、预测精度不高以及模型不能规范、普适、统一等局限外，还因隐节点采用单个 Sigmoid 函数作为激活函数，使对应于 0 至无穷大输入，其输出的变化范围只有 0.5～1，因而功能不强大；其次，隐节点和输出节点都采用 Sigmoid 函数作为激活函数，虽然可以实现非线性映射，但影响学习效率；此外，BP 网络采用误差反向传播的梯度下降算法，不仅收敛速度慢，而且极易陷入局部极值。而规范变换将高维、非线性复杂问题转化为简单的低维(二维或三维)，且近似线性问题，从而能极大地简化模型结构。因此，将规范变换用于神经网络预测模型显得很有必要[34, 35]。

为使规范变换的前向神经网络(NV-FNN)预测模型的功能更强大和加速收敛，采用双极性 Sigmoid 函数作为隐层节点的激活函数；同时，为使模型结构既简化，又能保持较强的非线性映射能力，采用对隐节点输出的线性求和计算。满足此两个条件的 NV-FNN 预测模型如式(8-3)所示[35]。

$$y = \sum_{h=1}^{H} v_{hl} f_h = \sum_{h=1}^{H} v_{hl} \frac{1-\mathrm{e}^{-x'}}{1+\mathrm{e}^{-x'}} \tag{8-3}$$

式中，y 为样本的模型输出；H 为隐层节点数目；f_h 为样本在隐节点 h 的输出；v_{hl} 为隐节点 h 与输出节点 l 的连接权值，通常取 $l=1$，故 l 可略去；x' 为样本的输入矢量，$x' = \sum_{j=1}^{n} w_{hj} x'_{ji}$，其中，$w_{hj}$ 为输入节点 j 与隐节点 h 的连接权值，x'_{ji} 为由式(8-1)和式(8-2)计算得到样本 i 的因子 j 的规范值，亦即 NV-FNN 模型的输入；n 为因子数目，也是输入节点数目。

由于规范变换后的 n 个因子完全等效，因此，只需构建 2-2-1(2 个输入节点、2 个隐节点和 1 个输出节点)结构的 NV-FNN(2)和 3-2-1(3 个输入节点、2 个隐节点和 1 个输出节点)结构的 NV-FNN(3)两种最简结构的前向网络预测模型即可，如式(8-4)和式(8-5)所示[35]。由于式(8-4)和式(8-5)对所有 n 个等效规范因子皆适用，因而，这两种最简结构的预测模型不仅克服了"维数灾难"，而且具有规范性、普适性和统一性。

$$y(2) = v_1 \frac{1-\mathrm{e}^{-(w_{11}x'_1+w_{12}x'_2)}}{1+\mathrm{e}^{-(w_{11}x'_1+w_{12}x'_2)}} + v_2 \frac{1-\mathrm{e}^{-(w_{21}x'_1+w_{22}x'_2)}}{1+\mathrm{e}^{-(w_{21}x'_1+w_{22}x'_2)}} \tag{8-4}$$

$$y(3) = v_1 \frac{1-\mathrm{e}^{-(w_{11}x'_1+w_{12}x'_2+w_{13}x'_3)}}{1+\mathrm{e}^{-(w_{11}x'_1+w_{12}x'_2+w_{13}x'_3)}} + v_2 \frac{1-\mathrm{e}^{-(w_{21}x'_1+w_{22}x'_2+w_{23}x'_3)}}{1+\mathrm{e}^{-(w_{21}x'_1+w_{22}x'_2+w_{23}x'_3)}} \tag{8-5}$$

式中，$x_j'(j=1,2,3)$ 为样本的因子或预测变量的规范值；$v_h(h=1,2)$ 和 $w_{hj}(h=1,2;j=1,2,3)$ 皆为需要用优化算法（比如免疫进化算法）优化确定的网络连接权值。为了叙述简便，将"两种简单结构的 NV-FNN 预测模型"简称为"两种 NV-FNN 预测模型"。

8.1.4 两种 NV-FNN 预测模型训练样本的组成

对有 n 个规范因子的 N 个建模样本，由于 n 个规范因子完全等效，因此，将各个建模样本的第 1 个、第 2 个规范因子组成预测建模的第 1 个训练样本；再将第 2 个、第 3 个规范因子组成预测建模的第 2 个训练样本；依次递推，直至将第 n 个和第 1 个规范因子组成预测建模的第 n 个训练样本，即所谓的 2-2-1 结构（2 个输入节点、2 个隐节点、1 个输出节点）的前向网络[NV-FNN(2)]预测模型。完全类似，还可将各个建模样本的第 1 个、第 2 个、第 3 个规范因子组成预测建模的第 1 个训练样本；再将第 2 个、第 3 个、第 4 个规范因子组成预测建模的第 2 个训练样本；依次递推，直至将第 n 个、第 1 个和第 2 个规范因子组成预测建模的第 n 个训练样本，即所谓的 3-2-1 结构（3 个输入节点、2 个隐节点、1 个输出节点）的前向网络[NV-FNN(3)]预测模型。两种不同结构组合皆是由每个建模样本组成 n 个训练样本，N 个建模样本共组成 $n \times N$ 个训练样本，分别用于训练 2-2-1 结构的 NV-FNN(2) 和 3-2-1 结构的 NV-FNN(3) 两种预测模型。

8.1.5 两种 NV-FNN 预测模型参数的优化

1）设计预测模型的优化目标函数式

为了优化 NV-FNN(2) 和 NV-FNN(3) 两种预测模型表示式(8-4)和式(8-5)中的参数 $v_h(h=1,2)$ 和 $w_{hj}(h=1,2;j=1,2,3)$，设计如式(8-6)所示的优化目标函数式。

$$\min Q = \frac{1}{n \times N} \sum_{i=1}^{N} \sum_{j=1}^{n} \left(y_{ij}' - y_{i0}' \right)^2 \tag{8-6}$$

式中，y_{ij}' 为由式(8-4)或式(8-5)计算得到的第 $i(i=1,2,\cdots,N)$ 个建模样本组成的第 j 个训练样本的模型计算输出值；y_{i0}' 为建模样本 i 组成的任意一个训练样本的模型期望输出值。由第 i 个建模样本组成的 n 个训练样本的模型期望输出值皆相同，即该样本预测变量的规范值 y_{i0}'。

2）预测模型的优化

在满足优化目标函数式(8-6)条件下，由规范变换式(8-1)、式(8-2)计算得到的因子和预测变量的规范值，分别按组成的两种不同结构的前向预测模型的训练样本，代入式(8-4)或式(8-5)中，选用某种适当的优化方法（如免疫进化算法），对公式中的参数 $v_h(h=1,2)$ 和 $w_{hj}(h=1,2;j=1,2,3)$ 进行优化。当优化目标函数式(8-6)达到一定的精度要求时，停止训练，得到优化好的模型参数值 $v_h(h=1,2)$ 和 $w_{hj}(h=1,2;j=1,2,3)$。

8.1.6　两种 NV-FNN 预测模型精度的 F 值统计检验

精确度是指模型的计算结果与实际数据之间的吻合程度。常用的模型的精确度(可简称精度) F 值统计检验通过比较两组数据的方差，以确定它们的精密度是否有显著性差异。F 统计量计算式如式(8-7)所示。

$$F = \left(\frac{U}{n} \right) \bigg/ \left(\frac{Q}{N-n-1} \right) \tag{8-7}$$

式中，U 和 Q 分别为样本的回归平方和及残差平方和；n 为影响因子数；N 为样本数。

选择显著水平 $\alpha=0.005\sim0.10$，查阅 F 分布表中自由度 $n_1=n$，$n_2=N-n-1$ 时的临界值 $F_{0.005\sim0.10}$。若由式(8-7)计算出的 $F>F_{0.005\sim0.10}$，则模型精度得到验证。

8.2　误差修正公式及两种 NV-FNN 预测模型的建立

8.2.1　误差修正公式及公式中正、负号和相似样本的选择

1) 预测样本模型输出的误差修正公式

为使预测样本尤其是异常预测样本(或检测样本)的预测(或检测)值更接近实际值，多数情况下，需对预测(或检测)样本的模型输出值进行误差修正。此处提出的误差修正的基本思想为：依据相似原因产生相似结果的原则，从建模样本集中，找出与预测(或检测)样本的模型计算输出值最接近的一个或多个模型计算输出值相似的样本，并认为这些相似样本的模型计算输出值及拟合相对误差应分别与该预测(或检测)样本的模型计算输出值和估计相对误差成比例，因而满足如式(8-8)或式(8-9)所示的比例基本定理公式，从而计算得到预测(或检测)样本的模型输出值 y'_x 的估计相对误差 r'_x，再由估计相对误差 r'_x 计算预测样本修正后的模型输出值 y'_{xx}，如式(8-10)或式(8-11)所示[34-36]。

$$y'_x / r'_x = y'_s / r'_s \tag{8-8}$$

即

$$r'_x = \left(y'_x r'_s \right) / y'_s \tag{8-9}$$

$$y'_{xx} = y'_x / \left(1 + r'_x \right) \tag{8-10}$$

或

$$y'_{xx} = y'_x / \left(1 - r'_x \right) \tag{8-11}$$

式(8-8)～式(8-11)中，y'_x 和 y'_{xx} 分别为预测(或检测)样本修正前和修正后的模型计算输出值；r'_x 为计算得到预测(或检测)样本模型输出的估计相对误差的绝对值；y'_s 和 r'_s 分别为在建模样本集中，与预测(或检测)样本的模型输出值 y'_x 最接近的一个或多个相似样本的

模型拟合输出值及拟合相对误差的绝对值。

2) 误差修正公式中正、负号的选择

(1) 定性判别。对模型计算输出值误差修正公式 (8-10)、式 (8-11) 的采用进行说明。由于预测 (或检测) 样本的模型计算输出值 y'_x 与相似样本的模型计算输出值 y'_s 很接近，而相似样本的模型计算输出的理想 (目标) 值应为该相似样本的实际值 y_s 的规范值 y'_{s0}，因此，通常情况下，依据它们之间的相互大小关系来选用：因 y'_x 与 y'_s 差异不大，为叙述简便，记为 $y'_x \sim y'_s$，且 $y'_x > y'_{s0}$ 和 $y'_s > y'_{s0}$，则因 y'_x 和 y'_s 都大于理想值 y'_{s0}，故需用公式 (8-10) 修正，使修正后的预测样本模型输出值 y'_{xx} 减小；若 $y'_x \sim y'_s$，且 $y'_x < y'_{s0}$ 和 $y'_s < y'_{s0}$，则因 y'_x 和 y'_s 都小于理想值 y'_{s0}，故应用公式 (8-11) 修正，使修正后的预测样本模型输出值 y'_{xx} 增大。若 $y'_x \sim y'_s \sim y'_{s0}$，且 r'_s 很小 (比如 $r'_s < 0.5\%$)，当只有此一个相似样本，表示三者差异很小，误差可以忽略不计，可不作误差修正；当有多个相似样本，而其他相似样本的误差 r'_s 又不可忽略时，此相似样本的 r'_s 虽然很小，则需兼顾其他相似样本的误差修正情况，选择其中一个公式修正。若 $y'_x \sim y'_s$，且 r'_s 较大 (比如 $r'_s > 15\%$)，说明此相似样本可能是"过拟合"样本或异常样本，当只有此一个相似样本时：若用式 (8-11) 计算出的 y'_{xx} 较大，比如 $y'_{xx} > 0.55$ (上限值)，而用式 (8-10) 计算出的 y'_{xx} 值在 [0.20, 0.45] 范围内，则用式 (8-10) 修正；反之，若用式 (8-10) 计算出的 y'_{xx} 较小，如 $y'_{xx} < 0.20$ (下限值)，而用式 (8-11) 计算出的 y'_{xx} 在 [0.30, 0.55] 范围内，则用式 (8-11) 修正。当还有其他相似样本，则也需兼顾其他相似样本的误差修正情况，选择其中一个公式修正；有多个相似样本时，一般是将它们修正后的输出值的均值作为最终的输出修正值。

(2) 定量判别。令

$$\begin{cases} r'_x = |y'_x - y'_{x0}| / |y'_x| \\ r'_s = |y'_s - y'_{s0}| / |y'_s| \end{cases}$$

① 若 $y'_x < y'_s$，令相似度：

$$k = y'_x / y'_s$$

则有

$$y'_x = k y'_s$$

故

$$k = \frac{y'_x}{y'_s} = \frac{r'_x}{r'_s} = \frac{|y'_x - y'_{x0}| / |y'_x|}{|y'_s - y'_{s0}| / |y'_s|} = \frac{|y'_x - y'_{x0}|}{k|y'_s - y'_{s0}|}$$

从而有

$$k^2 |y'_s - y'_{s0}| = |y'_x - y'_{x0}| \tag{8-12}$$

a. 当 $y'_s > y'_{s0}$，则

$$k^2 (y'_s - y'_{s0}) = |y'_x - y'_{x0}|$$

若 $y'_x > y'_{x0}$，则有

$$y'_{x0} = y'_x - k^2(y'_s - y'_{s0}) \qquad (8\text{-}13)$$

若 $y'_x < y'_{x0}$，则有

$$y'_{x0} = y'_x + k^2(y'_s - y'_{s0}) \qquad (8\text{-}14)$$

b. 当 $y'_s < y'_{s0}$，则

$$k^2(y'_{s0} - y'_s) = |y'_x - y'_{x0}|$$

若 $y'_x > y'_{x0}$，则有

$$y'_{x0} = y'_x - k^2(y'_{s0} - y'_s) = y'_x + k^2(y'_s - y'_{s0}) \qquad (8\text{-}15)$$

若 $y'_x < y'_{x0}$，则有

$$y'_{x0} = y'_x + k^2(y'_{s0} - y'_s) = y'_x - k^2(y'_s - y'_{s0}) \qquad (8\text{-}16)$$

结论：可见，当 $y'_x < y'_s$ 时，无论是 $y'_s > y'_{s0}$，还是 $y'_s < y'_{s0}$，其误差修正后的预测样本的模型期望输出值 y'_{x0} 都只有式(8-13)、式(8-14)［或式(8-15)、式(8-16)］两种可能的结果。因此，当 $y'_x < y'_s$ 时，用误差修正公式(8-10)（取"+"号）或式(8-11)（取"-"号）计算得到修正后的 y'_{xx} 值与用式(8-13)或式(8-14)计算得到的期望值 y'_{x0} 中最接近的即应该选取的修正公式。

②若 $y'_x > y'_s$，令

$$k = y'_s / y'_x$$

则有

$$y'_s = ky'_x$$

故

$$\frac{1}{k} = \frac{y'_x}{y'_s} = \frac{r'_x}{r'_s} = \frac{k|y'_x - y'_{x0}|}{|y'_s - y'_{s0}|}$$

从而有

$$k^2|y'_x - y'_{x0}| = |y'_s - y'_{s0}| \qquad (8\text{-}17)$$

a. 当 $y'_s > y'_{s0}$，则

$$|y'_x - y'_{x0}| = (y'_s - y'_{s0}) / k^2$$

若 $y'_x > y'_{x0}$，则有

$$y'_{x0} = y'_x - (y'_s - y'_{s0}) / k^2 \qquad (8\text{-}18)$$

若 $y'_x < y'_{x0}$，则有

$$y'_{x0} = y'_x + (y'_s - y'_{s0}) / k^2 \qquad (8\text{-}19)$$

b. 当 $y'_s < y'_{s0}$，则

$$|y'_x - y'_{x0}| = (y'_{s0} - y'_s) / k^2$$

若 $y'_x > y'_{x0}$，则有

$$y'_{x0} = y'_x - (y'_{s0} - y'_s)/k^2 = y'_x + (y'_s - y'_{s0})/k^2 \qquad (8\text{-}20)$$

若 $y'_x < y'_{x0}$，则有

$$y'_{x0} = y'_x + (y'_{s0} - y'_s)/k^2 = y'_x - (y'_s - y'_{s0})/k^2 \qquad (8\text{-}21)$$

结论：可见，当 $y'_x > y'_s$ 时，无论是 $y'_s > y'_{s0}$，还是 $y'_s < y'_{s0}$，其误差修正后的预测样本的模型期望输出值 y'_{x0} 都只有式(8-18)、式(8-19)[或式(8-20)、式(8-21)]两种可能的结果。因此，当 $y'_x > y'_s$ 时，用误差修正公式(8-10)(取"+"号)或式(8-11)(取"−"号)计算得到修正后的 y'_{xx} 值与用式(8-18)或式(8-19)计算得到的期望值 y'_{x0} 中最接近的即应该选取的修正公式。

3) 相似样本的选择

对 NV-FNN 预测模型而言：训练样本集中的相似样本(或预测样本)的因子是"因"，相似样本(或预测样本)的模型计算输出 y'_s (或 y'_x)是"果"。误差修正公式(8-8)～式(8-11)是基于相似原因(简记"似因")产生相似结果(简记"似果")的原则上的。由于相似样本定义为建模(训练)样本模型计算输出 y'_s 与预测样本的模型计算输出 y'_x 相近，即 $y'_s \sim y'_x$，因此，预测样本的模型计算输出 y'_x 与相似(训练)样本的模型计算输出 y'_s 为"似果"。再计算预测样本与相似样本的因子之间的相关系数 R_{xs}，若 $|R_{xs}|$ 较大(比如 $|R_{xs}| > 0.80$)，则表明预测样本与相似样本有 "似因"；反之，若 $|R_{xs}|$ 较小(比如 $|R_{xs}| < 0.2$)，则二者是"异因"。可见，误差修正公式对"似因"产生"似果"，或"异因"产生"似果"的预测样本模型计算输出值 y'_x 作修正都是可行的。另一方面，若某训练样本与预测样本的因子之间的 $|R_{xs}|$ 较大("似因")，但该训练样本的模型计算输出值 y'_s 与预测样本的模型计算输出值 y'_x 差异很大("异果")，则预测样本与该训练样本之间为"似因"，产生"异果"，表明预测样本是"异常"样本，用误差修正公式对预测样本模型计算输出值 y'_x 作修正后的值是"异常值"。若某预测样本既有"似因"产生"似果"的相似样本，又有"似因"产生"异果"的训练样本，则可用误差修正公式对预测样本模型计算输出值 y'_x 作出两种不同的修正。

设相似样本的模型计算输出期望值为 y'_{s0} (即实际值的规范值)，则相似样本与期望值样本有完全相同的"似因"，但却可以有"似果"(拟合误差小)或"异果"(拟合误差大)两种不同的结果。因此，对上述每种情形，预测样本与相似样本的期望值样本也都有"似果"(拟合误差小)或"异果"(拟合误差大)两种不同的结果。预测样本、相似样本和相似样本的期望值样本的模型计算输出值 y'_x、y'_s 和 y'_{s0} 三者之间的"因""果"关系("似因"→"似果"；"似因"→"异果"；"异因"→"似果"；"异因"→"异果")如图 8-1 所示。图中，内三角形表示"因"("似因"或"异因")，外三角形表示"果"("似果"或"异果")；"似因"或"似果"连线的箭头是背向的，"异因"或"异果"连线的箭头是相对的。需要说明如下：①若训练样本中只有 1 个相似样本，即预测样本与相似样本只有唯一的"似果"，并且引起两者"似果"的是唯一"似因"，则只需用误差修正公式对此相似样本作误差修正即可；但若两者的"因"是"异因"，则除了用误差修正公式对此相似样本作误差修正外，还需看训练样本中有无与预测样本相同的"似因"而又"异

果"的样本,若有,也必须选此训练样本作误差修正,虽然此训练样本不一定是相似样本。
②若训练样本中有多个相似样本,则对每个相似样本,都按上述方法进行判断,最终作出
综合计算。

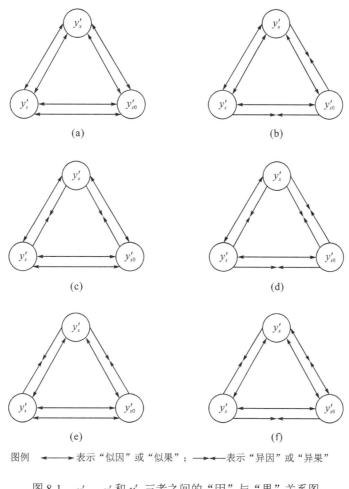

图例　◀━━━▶表示"似因"或"似果";　▶━━━◀表示"异因"或"异果"

图 8-1　y'_x、y'_s 和 y'_{s0} 三者之间的"因"与"果"关系图

8.2.2　与误差修正结合的 NV-FNN 预测模型的建立过程

基于规范变换与误差修正的任意预测模型的建立具体实现过程如下。

步骤 1:对一个实际预测建模问题,设置预测量及其影响因子的参数 c_{j0}、c_{jb}、n_j 和
规范变换式(8-1)、式(8-2),并计算因子和预测量的规范值。

步骤 2:按照 8.1.4 节样本生成方法组成 NV-FNN(2)和 NV-FNN(3)两种预测模型的
训练样本。

步骤 3:按照 8.1.5 节设计预测模型的优化目标函数式(8-6),并进行模型参数优化,
得到参数优化后的 NV-FNN(2)和 NV-FNN(3)两种预测模型。

步骤 4：计算建模样本的模型计算输出值及其拟合相对误差和检测(或预测)样本的模型计算输出值。

步骤 5：选择相似样本，用相似样本误差修正式(8-8)～式(8-11)对步骤 4 得到的检测(或预测)样本模型计算输出值进行误差修正。

步骤 6：将检测(或预测)样本误差修正后的模型输出值，代入规范变换式(8-1)、式(8-2)进行逆运算，计算得到检测(或预测)样本预测值。

步骤 7：用 F 统计量计算式(8-7)对预测模型的精确度进行统计检验。

8.3   NV-FNN 预测模型的理论基础

8.3.1   与误差修正结合的 NV-FNN 预测模型误差的理论分析

1) 误差修正公式对模型输出的相对误差的影响

以第 1 个误差修正公式(8-10)为例，分析其对预测样本模型输出精度的影响[35]。将式(8-9)代入式(8-10)，得

$$y'_{xx} = \frac{y'_x}{1 + \frac{y'_x}{y'_s} r'_s} \tag{8-22}$$

定义：预测样本 X 与其相似的样本 S 之间的相似度(亦可称相似比)为

$$K = \frac{\min(y'_x, y'_s)}{\max(y'_x, y'_s)} \tag{8-23}$$

若 $y'_x < y'_s$，则 $K = \frac{y'_x}{y'_s}$；若 $y'_x > y'_s$，则 $K = \frac{y'_s}{y'_x}$。因此 $K \in [0, 1]$，对相似样本而言，通常 $K \in [0.90, 1]$。若 $y'_x < y'_s$，将 $K = \frac{y'_x}{y'_s}$ 代入式(8-22)，化简得

$$y'_{xx} = \frac{Ky'_s}{1 + Kr'_s} \tag{8-24}$$

在 K 为一定值情况下，将式(8-24)中的 y'_{xx} 对 r'_s 微分得

$$\Delta y'_{xx} = -\frac{K^2 y'_s}{(1 + Kr'_s)^2} \Delta r'_s \tag{8-25}$$

将式(8-25)两边分别除以式(8-24)的两边，化简得

$$\frac{\Delta y'_{xx}}{y'_{xx}} = -\frac{K}{1 + Kr'_s} \Delta r'_s \tag{8-26}$$

因为

$$\Delta r'_s \approx r'_{xx} - r'_s = \frac{y'_{xx}}{y'_s} r'_s - r'_s = \frac{Ky'_s}{(1 + Kr'_s)y'_s} r'_s - r'_s \tag{8-27}$$

将式(8-27)代入式(8-26)，化简得

$$\frac{\Delta y'_{xx}}{y'_{xx}} = \frac{K\left(1 - K + Kr'_s\right)}{\left(1 + Kr'_s\right)^2} r'_s \tag{8-28}$$

式中，$\dfrac{\Delta y'_{xx}}{y'_{xx}}$ 为用误差修正公式修正后的预测样本模型输出计算值（估计）的相对误差，简记为 r'_{xx}。为了叙述方便，以下简称"修正后的样本模型输出的相对误差"。

从式(8-28)可见，修正后的样本模型输出的相对误差 r'_{xx} 仅由相似样本的模型输出的拟合相对误差 r'_s 和预测样本与相似样本之间的相似度 K 唯一确定。由式(8-28)计算得到有不同相似度 K 和不同相似样本的相对误差 r'_s 情况下，修正后的样本模型输出的相对误差（绝对值）如表 8-2 所示。

表 8-2　修正后的预测样本模型输出的相对误差（绝对值）r'_{xx} 随相似度 K 和 r'_s 的变化

r'_s	K										
	0.90	0.91	0.92	0.93	0.94	0.95	0.96	0.97	0.98	0.99	1.00
1	0.10	0.09	0.08	0.07	0.06	0.05	0.05	0.04	0.03	0.02	0.01
3	0.33	0.30	0.28	0.26	0.24	0.21	0.19	0.16	0.14	0.11	0.08
5	0.60	0.56	0.53	0.50	0.46	0.42	0.39	0.35	0.31	0.27	0.23
7	0.91	0.87	0.82	0.78	0.73	0.68	0.63	0.58	0.53	0.48	0.43
9	1.26	1.20	1.15	1.10	1.07	0.98	0.93	0.87	0.81	0.74	0.68
10	1.44	1.38	1.33	1.27	1.21	1.15	1.09	1.02	0.96	0.89	0.83
12	1.83	1.77	1.71	1.64	1.57	1.50	1.44	1.37	1.30	1.22	1.15
15	2.46	2.39	2.32	2.25	2.18	2.10	2.02	1.95	1.87	1.78	1.70
17	2.91	2.84	2.77	2.69	2.61	2.53	2.45	2.37	2.28	2.20	2.11
20	3.62	3.54	3.47	3.39	3.30	3.22	3.14	3.05	2.96	2.87	2.78
22	4.11	4.03	3.95	3.87	3.79	3.70	3.62	3.53	3.44	3.35	3.25
25	4.87	4.79	4.71	4.63	4.55	4.46	4.37	4.28	4.19	4.10	4.00
27	5.39	5.31	5.23	5.15	5.07	4.98	4.89	4.80	4.71	4.62	4.52
30	6.19	6.12	6.04	5.95	5.87	5.78	5.69	5.60	5.51	5.42	5.33
32	6.74	6.66	6.58	6.50	6.41	6.33	6.24	6.15	6.06	5.97	5.88
35	7.56	7.48	7.41	7.33	7.25	7.16	7.08	6.99	6.90	6.81	6.72
37	8.12	8.04	7.97	7.89	7.81	7.73	7.64	7.56	7.47	7.38	7.29
40	8.95	8.88	8.81	8.74	8.66	8.58	8.50	8.42	8.33	8.25	8.16
45	10.36	10.30	10.23	10.16	10.09	10.02	9.94	9.87	9.79	9.71	9.63
50	11.77	11.71	11.65	11.59	11.53	11.46	11.40	11.33	11.26	11.18	11.11

注：r'_{xx} 和 r'_s 单位为%。

对修正后的样本模型输出的相对误差 r'_{xx}［式(8-28)］讨论如下。

(1) 当预测样本与相似样本完全相似时，$K=1$，式(8-28)简化为

$$r'_{xx} = \frac{r_s'^2}{\left(1 + r'_s\right)^2} \tag{8-29}$$

(2) 式(8-28)等号右边的分数式因子可改写为

$$\frac{K\left(1-K+Kr_s'\right)}{\left(1+Kr_s'\right)^2}=\frac{K}{1+Kr_s'}\left(1-\frac{K}{1+Kr_s'}\right) \tag{8-30}$$

式 (8-30) 中第 1 个因子满足 $0<\dfrac{K}{1+Kr_s'}<1$；第 2 个因子满足 $0<\left(1-\dfrac{K}{1+Kr_s'}\right)<1$。因此，

它们的乘积满足 $0<\dfrac{K}{1+Kr_s'}\left(1-\dfrac{K}{1+Kr_s'}\right)<1$，所以，一定有 $r_{xx}'<r_s'$。

结论：用误差公式修正后的预测样本模型输出的相对误差 r_{xx}' 一定会小于未用误差公式修正的相似样本模型输出的拟合相对误差 r_s'。

(3) r_{xx}' 随 r_s' 的变化。

在相似比 K 为某一定值情况下，将式 (8-28) 中的 r_{xx}' 对 r_s' 求偏导数，并化简得

$$\frac{\partial r_{xx}'}{\partial r_s'}=\frac{K(1-K)}{\left(1+Kr_s'\right)^3}+\frac{K^2(1+K)}{\left(1+Kr_s'\right)^3}r_s' \tag{8-31}$$

由于 $0<K\leqslant1$，因此，式 (8-31) 右边总满足大于 0，故 r_{xx}' 是 r_s' 的增函数，即 r_{xx}' 随 r_s' 的增大而增大。但随着 r_s' 的增大，其导数值逐渐变小，即 r_{xx}' 增大的速度逐渐减慢；反之亦然。这同表 8-2 中 K 为某一定值时 r_{xx}' 随 r_s' 的变化规律完全一致。

(4) r_{xx}' 随 K 的变化。

类似，在 r_s' 为某一定值情况下，将式 (8-28) 中的 r_{xx}' 对 K 求偏导数，并化简得

$$\frac{\partial r_{xx}'}{\partial K}=\frac{r_s'-2Kr_s'+Kr_s'^2}{\left(1+Kr_s'\right)^3}=\frac{1-K\left(2-r_s'\right)}{\left(1+Kr_s'\right)^3}r_s' \tag{8-32}$$

式中，分子随 K 增大而减小；分母随 K 增大而增大，因此 r_{xx}' 是 K 的减函数，即修正后的样本模型输出的相对误差 r_{xx}' 随相似度 K 的增大而逐渐减小；反之亦然。这同表 8-2 中当 r_s' 为某一定值时，r_{xx}' 随 K 的变化规律也是完全一致的。

结论：修正后的样本模型输出的相对误差 r_{xx}' 随相似样本模型输出的相对误差 r_s' 的增大而增大，但随相似样本的相似度 K 的增大而逐渐减小；反之亦然。

2) 用误差修正和不用误差修正的两种预测值的相对误差的分析与比较

对式 (8-1) 和式 (8-2) 进行逆变换，得到如式 (8-33) 所示的指数变换式。

$$c_j=ae^{bx_j'} \tag{8-33}$$

式中，$a=c_{j0}$；$b=\dfrac{10}{n_j}$。

设不用误差公式修正和采用误差公式修正后的预测样本模型输出计算值分别为 y_x' 和 y_{xx}'，将它们分别代入式 (8-33)，得

$$\hat{y}_x=ae^{by_x'} \tag{8-34}$$

$$\hat{y}_{xx}=ae^{by_{xx}'} \tag{8-35}$$

式中，$\hat{y}_x$ 和 $\hat{y}_{xx}$ 分别为不用误差公式修正和用误差修正公式修正后计算得到的样本预测值。

将式 (8-34) 和式 (8-35) 的 $\hat{y}_x$ 和 $\hat{y}_{xx}$ 分别对 y_x' 和 y_{xx}' 求微分，可得

$$\Delta \hat{y}_x = ab\mathrm{e}^{by'_x} \Delta y'_x \qquad (8\text{-}36)$$

$$\Delta \hat{y}_{xx} = ab\mathrm{e}^{by'_{xx}} \Delta y'_{xx} \qquad (8\text{-}37)$$

将式(8-36)和式(8-37)两边分别除以式(8-34)和式(8-35)两边，得

$$\frac{\Delta \hat{y}_x}{\hat{y}_x} = b\Delta y'_x \qquad (8\text{-}38)$$

$$\frac{\Delta \hat{y}_{xx}}{\hat{y}_{xx}} = b\Delta y'_{xx} \qquad (8\text{-}39)$$

由 $y'_x = Ky'_s$，得 $\Delta y'_x = K\Delta y'_s$，又因 $\Delta y'_s = r'_s y'_s$，因而有

$$\Delta y'_x = Kr'_s y'_s \qquad (8\text{-}40)$$

将式(8-40)代入式(8-38)，得

$$\frac{\Delta \hat{y}_x}{\hat{y}_x} = bKr'_s y'_s \qquad (8\text{-}41)$$

将式(8-27)代入式(8-25)化简得

$$\Delta y'_{xx} = -\frac{K^2 \left(y'_{xx} - y'_s\right)}{\left(1 + Kr'_s\right)^2} r'_s \qquad (8\text{-}42)$$

将式(8-42)代入式(8-39)，并取绝对值(为运算简洁，省去绝对值符号，以下同)，得

$$\frac{\Delta \hat{y}_{xx}}{\hat{y}_{xx}} = b\frac{K^2 \left(y'_{xx} - y'_s\right)}{\left(1 + Kr'_s\right)^2} r'_s \qquad (8\text{-}43)$$

式(8-43)为用误差修正公式修正后的样本模型输出值 y'_{xx} 代入逆规范变换式(8-35)，计算得到的预测样本预测值 $\hat{y}_{xx}$ 的相对误差 $\dfrac{\Delta \hat{y}_{xx}}{\hat{y}_{xx}}$ 与相似样本的模型输出值 y'_s 及其拟合相对误差 r'_s、相似度 K 和修正后的样本模型输出值 y'_{xx} 之间的关系式。

对式(8-43)讨论如下。

记 $\hat{R}_{xx} = \dfrac{\Delta \hat{y}_{xx}}{\hat{y}_{xx}}$，则式(8-43)可化为

$$\hat{R}_{xx} = \frac{\Delta \hat{y}_{xx}}{\hat{y}_{xx}} = b\frac{K^2 r'_s y'_s}{\left(1 + Kr'_s\right)^2} \cdot \frac{y'_{xx} - y'_s}{y'_s} = b\frac{K^2 r'_s y'_s}{\left(1 + Kr'_s\right)^2} r'_s = b\frac{K^2 r'^2_s y'_s}{\left(1 + Kr'_s\right)^2} \qquad (8\text{-}44)$$

式中，因为 $y'_x \approx y'_s$，故 $y'_{xx} \approx y'_{s0}$。因此，$(y'_{xx} - y'_s)/y'_s$ 可近似用 $r'_s = (y'_{s0} - y'_s)/y'_s$ 替代；y'_{s0} 为相似样本实际值的规范值。

(1)当 K 为某一定值时，$\hat{R}_{xx}$ 随 r'_s 的变化。

将式(8-44)中的 $\hat{R}_{xx}$ 对 r'_s 求偏导数，并化简，得

$$\frac{\partial \hat{R}_{xx}}{\partial r'_s} = 2bK^2 y'_s r'_s \frac{1}{\left(1 + Kr'_s\right)^3} \qquad (8\text{-}45)$$

因式(8-45)右边恒大于 0，故 $\hat{R}_{xx}$ 是 r'_s 的增函数，即修正后计算得到的预测样本预测

值的相对误差 $\hat{R}_{xx}$ 随相似样本模型输出计算值相对误差 r'_s 的增大而增大，但因导数值随 r'_s 的增大而逐渐减小，因此，$\hat{y}_{xx}$ 的增大量逐渐变小；反之亦然。

(2) 当 r'_s 为某一定值时，$\hat{R}_{xx}$ 随 K 的变化。

将式 (8-44) 中的 $\hat{R}_{xx}$ 对相似度 K 求偏导数，并化简，得

$$\frac{\partial \hat{R}_{xx}}{\partial K} = 2br'^2_s y'_s K \frac{1}{\left(1 + Kr'_s\right)^3} \tag{8-46}$$

由于式 (8-46) 右边恒大于 0，因此，$\hat{R}_{xx}$ 亦是 K 的增函数，即修正后计算得到的预测样本预测值的相对误差 $\hat{R}_{xx}$ 亦随相似度 K 的增大而增大。同样，因导数值随 K 的增大而逐渐减小，因而其增大量亦逐渐变小；反之亦然。

(3) 用误差修正公式修正和不用误差修正公式修正计算得到的两种预测值相对误差的大小比较。

用式 (8-43) 的两边除以式 (8-41) 两边，化简得

$$B = \frac{\Delta \hat{y}_{xx} / \hat{y}_{xx}}{\Delta \hat{y}_x / \hat{y}_x} = \frac{K}{\left(1 + Kr'_s\right)^2} \cdot \frac{y'_{xx} - y'_s}{y'_s} = \frac{K}{1 + Kr'_s} \cdot \frac{r'_s}{1 + Kr'_s} \tag{8-47}$$

由式 (8-47) 计算得到有不同相似度 K 和不同相似样本的相对误差 r'_s 情况下，两种相对误差的比值 $B = \hat{R}_{xx} / \hat{R}_x$（或 $B^{-1} = \hat{R}_x / \hat{R}_{xx}$）见表 8-3。因为 $0 < \dfrac{K}{1 + Kr'_s} < 1$ 和 $0 < \dfrac{r'_s}{1 + Kr'_s} < 1$，故它们的乘积亦满足 $0 < \dfrac{K}{1 + Kr'_s} \cdot \dfrac{r'_s}{1 + Kr'_s} < 1$，即两种相对误差的比值 $0 < B < 1$。

结论：用误差修正公式修正后的预测样本模型输出值计算得到的样本预测值的相对误差，一定小于未用误差公式修正的预测样本模型输出值计算得到的样本预测值的相对误差，即 $\dfrac{\Delta \hat{y}_{xx}}{\hat{y}_{xx}} < \dfrac{\Delta \hat{y}_x}{\hat{y}_x}$。

表 8-3   不同 K 和不同 r'_s 情况下作误差修正和未作误差修正的样本的两种预测值相对误差的比值

r'_s	$B = \hat{R}_{xx} / \hat{R}_x$							
	K=0.90	K=0.92	K=0.94	K=0.96	K=0.97	K=0.98	K=0.99	K=1.00
1	0.0089	0.0090	0.0092	0.0094	0.0095	0.0096	0.0097	0.0098
3	0.0256	0.0261	0.0267	0.0272	0.0275	0.0277	0.0280	0.0283
5	0.0412	0.0420	0.0429	0.0437	0.0441	0.0445	0.0449	0.0454
7	0.0558	0.0568	0.0579	0.0590	0.0595	0.0600	0.0606	0.0611
10	0.0758	0.0772	0.0785	0.0799	0.0806	0.0813	0.0820	0.0826
12	0.0880	0.0895	0.0911	0.0926	0.0934	0.0942	0.0949	0.0957
15	0.1048	0.1066	0.1083	0.1100	0.1109	0.1117	0.1126	0.1134
17	0.1150	0.1170	0.1188	0.1206	0.1215	0.1224	0.1233	0.1241
20	0.1293	0.1313	0.1332	0.1351	0.1361	0.1370	0.1380	0.1389
22	0.1380	0.1400	0.1420	0.1440	0.1449	0.1459	0.1469	0.1478

续表

r_s'	$B=\hat{R}_{xx}/\hat{R}_x$							
	K=0.90	K=0.92	K=0.94	K=0.96	K=0.97	K=0.98	K=0.99	K=1.00
25	0.1499	0.1520	0.1540	0.1561	0.1570	0.1581	0.1590	0.1600
27	0.1573	0.1594	0.1614	0.1635	0.1645	0.1655	0.1664	0.1674
30	0.1674	0.1695	0.1716	0.1736	0.1746	0.1756	0.1766	0.1775
35	0.1822	0.1842	0.1863	0.1882	0.1892	0.1902	0.1911	0.1920
40	0.1946	0.1966	0.1986	0.2005	0.2013	0.2013	0.2032	0.2041
45	0.2052	0.2071	0.2089	0.2107	0.2115	0.2124	0.2132	0.2140
50	0.2140	0.2158	0.2175	0.2191	0.2199	0.2207	0.2215	0.2222
60	0.2277	0.2292	0.2306	0.2319	0.2325	0.2332	0.2338	0.2344
70	0.2371	0.2383	02394	0.2404	0.2409	0.2413	0.2418	0.2422
80	0.2434	0.2442	0.2450	0.2457	0.2460	0.2463	0.2466	0.2469
90	0.2472	0.2478	0.2483	0.2487	0.2489	0.2490	0.2492	0.2493
100	0.2493	0.2496	0.2498	0.2499	0.2499	0.2500	0.2500	0.2500

r_s'	$B^{-1}=\hat{R}_x/\hat{R}_{xx}$							
	K=0.90	K=0.92	K=0.94	K=0.96	K=0.97	K=0.98	K=0.99	K=1.00
1	113	110	108	106	105	104	103	102
3	39	38.	37	37	36	36	36	35
5	24	24	23	23	23	22	22	22
7	18	18	17	17	17	16	16	16
10	13	13	13	13	12	12	12	12
12	11	11	11	11	10	10	10	10
15	9.5	9.4	9.2	9.1	9.0	9.0	8.9	8.8
17	8.7	8.6	8.4	8.3	8.2	8.2	8.1	8.0
20	7.7	7.6	7.5	7.4	7.4	7.3	7.2	7.2
22	7.3	7.1	7.0	7.0	6.9	6.9	6.8	6.7
25	6.7	6.6	6.5	6.4	6.4	6.3	6.3	6.3
27	6.3	6.3	6.2	6.1	6.1	6.0	6.0	6.0
30	6.0	5.9	5.8	5.8	5.7	5.7	5.7	5.6
35	5.5	5.4	5.4	5.3	5.3	5.3	5.2	5.2
40	5.2	5.1	5.0	5.0	5.0	4.9	4.9	4.9
45	4.9	4.8	4.8	4.7	4.7	4.7	4.7	4.7
50	4.7	4.6	4.6	4.6	4.6	4.5	4.5	4.5
60	4.4	4.4	4.3	4.3	4.3	4.3	4.3	4.3
70	4.2	4.2	4.2	4.2	4.2	4.1	4.1	4.1
80	4.1	4.1	4.1	4.1	4.1	4.1	4.1	4.1
90	4.0	4.0	4.0	4.0	4.0	4.0	4.0	4.0
100	4.0	4.0	4.0	4.0	4.0	4.0	4.0	4.0

注：r_s' 单位为%。

对式 (8-47) 讨论如下。

(1) 当 K 为某一定值时，两种预测值的相对误差比值 B 随 r_s' 的变化。

将式 (8-47) 中的 B 对 r_s' 求偏导数，化简得

$$\frac{\partial B}{\partial r_s'} = K \frac{1 - Kr_s'}{\left(1 + Kr_s'\right)^3} \tag{8-48}$$

通常情况下，$0 < K \leqslant 1$，$0 < r_s' < 1$，其乘积 $0 < Kr_s' < 1$，故式 (8-48) 右边大于 0，因此，B 是 r_s' 的增函数，即 B 随 r_s' 的增大而增大 (而其逆 B^{-1} 则表示修正后的预测精度比不修正的预测精度高的倍数)；反之亦然。同样，随着 r_s' 的增大，式 (8-48) 右边的导数值减小，即随着 r_s' 的增大，两种相对误差的比值 B 的增加值逐渐减小。

(2) 当 r_s' 为某一定值时，B 随 K 的变化。

将式 (8-47) 中的 B 对 K 求偏导数，化简得

$$\frac{\partial B}{\partial K} = r_s' \frac{1 - Kr_s'}{\left(1 + Kr_s'\right)^3} \tag{8-49}$$

式 (8-49) 与式 (8-48) 完全类似，因其右边大于 0，故 B 是 K 的增函数 (B^{-1} 是 K 的减函数)，即 B 随 K 的增大而增大，但随着 K 增大，B 的增大量逐渐减小。B (或 B^{-1}) 随 r_s' 和 K 的变化规律与表 8-3 中的变化规律完全一致。但表 8-3 中 r_s' 的变化范围 $\Delta r_s' = 0.01 \sim 1.00$，远大于 K 值的变化范围 $\Delta K = 0.90 \sim 1.00$。因此，在 r_s' 为一定值情况下，不同 K 值时的比值 B (或 B^{-1}) 差异很小；在 r_s' 为较大值时，不同 K 值时的 B (或 B^{-1}) 几乎完全相同，见表 8-3。

结论：修正后样本预测值的相对误差与未修正样本预测值的相对误差的比值 B 随相似样本的相似度 K 和相似样本的相对误差 r_s' 的增大而增大，而其模型预测精度比不修正的模型预测精度提高的倍数 B^{-1} 随 K 和 r_s' 的增大而逐渐减小，但 B (或 B^{-1}) 随 K 的变化远不及随 r_s' 的变化大；反之亦然。

8.3.2　NV-FNN 预测模型的可靠性分析

由于任何预测模型都是建立在若干模型参数基础上的，这些参数又是依据模型预测变量及其影响因子的输入数据、输出数据来确定的，而获得的输入数据、输出数据具有的误差必然导致预测模型的参数估计存在一定的不确定性，这些参数的不确定性对模型预测结果的可靠性和稳定性会有一定的影响，其影响程度 (即模型的可靠性) 可以通过模型的输出对输入的响应程度 (即灵敏度) 分析来确定。依据系统灵敏度的定义，预测模型输出 y 的相对误差 $\Delta y / y$ 和影响因子 c_j 的相对误差 $\Delta c_j / c_j$ 之间具有如下关系式[35]：

$$\frac{\Delta y}{y} = S_y \frac{\Delta c_j}{c_j} \tag{8-50}$$

式中，S_y 为 NV-FNN 模型的输出 y 对影响因子 c_j 的灵敏度。若变换式 (8-1) 中逆向因子的幂指数 n_j 用负数表示，则式 (8-1) 可统一用正向因子形式表示。将式 (8-1) 代入式 (8-2)，得

$$x_j' = \frac{n_j}{10} \left(\ln c_j - \ln c_{j0} \right) \tag{8-51}$$

式 (8-51) 中 x'_j 对 c_j 微分，得

$$\Delta x'_j = \frac{n_j}{10} \cdot \frac{\Delta c_j}{c_j} \tag{8-52}$$

式 (8-52) 两边同除以 x'_j，得

$$\frac{\Delta x'_j}{x'_j} = \frac{n_j}{10 x'_j} \cdot \frac{\Delta c_j}{c_j} \tag{8-53}$$

由双极性函数的输出式：

$$y = \frac{1 - e^{-x'_j}}{1 + e^{-x'_j}} \tag{8-54}$$

可得

$$\frac{\partial y}{\partial x'_j} = \frac{2 e^{-x'_j}}{\left(1 + e^{-x'_j}\right)^2} \tag{8-55}$$

$$\frac{\Delta y}{y} = \frac{2 e^{-x'_j}}{1 - e^{-2x'_j}} \Delta x'_j = \frac{e^{-x'_j}}{1 - e^{-2x'_j}} \cdot \frac{n_j}{5} \cdot \frac{\Delta c_j}{c_j} \tag{8-56}$$

比较式 (8-50) 和式 (8-56)，得 NV-FNN 模型的输出 y 对因子 c_j 的灵敏度为

$$S_y = \frac{n_j}{5} \cdot \frac{e^{-x'_j}}{1 - e^{-2x'_j}} \tag{8-57}$$

变换式 (8-1) 中的 n_j 只取 ± 2、± 1、± 0.5。计算得到的各因子和预测变量的最大规范值上限和最小规范值下限分别为 0.55 和 0.15，因此任何因子的其余规范值必然满足 $0.15 < x'_j < 0.55$。由式 (8-57) 可知，当且仅当 $n_j = \pm 2$ 和 $0.15 < x'_j < 0.2$ 时，才会出现计算得到的 NV-FNN 模型灵敏度 $|S_y| > 1$；其余情况皆满足 $|S_y| \leqslant 1$，即低灵敏度模型。若因子实际值的相对误差为 $\Delta c_j / c_j$，由式 (8-50) 可知，$\Delta y / y \leqslant \Delta c_j / c_j$。可见，NV-FNN 预测模型计算得到的输出值 y 的相对误差 $\Delta y / y$ 一般不被放大，而是被缩小。因此，NV-FNN 预测模型的输出是稳定、可靠的。

8.4 时间序列的 NV-FNN 预测模型

时间序列是指某一个变量的数值按照时间的先后顺序而排列的一组数据。时间序列预测则是应用数学理论和方法，对时间序列进行分析和处理，找出其特征和规律，并以此类推，预测该时间序列变量未来某段时间内的值。现实中的不少问题是时间序列问题 (简称时序问题)[37]。时间序列分为平稳时间序列和非平稳时间序列两种情况。平稳时间序列 t 时刻的状态可用 t 时刻之前最近邻的 k 个有限时刻 $(t-1, t-2, \cdots, t-k)$ 的状态来描述，因此通常使用自回归模型、滑动平均模型和自回归滑动平均模型等进行预测[38]。但是，实际中的多数时间序列问题为非线性、非平稳随机序列，上述方法并不适用[39]。对于非线性、

非平稳时间序列预测,有人将非线性、非平稳时间序列分解为一系列内在本征模态函数和趋势项,然后用传统的时间序列分析方法分别对子序列进行预测,并将各子序列的预测值相加,得到非线性、非平稳时间序列的预测值。但是,该方法在时间序列端点处提取本征模态函数会有困难。也有研究人员提出基于经验模态分解的非平稳、非线性时间序列的组合预测模型及基于 K 近邻和 BP 神经网络的多维时间序列组合预测模型[40]。当前,对于非线性、非平稳时间序列预测,用得较多的是具有较强非线性映射能力的神经网络(如 BP 神经网络、RBF 神经网络等)、改进的神经网络预测模型[41, 42]。但传统神经网络预测模型存在模型参数选择、运算量随维数增加而急剧增加、易过拟合和陷入局部极小等问题。对时间序列(无论线性或非线性)数据进行规范变换,使规范变换后的时间序列数据的规范值呈线性(或近似线性)、较平稳变化特性,再对规范变换后的时间序列数据建立 NV-FNN 预测模型,并将其用于不同系统单个变量的时间序列估计与预测。为了提高模型对样本(尤其是异常样本)的预测精度,亦用相似样本的误差修正法[式(8-8)~式(8-11)]对预测样本的模型输出值进行误差修正。

8.4.1   时间序列数据的规范变换式

由于时间序列只是一个变量的数值按照时间的先后顺序而排列的一组数据,因此,对时间序列的原始序列数据的规范变换,其变换式(8-1)简化为如式(8-58)所示的形式,规范式仍保持式(8-2)的形式不变。

$$X_t = \begin{cases} [(c_t - c_{tb}) / c_{t0}]^{n_j}, & c_t \geq c_{t0} + c_{tb} \\ 1, & c_t < c_{t0} + c_{tb} \end{cases} \tag{8-58}$$

式中,X_t 为时间序列数据的变换值,变换后得到时间序列数据的最小规范值 x_m' 和最大规范值 x_M' 仍分别被限定在[0.10, 0.25]和[0.40, 0.55]较小范围内;c_{t0} 为设置的时间序列数据的参照值;c_t 为时间序列数据实际值;c_{tb} 为设定的阈值(特例为 $c_{tb}=0$),由于时间序列的阈值只有 1 个,故下标 t 可省去,用 c_b 即可;n_j 为设定的幂指数,仅取 $n_j=0.5, 1, 2$。参数 n_j、c_{t0}、c_{tb} 的确定方法与 8.1.2 节的确定方法完全相同。

8.4.2   适用于时间序列的 NV-FNN 预测模型的建立

由于规范变换后时间序列数据的规范值已呈线性(或近似线性)、较平稳变化特性时间序列,因此,也只需分别构建适用于时序数据规范值的最近邻时刻数 $k=2$ 和 $k=3$(即 $n=2$ 个和 $n=3$ 个规范输入因子)的两种不同结构的 NV-FNN[NV-FNN(2)和 NV-FNN(3)]预测模型即可。因而建立的基于规范变换的时间序列的 NV-FNN 预测模型表示式与非时间序列的多因子规范变换的 NV-FNN 预测模型的表示式完全相同,分别如式(8-4)、式(8-5)所示,此处不再重复。建模过程中训练样本的组成、目标函数的设置、模型参数的优化及预测样本模型输出的误差修正法等也与非时间序列的多因子规范变换的相应 NV-FNN 预测模型完全相同。

8.5　本　章　小　结

本章依据数学理论严格证明了只要将规范变换和相似样本误差修正法相结合用于前向神经网络预测模型的建立，就能简化模型结构，并能大幅度提高模型的预测精度，因而具有理论意义和实际应用价值。在此基础上，提出了基于规范变换与误差修正相结合的两种简单结构的 NV-FNN[NV-FNN(2) 和 NV-FNN(3)] 预测模型和时间序列的预测模型。

事实上，将规范变换和模型输出的误差修正法相结合的 NV-FNN 预测建模思想和方法用于径向基神经网络（RBF 网络）、概率神经网络（probabilistic neural network，PNN）预测模型建立，同样可以简化模型结构和提高模型的预测精度。

参 考 文 献

[1] Chen S Y, Xue Z C, Li M. Variable sets principle and method for flood classification[J]. Science China(Technological Sciences), 2013, 56(9): 2343-2348.

[2] Comrie A C. Comparing neural networks and regression models for ozone forecasting[J]. Journal of the Air & Waste Management Association, 1997, 47(6): 653-663.

[3] Thoe W, Wong S H C, Choi K W, et al. Daily prediction of marine beach water quality in Hong Kong[J]. Journal of Hydro-Environment Research, 2012, 6(3): 164-180.

[4] Shaban K B, Kadri A, Rezk E. Urban air pollution monitoring system with forecasting models[J]. IEEE Sensors Journal, 2016, 16(8): 2598-2606.

[5] Jones S S, Evans R S, Allen T L, et al. A multivariate time series approach to modeling and forecasting demand in the emergency department[J]. Journal of Biomedical Informatics, 2009, 42(1): 123-139.

[6] 黄思, 唐晓, 徐文帅, 等. 利用多模式集合和多元线性回归改进北京 PM_{10} 预报[J]. 环境科学学报, 2015, 35(1): 56-64.

[7] 王保良, 范昊, 冀海峰, 等. 基于分段线性表示 k 最近邻的水质预测方法[J]. 环境工程学报, 2016, 10(2): 1005-1009.

[8] 徐源蔚, 李祚泳, 汪嘉杨. 基于集对分析的相似模型在地下水位预测中的应用[J]. 水文, 2015, 35(6): 6-10.

[9] 徐源蔚, 李祚泳, 汪嘉杨. 基于集对分析的降水酸度及水质相似预测模型研究[J]. 环境污染与防治, 2015, 37(2): 59-62, 88.

[10] 代伟, 李克国, 曲东. 等维灰数递补动态模型在秦皇岛市大气污染预测中的应用[J]. 安徽农业科学, 2011, 39(18): 11026-11027, 11105.

[11] 肖鸣, 李卫明, 刘德富, 等. 基于多重优化灰色模型的三峡库区香溪河支流回水区水华变化趋势预测研究[J]. 环境科学学报, 2017, 37(3): 1153-1161.

[12] Palani S, Liong S Y, Tkalich P. An ANN application for water quality forecasting[J]. Marine Pollution Bulletin, 2008, 56(9): 1586-1597.

[13] Gazzaz N M, Yusoff M K, Aris A Z, et al. Artificial neural network modeling of the water quality index for Kinta River (Malaysia) using water quality variables as predictors[J]. Marine Pollution Bulletin, 2012, 64(11): 2409-2420.

[14] Li P H, Li Y G, Xiong Q Y, et al. Application of a hybrid quantized Elman neural network in short-term load forecasting[J].

International Journal of Electrical Power & Energy Systems, 2014, 55: 749-759.

[15] Duruu O F. A hybrid neural network and ARIMA model for water quality time series prediction[J]. Engineering Applications of Artificial Intelligence, 2010, 23(4): 586-594.

[16] Yu C X, Li Z Y, Yang Z F, et al. A feedforward neural network based on normalization and error correction for predicting water resources carrying capacity of a city[J]. Ecological Indicators, 2020, 118: 1-7.

[17] 张旭东, 高茂庭. 基于 IGA-BP 网络的水质预测方法[J]. 环境工程学报, 2016, 10(3): 1566-1571.

[18] 杨云, 杨毅. 基于 GA-BP 神经网络的供暖期空气质量指数预测分析[J]. 陕西科技大学学报, 2016, 34(4): 171-176, 186.

[19] 孙宝磊, 孙暠, 张朝能, 等. 基于 BP 神经网络的大气污染物浓度预测[J]. 环境科学学报, 2017, 37(5): 1864-1871.

[20] 李祚泳, 余春雪, 张正健, 等. 基于最佳泛化能力的 BP 网络隐节点数反比关系式的环境预测模型[J]. 环境科学学报, 2021, 41(2): 718-730.

[21] 崔东文, 金波. 鸟群算法-投影寻踪回归模型在多元变量年径流预测中的应用[J]. 人民珠江, 2016, 37(11): 26-30.

[22] Tan G H, Yan J Z, Gao C, et al. Prediction of water quality time series data based on least squares support vector machine[J]. Procedia Engineering, 2012, 31: 1194-1199.

[23] Moazami S, Noori R, Amiri B J, et al. Reliable prediction of carbon monoxide using developed support vector machine[J]. Atmospheric Pollution Research, 2016, 7(3): 412-418.

[24] Liu S Y, Tai H J, Ding Q S, et al. A hybrid approach of support vector regression with genetic algorithm optimization for aquaculture water quality prediction[J]. Mathematical and Computer Modelling, 2013, 58(3-4): 458-465.

[25] Moura M, Zio E, Lins I D, et al. Failure and reliability prediction by support vector machines regression of time series data[J]. Reliability Engineering & System Safety, 2011, 96(11): 1527-1534.

[26] Quan T W, Liu X M, Liu Q. Weighted least squares support vector machine local region method for nonlinear time series prediction[J]. Applied Soft Computing, 2010, 10(2): 562-566.

[27] Noori R, Karbassi A, Ashrafi K, et al. Active and online prediction of BOD_5 in river systems using reduced-order support vector machine[J]. Environmental Earth Sciences, 2012, 67(1): 141-149.

[28] Liu S Y, Xu L Q, Jiang Y, et al. A hybrid WA-CPSO-LSSVR model for dissolved oxygen content prediction in crab culture[J]. Engineering Applications of Artificial Intelligence, 2014, 29: 114-124.

[29] 笪英云, 汪晓东, 赵永刚, 等. 基于关联向量机回归的水值预测模型[J]. 环境科学学报, 2015, 35(11): 3730-3735.

[30] 秦喜文, 刘媛媛, 王新民, 等. 基于整体经验模态分解和支持向量回归的北京市 $PM_{2.5}$ 预测[J]. 吉林大学学报(地球科学版), 2016, 46(2): 563-568.

[31] 李嵩, 王冀, 张丹闯, 等. 大气 $PM_{2.5}$ 污染指数预测优化模型仿真分析[J]. 计算机仿真, 2015, 32(12): 400-403, 407.

[32] 田静毅, 范泽宣, 孙丽华. 基于 BP 神经网络的空气质量预测与分析[J]. 辽宁科技大学学报, 2015, 38(2): 131-136.

[33] Liu Y H, Zhu Q R, Yao D W, et al. Forecasting urban air quality via a back-propagation neural network and a selection sample rule[J]. Atmosphere, 2015, 6(7): 891-907.

[34] 李祚泳, 汪嘉杨, 徐源蔚. 基于规范变换与误差修正的回归支持向量机的环境系统预测[J]. 环境科学学报, 2018, 38(3): 1235-1244.

[35] 李祚泳, 汪嘉杨, 徐源蔚. 规范变换与误差修正结合的环境系统的前向网络和投影寻踪预测模型[J]. 环境科学学报, 2019, 39(6): 2053-2070.

[36] 李祚泳, 魏小梅, 汪嘉杨. 规范变换降维与误差修正结合的环境系统的一元线性回归预测[J]. 环境科学学报, 2019, 39(7): 2455-2466.

[37] Fu T C. A review on time series data mining[J]. Engineering Applications of Artificial Intelligence, 2011, 24(1): 164-181.

[38] Wang H R, Wang C, Lin X, et al. An improved ARIMA model for precipitation simulations[J]. Nonlinear Processes in Geophysics, 2014, 21(6): 1159-1168.

[39] 丁雨晴, 隋爱娜, 伏文龙, 等. 基于免疫算法的时间序列预测模型[J]. 中国传媒大学学报(自然科学版), 2016, 23(1): 21-26.

[40] 赵亚伟, 陈艳晶. 多维时间序列的组合预测模型[J]. 中国科学院大学学报, 2016, 33(6): 825-833.

[41] Xi J H, Wang H D, Jiang L Y. Multivariate time series prediction based on a simple RBF network[J]. Advanced Materials Research, 2012, 566: 97-102.

[42] Chandra R, Zhang M J. Cooperative coevolution of Elman recurrent neural networks for chaotic time series prediction[J]. Neurocomputing, 2012, 86(1): 116-123.

第9章　NV-FNN 预测模型在多个领域中的应用之一

第 8 章从理论上已证明：对任意一个实际预测问题，只要将基于预测(变)量及其(影响)因子的规范变换[式(8-1)和式(8-2)]与相似样本的误差修正法[式(8-8)~式(8-11)]相结合，皆可用两种简单结构的前向神经网络预测模型 NV-FNN(2)[式(8-4)]和 NV-FNN(3)[式(8-5)]进行预测，并能极大地提高模型的预测精度。因此，本章和第 10 章分别将 NV-FNN(2)和 NV-FNN(3)预测模型用于多个领域不同实例预测的实证分析，并与其他多种预测模型和方法的预测结果进行比较，验证其科学性和实用性。其模型中的字母代表的物理意义为：c_{j0} 和 c_{jb} 分别为因子 j 的参照值和阈值；c_j 和 x'_j 分别为因子 j 的实际值和规范值；c_{ij} 和 x'_{ij} 分别为样本 i 的因子 j 的实际值及其规范值，故 c_{j0}、c_{jb}、c_j 和 c_{ij} 的单位相同。类似，c_{y0} 和 c_{yb} 分别为预测量 y 的参照值和阈值；c_y 和 y'_0 分别为预测量 y 的实际值和规范值；c_{iy} 和 y'_{i0} 分别为样本 i 的预测量 y 的实际值及其规范值，y'_{i0} 可作为样本 i 的预测变量 y 的模型期望输出值；y'_i 为样本 i 的预测量 y 的模型计算输出值(若是建模样本，也可称为拟合输出值)；Y'_i 为误差修正后的检测(或预测)样本 i 的预测量 y 的模型计算输出值；c_{iY} 为由 Y'_i 计算得到(即误差修正后)的检测(或预测)样本 i 的预测量 y 的预测值，故 c_{y0}、c_{yb}、c_y、c_{iy} 和 c_{iY} 的单位相同。r'_i 为样本 i 的模型计算输出相对误差绝对值(若是建模样本，也可称为拟合相对误差)；r_i 为误差修正后的检测(或预测)样本 i 的预测值的相对误差绝对值。n_j($n_j = 0.5, 1, 2$)为因子 j 或预测量 y 的变换式中的幂指数(对于预测量，下标 j 用 y 替换)，变换式中的幂指数 n_y 相同而预测量不同的规范变换称为同型规范变换。

9.1　NV-FNN 预测模型用于某城市 SO_2 浓度预测

9.1.1　某城市 SO_2 浓度及其影响因子的参照值和变换式

某城市 SO_2 浓度(C_y)实际值 c_{iy}($i = 1, 2, \cdots, 30$)及其工业耗煤量(C_1)、人口密度(C_2)、交通密度(C_3)、饮食服务点(C_4)4 个影响因子的实际值 c_{ij}($i = 1, 2, \cdots, 30$; $j = 1, 2, 3, 4$)如表 9-1 所示[1]。传统的多种预测模型和方法对此实例预测的效果均不理想，相对误差较大。设置变换式如式(9-1)所示，由式(9-1)和式(8-2)计算出样本 i 各影响因子 j 的规范值 x'_{ij} 及 SO_2 的规范值 y'_{i0}，见表 9-1。

$$X_j = \begin{cases} \left(c_j / c_{j0}\right)^{0.5}, & c_j \geqslant c_{j0}, & \text{对} C_1 \sim C_4 、 C_y \\ 1, & c_j < c_{j0}, & \text{对} C_1 \sim C_4 、 C_y \end{cases} \tag{9-1}$$

式中，$C_1 \sim C_4$ 和 C_y 的参照值 c_{j0} 分别设置为 $0.8 t/km^2$、4 人/km^2、0.01 辆/km^2、0.05 个/km^2 和 $0.00002 mg/m^3$；c_{j0} 的单位和 c_j ($j=1$, 2, 3, 4, y) 的单位与表 9-1 中 c_{ij} 的单位相同。

表 9-1 某城市 SO_2 浓度及其 4 个影响因子的实际值和规范值

样本 i	影响因子实际值 c_{ij}				影响因子规范值 x'_{ij}				SO_2 浓度	
	c_{i1}	c_{i2}	c_{i3}	c_{i4}	x'_{i1}	x'_{i2}	x'_{i3}	x'_{i4}	实际值 c_{iy}	规范值 y'_{i0}
1	0.028	0.093	12.9	24	0.2929	0.2724	0.3581	0.3087	0.008	0.2996
2	0.102	0.051	8.3	12	0.3575	0.2424	0.3361	0.2740	0.012	0.3198
3	0.004	0.043	12.0	22	0.1956	0.2339	0.3545	0.3043	0.023	0.3524
4	0.640	0.053	3.0	8	0.4494	0.2443	0.2852	0.2538	0.020	0.3454
5	0.432	0.185	31.2	41	0.4297	0.3068	0.4023	0.3355	0.062	0.4020
6	0.120	0.203	33.8	39	0.3657	0.3115	0.4063	0.3330	0.041	0.3813
7	0.430	0.194	50.8	22	0.4295	0.3092	0.4267	0.3043	0.071	0.4087
8	0.099	1.379	9.4	6	0.3560	0.4073	0.3423	0.2394	0.012	0.3198
9	0.084	0.039	35.7	23	0.3478	0.2290	0.4090	0.3066	0.007	0.2929
10	0.673	0.208	15.1	7	0.4519	0.3127	0.3660	0.2471	0.062	0.4020
11	2.319	0.245	9.1	12	0.5137	0.3209	0.3407	0.2740	0.092	0.4217
12	0.933	0.619	17.3	64	0.4682	0.3672	0.3728	0.3577	0.044	0.3848
13	0.217	6.732	46.8	276	0.3953	0.4865	0.4226	0.4308	0.120	0.4350
14	0.704	1.164	16.1	40	0.4541	0.3988	0.3692	0.3342	0.009	0.3055
15	0.017	1.233	25.8	38	0.2679	0.4017	0.3928	0.3317	0.014	0.3276
16	0.144	5.544	42.5	260	0.3748	0.4768	0.4177	0.4278	0.120	0.4350
17	0.120	0.203	33.8	39	0.3657	0.3115	0.4063	0.3330	0.041	0.3813
18	0.144	0.152	10.7	5	0.3748	0.2970	0.3488	0.2303	0.024	0.3545
19	0.503	1.255	7.1	57	0.4373	0.4026	0.3283	0.3519	0.056	0.3969
20	0.080	1.632	8.3	54	0.3454	0.4157	0.3361	0.3492	0.028	0.3622
21	0.120	1.422	6.8	135	0.3657	0.4088	0.3261	0.3951	0.024	0.3545
22	0.078	1.268	7.3	140	0.3441	0.4031	0.3297	0.3969	0.014	0.3276
23	0.045	0.247	6.4	80	0.3166	0.3213	0.3231	0.3689	0.030	0.3657
24	0.121	0.224	6.7	29	0.3661	0.3164	0.3254	0.3182	0.021	0.3478
25	0.245	0.451	19.3	68	0.4013	0.3514	0.3783	0.3608	0.012	0.3198
26	0.044	0.087	20.7	48	0.3155	0.2691	0.3818	0.3433	0.028	0.3622
27	0.323	1.271	32.0	77	0.4152	0.4032	0.4035	0.3670	0.045	0.3859
28	1.566	2.255	36.7	96	0.4941	0.4319	0.4104	0.3780	0.073	0.4101
29	2.312	0.439	39.8	74	0.5136	0.3500	0.4145	0.3650	0.078	0.4134
30	1.403	0.330	48.1	77	0.4886	0.3358	0.4239	0.3670	0.099	0.4254

注：26~30 为检测样本。c_{i1} 的单位为 $10^4 t/km^2$；c_{i2} 的单位为 10^4 人/km^2；c_{i3} 的单位为 辆/km^2；c_{i4} 的单位为 个/km^2；c_{iy} 的单位为 mg/m^3。

9.1.2　某城市 SO_2 浓度的 NV-FNN 预测模型的计算输出值

按照 8.2.2 节 NV-FNN 预测模型的建模步骤 2～步骤 4,依次组成模型的训练样本和检测样本、设计目标函数式、优化模型参数、计算建模样本模型输出值及其拟合相对误差、计算检测(预测)样本的模型输出值等。

分别选取表 9-1 中样本 1～25 和样本 26～30(SO$_2$ 浓度及其 4 个影响因子)作为建模样本和检测(预测)样本。分别由表中各建模样本的 4 个影响因子规范值 x'_{ij} 与相应 SO$_2$ 浓度规范值 y'_{i0},按照训练样本的组成法,每个建模样本组成 4 个训练样本,25 个建模样本共组成 100 个训练样本,将其规范值分别代入 NV-FNN(2)[式(8-4)]和 NV-FNN(3)[式(8-5)]模型中,用免疫进化算法分别对模型中参数迭代优化。免疫进化算法的优点是:不仅可有效避免不成熟收敛,以更高的精度和较快的速度逼近全局最优解,而且算法原理简单,编程简便。当 NV-FNN(2)和 NV-FNN(3)的优化目标函数式(8-6)分别满足 $Q_0=0.0020$ 和 $Q_0=0.0016$ 时,停止迭代,得到参数优化后两种不同结构的 NV-FNN(2)和 NV-FNN(3)预测模型的输出计算式,分别如式(9-2)和式(9-3)所示。由式(9-2)和式(9-3)计算得到两种结构的预测模型(为叙述简便,第 9 章、第 10 章中将基于规范变换的 NV-FNN(2)和 NV-FNN(3)预测模型简称为两种 NV-FNN 预测模型)的建模样本 1～25 的模型拟合输出值及检测(预测)样本 26～30 的模型计算输出值 y'_i,见表 9-2。计算得到两种 NV-FNN 预测模型的建模样本 1～25 模型输出的拟合相对误差绝对值 r'_i(%),见表 9-3。

$$y(2) = 0.9595 \times \frac{1-e^{-(0.6110x'_{j1}+0.8452x'_{j2})}}{1+e^{-(0.6110x'_{j1}+0.8452x'_{j2})}} + 0.4357 \times \frac{1-e^{-(0.5979x'_{j1}+0.9246x'_{j2})}}{1+e^{-(0.5979x'_{j1}+0.9246x'_{j2})}} \tag{9-2}$$

$$y(3) = 0.8006 \times \frac{1-e^{-(0.5768x'_{j1}+0.5751x'_{j2}+0.6953x'_{j3})}}{1+e^{-(0.5768x'_{j1}+0.5751x'_{j2}+0.6953x'_{j3})}} + 0.3118 \times \frac{1-e^{-(0.7466x'_{j1}+0.9899x'_{j2}+0.2451x'_{j3})}}{1+e^{-(0.7466x'_{j1}+0.9899x'_{j2}+0.2451x'_{j3})}} \tag{9-3}$$

表 9-2　两种 NV-FNN 预测模型的样本计算输出值 y'_i

样本 i	NV-FNN(2)	NV-FNN(3)	样本 i	NV-FNN(2)	NV-FNN(3)	样本 i	NV-FNN(2)	NV-FNN(3)
1	0.3119	0.3141	11	0.3642	0.3654	21	0.3757	0.3765
2	0.3065	0.3087	12	0.3923	0.3926	22	0.3705	0.3714
3	0.2763	0.2790	13	0.4322	0.4309	23	0.3358	0.3375
4	0.3118	0.3140	14	0.3900	0.3904	24	0.3349	0.3366
5	8.3706	0.3715	15	0.3511	0.3526	25	0.3748	0.3756
6	0.3567	0.3580	16	0.4233	0.4224	26	0.3308	0.3327
7	0.3695	0.3704	17	0.3567	0.3580	27	0.3902	0.3901
8	0.3392	0.3410	18	0.3165	0.3186	28	0.4272	0.4262
9	0.3266	0.3285	19	0.3814	0.3821	29	0.4105	0.4101
10	0.3472	0.3487	20	0.3639	0.3650	30	0.4040	0.4039

注:26～30 为检测样本。

表 9-3　两种 NV-FNN 预测模型的建模样本模型输出的拟合相对误差绝对值 r_i'

建模样本 i	NV-FNN (2)	NV-FNN (3)	建模样本 i	NV-FNN (2)	NV-FNN (3)	建模样本 i	NV-FNN (2)	NV-FNN (3)
1	4.12	4.84	10	13.61	13.25	19	3.90	3.73
2	4.16	3.48	11	13.63	13.35	20	0.46	0.77
3	21.58	20.83	12	1.95	2.03	21	5.98	6.20
4	9.72	9.08	13	0.64	0.93	22	13.11	13.38
5	7.80	7.59	14	27.68	27.81	23	8.17	7.69
6	6.44	6.11	15	7.19	7.65	24	3.72	3.22
7	9.60	9.39	16	2.69	2.89	25	17.18	17.43
8	6.04	6.60	17	6.44	6.11			
9	11.50	12.15	18	10.72	10.14			

注：r_i' 的单位为%。

9.1.3　NV-FNN 预测模型的精度检验

由式(8-7)计算出两种 NV-FNN 预测模型的 F 统计值分别为 $F(7.55)$、$F(7.31)$。模型的 F 值均大于 $F_{0.01}(4.18)$，表明两种 NV-FNN 预测模型精度检验合格，预测结果具有可信度。

9.1.4　检测样本误差修正后的 NV-FNN 模型输出值及预测值

从表 9-2 可见，分别与 5 个(样本 26～30) SO_2 检测(预测)样本的两种 NV-FNN 预测模型输出相似的建模样本见表 9-4。用式(8-8)～式(8-11)进行误差修正后的 5 个 SO_2 检测样本的两种 NV-FNN 预测模型的输出值 Y_i'，见表 9-5。再由式(8-2)和式(9-1)的逆运算，计算得到两种 NV-FNN 预测模型对 5 个 SO_2 检测样本浓度的预测值 c_{iY}，亦见表 9-5。

表 9-4　与 5 个检测样本的两种 NV-FNN 预测模型输出相似的建模样本(序号)

检测样本 i	NV-FNN (2)	NV-FNN (3)	检测样本 i	NV-FNN (2)	NV-FNN (3)	检测样本 i	NV-FNN (2)	NV-FNN (3)
26	23	23	28	12, 13, 14, 16	12, 13, 14, 16	30	12, 16, 19, 25	12, 16, 19, 25
27	12, 19	12, 19	29	12, 16	12, 16			

表 9-5　5 个检测样本的两种 NV-FNN 预测模型误差修正后的模型输出值 Y_i' 和预测值 c_{iY}

检测样本 i	NV-FNN(2)		NV-FNN(3)		检测样本 i	NV-FNN(2)		NV-FNN(3)	
	Y_i'	c_{iY}	Y_i'	c_{iY}		Y_i'	c_{iY}	Y_i'	c_{iY}
26	0.3598	0.0270	0.3600	0.0270	29	0.4119	0.0760	0.4118	0.0760
27	0.3863	0.0453	0.3865	0.0455	30	0.4267	0.1010	0.4265	0.1010
28	0.4083	0.0700	0.4080	0.0700					

注：c_{iY} 的单位为 mg/m³。

9.1.5   检测样本的多种预测模型预测值的相对误差及比较

5 个 SO_2 检测样本的两种 NV-FNN 预测模型预测值与实际值之间的相对误差绝对值 r_i 及其平均值和最大值如表 9-6 所示。为了比较，表 9-6 中还列出了用基于规范变换与误差修正的投影寻踪回归[2]［NV-PPR(2) 和 NV-PPR(3)］、支持向量机回归[2]［NV-SVR(2) 和 NV-SVR(3)］、一元线性回归[2]（NV-ULR）以及 BP 网络[1]、PPR[3]、模糊识别[4]、组合算子[5] 及多元回归[5] 等 5 种传统的预测模型与方法，对该 5 个检测样本预测的相对误差绝对值 r_i 及其平均值和最大值。从表 9-6 可见，对同一组检测样本，两种 NV-FNN 预测模型与基于规范变换和误差修正的 NV-PPR、NV-SVR 和 NV-ULR 预测模型预测值的相对误差绝对值的平均值和最大值都相差甚微，且预测精度高；其对 5 个检测样本预测的相对误差绝对值的平均值和最大值都远小于 5 种传统预测模型和方法相应的预测结果。

表 9-6   5 个检测样本的两种 NV-FNN 预测模型与其他多种预测模型预测值的
相对误差绝对值 r_i 及其平均值和最大值

项目		r_i/%					
		NV-FNN(2)	NV-FNN(3)	NV-PPR(2)	NV-PPR(3)	NV-SVR(2)	NV-SVR(3)
检测样本	26	3.57	3.57	3.57	3.57	3.57	3.57
	27	0.67	1.11	0.00	2.22	2.22	2.22
	28	4.11	4.11	2.74	2.74	2.74	2.74
	29	2.56	2.56	2.56	2.56	2.56	1.28
	30	2.02	2.02	2.02	2.02	5.05	2.02
平均值		2.59	2.67	2.18	2.62	3.23	2.37
最大值		4.11	4.11	3.57	3.57	5.05	3.57

项目		r_i/%					
		NV-ULR	BP 神经网络[1]	传统 PPR[3]	模糊识别[4]	组合算子[5]	多元回归[5]
检测样本	26	0.71	56.07	17.86	32.14	14.29	17.86
	27	3.33	37.56	6.67	24.44	22.22	20.00
	28	1.78	9.18	27.40	21.92	4.11	27.40
	29	0.38	17.82	8.97	5.13	12.82	60.26
	30	0.91	7.98	10.10	24.24	38.38	1.01
平均值		1.42	25.72	14.20	21.57	18.36	25.31
最大值		3.33	56.07	27.40	32.14	38.38	60.26

注: NV-PPR, normalized variable-projection pursuit regression; NV-SVR, normalized variable-support vector regression; NV-ULR, normalized variable-univariate linear regression。

9.2   NV-FNN 预测模型用于郑州市 NO_2 浓度预测

9.2.1   郑州市 NO_2 浓度及其影响因子的参照值和变换式

1994～2000 年郑州市空气中 NO_2 浓度（C_y）的年均值 $c_{iy}(i=1, 2, \cdots, 7)$ 及其年耗煤量

(C_1)、年耗油总量(C_2)、机动车保有量(C_3)、液化石油气用量(C_4)、天然气用量(C_5)、家庭用气普及率(C_6) 6 个影响因子的实际值 $c_{ij}(i=1,2,\cdots,7;\ j=1,2,\cdots,6,y)$ 如表 9-7 所示[6]。

通过计算得到 6 个影响因子与 NO_2 之间的相关系数分别为-0.91、-0.88、-0.90、-0.69、-0.99、-0.39，由相关系数的正、负值决定正、负向因子。设置变换式如式(9-4)所示，由式(9-4)和式(8-2)计算得到样本 i 各影响因子 j 的规范值 x'_{ij} 及 NO_2 浓度的规范值 y'_{i0}，见表 9-8。

$$X_j = \begin{cases} \left[\left(c_j - c_{jb}\right)/c_{j0}\right]^2, & c_j \geqslant c_{j0} + c_{jb}, & \text{对}C_1 \sim C_4、C_6 \\ \left(c_j - c_{jb}\right)/c_{j0}, & c_j \geqslant c_{j0} + c_{jb}, & \text{对}C_5 \\ \left[\left(c_{jb} - c_j\right)/c_{j0}\right]^2, & c_j \leqslant c_{jb} - c_{j0}, & \text{对}C_y \\ 1, & c_j < c_{j0} + c_{jb}, & \text{对}C_1 \sim C_6 \\ 1, & c_j > c_{jb} - c_{j0}, & \text{对}C_y \end{cases} \qquad (9\text{-}4)$$

式中，$C_1 \sim C_6$ 和 C_y 的参照值 c_{j0} 分别设置为 4×10^9t、1.1×10^8t、12000 辆、6×10^6t、1×10^5m³、2%和 0.006mg/m³；$C_1 \sim C_6$ 和 C_y 的阈值 c_{jb} 分别设置为 3×10^{10}t、1×10^9t、1×10^5 辆、1×10^8t、4×10^7m³、40%和 0.12mg/m³；c_{j0}、c_{jb} 和 c_j 的单位与表 9-7 中 c_{ij} 的单位相同。

表 9-7　1994～2000 年郑州市大气 NO_2 浓度及 6 个影响因子的实际值

样本 i	年份	影响因子实际值 c_{ij}						NO_2浓度年均实际值 c_{iy}
		c_{i1}	c_{i2}	c_{i3}	c_{i4}	c_{i5}	c_{i6}	
1	1994	4141342	158131	135338	12839	4108	56.17	0.095
2	1995	4385520	139157	160978	12883	4197	52.10	0.095
3	1996	5041909	130725	187919	12661	4415	46.40	0.077
4	1997	6403431	163790	222838	14556	4691	49.20	0.074
5	1998	7503613	201194	199751	11660	5012	53.02	0.061
6	1999	8519100	210490	210000	17697	4984	55.20	0.059
7	2000	7711636	274111	279000	19165	5307	59.14	0.044

注：6、7 为检测样本。c_{i1} 的单位为 10^4t；c_{i2} 的单位为 10^4t；c_{i3} 的单位为辆；c_{i4} 的单位为 10^4t；c_{i5} 的单位为 10^4m³；c_{i6} 的单位为%；c_{iy} 的单位为 mg/m³。

表 9-8　1994～2000 年郑州市大气 NO_2 浓度及 6 个影响因子的规范值

样本 i	年份	影响因子规范值 x'_{ij}						NO_2浓度年均规范值 y'_{i0}
		x'_{i1}	x'_{i2}	x'_{i3}	x'_{i4}	x'_{i5}	x'_{i6}	
1	1994	0.2097	0.3330	0.2160	0.3109	0.2380	0.4180	0.2854
2	1995	0.2485	0.2539	0.3251	0.3139	0.2981	0.3600	0.2854
3	1996	0.3260	0.2054	0.3983	0.2979	0.3726	0.2326	0.3939
4	1997	0.4282	0.3515	0.4652	0.4055	0.4236	0.3052	0.4074
5	1998	0.4842	0.4438	0.4236	0.2035	0.4617	0.3747	0.4572
6	1999	0.5249	0.4614	0.4431	0.5103	0.4589	0.4056	0.4638
7	2000	0.4933	0.5524	0.5405	0.5452	0.4873	0.4517	0.5078

注：6、7 为检测样本。

9.2.2 郑州市 NO_2 浓度的 NV-FNN 预测模型的计算输出值

分别选取表 9-8 中样本 1~5(1994~1998 年)和样本 6、7(1999 年、2000 年)(NO_2 浓度及其 6 个影响因子)作为建模样本和检测(预测)样本。预测建模过程与 9.1.2 节 SO_2 浓度预测建模过程类似，分别由表中各建模样本的 6 个影响因子规范值 x'_{ij} 与相应 NO_2 浓度规范值 y'_{i0}，按照训练样本的组成法，每个建模样本的规范值组成 6 个训练样本，5 个建模样本共组成 30 个训练样本，将其规范值分别代入 NV-FNN(2)[式(8-4)]和 NV-FNN(3)[式(8-5)]模型中，用免疫进化算法分别对预测模型中参数迭代优化。当 NV-FNN(2)和 NV-FNN(3)的优化目标函数式(8-6)分别满足 $Q_0=0.0029$ 和 $Q_0=0.0024$ 时，停止迭代，得到参数优化后 NV-FNN(2)和 NV-FNN(3)模型的输出计算式，分别如式(9-5)和式(9-6)所示。由式(9-5)和式(9-6)计算得到两种 NV-FNN 预测模型的建模样本 1~5(1994~1998 年)的模型拟合输出值及检测样本 6、7(1999 年、2000 年)的模型计算输出值 y'_i，见表 9-9。计算得到两种 NV-FNN 预测模型的建模样本模型输出的拟合相对误差绝对值 r'_i(%)，见表 9-10。

$$y(2) = 0.5268 \times \frac{1 - e^{-(0.7169x'_{j1} + 0.7992x'_{j2})}}{1 + e^{-(0.7169x'_{j1} + 0.7992x'_{j2})}} + 0.9461 \times \frac{1 - e^{-(0.7234x'_{j1} + 0.6836x'_{j2})}}{1 + e^{-(0.7234x'_{j1} + 0.6836x'_{j2})}} \tag{9-5}$$

$$y(3) = 0.7759 \times \frac{1 - e^{-(0.4944x'_{j1} + 0.8475x'_{j2} + 0.7519x'_{j3})}}{1 + e^{-(0.4944x'_{j1} + 0.8475x'_{j2} + 0.7519x'_{j3})}} + 0.2801 \times \frac{1 - e^{-(0.9526x'_{j1} + 0.2943x'_{j2} + 0.9072x'_{j3})}}{1 + e^{-(0.9526x'_{j1} + 0.2943x'_{j2} + 0.9072x'_{j3})}} \tag{9-6}$$

表 9-9 两种 NV-FNN 预测模型的样本计算输出值 y'_i

样本 i (年份)	NV-FNN (2)	NV-FNN (3)	样本 i (年份)	NV-FNN (2)	NV-FNN (3)	样本 i (年份)	NV-FNN (2)	NV-FNN (3)
1(1994)	0.3018	0.3106	4(1997)	0.4109	0.4174	7(2000)	0.5211	0.5202
2(1995)	0.3144	0.3233	5(1998)	0.4124	0.4187			
3(1996)	0.3200	0.3286	6(1999)	0.4794	0.4822			

表 9-10 两种 NV-FNN 预测模型的建模样本模型输出的拟合相对误差绝对值 r'_i

建模样本 i (年份)	NV-FNN (2)	NV-FNN (3)	建模样本 i (年份)	NV-FNN (2)	NV-FNN (3)	建模样本 i (年份)	NV-FNN (2)	NV-FNN (3)
1(1994)	5.75	8.81	3(1996)	18.77	16.58	5(1998)	9.78	8.41
2(1995)	10.14	13.26	4(1997)	0.87	2.45			

注：r'_i 的单位为%。

9.2.3 NV-FNN 预测模型的精度检验

由式(8-7)计算出两种 NV-FNN 预测模型的 F 统计值分别为 $F(11.57)$、$F(11.34)$。模型的 F 值均大于 $F_{0.05}(4.35)$，表明两种 NV-FNN 预测模型精度检验合格，预测结果具有可信度。

9.2.4　检测样本误差修正后的 NV-FNN 模型输出值及预测值

从表 9-9 可见，分别与 2 个 NO_2 检测（预测）样本［样本 6（1999 年）和样本 7（2000 年）］的两种 NV-FNN 预测模型输出相似的建模样本见表 9-11。用式（8-8）～式（8-11）进行误差修正后的 2 个 NO_2 检测样本的两种 NV-FNN 预测模型的输出值 Y_i'，见表 9-12。再由式（8-2）和式（9-4）的逆运算，计算得到两种 NV-FNN 预测模型对 2 个 NO_2 检测样本的浓度预测值 c_{iY}，亦见表 9-12。

表 9-11　与 2 个检测样本的两种 NV-FNN 预测模型输出相似的建模样本

检测样本 i（年份）	NV-FNN(2)	NV-FNN(3)	检测样本 i（年份）	NV-FNN(2)	NV-FNN(3)
6(1999)	4(1997) 5(1998)	4(1997) 5(1998)	7(2000)	5(1998)	5(1998)

表 9-12　2 个检测样本的两种 NV-FNN 预测模型误差修正后的模型输出值 Y_i' 和预测值 c_{iY}

检测样本 i（年份）	NV-FNN(2)		NV-FNN(3)		检测样本 i（年份）	NV-FNN(2)		NV-FNN(3)	
	Y_i'	c_{iY}	Y_i'	c_{iY}		Y_i'	c_{iY}	Y_i'	c_{iY}
6(1999)	0.4632	0.0592	0.4651	0.0586	7(2000)	0.5043	0.0453	0.5049	0.0451

注：c_{iY} 的单位为 mg/m^3。

9.2.5　检测样本的多种预测模型预测值的相对误差及比较

2 个 NO_2 检测样本的两种 NV-FNN 预测模型预测值与实际值之间的相对误差绝对值 r_i 及其平均值和最大值如表 9-13 所示。为了比较，表 9-13 中还列出了用基于规范变换与误差修正的投影寻踪回归[2]［NV-PPR(2) 和 NV-PPR(3)］、支持向量机回归[2]［NV-SVR(2) 和 NV-SVR(3)］和一元线性回归[2]（NV-ULR）以及文献[6]用灰色预测法对该 2 个检测样本预测的相对误差绝对值 r_i 及其平均值和最大值。从表 9-13 可见，对同一组检测样本，两种 NV-FNN 预测模型与基于规范变换与误差修正的 NV-ULR 预测模型预测值的相对误差绝对值的平均值和最大值都相差不大，且预测精度较高；而 2 个检测样本的两种 NV-FNN 预测模型的预测相对误差绝对值的平均值和最大值也都小于 NV-PPR、NV-SVR 和灰色预测法的相应预测结果[6]。

表 9-13　2 个检测样本的两种 NV-FNN 预测模型与其他多种预测模型预测值的
相对误差绝对值 r_i 及其平均值和最大值

项目		r_i/%							
		NV-FNN(2)	NV-FNN(3)	NV-PPR(2)	NV-PPR(3)	NV-SVR(2)	NV-SVR(3)	NV-ULR	灰色预测[6]
检测样本	6(1999 年)	0.34	0.68	2.54	2.54	4.24	1.36	1.69	1.69
	7(2000 年)	2.95	2.50	7.27	7.27	2.73	3.64	1.59	13.60

项目	r_i/%							
	NV-FNN(2)	NV-FNN(3)	NV-PPR(2)	NV-PPR(3)	NV-SVR(2)	NV-SVR(3)	NV-ULR	灰色预测[6]
平均值	1.65	1.59	4.90	4.90	3.49	2.50	1.64	7.05
最大值	2.95	2.50	7.27	7.27	4.24	3.64	1.69	13.60

9.3　NV-FNN 预测模型用于西安市灞河口 COD_{Mn} 年均值预测

9.3.1　灞河口 COD_{Mn} 年均值及其影响因子的参照值和变换式

1993～2003 年西安市灞河口丰水期、枯水期、平水期的 $COD_{Mn}(C_y)$ 年均值 $c_{iy}(i=1,2,\cdots,11)$ 及其 3 个影响因子 $C_j(j=1,2,3)$ 的实际值 $c_{ij}(i=1,2,\cdots,11; j=1,2,3)$ 如表 9-14 所示[7]。3 个影响因子 C_j 与预测变量 C_y 之间的相关系数分别为 0.93、0.85、0.51，皆为正相关。设置变换式如式(9-7)所示，由式(9-7)和式(8-2)计算得到各影响因子的规范值 x'_{ij} 及预测变量的规范值 y'_{i0}，见表 9-14。

$$X_j = \begin{cases} (c_j/c_{j0})^2, & c_j \geqslant c_{j0}, \quad 对 C_1、C_2、C_3、C_y \\ 1, & c_j < c_{j0}, \quad 对 C_1、C_2、C_3、C_y \end{cases} \tag{9-7}$$

式中，3 个影响因子 C_j 和预测变量 C_y 的参照值 c_{j0} 分别设置为 0.7mg/L、0.5mg/L、0.8mg/L 和 0.8mg/L；$c_j(j=1,2,3,y)$ 和 c_{j0} 的单位与表 9-14 中 c_{ij} 的单位相同。

表 9-14　灞河口 COD_{Mn} 年均值及其影响因子的实际值和规范值

样本 i	年份	影响因子实际值 c_{ij}			影响因子规范值 x'_{ij}			预测量 COD_{Mn}	
		c_{i1}	c_{i2}	c_{i3}	x'_{i1}	x'_{i2}	x'_{i3}	实际值 c_{iy}	规范值 y'_{i0}
1	1993	3.02	1.32	3.70	0.2924	0.1942	0.3063	2.68	0.2418
2	1994	2.98	4.36	3.96	0.2897	0.4331	0.3199	3.77	0.3100
3	1995	3.44	3.33	1.47	0.3184	0.3792	0.1217	2.75	0.2469
4	1996	5.88	3.94	9.00	0.4152	0.4129	0.4841	6.27	0.4118
5	1997	4.47	3.18	5.78	0.3708	0.3700	0.3955	4.47	0.3441
6	1998	3.40	4.52	2.48	0.3161	0.4403	0.2263	3.46	0.2929
7	1999	3.61	4.16	7.18	0.3281	0.4237	0.4389	4.98	0.3657
8	2000	2.24	2.71	2.77	0.2326	0.3380	0.2484	2.57	0.2334
9	2001	2.90	3.29	4.90	0.2843	0.3768	0.3625	3.70	0.3063
10	2002	3.42	3.68	4.29	0.3173	0.3992	0.3359	3.96	0.3199
11	2003	3.75	4.11	4.48	0.3357	0.4213	0.3446	4.11	0.3273

注：9(2001 年)、10(2002 年)、11(2003 年)为检测样本。c_{ij} 和 c_{iy} 的单位为 mg/L。

9.3.2　灞河口 COD_{Mn} 年均值的 NV-FNN 预测模型的计算输出值

　　分别选取表 9-14 中样本 1～8(1993～2000 年)和样本 9～11(2001～2003 年)(COD_{Mn} 年均值及其 3 个影响因子)作为建模样本和检测(预测)样本。分别由表中各建模样本的 3 个影响因子规范值 x'_{ij} 与相应的 COD_{Mn} 规范值 y'_{i0}，按照训练样本的组成法，由每个建模样本组成 3 个训练样本，8 个建模样本共组成 24 个训练样本。将其规范值分别代入 NV-FNN(2)[式(8-4)]和 NV-FNN(3)[式(8-5)]模型中，用免疫进化算法分别对模型中参数迭代优化。当 NV-FNN(2)和 NV-FNN(3)的优化目标函数式(8-6)分别满足 $Q_0=0.000908$ 和 $Q_0=0.000096$ 时，停止迭代，得到参数优化后 NV-FNN(2)和 NV-FNN(3)模型的输出计算式，如式(9-8)和式(9-9)所示。由式(9-8)和式(9-9)计算得到两种 NV-FNN 预测模型建模样本 1～8(1993～2000 年)的模型拟合输出值及检测样本 9～11(2001～2003 年)的模型计算输出值 y'_i，见表 9-15。计算得到两种 NV-FNN 预测模型建模样本 1～8(1993～2000 年)模型输出的拟合相对误差绝对值 r'_i(%)，见表 9-16。

$$y(2)=0.5709\times\frac{1-e^{-(0.6167x'_{j1}+0.8788x'_{j2})}}{1+e^{-(0.6167x'_{j1}+0.8788x'_{j2})}}+0.7702\times\frac{1-e^{-(0.6505x'_{j1}+0.6812x'_{j2})}}{1+e^{-(0.6505x'_{j1}+0.6812x'_{j2})}} \qquad (9\text{-}8)$$

$$y(3)=0.7431\times\frac{1-e^{-(0.4401x'_{j1}+0.6609x'_{j2}+0.3883x'_{j3})}}{1+e^{-(0.4401x'_{j1}+0.6609x'_{j2}+0.3883x'_{j3})}}+0.4389\times\frac{1-e^{-(0.7232x'_{j1}+0.3480x'_{j2}+0.6938x'_{j3})}}{1+e^{-(0.7232x'_{j1}+0.3480x'_{j2}+0.6938x'_{j3})}} \qquad (9\text{-}9)$$

表 9-15　两种 NV-FNN 预测模型的样本计算输出值 y'_i

样本 i (年份)	NV-FNN (2)	NV-FNN (3)	样本 i (年份)	NV-FNN (2)	NV-FNN (3)	样本 i (年份)	NV-FNN (2)	NV-FNN (3)
1(1993)	0.2455	0.2449	5(1997)	0.3477	0.3457	9(2001)	0.3145	0.3131
2(1994)	0.3201	0.3187	6(1998)	0.3022	0.3012	10(2002)	0.3231	0.3215
3(1995)	0.2531	0.2528	7(1999)	0.3635	0.3612	11(2003)	0.3374	0.3357
4(1996)	0.4014	0.3982	8(2000)	0.2534	0.2527			

注：9(2001 年)、10(2002 年)、11(2003 年)为检测样本。

表 9-16　两种 NV-FNN 预测模型的建模样本模型输出的拟合相对误差绝对值 r'_i

建模样本 i (年份)	NV-FNN (2)	NV-FNN (3)	建模样本 i (年份)	NV-FNN (2)	NV-FNN (3)	建模样本 i (年份)	NV-FNN (2)	NV-FNN (3)
1(1993)	1.53	1.29	4(1996)	2.52	3.30	7(1999)	0.61	1.23
2(1994)	3.24	2.79	5(1997)	1.04	0.46	8(2000)	8.56	8.26
3(1995)	2.49	2.37	6(1998)	3.18	2.84			

注：r'_i 的单位为%。

9.3.3　NV-FNN 预测模型的精度检验

由式(8-7)计算得到两种 NV-FNN 预测模型的 F 统计值分别为 $F(60.29)$、$F(61.82)$。模型的 F 值均大于 $F_{0.005}(10.88)$，表明两种 NV-FNN 预测模型精度检验合格，预测结果具有可信度。

9.3.4　检测样本误差修正后的 NV-FNN 模型输出值及预测值

从表 9-15 可见，分别与 3 个 COD_{Mn} 检测(预测)样本[样本 9~11(2001~2003 年)]的两种 NV-FNN 预测模型输出相似的建模样本见表 9-17。用式(8-8)~式(8-11)进行误差修正后的 3 个 COD_{Mn} 检测样本的两种 NV-FNN 预测模型的输出值 Y_i'，见表 9-18。再由式(8-2)和式(9-7)的逆运算，计算得到两种 NV-FNN 预测模型对 3 个检测样本的预测值 c_{iY}，亦见表 9-18。

表 9-17　与 3 个检测样本的两种 NV-FNN 预测模型输出相似的建模样本(年份)

检测样本 i(年份)	NV-FNN(2)	NV-FNN(3)	检测样本 i(年份)	NV-FNN(2)	NV-FNN(3)	检测样本 i(年份)	NV-FNN(2)	NV-FNN(3)
9(2001)	1994	1994	10(2002)	1994 1997	1994 1997	11(2003)	1994	1994

表 9-18　3 个检测样本的两种 NV-FNN 预测模型误差修正后的模型输出值 Y_i' 和预测值 c_{iY}

检测样本 i(年份)	NV-FNN(2)		NV-FNN(3)		检测样本 i(年份)	NV-FNN(2)		NV-FNN(3)	
	Y_i'	c_{iY}	Y_i'	c_{iY}		Y_i'	c_{iY}	Y_i'	c_{iY}
9(2001)	0.3048	3.67	0.3047	3.67	11(2003)	0.3262	4.09	0.3261	4.09
10(2002)	0.3196	3.95	0.3178	3.92					

注：c_{iY} 的单位为 mg/L。

9.3.5　检测样本的多种预测模型预测值的相对误差及比较

3 个 COD_{Mn} 检测样本的两种 NV-FNN 预测模型预测值与实际值之间的相对误差绝对值 r_i 及其平均值和最大值如表 9-19 所示。为了比较，表 9-19 中还列出了用基于规范变换与误差修正的投影寻踪回归[2][NV-PPR(2) 和 NV-PPR(3)]、支持向量机回归[2][NV-SVR(2) 和 NV-SVR(3)]和一元线性回归[2](NV-ULR)以及文献[7]用传统的最小二乘支持向量机(least squares-support vector machine，LS-SVM)、BP 网络、RBF 网络预测模型对该 3 个检测样本预测的相对误差绝对值 r_i 及其平均值和最大值。从表 9-19 可见，除 NV-SVR(3)模型外，基于规范变换与误差修正的两种 NV-FNN 预测模型与 NV-PPR、NV-ULR 和 NV-SVR(2)预测模型预测值的相对误差绝对值彼此差异较小，且预测精度较高；其对 3 个检测样本预测的相对误差绝对值的平均值和最大值都远小于传统的 LS-SVM、

BP 网络、RBF 网络预测模型的相应预测结果。

表 9-19　3 个检测样本的两种 NV-FNN 预测模型与其他多种预测模型预测值的
相对误差绝对值 r_i 及其平均值和最大值

项目		$r_i/\%$									
		NV-FNN		NV-PPR		NV-ULR	NV-SVR		传统预测模型		
		(2)	(3)	(2)	(3)		(2)	(3)	LS-SVM	BP 网络	RBF 网络
检测样本 (年份)	9 (2001)	0.81	0.81	0.81	0.81	0.54	0.27	2.16	—	—	—
	10 (2002)	0.25	1.01	1.52	1.01	0.25	0.00	0.76	4.55	9.85	7.58
	11 (2003)	0.49	0.49	0.00	0.00	0.73	0.49	0.73	5.36	11.44	9.73
平均值		0.52	0.77	0.77	0.61	0.51	0.25	1.22	4.96	10.65	8.67
最大值		0.81	1.01	1.52	1.01	0.73	0.49	2.16	5.36	11.44	9.00

9.4　NV-FNN 预测模型用于青弋江芜湖市区段 COD_{Cr} 预测

9.4.1　青弋江芜湖市区段 COD_{Cr} 及其影响因子的参照值和变换式

2004 年 1 月～2006 年 11 月青弋江芜湖市区段 COD_{Cr} (C_y) 的实际值 $c_{iy}(i=1,2,\cdots,18)$ 及其 $DO(C_1)$、$COD_{Mn}(C_2)$、$BOD_5(C_3)$、$NH_3\text{-}N(C_4)$、石油类 (C_5)、$COD_{Cr}(C_6)$、总氮 (C_7)、总磷 (C_8) 8 个影响因子的实际值 $c_{ij}(i=1,2,\cdots,18; j=1\sim8)$ 如表 9-20 所示[8]。8 个影响因子与 COD_{Cr} 之间的相关系数分别为 0.29、0.45、−0.33、−0.28、0.06、0.57、0.17、−0.52。设置变换式如式 (9-10) 所示，由式 (9-10) 和式 (8-2) 计算得到各影响因子的规范值 x'_{ij} 及 COD_{Cr} 的规范值 y'_{i0}，见表 9-21。

$$X_j = \begin{cases} (c_j - c_{jb})/c_{j0}, & c_j \geqslant c_{j0} + c_{jb}, & \text{对} C_1 \\ (c_j/c_{j0})^2, & c_j \geqslant c_{j0}, & \text{对} C_2、C_5、C_6 \\ (c_{j0}/c_j)^2, & c_j \leqslant c_{j0}, & \text{对} C_3、C_8 \\ c_{j0}/c_j, & c_j \leqslant c_{j0}, & \text{对} C_4 \\ [(c_j - c_{jb})/c_{j0}]^2, & c_j \geqslant c_{j0} + c_{jb}, & \text{对} C_7 \\ c_j/c_{j0}, & c_j \geqslant c_{j0}, & \text{对} C_y \\ 1, & c_j > c_{j0}, & \text{对} C_3、C_4、C_8 \\ 1, & c_j < c_{j0}, & \text{对} C_2、C_5、C_6、C_y \\ 1, & c_j < c_{j0} + c_{jb}, & \text{对} C_1、C_7 \end{cases} \tag{9-10}$$

式中，$C_1 \sim C_8$ 和 C_y 的参照值 c_{j0} 分别设置为 0.08mg/L、0.65mg/L、4.6mg/L、5mg/L、0.015mg/L、2.2mg/L、0.06mg/L、1mg/L 和 0.32mg/L；C_1、C_7 的阈值 c_{jb} 分别设置为 5mg/L、0.3mg/L；c_{j0}、c_{jb} 及 $c_j (j=1,2,\cdots,8, y)$ 的单位与表 9-20 中 c_{ij} 的单位相同。

表 9-20   青弋江芜湖市区段 COD_{Cr} 浓度及 8 个影响因子的实际值

样本 i	年.月	影响因子实际值 c_{ij}								COD_{Cr} 实际值 c_{iy}
		c_{i1}	c_{i2}	c_{i3}	c_{i4}	c_{i5}	c_{i6}	c_{i7}	c_{i8}	
1	2004.01	9.12	3.26	0.30	0.037	0.133	12.99	0.861	0.131	13.48
2	2004.03	9.17	3.26	0.68	0.062	0.108	12.08	0.478	0.132	13.60
3	2004.05	6.95	3.10	0.67	0.075	0.119	14.06	0.704	0.150	13.44
4	2004.07	5.74	3.27	1.38	0.059	0.126	14.22	0.530	0.131	14.25
5	2004.09	7.81	3.33	0.35	0.093	0.086	14.64	0.621	0.129	14.39
6	2004.11	9.21	4.58	0.38	0.108	0.135	14.62	0.753	0.135	14.97
7	2005.01	11.07	5.09	0.89	0.079	0.045	18.23	0.742	0.130	18.84
8	2005.03	9.92	3.62	1.32	0.300	0.042	12.59	0.857	0.132	13.36
9	2005.05	7.78	2.78	1.97	0.185	0.044	9.12	0.646	0.168	8.64
10	2005.07	7.90	4.46	1.31	0.210	0.048	7.76	0.766	0.131	18.72
11	2005.09	7.84	2.91	1.27	0.212	0.046	8.65	0.800	0.153	18.49
12	2005.11	8.12	3.21	1.89	0.274	0.049	8.68	0.722	0.150	8.20
13	2006.01	10.82	2.35	0.87	0.423	0.046	17.80	0.846	0.144	16.35
14	2006.03	8.26	2.20	0.93	0.380	0.045	16.56	0.846	0.150	16.96
15	2006.05	8.42	2.52	1.05	0.260	0.041	7.13	0.865	0.158	6.58
16	2006.07	7.90	4.46	1.23	0.210	0.048	16.54	0.766	0.131	15.90
17	2006.09	7.78	2.88	0.99	0.245	0.046	15.62	0.716	0.161	15.60
18	2006.11	6.75	2.44	1.18	0.674	0.040	8.40	0.622	0.262	8.10

注：17、18 为检测样本。c_{ij} 和 c_{iy} 的单位为 mg/L。

表 9-21   青弋江芜湖市区段 COD_{Cr} 浓度及 8 个影响因子的规范值

样本 i	年.月	影响因子规范值 x'_{ij}								COD_{Cr} 规范值 y'_{i0}
		x'_{i1}	x'_{i2}	x'_{i3}	x'_{i4}	x'_{i5}	x'_{i6}	x'_{i7}	x'_{i8}	
1	2004.01	0.3942	0.3225	0.5460	0.4906	0.4365	0.3551	0.4471	0.4065	0.3741
2	2004.03	0.3954	0.3225	0.3823	0.4390	0.3948	0.3406	0.2175	0.4050	0.3750
3	2004.05	0.3194	0.3124	0.3853	0.4200	0.4142	0.3710	0.3814	0.3794	0.3738
4	2004.07	0.2225	0.3231	0.2408	0.4440	0.4256	0.3732	0.2687	0.4065	0.3796
5	2004.09	0.3559	0.3268	0.5152	0.3985	0.3493	0.3791	0.3354	0.4096	0.3806
6	2004.11	0.3963	0.3905	0.4987	0.3835	0.4394	0.3788	0.4043	0.4005	0.3845
7	2005.01	0.4329	0.4116	0.3285	0.4148	0.2197	0.4229	0.3994	0.4080	0.4075
8	2005.03	0.4119	0.3435	0.2497	0.2813	0.2059	0.3489	0.4456	0.4050	0.3732
9	2005.05	0.3548	0.2906	0.1696	0.3297	0.2152	0.2844	0.3504	0.3568	0.3296
10	2005.07	0.3590	0.3852	0.2512	0.3170	0.2326	0.2521	0.4100	0.4065	0.4069
11	2005.09	0.3570	0.2998	0.2574	0.3161	0.2241	0.2738	0.4241	0.3755	0.4057

续表

样本 i	年.月	影响因子规范值 x'_{ij}								COD_{Cr} 规范值 y'_{i0}
		x'_{i1}	x'_{i2}	x'_{i3}	x'_{i4}	x'_{i5}	x'_{i6}	x'_{i7}	x'_{i8}	
12	2005.11	0.3664	0.3194	0.1779	0.2904	0.2368	0.2745	0.3901	0.3794	0.3244
13	2006.01	0.4287	0.2570	0.3331	0.2470	0.2241	0.4181	0.4417	0.3876	0.3934
14	2006.03	0.3707	0.2438	0.3197	0.2577	0.2197	0.4037	0.4417	0.3794	0.3970
15	2006.05	0.3755	0.2710	0.2955	0.2957	0.2011	0.2352	0.4485	0.3690	0.3023
16	2006.07	0.3590	0.3852	0.2638	0.3170	0.2326	0.4035	0.4100	0.4065	0.3906
17	2006.09	0.3548	0.2977	0.3072	0.3016	0.2241	0.3920	0.3873	0.3653	0.3887
18	2006.11	0.3085	0.2646	0.2721	0.2004	0.1962	0.2680	0.3360	0.2679	0.3231

注：17、18 为检测样本。

9.4.2　青弋江芜湖市区段 COD_{Cr} 的 NV-FNN 预测模型的计算输出值

分别选取表 9-21 中样本 1~16 及样本 17 和 18（COD_{Cr} 及其 8 个影响因子）作为建模样本和检测（预测）样本。分别由表中各建模样本的 8 个影响因子规范值 x'_{ij} 与相应的 COD_{Cr} 规范值 y'_{i0}，按照训练样本的组成法，每个建模样本的 8 个影响因子规范值组成 8 个训练样本，16 个建模样本共组成 128 个训练样本，将其规范值分别代入 NV-FNN(2)［式(8-4)］和 NV-FNN(3)［式(8-5)］模型中，用免疫进化算法分别对模型中参数迭代优化。当 NV-FNN(2) 和 NV-FNN(3) 的优化目标函数式(8-6) 分别满足 $Q_0=0.0040$ 和 $Q_0=0.0030$ 时，停止迭代，得到参数优化后 NV-FNN(2) 和 NV-FNN(3) 模型的输出计算式，如式(9-11)和式(9-12)所示。由式(9-11)和式(9-12)计算得到两种 NV-FNN 预测模型建模样本（样本 1~16）的模型拟合输出值及检测样本（样本 17、18）的模型计算输出值 y'_i，见表 9-22。计算得到两种 NV-FNN 预测模型的建模样本模型输出的拟合相对误差绝对值 r'_i（%），见表 9-23。

$$y(2) = 0.6917 \times \frac{1-e^{-\left(0.7977x'_{j1}+0.8522x'_{j2}\right)}}{1+e^{-\left(0.7977x'_{j1}+0.8522x'_{j2}\right)}} + 0.7293 \times \frac{1-e^{-\left(0.8968x'_{j1}+0.5116x'_{j2}\right)}}{1+e^{-\left(0.8968x'_{j1}+0.5116x'_{j2}\right)}} \qquad (9\text{-}11)$$

$$y(3) = 0.7626 \times \frac{1-e^{-\left(0.8449x'_{j1}+0.4717x'_{j2}+0.6825x'_{j3}\right)}}{1+e^{-\left(0.8449x'_{j1}+0.4717x'_{j2}+0.6825x'_{j3}\right)}} + 0.3418 \times \frac{1-e^{-\left(0.7544x'_{j1}+0.7598x'_{j2}+0.4004x'_{j3}\right)}}{1+e^{-\left(0.7544x'_{j1}+0.7598x'_{j2}+0.4004x'_{j3}\right)}} \qquad (9\text{-}12)$$

表 9-22　两种 NV-FNN 预测模型的样本计算输出值 y'_i

样本 i	NV-FNN (2)	NV-FNN (3)	样本 i	NV-FNN (2)	NV-FNN (3)	样本 i	NV-FNN (2)	NV-FNN (3)
1	0.4443	0.4371	7	0.4000	0.3949	13	0.3618	0.3583
2	0.3823	0.3782	8	0.3559	0.3526	14	0.3491	0.3461
3	0.3933	0.3887	9	0.3130	0.3111	15	0.3307	0.3284
4	0.3579	0.3546	10	0.3463	0.3435	16	0.3672	0.3635
5	0.4040	0.3989	11	0.3355	0.3330	17	0.3487	0.3458
6	0.4317	0.4251	12	0.3235	0.3213	18	0.2824	0.2813

表 9-23   两种 NV-FNN 预测模型的建模样本模型输出的拟合相对误差绝对值 r_i'

建模样本 i	NV-FNN (2)	NV-FNN (3)	建模样本 i	NV-FNN (2)	NV-FNN (3)	建模样本 i	NV-FNN (2)	NV-FNN (3)
1	18.78	16.84	7	1.85	3.10	13	8.04	8.92
2	1.97	0.88	8	4.62	5.50	14	12.08	12.83
3	5.23	3.98	9	5.04	5.60	15	8.21	8.27
4	5.72	6.60	10	14.88	15.59	16	10.37	9.75
5	6.16	4.82	11	17.30	17.91			
6	12.26	10.54	12	0.27	0.94			

注：r_i' 的单位为%。

9.4.3   NV-FNN 预测模型的精度检验

由式(8-7)计算得到两种 NV-FNN 预测模型的 F 统计值分别为 $F(5.56)$、$F(5.42)$。模型的 F 值均大于 $F_{0.025}(4.24)$，表明两种 NV-FNN 模型精度检验合格，预测结果具有可信度。

9.4.4   检测样本误差修正后的 NV-FNN 模型输出值及预测值

从表 9-22 可见，分别与 2 个检测样本 COD_{Cr} 的两种 NV-FNN 预测模型输出相似的建模样本见表 9-24。用式(8-8)～式(8-11)进行误差修正后的 2 个 COD_{Cr} 检测样本的两种 NV-FNN 预测模型的输出值 Y_i'，见表 9-25。再由式(8-2)和式(9-10)的逆运算，计算得到两种 NV-FNN 预测模型对 2 个检测样本的预测值 c_{iY}，见表 9-25。

表 9-24   与 2 个检测样本的两种 NV-FNN 预测模型输出相似的建模样本

检测样本 i	NV-FNN(2)	NV-FNN(3)	检测样本 i	NV-FNN(2)	NV-FNN(3)
17	8, 10, 14	8, 10, 14	18	10, 11	10, 11

表 9-25   2 个检测样本的两种 NV-FNN 预测模型误差修正后的模型输出值 Y_i' 和预测值 c_{iY}

检测样本 i	NV-FNN(2)		NV-FNN(3)		检测样本 i	NV-FNN(2)		NV-FNN(3)	
	Y_i'	c_{iY}	Y_i'	c_{iY}		Y_i'	c_{iY}	Y_i'	c_{iY}
17	0.3906	15.90	0.3908	15.94	18	0.3260	8.34	0.3269	8.41

注：c_{iY} 的单位为 mg/m³。

9.4.5　检测样本的多种预测模型预测值的相对误差及比较

2 个 COD_{Cr} 检测样本(样本 17、18)的两种 NV-FNN 预测模型预测值与实际值之间的相对误差绝对值 r_i 及其平均值和最大值如表 9-26 所示。为了比较，表 9-26 中还列出了用基于规范变换与误差修正的投影寻踪回归[2][NV-PPR(2) 和 NV-PPR(3)]、支持向量机回归[2][NV-SVR(2) 和 NV-SVR(3)]和一元线性回归[2](NV-ULR)以及文献[8]用两种 BP 神经网络模型对该 2 个检测样本预测的相对误差绝对值 r_i 及其平均值和最大值。从表 9-26 可见，除 NV-FNN(3) 和 NV-SVR(2) 模型外，NV-FNN(2) 与 NV-PPR、NV-SVR(3) 和 NV-ULR 预测模型预测值的相对误差绝对值的平均值和最大值彼此差异较小，且预测精度较高；基于规范变换与误差修正的 4 种预测模型对 2 个检测样本预测的相对误差绝对值的平均值和最大值都小于传统的 BP 网络预测模型的相应预测结果。

表 9-26　2 个检测样本的两种 NV-FNN 预测模型与其他多种预测模型预测值的
相对误差绝对值 r_i 及其平均值和最大值

项目		r_i/%							
		NV-FNN (2)	NV-FNN (3)	NV-PPR (2)	NV-PPR (3)	NV-SVR (2)	NV-SVR (3)	NV-ULR	传统 BP 模型
检测样本	17	1.92	2.18	1.22	1.22	2.88	0.64	1.28	4.66
	18	2.96	3.83	0.74	0.86	3.95	0.86	0.37	9.32
平均值		2.44	3.01	0.98	1.04	3.42	0.75	0.83	6.99
最大值		2.96	3.83	1.22	1.22	3.95	0.86	1.28	9.32

注：表中最右一列是文献[8]中 BP 模型(1)、(2)的均值。

9.5　NV-FNN 预测模型用于渭河某河段 BOD_5 预测

9.5.1　渭河某河段 BOD_5 及其影响因子的参照值和变换式

渭河某河段不同时间 $BOD_5(C_y)$ 的实际值 $c_{iy}(i=1,2,\cdots,15)$ 及其初始断面的 $BOD_5(C_1)$、初始断面的溶解氧亏浓度 $DO(C_2)$、水温(C_3)、河段流量(C_4)、预测河段污水流量(C_5)、污水中 BOD_5 浓度(C_6)、河水流经预测河段所需的时间(C_7) 7 个影响因子的实际值 $c_{ij}(i=1,2,\cdots,15; j=1\sim7)$ 如表 9-27 所示[9]。计算得到 7 个影响因子与预测量之间的相关系数分别为 0.63、-0.51、0.68、-0.93、0.53、0.91、-0.90。设置变换式如式 (9-13) 所示，由式 (9-13) 和式 (8-2) 计算得到各影响因子的规范值 x'_{ij} 及 BOD_5 的规范值 y'_{i0}，见表 9-28。

$$X_j = \begin{cases} c_j / c_{j0}, & c_j \geqslant c_{j0}, & \text{对} C_1 、 C_2 、 C_y \\ \left[(c_j - c_{jb}) / c_{j0} \right]^2, & c_j \geqslant c_{j0} + c_{jb}, & \text{对} C_3 、 C_5 \\ (c_{j0} / c_j)^2, & c_j \leqslant c_{j0}, & \text{对} C_4 、 C_7 \\ (c_j / c_{j0})^2, & c_j \geqslant c_{j0}, & \text{对} C_6 \\ 1, & c_j > c_{j0}, & \text{对} C_4 、 C_7 \\ 1, & c_j < c_{j0}, & \text{对} C_1 、 C_2 、 C_6 、 C_y \\ 1, & c_j < c_{j0} + c_{jb}, & \text{对} C_3 、 C_5 \end{cases} \quad (9\text{-}13)$$

式中，$C_1 \sim C_7$ 和 C_y 的参照值 c_{j0} 分别设置为 0.1mg/L、−0.04mg/L、1.6℃、55m³/s、0.1m³/s、0.8mg/L、20s 和 0.2mg/L；C_3、C_5 的阈值 c_{jb} 分别设置为 10℃、1m³/s；参照值 c_{j0}、阈值 c_{jb} 和 c_j（$j=1 \sim 7$，y）的单位与表 9-27 中 c_{ij} 的单位相同。

表 9-27　渭河某河段不同时间 BOD_5 及 7 个影响因子的实际值

样本 i	影响因子实际值 c_{ij}							BOD_5 实际值
	c_{i1}	c_{i2}	c_{i3}	c_{i4}	c_{i5}	c_{i6}	c_{i7}	c_{iy}
1	7.81	−0.36	28.5	7.28	1.87	6.96	3.2	13.27
2	6.91	−2.74	27.5	5.66	1.87	7.81	2.7	15.66
3	3.51	−3.18	27.5	5.72	1.87	8.34	3.5	16.73
4	4.96	−1.22	26.2	9.27	2.36	5.57	4.3	8.61
5	8.61	−2.55	26.1	8.18	2.36	5.61	4.1	9.34
6	3.27	−1.86	26.3	14.36	2.36	6.02	5.9	6.51
7	1.57	−1.44	18.5	13.41	1.51	4.74	5.4	6.88
8	0.98	−2.72	19.5	12.18	1.51	4.75	5.1	5.44
9	1.88	−1.55	21.4	12.65	1.51	4.88	5.1	7.36
10	2.54	−0.36	21.0	14.02	1.37	3.18	5.7	5.73
11	1.48	−0.74	25.2	18.91	1.37	3.21	6.6	2.07
12	4.66	−1.34	14.5	15.87	1.25	2.43	6.4	5.62
13	2.17	−1.67	14.5	13.26	1.25	2.43	5.2	3.79
14	2.56	−0.67	16.5	14.27	1.25	2.29	5.5	4.26
15	1.99	−0.88	17.5	15.08	1.25	2.75	5.9	3.87

注：13~15 为检测样本。c_{i1}、c_{i2}、c_{i6} 和 c_{iy} 的单位为 mg/L；c_{i3} 的单位为℃；c_{i4}、c_{i5} 的单位为 m³/s；c_{i7} 的单位为 s。

表 9-28　渭河某河段不同时间 BOD$_5$ 及 7 个影响因子的规范值

样本 i	影响因子规范值 x'_{ij}							BOD$_5$
	x'_{i1}	x'_{i2}	x'_{i3}	x'_{i4}	x'_{i5}	x'_{i6}	x'_{i7}	规范值 y'_{i0}
1	0.4358	0.2197	0.4896	0.4044	0.4327	0.4327	0.3665	0.4195
2	0.4236	0.4227	0.4784	0.4548	0.4327	0.4557	0.4005	0.4361
3	0.3558	0.4376	0.4784	0.4527	0.4327	0.4688	0.3486	0.4427
4	0.3904	0.3418	0.4630	0.3561	0.5220	0.3881	0.3074	0.3762
5	0.4456	0.4155	0.4618	0.3811	0.5220	0.3895	0.3169	0.3844
6	0.3487	0.3839	0.4642	0.2686	0.5220	0.4036	0.2442	0.3483
7	0.2754	0.3584	0.3340	0.2823	0.3258	0.3558	0.2619	0.3538
8	0.2282	0.4220	0.3563	0.3015	0.3258	0.3563	0.2733	0.3303
9	0.2934	0.3657	0.3927	0.2939	0.3258	0.3617	0.2733	0.3605
10	0.3235	0.2197	0.3856	0.2734	0.2617	0.2760	0.2511	0.3355
11	0.2695	0.2918	0.4503	0.2135	0.2617	0.2779	0.2217	0.2337
12	0.3842	0.3512	0.2068	0.2486	0.1833	0.2222	0.2279	0.3336
13	0.3077	0.3732	0.2068	0.2845	0.1833	0.2222	0.2694	0.2942
14	0.3243	0.2818	0.2804	0.2698	0.1833	0.2103	0.2582	0.3059
15	0.2991	0.3091	0.3090	0.2588	0.1833	0.2469	0.2442	0.2963

注：13～15 为检测样本。

9.5.2　渭河某河段 BOD$_5$ 的 NV-FNN 预测模型的计算输出值

分别选取表 9-28 中样本 1～12 和样本 13～15（BOD$_5$ 及其 7 个影响因子）作为建模样本和检测（预测）样本。按照训练样本的组成法，每个建模样本 7 个影响因子及预测量的规范值组成 7 个训练样本，样本 1～12 共组成 84 个训练样本，将其规范值分别代入 NV-FNN(2)［式(8-4)］和 NV-FNN(3)［式(8-5)］模型中，用免疫进化算法分别对模型中参数迭代优化。当 NV-FNN(2) 和 NV-FNN(3) 的优化目标函数式(8-6)分别满足 $Q_0=0.0026$ 和 $Q_0=0.0019$ 时，停止迭代，得到参数优化后 NV-FNN(2) 和 NV-FNN(3) 模型的输出计算式，如式(9-14)和式(9-15)所示。由式(9-14)和式(9-15)计算得到两种 NV-FNN 预测模型建模样本（样本 1～12）的模型拟合输出值及检测样本（样本 13～15）的模型计算输出值 y'_i，见表 9-29。计算得到两种 NV-FNN 预测模型的建模样本（样本 1～12）的模型输出的拟合相对误差绝对值 r'_i（%），见表 9-30。

$$y(2) = 0.4756 \times \frac{1 - e^{-\left(0.2553x'_{j1} + 0.7156x'_{j2}\right)}}{1 + e^{-\left(0.2553x'_{j1} + 0.7156x'_{j2}\right)}} + 0.8487 \times \frac{1 - e^{-\left(0.9563x'_{j1} + 0.9730x'_{j2}\right)}}{1 + e^{-\left(0.9563x'_{j1} + 0.9730x'_{j2}\right)}} \tag{9-14}$$

$$y(3) = 0.3824 \times \frac{1 - e^{-\left(0.7503x'_{j1} + 0.7262x'_{j2} + 0.3237x'_{j3}\right)}}{1 + e^{-\left(0.7503x'_{j1} + 0.7262x'_{j2} + 0.3237x'_{j3}\right)}} + 0.7335 \times \frac{1 - e^{-\left(0.2964x'_{j1} + 0.7740x'_{j2} + 0.8626x'_{j3}\right)}}{1 + e^{-\left(0.2964x'_{j1} + 0.7740x'_{j2} + 0.8626x'_{j3}\right)}} \tag{9-15}$$

表 9-29   两种 NV-FNN 预测模型的样本计算输出值 y_i'

样本 i	NV-FNN (2)	NV-FNN (3)	样本 i	NV-FNN (2)	NV-FNN (3)	样本 i	NV-FNN (2)	NV-FNN (3)
1	0.4004	0.3995	6	0.3805	0.3801	11	0.2913	0.2915
2	0.4385	0.4368	7	0.3207	0.3206	12	0.2682	0.2685
3	0.4260	0.4246	8	0.3302	0.3301	13	0.2718	0.2718
4	0.3988	0.3978	9	0.3363	0.3361	14	0.2664	0.2665
5	0.4205	0.4192	10	0.2923	0.2924	15	0.2725	0.2725

注：13～15 为检测样本。

表 9-30   两种 NV-FNN 预测模型的建模样本模型输出的拟合相对误差绝对值 r_i'

建模样本 i	NV-FNN (2)	NV-FNN (3)	建模样本 i	NV-FNN (2)	NV-FNN (3)	建模样本 i	NV-FNN (2)	NV-FNN (3)
1	4.54	4.77	5	9.40	9.07	9	6.73	6.78
2	0.57	0.18	6	9.27	9.13	10	12.87	12.84
3	3.77	4.08	7	9.36	9.38	11	24.65	24.75
4	5.99	5.74	8	0.05	0.07	12	19.61	19.51

注： r_i' 的单位为%。

9.5.3   NV-FNN 预测模型的精度检验

由式 (8-7) 计算得到两种 NV-FNN 预测模型的 F 统计值分别为 $F(12.41)$、$F(12.27)$。模型的 F 值均大于 $F_{0.05}(4.35)$，表明两种 NV-FNN 预测模型精度检验合格，预测结果具有可信度。

9.5.4   检测样本误差修正后的 NV-FNN 模型输出值及预测值

从表 9-29 可见，分别与 3 个检测样本 BOD_5 的两种 NV-FNN 预测模型输出相似的建模样本见表 9-31。用式 (8-8)～式 (8-11) 进行误差修正后的 3 个 BOD_5 检测样本的两种 NV-FNN 预测模型的输出值 Y_i'，见表 9-32。再由式 (8-2) 和式 (9-13) 的逆运算，计算得到两种 NV-FNN 预测模型对 3 个检测样本的预测值 c_{iY}，亦见表 9-32。

表 9-31   与 3 个检测样本的两种 NV-FNN 预测模型输出相似的建模样本

检测样本 i	NV-FNN (2)	NV-FNN (3)	检测样本 i	NV-FNN (2)	NV-FNN (3)	检测样本 i	NV-FNN (2)	NV-FNN (3)
13	10, 11, 12	10, 11, 12	14	10, 11, 12	10, 11, 12	15	10, 11, 12	10, 11, 12

表 9-32　3 个检测样本的两种 NV-FNN 预测模型误差修正后的模型输出值 Y_i' 和预测值 c_{iY}

检测样本 i	NV-FNN(2)		NV-FNN(3)		检测样本 i	NV-FNN(2)		NV-FNN(3)	
	Y_i'	c_{iY}	Y_i'	c_{iY}		Y_i'	c_{iY}	Y_i'	c_{iY}
13	0.2960	3.86	0.2965	3.88	15	0.2968	3.89	0.2972	3.91
14	0.3042	4.19	0.3045	4.20					

注：c_{iY} 的单位为 mg/m³。

9.5.5　检测样本的多种预测模型预测值的相对误差及比较

3 个 BOD₅ 检测样本的两种 NV-FNN 预测模型预测值与实际值之间的相对误差绝对值 r_i 及其平均值和最大值如表 9-33 所示。为了比较，表 9-33 中还列出了用基于规范变换与误差修正的投影寻踪回归[2][NV-PPR(2) 和 NV-PPR(3)]、支持向量机回归[2][NV-SVR(2) 和 NV-SVR(3)] 和一元线性回归[2](NV-ULR) 以及文献[9]用传统的 BP 网络对该 3 个检测样本预测的相对误差绝对值 r_i 及其平均值和最大值。从表 9-33 可见，对同一组检测样本，两种 NV-FNN 预测模型与基于规范变换和误差修正的 NV-ULR 预测模型的预测值相对误差绝对值的平均值和最大值差异不大，预测精度也尚可，但都小于 NV-PPR、NV-SVR 和传统的 BP 网络预测模型的相应预测结果。

表 9-33　3 个检测样本的两种 NV-FNN 预测模型与其他多种预测模型预测值的相对误差绝对值 r_i
及其平均值和最大值

项目		r_i/%							
		NV-FNN(2)	NV-FNN(3)	NV-PPR(2)	NV-PPR(3)	NV-SVR(2)	NV-SVR(3)	NV-ULR	BP 网络
检测样本	13	1.85	2.37	2.11	0.79	4.49	5.80	1.32	0.56
	14	1.66	1.41	5.63	4.23	7.51	6.10	1.64	9.55
	15	0.53	1.03	3.62	2.33	3.10	4.91	0.78	10.82
平均值		1.35	1.60	3.79	2.45	5.03	5.60	1.25	6.98
最大值		1.85	2.37	5.63	4.23	7.51	6.10	1.64	10.82

9.6　NV-FNN 预测模型用于南昌市降水 pH 预测

9.6.1　南昌市降水 pH 及其影响因子的参照值及变换式

1981～1999 年南昌市降水 pH(C_y) 的实际值 c_{iy}($i = 1, 2, \cdots, 19$) 和 SO_2(C_1)、NO_x(C_2)、TSP(C_3)、降尘(C_4) 4 个影响因子的实际值 c_{ij}($i = 1, 2, \cdots, 19$；$j = 1 \sim 4$) 如表 9-34 所示[10]。计算得到 4 个影响因子与预测量 pH 之间的相关系数分别为 -0.12、-0.01、-0.05、0.12。

设置变换式如式(9-16)所示，由式(9-16)和式(8-2)计算得到各影响因子的规范值 x'_{ij} 及预测量 pH 的规范值 y'_{i0}，亦见表 9-34。

$$
X_j = \begin{cases}
\left(c_{j0}/c_j\right)^2, & c_j \leqslant c_{j0}, & \text{对} C_1 \sim C_3 \\
\left(c_j/c_{j0}\right)^2, & c_j \geqslant c_{j0}, & \text{对} C_4 \\
\left(c_j - c_{jb}\right)/c_{j0}, & c_j \geqslant c_{j0} + c_{jb}, & \text{对} C_y \\
1, & c_j > c_{j0}, & \text{对} C_1 \sim C_3 \\
1, & c_j < c_{j0}, & \text{对} C_4 \\
1, & c_j < c_{j0} + c_{jb}, & \text{对} C_y
\end{cases}
\tag{9-16}
$$

式中，$C_1 \sim C_4$ 和 C_y 的参照值 c_{j0} 分别设置为 0.32mg/m^3、0.2mg/m^3、1.5mg/m^3、2.5mg/m^3 和 0.03；C_y 的阈值 c_{jb} 设置为 4；参照值 c_{j0} 和 c_j（$j=1, 2, 3, 4$）的单位与表 9-34 中 c_{ij} 的单位相同。

表 9-34　南昌市降水 pH 及 4 个影响因子的实际值和规范值

样本	年份	影响因子实际值 c_{ij}				影响因子规范值 x'_{ij}				pH	
		c_{i1}	c_{i2}	c_{i3}	c_{i4}	x'_{i1}	x'_{i2}	x'_{i3}	x'_{i4}	c_{iy}	y'_{i0}
1	1981	0.075	0.063	0.552	21.750	0.2902	0.2310	0.1999	0.4327	4.33	0.2398
2	1982	0.068	0.055	0.598	11.980	0.3098	0.2582	0.1839	0.3134	4.34	0.2428
3	1983	0.085	0.037	0.393	16.870	0.2651	0.3375	0.2679	0.3818	4.32	0.2367
4	1984	0.066	0.044	0.423	18.370	0.3157	0.3028	0.2532	0.3989	4.52	0.2853
5	1985	0.064	0.040	0.400	17.780	0.3219	0.3219	0.2644	0.3924	5.80	0.4094
6	1986	0.043	0.038	0.421	14.410	0.4014	0.3321	0.2541	0.3503	4.62	0.3029
7	1987	0.049	0.029	0.359	11.087	0.3753	0.3862	0.2860	0.2979	4.51	0.2833
8	1988	0.071	0.023	0.452	13.645	0.3011	0.4326	0.2399	0.3394	4.35	0.2457
9	1989	0.075	0.035	0.281	14.516	0.2902	0.3486	0.3350	0.3518	4.25	0.2120
10	1990	0.043	0.028	0.189	9.733	0.4014	0.3932	0.4143	0.2718	4.43	0.2663
11	1991	0.048	0.031	0.150	10.133	0.3794	0.3729	0.4605	0.2799	4.55	0.2909
12	1992	0.073	0.025	0.210	11.277	0.2956	0.4159	0.3932	0.3013	4.48	0.2773
13	1993	0.068	0.029	0.200	12.171	0.3098	0.3862	0.4030	0.3166	4.60	0.2996
14	1994	0.104	0.026	0.230	10.191	0.2248	0.4080	0.3750	0.2810	4.60	0.2996
15	1995	0.069	0.029	0.280	9.251	0.3068	0.3862	0.3357	0.2617	4.54	0.2890
16	1996	0.070	0.022	0.186	8.530	0.3040	0.4415	0.4175	0.2455	4.60	0.2996
17	1997	0.054	0.031	0.180	8.750	0.3559	0.3729	0.4241	0.2506	4.47	0.2752
18	1998	0.045	0.039	0.174	7.200	0.3923	0.3270	0.4308	0.2116	4.57	0.2944
19	1999	0.048	0.040	0.180	8.970	0.3794	0.3219	0.4241	0.2555	4.67	0.3106

注：16~19 为检测样本。c_{ij} 的单位为 mg/m^3。

9.6.2　南昌市降水 pH 的 NV-FNN 预测模型的计算输出值

分别选取表 9-34 中样本 1~15 和样本 16~19(pH 及其 4 个影响因子)作为建模样本和检测(预测)样本。按照训练样本的组成法，每个建模样本的 4 个影响因子和预测量 pH 的规范值组成 4 个训练样本，15 个建模样本共组成 60 个训练样本，将其规范值分别代入 NV-FNN(2)[式(8-4)]和 NV-FNN(3)[式(8-5)]模型中，用免疫进化算法分别对模型中参数迭代优化。当 NV-FNN(2)和 NV-FNN(3)的优化目标函数式(8-6)分别满足 $Q_0=0.0027$ 和 $Q_0=0.0022$ 时，停止迭代，得到参数优化后 NV-FNN(2)和 NV-FNN(3)模型的输出计算式，如式(9-17)和式(9-18)所示。由式(9-17)和式(9-18)计算得到两种 NV-FNN 预测模型建模样本(样本 1~15)的模型拟合输出值及检测样本(样本 16~19)的模型计算输出值 y_i'，见表 9-35。计算得到两种 NV-FNN 预测模型的建模样本的模型输出的拟合相对误差绝对值 r_i'(%)，见表 9-36。

$$y(2)=0.6585\times\frac{1-e^{-(0.7800x_{j1}'+0.8781x_{j2}')}}{1+e^{-(0.7800x_{j1}'+0.8781x_{j2}')}}+0.6926\times\frac{1-e^{-(0.4117x_{j1}'+0.4919x_{j2}')}}{1+e^{-(0.4117x_{j1}'+0.4919x_{j2}')}} \tag{9-17}$$

$$y(3)=0.6690\times\frac{1-e^{-(0.6460x_{j1}'+0.4864x_{j2}'+0.3718x_{j3}')}}{1+e^{-(0.6460x_{j1}'+0.4864x_{j2}'+0.3718x_{j3}')}}+0.4012\times\frac{1-e^{-(0.3708x_{j1}'+0.4939x_{j2}'+0.9689x_{j3}')}}{1+e^{-(0.3708x_{j1}'+0.4939x_{j2}'+0.9689x_{j3}')}} \tag{9-18}$$

表 9-35　两种 NV-FNN 预测模型的样本计算输出值 y_i'

样本 i	NV-FNN (2)	NV-FNN (3)	样本 i	NV-FNN (2)	NV-FNN (3)	样本 i	NV-FNN (2)	NV-FNN (3)
1	0.2439	0.2464	8	0.2768	0.2790	15	0.2721	0.2745
2	0.2259	0.2282	9	0.2794	0.2816	16	0.2955	0.2982
3	0.2645	0.2667	10	0.3106	0.3126	17	0.2950	0.2972
4	0.2681	0.2704	11	0.3130	0.3150	18	0.2866	0.2887
5	0.2743	0.2765	12	0.2955	0.2978	19	0.2906	0.2927
6	0.2817	0.2841	13	0.2975	0.2997			
7	0.2833	0.2856	14	0.2716	0.2740			

注：16~19 为检测样本。

表 9-36　两种 NV-FNN 预测模型的建模样本模型输出的拟合相对误差绝对值 r_i'

建模样本 i	NV-FNN (2)	NV-FNN (3)	建模样本 i	NV-FNN (2)	NV-FNN (3)	建模样本 i	NV-FNN (2)	NV-FNN (3)
1	1.71	2.76	6	6.98	6.19	11	7.61	8.30
2	6.95	6.00	7	0.01	0.80	12	6.58	7.41
3	11.74	12.67	8	12.67	13.57	13	0.69	0.04
4	6.02	5.21	9	31.78	32.81	14	9.34	8.54
5	33.01	32.47	10	16.65	17.40	15	5.86	5.03

注：r_i' 的单位为%。

9.6.3　NV-FNN 预测模型的精度检验

由式(8-7)计算得到两种 NV-FNN 预测模型的 F 统计值分别为 $F(13.16)$、$F(13.31)$。模型的 F 值均大于 $F_{0.01}(6.00)$，表明两种 NV-FNN 预测模型精度检验合格，预测结果具有可信度。

9.6.4　检测样本误差修正后的 NV-FNN 模型输出值及预测值

从表 9-35 可见，分别与 4 个检测样本 pH 的两种 NV-FNN 预测模型输出相似的建模样本如表 9-37 所示。用式(8-8)～式(8-11)进行误差修正后的 4 个检测样本 pH 的两种预测模型的输出值 Y_i'，见表 9-38。再由式(8-2)和式(9-16)的逆运算，计算得到两种 NV-FNN 预测模型对 4 个检测样本的预测值 c_{iY}，亦见表 9-38。

表 9-37　与 4 个检测样本的两种 NV-FNN 预测模型输出相似的建模样本

检测样本 i	NV-FNN(2)	NV-FNN(3)	检测样本 i	NV-FNN(2)	NV-FNN(3)
16	—	—	18	7	7
17	12	12	19	12	12

表 9-38　4 个检测样本的两种 NV-FNN 预测模型误差修正后的模型输出值 Y_i' 和预测值 c_{iY}

检测样本 i	NV-FNN(2)		NV-FNN(3)		检测样本 i	NV-FNN(2)		NV-FNN(3)	
	Y_i'	c_{iY}	Y_i'	c_{iY}		Y_i'	c_{iY}	Y_i'	c_{iY}
16	0.2958	4.58	0.2982	4.59	18	0.2866	4.53	0.2911	4.55
17	0.2768	4.48	0.2767	4.48	19	0.3107	4.67	0.3157	4.70

9.6.5　检测样本的多种预测模型预测值的相对误差及比较

4 个检测样本 pH 的两种 NV-FNN 预测模型预测值与实际值之间的相对误差绝对值 r_i 及其平均值和最大值如表 9-39 所示。为了比较，表 9-39 中还列出了用基于规范变换与误差修正的投影寻踪回归[2][NV-PPR(2) 和 NV-PPR(3)]、支持向量机回归[2][NV-SVR(2) 和 NV-SVR(3)]和一元线性回归[2](NV-ULR)以及有关文献用 GA-BP 网络模型[10]、多元线性回归模型[10]、基于集对分析的相似(set pair analysis similar，SPAS)预测模型[11]、BP 网络模型[12]和传统的时序 Holt's 模型[12]等多种模型对 4 个样本 pH 预测值的相对误差绝对值及其平均值和最大值。从表 9-39 可见，对同一组检测样本，两种 NV-FNN 预测模型与基于规范变换与误差修正的 NV-PPR、NV-SVR 和 NV-ULR 预测模型预测值的相对误差绝对值的平均值和最大值都相差甚微，且预测精度高，它们对 4 个检测样本预测的相对误差绝对值的平均值和最大值都小于其他 5 种传统预测模型和方法相应的预测结果。

表 9-39　4 个检测样本的两种 NV-FNN 预测模型与其他多种预测模型预测值的
相对误差绝对值 r_i 及其平均值和最大值

项目		$r_i/\%$					
		NV-FNN(2)	NV-FNN(3)	NV-PPR(2)	NV-PPR(3)	NV-SVR(2)	NV-SVR(3)
检测样本	16	0.43	0.22	0.22	0.43	1.30	0.22
	17	0.22	0.22	0.22	0.22	0.00	0.00
	18	0.88	0.44	0.44	0.88	0.22	0.22
	19	0.00	0.64	0.86	0.00	1.07	0.86
平均值		0.38	0.38	0.44	0.38	0.65	0.33
最大值		0.88	0.64	0.86	0.88	1.30	0.86

项目		$r_i/\%$					
		NV-ULR	SPAS 模型	时序 Holt's 模型	多元线性回归模型	BP 网络模型	GA-BP 模型
检测样本	16	0.87	1.96	1.10	2.02	0.80	0.01
	17	0.22	1.79	3.22	1.63	1.34	2.47
	18	0.00	1.31	2.21	1.31	0.44	0.43
	19	0.86	3.00	1.93	2.36	1.69	0.60
平均值		0.49	2.02	2.12	1.83	1.07	0.88
最大值		0.87	3.00	3.22	2.36	1.69	2.47

9.7　本 章 小 结

　　本章将基于规范变换与误差修正法相结合的两种简单结构的前向神经网络 [NV-FNN(2)、NV-FNN(3)] 预测模型用于空气环境预测、水环境预测的 6 个实证分析,并与传统的多种预测模型和方法的预测结果进行比较。结果表明:对同一组检测样本,两种 NV-FNN 预测模型与基于规范变换与误差修正相结合的 NV-PPR、NV-SVR 和 NV-ULR 预测模型预测的相对误差绝对值的平均值和最大值差异甚微,但都小于或远小于传统预测模型预测的相应误差,从而证实了基于规范变换与误差修正相结合的两种 NV-FNN 预测模型的实用性。

参 考 文 献

[1] 刘永, 郭怀成. 城市大气污染物浓度预测方法研究[J]. 安全与环境学报, 2004, 4(4): 60-62.

[2] 李祚泳, 余春雪, 汪嘉杨. 环境评价与预测的普适模型[M]. 北京: 科学出版社, 2022.

[3] 彭荔红, 李祚泳, 郑文教, 等. 环境污染的投影寻踪回归预测模型[J]. 厦门大学学报(自然科学版), 2002, 41(1): 79-83.

[4] 熊德琪, 陈守煜. 城市大气污染物浓度预测模糊识别理论与模型[J]. 环境科学学报, 1993, 13(4): 482-490.

[5] 姜庆华. 大气污染预测的参数化组合算子方法[J]. 山东大学学报(理学版), 2006, 41(4): 76-79.

[6] 赵勇, 孙中党, 李有, 等. 郑州市大气环境中的 NO_2 污染与灰色预测[J]. 安全与环境学报, 2002, 2(4): 38-41.

[7] 房平, 邵瑞华, 司全印, 等. 最小二乘支持向量机应用于西安灞河口水质预测[J]. 系统工程, 2011, 29(6): 113-117.

[8] 李峻, 孙世群. 基于 BP 网络模型的青弋江水质预测研究[J]. 安徽工程科技学院学报, 2008, 23(2): 23-26.

[9] 于扬, 薛丽梅, 聂伊辰. 水污染物浓度的神经网络预测模式及效果检验[J]. 成都信息工程学院学报, 2004, 19(1): 100-103.

[10] 汤丽妮, 李祚泳. 基于遗传算法的人工神经网络在降水酸度预测中的应用[J]. 重庆环境科学, 2003, 25(9): 59-61, 78.

[11] 徐源蔚, 李祚泳, 汪嘉杨. 基于集对分析的降水酸度及水质相似预测模型研究[J]. 环境污染与防治, 2015, 37(2): 59-62, 88.

[12] 毛端谦, 刘春燕, 廖富强. BP 神经网络在降水酸度预测中的应用[J]. 环境与开发, 2001, 16(3): 35-36.

第10章 NV-FNN 预测模型在多个领域中的应用之二

本章分别将基于规范变换与相似样本误差修正法相结合的两种简单结构的前向神经网络[NV-FNN(2)、NV-FNN(3)]预测模型用于年径流量、地下水位、水资源承载力等水文水资源预测以及大气环境、水环境要素(TSP、DO、COD$_{Mn}$)等时间序列预测的实证分析,并与其他多种预测模型和方法的预测结果进行比较,验证基于规范变换与误差修正相结合的 NV-FNN(2)、NV-FNN(3)预测模型应用于多个领域、多学科预测的可行性和实用性。

10.1 NV-FNN 预测模型用于伊犁河雅马渡站年径流量预测

10.1.1 雅马渡站年径流量及其影响因子的参照值及变换式

新疆伊犁河雅马渡站 23 年的年径流量(C_y)实际值 $c_{iy}(i=1,2,\cdots,23)$ 及其前一年 11 月至当年 3 月伊犁气候站的总降雨量(C_1)、前一年 8 月欧亚地区月平均纬向环流指数(C_2)、前一年 5 月欧亚地区月平均经向环流指数(C_3)、前一年 6 月 2800MHz 太阳射电流量(C_4)4 个影响因子的实际值 $c_{ij}(i=1,2,\cdots,23; j=1,2,3,4)$ 如表 10-1 所示[1]。计算得到 4 个影响因子与年径流量之间的相关系数分别为 0.76、−0.49、0.54、0.45。设置变换式如式(10-1)所示,由式(10-1)和式(8-2)计算得到样本 i 的影响因子 j 的规范值 x'_{ij} 及年径流量的规范值 y'_{i0},见表 10-1。

$$X_j = \begin{cases} c_j / c_{j0}, & c_j \geqslant c_{j0}, & \text{对} C_1 \\ \left[(c_{jb} - c_j)/c_{j0}\right]^2, & c_j \leqslant c_{jb} - c_{j0}, & \text{对} C_2 \\ \left[(c_j - c_{jb})/c_{j0}\right]^2, & c_j \geqslant c_{j0} + c_{jb}, & \text{对} C_3 \text{、} C_y \\ \left(c_j / c_{j0}\right)^2, & c_j \geqslant c_{j0}, & \text{对} C_4 \\ 1, & c_j < c_{j0}, & \text{对} C_1 \text{、} C_4 \\ 1, & c_j > c_{jb} - c_{j0}, & \text{对} C_2 \\ 1, & c_j < c_{j0} + c_{jb}, & \text{对} C_3 \text{、} C_y \end{cases} \tag{10-1}$$

式中,$C_1 \sim C_4$ 和 C_y 的参照值 c_{j0} 分别设置为 3.5mm、0.1、0.07、28×10^{-22}W/(m^2·Hz) 和 30m^3/s;

C_2、C_3 和 C_y 的阈值 c_{jb} 分别设置为 1.5、0.19 和 100m³/s；c_j、c_{j0} 和 c_{jb} 的单位与表 10-1 中 c_{ij} 的单位相同。

表 10-1　新疆伊犁河雅马渡站 23 年的年径流量及 4 个影响因子的实际值和规范值

样本 i	影响因子实际值 c_{ij}				影响因子规范值 x'_{ij}				年径流量	
	c_{i1}	c_{i2}	c_{i3}	c_{i4}	x'_{i1}	x'_{i2}	x'_{i3}	x'_{i4}	c_{iy}	y'_{i0}
1	114.6	1.1	0.71	85	0.3489	0.2773	0.4011	0.2221	346	0.4208
2	132.4	0.97	0.54	73	0.3633	0.3335	0.3219	0.1917	410	0.4671
3	103.5	0.96	0.66	67	0.3387	0.3373	0.3808	0.1745	385	0.4503
4	179.3	0.88	0.59	89	0.3936	0.3649	0.3486	0.2313	446	0.4890
5	92.7	1.15	0.44	154	0.3277	0.2506	0.2546	0.3409	300	0.3794
6	115.0	0.74	0.65	252	0.3492	0.4056	0.3765	0.4394	453	0.4931
7	163.6	0.85	0.58	220	0.3845	0.3744	0.3435	0.4123	495	0.5155
8	139.5	0.70	0.59	217	0.3685	0.4159	0.3486	0.4095	478	0.5067
9	76.7	0.95	0.51	162	0.3087	0.3409	0.3040	0.3511	341	0.4167
10	42.1	1.08	0.47	110	0.2487	0.2870	0.2773	0.2737	326	0.4039
11	77.8	1.19	0.57	91	0.3101	0.2263	0.3383	0.2357	364	0.4350
12	100.6	0.82	0.59	83	0.3358	0.3834	0.3486	0.2173	456	0.4947
13	55.3	0.96	0.40	69	0.2760	0.3373	0.2197	0.1804	300	0.3794
14	152.1	1.04	0.49	77	0.3772	0.3052	0.2911	0.2023	433	0.4814
15	81.0	1.08	0.54	96	0.3142	0.2870	0.3219	0.2464	336	0.4125
16	29.8	0.83	0.49	120	0.2142	0.3804	0.2911	0.2911	289	0.3601
17	248.6	0.79	0.50	147	0.4263	0.3920	0.2976	0.3316	483	0.5094
18	64.9	0.59	0.50	167	0.2920	0.4417	0.2976	0.3572	402	0.4618
19	95.7	1.02	0.48	160	0.3308	0.3137	0.2843	0.3486	384	0.4496
20	89.9	0.96	0.39	105	0.3246	0.3373	0.2100	0.2644	314	0.3930
21	121.8	0.83	0.60	140	0.3550	0.3804	0.3535	0.3219	401	0.4612
22	78.5	0.89	0.44	94	0.3110	0.3617	0.2546	0.2422	280	0.3584
23	90.5	0.95	0.43	89	0.3253	0.3409	0.2464	0.2313	301	0.3804

注：20~23 为检测样本。c_{i1} 的单位为 mm；c_{i4} 的单位为 10^{-22}W/(m²·Hz)；c_{iy} 的单位为 m³/s。

10.1.2　雅马渡站年径流量的 NV-FNN 预测模型的计算输出值

分别选取表 10-1 中样本 1~19 和样本 20~23（年径流量及其 4 个影响因子）作为建模样本和检测（预测）样本。分别由表中各建模样本的 4 个影响因子规范值 x'_{ij} 与相应年径流量的规范值 y'_{i0}，按照训练样本的组成法，每个建模样本组成 4 个训练样本，19 个建模样本共组成 76 个训练样本，将其规范值分别代入 NV-FNN(2)[式(8-4)] 和 NV-FNN(3)[式(8-5)]模型中，用免疫进化算法分别对模型中参数迭代优化。当 NV-FNN(2) 和 NV-FNN(3) 的优化目标函数式(8-6)分别满足 $Q_0=0.0026$ 和 $Q_0=0.0020$ 时，停止迭代，得到参数优化后 NV-FNN(2) 和 NV-FNN(3) 模型的输出计算式，如式(10-2)和式(10-3)所示。由式(10-2)和式(10-3)计算得到两种 NV-FNN 预测模型的建模样本 1～19 的模型拟合输出值及检测样本 20～23 的模型计算输出值 y_i'，见表 10-2。计算得到两种 NV-FNN 预测模型的建模样本模型输出的拟合相对误差绝对值 r_i'(%)，见表 10-3。

$$y(2) = 0.8522 \times \frac{1-e^{-(0.6486x_{j1}'+0.9285x_{j2}')}}{1+e^{-(0.6486x_{j1}'+0.9285x_{j2}')}} + 0.9422 \times \frac{1-e^{-(0.6011x_{j1}'+0.9362x_{j2}')}}{1+e^{-(0.6011x_{j1}'+0.9362x_{j2}')}} \tag{10-2}$$

$$y(3) = 0.9588 \times \frac{1-e^{-(0.7895x_{j1}'+0.9300x_{j2}'+0.2925x_{j3}')}}{1+e^{-(0.7895x_{j1}'+0.9300x_{j2}'+0.2925x_{j3}')}} + 0.5297 \times \frac{1-e^{-(0.1855x_{j1}'+0.7267x_{j2}'+0.8764x_{j3}')}}{1+e^{-(0.1855x_{j1}'+0.7267x_{j2}'+0.8764x_{j3}')}} \tag{10-3}$$

表 10-2 两种 NV-FNN 预测模型的样本计算输出值 y_i'

样本 i	NV-FNN (2)	NV-FNN (3)	样本 i	NV-FNN (2)	NV-FNN (3)	样本 i	NV-FNN (2)	NV-FNN (3)
1	0.4276	0.4359	9	0.4459	0.4541	17	0.4919	0.4998
2	0.4145	0.4228	10	0.3738	0.3819	18	0.4731	0.4811
3	0.4213	0.4296	11	0.3816	0.3899	19	0.4369	0.4451
4	0.4566	0.4647	12	0.4390	0.4473	20	0.3901	0.3985
5	0.4025	0.4108	13	0.3489	0.3569	21	0.4802	0.4885
6	0.5318	0.5389	14	0.4031	0.4114	22	0.4012	0.4091
7	0.5139	0.5213	15	0.4013	0.4096	23	0.3930	0.4012
8	0.5228	0.5301	16	0.4035	0.4118			

注：20～23 为检测样本。

表 10-3 两种 NV-FNN 预测模型的建模样本模型输出的拟合相对误差绝对值 r_i'

建模样本 i	NV-FNN (2)	NV-FNN (3)	建模样本 i	NV-FNN (2)	NV-FNN (3)	建模样本 i	NV-FNN (2)	NV-FNN (3)
1	1.61	3.58	8	3.17	4.61	15	2.72	0.72
2	11.25	9.47	9	7.00	8.96	16	9.62	11.87
3	6.44	4.58	10	7.46	5.43	17	3.42	1.88
4	6.64	4.97	11	12.26	10.37	18	2.43	4.16
5	6.09	8.28	12	11.27	9.59	19	2.82	0.99
6	7.85	9.30	13	8.06	5.94			
7	0.33	1.12	14	16.26	14.53			

注：r_i' 的单位为%。

10.1.3   NV-FNN 预测模型的精度检验

由式(8-7)计算得到两种 NV-FNN 预测模型的 F 统计值分别为 $F(9.61)$ 和 $F(9.83)$。模型的 F 值均大于 $F_{0.01}(4.58)$，表明两种 NV-FNN 预测模型精度检验合格，预测结果具有可信度。

10.1.4   检测样本误差修正后的 NV-FNN 模型输出值及预测值

从表 10-2 可见，分别与 4 个年径流量检测样本(样本 20~23)的两种 NV-FNN 预测模型输出相似的建模样本见表 10-4。用式(8-8)~式(8-11)进行误差修正后的 4 个径流量检测样本的两种 NV-FNN 预测模型的输出值 Y_i'，见表 10-5。再由式(8-2)和式(10-1)的逆运算，计算得到两种 NV-FNN 预测模型对 4 个检测样本的预测值 c_{iY}，亦见表 10-5。

表 10-4   与 4 个检测样本的两种 NV-FNN 预测模型输出相似的建模样本

检测样本 i	NV-FNN(2)	NV-FNN(3)	检测样本 i	NV-FNN(2)	NV-FNN(3)
20	—	—	22	5, 14	5, 14
21	18	18	23	5, 15	5, 15

表 10-5   4 个检测样本的两种 NV-FNN 预测模型误差修正后的模型计算输出值 Y_i' 和预测值 c_{iY}

检测样本 i	NV-FNN(2)		NV-FNN(3)		检测样本 i	NV-FNN(2)		NV-FNN(3)	
	Y_i'	c_{iY}	Y_i'	c_{iY}		Y_i'	c_{iY}	Y_i'	c_{iY}
20	0.3901	311	0.3983	319	22	0.3617	283	0.3679	288
21	0.4687	412	0.4685	412	23	0.3764	297	0.3844	305

注：c_{iY} 的单位为 m^3/s。

10.1.5   检测样本的多种预测模型预测值的相对误差及比较

4 个检测样本的两种 NV-FNN 预测模型预测值与实际值之间的相对误差绝对值 r_i 及其平均值和最大值如表 10-6 所示。为了比较，表 10-6 中还列出了用基于规范变换与误差修正的投影寻踪回归[2][NV-PPR(2) 和 NV-PPR(3)]、支持向量机回归[2][NV-SVR(2) 和 NV-SVR(3)]和一元线性回归[2](NV-ULR)以及其他文献[1, 3-11]用 17 种传统模型和方法对 4 个径流量检测样本预测值的相对误差绝对值 r_i(%) 及其平均值和最大值。从表 10-6 可见，对同一组检测样本，两种 NV-FNN 预测模型与基于规范变换与误差修正的 NV-PPR、NV-SVR 和 NV-ULR 预测模型预测值的相对误差绝对值的平均值和最大值都相差甚微，且预测精度高，它们对 4 个检测样本预测的相对误差绝对值的平均值和最大值都远小于传统的其他 17 种预测模型预测的相应误差。

表 10-6　4 个检测样本的两种 NV-FNN 预测模型与其他多种预测模型预测值的
相对误差绝对值 r_i 及其平均值和最大值

项目		r_i/%							
		NV-FNN (2)	NV-FNN (3)	NV-PPR (2)	NV-PPR (3)	NV-SVR (2)	NV-SVR (3)	NV-ULR	门限回归[1]
检测样本	20	0.96	1.59	1.27	1.91	0.00	0.64	1.91	10.86
	21	2.74	2.74	2.99	2.99	0.50	0.87	0.25	2.97
	22	1.07	2.85	0.71	0.71	3.21	1.79	3.21	18.57
	23	1.33	1.33	1.66	1.99	1.66	2.33	1.00	13.46
平均值		1.53	2.13	1.66	1.90	1.34	1.41	1.59	11.47
最大值		2.74	2.85	2.99	2.99	3.21	2.33	3.21	18.57

项目		r_i/%							
		近邻估计[3]	模糊回归[3]	模糊识别[4]	RBF[5] (一)	RBF[6] (二)	IEA-BP网络[6]	传统BP[6]	GRNN网络[6]
检测样本	20	7.76	7.32	3.72	5.70	7.79	1.05	18.30	4.35
	21	5.41	3.74	4.67	0.99	3.40	7.17	0.33	4.62
	22	19.18	14.64	14.37	13.90	0.82	0.63	10.13	0.02
	23	9.01	12.29	7.51	12.30	11.38	10.66	21.58	13.77
平均值		10.34	9.50	7.57	8.22	5.85	4.88	12.59	5.69
最大值		19.18	14.64	14.37	13.90	11.38	10.66	21.58	13.77

项目		r_i/%							
		双隐层BP[6]	三隐层BP[6]	BSA-PPR[7]	LS-SVM[8]	PCA-SVM[9]	FSVM[10]	SVM[10]	模糊优选BP[11]
检测样本	20	2.01	6.16	4.83	1.90	3.79	1.21	8.03	—
	21	0.06	9.48	5.10	16.00	8.87	3.21	6.43	8.86
	22	6.73	2.85	0.82	9.30	9.46	10.78	24.10	1.63
	23	6.72	7.67	11.56	5.60	6.36	8.57	15.88	2.43
平均值		3.88	6.54	5.58	8.20	7.12	5.94	13.61	4.31
最大值		6.73	9.48	11.56	16.00	9.46	10.78	24.10	8.86

注：GRNN，generalized regression neural network；BSA-PPR，bird swarm algorithm-projection pursuit regression；PCA-SVM，principle component analysis-support vector machine；FSVM，fuzzy support vector machine。

10.2　NV-FNN 预测模型用于滦河某观测站地下水位预测

10.2.1　滦河某观测站地下水位及其影响因子的参照值及变换式

滦河某观测站 24 个月的地下水位(C_y)实际值 $c_{iy}(i=1,2,\cdots,24)$ 及其河道流量(C_1)、气温(C_2)、饱和差(C_3)、降水量(C_4)、蒸发量(C_5) 5 个影响因子的实际值 $c_{ij}(i=1,2,\cdots,24;$ $j=1,2,\cdots,5)$ 如表 10-7 所示[12]。计算得到 5 个影响因子与地下水位之间的相关系数分别

为-0.58、-0.91、-0.65、-0.74、-0.77。设置变换式如式(10-4)所示。由式(10-4)和式(8-2)计算得到样本 i 的各影响因子的规范值 x'_{ij} 及地下水位的规范值 y'_{i0}，见表10-8。

$$X_j = \begin{cases} \left(c_j / c_{j0}\right)^{0.5}, & c_j \geqslant c_{j0}, & \text{对} C_1 \\ \left[\left(c_j - c_{jb}\right) / c_{j0}\right]^2, & c_j \geqslant c_{j0} + c_{jb}, & \text{对} C_2 \\ c_j / c_{j0}, & c_j \geqslant c_{j0}, & \text{对} C_3 、 C_5 \\ \left[\left(c_j - c_{jb}\right) / c_{j0}\right]^{0.5}, & c_j \geqslant c_{j0} + c_{jb}, & \text{对} C_4 \\ \left[\left(c_{jb} - c_j\right) / c_{j0}\right]^2, & c_j \leqslant c_{jb} - c_{j0}, & \text{对} C_y \\ 1, & c_j < c_{j0}, & \text{对} C_1 、 C_3 、 C_5 \\ 1, & c_j < c_{j0} + c_{jb}, & \text{对} C_2 、 C_4 \\ 1, & c_j > c_{jb} - c_{j0}, & \text{对} C_y \end{cases} \tag{10-4}$$

式中，$C_1 \sim C_5$ 和 C_y 的参照值 c_{j0} 分别设置为 0.006m³/s、3.5℃、0.18hPa、0.01mm、0.08mm 和 0.38m；C_2、C_4 和 C_y 的阈值 c_{jb} 分别设置为-20℃、1mm 和 8.2m；c_{j0}、c_{jb} 和 $c_j (j=1\sim5, y)$ 的单位与表 10-7 中 c_{ij} 的单位相同。

表 10-7 滦河某观测站地下水位及 5 个影响因子的监测数据

样本 i	影响因子实际值 c_{ij}					地下水位实际值 c_{iy}
	c_{i1}	c_{i2}	c_{i3}	c_{i4}	c_{i5}	
1	1.5	-10.0	1.2	1	1.2	6.92
2	1.8	-10.0	2.0	1	0.8	6.97
3	4.0	-2.0	2.5	6	2.4	6.84
4	13.0	10.0	5.0	30	4.4	6.50
5	5.0	17.0	9.0	18	6.3	5.75
6	9.0	22.0	10.0	113	6.6	5.54
7	10.0	23.0	8.0	29	5.6	5.63
8	9.0	21.0	6.0	74	4.6	5.62
9	7.0	15.0	5.0	21	2.3	5.96
10	9.5	8.5	5.0	15	3.5	6.30
11	5.5	0.0	6.2	14	2.4	6.80
12	12.0	0.5	4.5	11	0.8	6.90
13	0.5	1.0	2.0	1	1.0	6.70
14	3.0	-7.0	2.5	2	1.3	6.77
15	7.0	0.0	3.0	4	4.1	6.67
16	10.0	10.0	7.0	0	3.2	6.33
17	4.5	18.0	10.0	19	6.5	5.82
18	8.0	21.5	11.0	81	7.7	5.58
19	57.0	22.0	5.5	186	5.5	5.48

续表

样本 i	影响因子实际值 c_{ij}					地下水位实际值 c_{iy}
	c_{i1}	c_{i2}	c_{i3}	c_{i4}	c_{i5}	
20	35.0	19.0	5.0	114	4.6	5.38
21	39.0	13.0	5.0	60	3.6	5.51
22	23.0	6.0	3.0	35	2.6	5.84
23	11.0	1.0	2.0	4	1.7	6.32
24	4.5	−7.0	1.0	6	1.0	6.56

注：20～24 为检测样本。c_{i1} 的单位为 m³/s；c_{i2} 的单位为℃；c_{i3} 的单位为 hPa；c_{i4} 的单位为 mm；c_{i5} 的单位为 mm；c_{iy} 的单位为 m。

表 10-8　滦河某观测站地下水位及 5 个影响因子的规范值

样本 i	影响因子规范值 x'_{ij}					地下水位规范值 y'_{i0}
	x'_{i1}	x'_{i2}	x'_{i3}	x'_{i4}	x'_{i5}	
1	0.2761	0.2100	0.1897	0.2649	0.2708	0.2429
2	0.2852	0.2100	0.2408	0.2649	0.2303	0.2349
3	0.3251	0.3275	0.2631	0.3276	0.3401	0.2550
4	0.3840	0.4297	0.3324	0.4020	0.4007	0.2996
5	0.3363	0.4716	0.3912	0.3775	0.4366	0.3727
6	0.3657	0.4970	0.4017	0.4671	0.4413	0.3892
7	0.3709	0.5017	0.3794	0.4003	0.4248	0.3823
8	0.3657	0.4922	0.3507	0.4461	0.4052	0.3831
9	0.3531	0.4605	0.3324	0.3848	0.3359	0.3548
10	0.3684	0.4194	0.3324	0.3689	0.3778	0.3219
11	0.3410	0.3486	0.3539	0.3657	0.3401	0.2608
12	0.3800	0.3535	0.3219	0.3545	0.2303	0.2460
13	0.2211	0.3584	0.2408	0.2649	0.2526	0.2746
14	0.3107	0.2624	0.2631	0.2852	0.2788	0.2651
15	0.3531	0.3486	0.2813	0.3107	0.3937	0.2786
16	0.3709	0.4297	0.3661	0.2303	0.3689	0.3187
17	0.3310	0.4770	0.4017	0.3800	0.4398	0.3669
18	0.3598	0.4946	0.4113	0.4506	0.4567	0.3862
19	0.4580	0.4970	0.3420	0.4918	0.4230	0.3936
20	0.4336	0.4822	0.3324	0.4675	0.4052	0.4009
21	0.4390	0.4487	0.3324	0.4358	0.3807	0.3914
22	0.4126	0.4011	0.2813	0.4094	0.3481	0.3652
23	0.3757	0.3584	0.2408	0.3107	0.3056	0.3198
24	0.3310	0.2624	0.1715	0.3276	0.2526	0.2925

注：20～24 为检测样本。

10.2.2 地下水位的 NV-FNN 预测模型的计算输出值

分别选取表 10-8 中样本 1～19 和样本 20～24（地下水位及其 5 个影响因子）作为建模样本和检测（预测）样本。分别由表中各建模样本的 5 个影响因子规范值 x'_{ij} 与相应年径流量的规范值 y'_{i0}，按照训练样本的组成法，每个建模样本组成 5 个训练样本，19 个建模样本共组成 95 个训练样本，将其规范值分别代入 NV-FNN（2）[式（8-4）] 和 NV-FNN（3）[式（8-5）] 模型中，用免疫进化算法分别对模型中参数迭代优化。当 NV-FNN（2）和 NV-FNN（3）的优化目标函数式（8-6）分别满足 $Q_0=0.00100$ 和 $Q_0=0.00078$ 时，停止迭代，得到参数优化后 NV-FNN（2）和 NV-FNN（3）模型的输出计算式，如式（10-5）和式（10-6）所示。由式（10-5）和式（10-6）计算得到两种 NV-FNN 预测模型的建模样本（样本 1～19）的模型拟合输出值及检测样本（样本 20～24）的模型计算输出值 y'_i，见表 10-9。计算得到两种 NV-FNN 预测模型的建模样本模型输出的拟合相对误差绝对值 r'_i（%），见表 10-10。

$$y(2) = 0.6332 \times \frac{1-e^{-(0.7207x'_{j1}+0.6135x'_{j2})}}{1+e^{-(0.7207x'_{j1}+0.6135x'_{j2})}} + 0.8682 \times \frac{1-e^{-(0.3633x'_{j1}+0.7462x'_{j2})}}{1+e^{-(0.3633x'_{j1}+0.7462x'_{j2})}} \tag{10-5}$$

$$y(3) = 0.4005 \times \frac{1-e^{-(0.6607x'_{j1}+0.8100x'_{j2}+0.9061x'_{j3})}}{1+e^{-(0.6607x'_{j1}+0.8100x'_{j2}+0.9061x'_{j3})}} + 0.4781 \times \frac{1-e^{-(0.3488x'_{j1}+0.9028x'_{j2}+0.6657x'_{j3})}}{1+e^{-(0.3488x'_{j1}+0.9028x'_{j2}+0.6657x'_{j3})}} \tag{10-6}$$

表 10-9 　两种 NV-FNN 预测模型的样本计算输出值 y'_i

样本 i	NV-FNN（2）	NV-FNN（3）	样本 i	NV-FNN（2）	NV-FNN（3）	样本 i	NV-FNN（2）	NV-FNN（3）
1	0.2174	0.2212	9	0.3317	0.3310	17	0.3596	0.3566
2	0.2209	0.2248	10	0.3318	0.3310	18	0.3839	0.3786
3	0.2828	0.2848	11	0.3116	0.3121	19	0.3904	0.3844
4	0.3458	0.3440	12	0.2926	0.2942	20	0.3751	0.3708
5	0.3568	0.3541	13	0.2397	0.2432	21	0.3608	0.3677
6	0.3839	0.3786	14	0.2507	0.2539	22	0.3293	0.3286
7	0.3677	0.3640	15	0.3008	0.3019	23	0.2840	0.2860
8	0.3648	0.3616	16	0.3142	0.3145	24	0.2410	0.2444

注：20～24 为检测样本。

表 10-10 　两种 NV-FNN 预测模型的建模样本模型输出的拟合相对误差绝对值 r'_i

建模样本 i	NV-FNN（2）	NV-FNN（3）	建模样本 i	NV-FNN（2）	NV-FNN（3）	建模样本 i	NV-FNN（2）	NV-FNN（3）
1	10.49	8.93	8	4.77	5.61	15	7.98	8.37
2	5.97	4.31	9	6.51	6.71	16	1.41	1.32
3	10.90	11.68	10	3.08	2.83	17	2.00	2.82
4	15.40	14.80	11	19.47	19.67	18	0.58	1.96
5	4.28	5.00	12	18.95	19.60	19	0.82	2.35
6	1.36	2.72	13	12.71	11.44			
7	3.82	4.79	14	5.41	4.21			

注：r'_i 的单位为%。

10.2.3　NV-FNN 预测模型的精度检验

由式(8-7)计算得到两种 NV-FNN 预测模型的 F 统计值分别为 $F(13.18)$、$F(12.13)$。模型的 F 值均大于 $F_{0.005}(4.96)$，表明两种 NV-FNN 预测模型精度检验合格，预测结果具有可信度。

10.2.4　检测样本误差修正后的 NV-FNN 模型输出值及预测值

从表 10-9 可见，分别与地下水位 5 个检测样本(样本 20~24)的两种 NV-FNN 预测模型输出相似的建模样本见表 10-11。用式(8-8)~式(8-11)进行误差修正后的地下水位 5 个检测样本的两种 NV-FNN 预测模型的输出值 Y_i'，见表 10-12。再由式(8-2)和式(10-4)的逆运算，计算得到两种 NV-FNN 预测模型对 5 个检测样本的预测值 c_{iY}，亦见表 10-12。

表 10-11　与 5 个检测样本的两种 NV-FNN 预测模型输出相似的建模样本

检测样本 i	NV-FNN(2)	NV-FNN(3)	检测样本 i	NV-FNN(2)	NV-FNN(3)	检测样本 i	NV-FNN(2)	NV-FNN(3)
20	7	7	22	9	9	24	13	13
21	7, 8	17	23	3	3			

表 10-12　5 个检测样本的两种 NV-FNN 预测模型误差修正后的模型计算输出值 Y_i' 和预测值 c_{iY}

检测样本 i	NV-FNN(2)		NV-FNN(3)		检测样本 i	NV-FNN(2)		NV-FNN(3)	
	Y_i'	c_{iY}	Y_i'	c_{iY}		Y_i'	c_{iY}	Y_i'	c_{iY}
20	0.3903	5.53	0.3898	5.53	23	0.3189	6.33	0.3240	6.28
21	0.3768	5.70	0.3787	5.68	24	0.2763	6.69	0.2762	6.69
22	0.3520	5.99	0.3520	5.99					

注：c_{iY} 的单位为 m。

10.2.5　检测样本的多种预测模型预测值的相对误差及比较

5 个检测样本的两种 NV-FNN 预测模型预测值与实际值之间的相对误差绝对值 r_i 及其平均值和最大值如表 10-13 所示。为了比较，表 10-13 中还列出了用基于规范变换与误差修正的投影寻踪回归[2][NV-PPR(2) 和 NV-PPR(3)]、支持向量机回归[2][NV-SVR(2) 和 NV-SVR(3)]和一元线性回归[2](NV-ULR)以及其他文献[12]用三种传统模型和方法对 5 个地下水位样本预测值的相对误差绝对值 r_i(%) 及其平均值和最大值。从表 10-13 可见，对同一组检测样本，两种 NV-FNN 预测模型与基于规范变换与误差修正的 NV-PPR、NV-SVR 和 NV-ULR 预测模型预测值的相对误差绝对值的平均值和最大值都相差甚微，预测精度较高，且除 NV-PPR(2) 相对误差的最大值外，都小于传统的其他三种预测模型预测的相应误差。

表 10-13   5 个检测样本的两种 NV-FNN 预测模型与其他多种预测模型预测值的
相对误差绝对值 r_i 及其平均值和最大值

项目		NV-FNN		NV-PPR		NV-ULR	NV-SVR		传统预测模型		
		(2)	(3)	(2)	(3)		(2)	(3)	Fuzzy 模型	BP 网络	RBF 网络
检测样本	20	2.79	2.79	1.30	2.60	3.19	2.97	0.74	3.30	5.50	3.50
	21	3.45	3.09	1.09	3.09	2.54	3.27	0.73	4.20	3.20	2.30
	22	2.57	2.57	2.57	2.57	2.40	1.54	2.23	1.00	4.20	2.90
	23	0.16	0.63	4.43	0.95	0.79	0.79	1.42	3.20	8.30	7.20
	24	1.98	1.98	1.98	1.98	0.00	2.13	2.29	1.20	2.60	4.00
平均值		2.19	2.21	2.27	2.24	1.78	2.14	1.48	2.58	4.76	3.98
最大值		3.45	3.09	4.43	3.09	3.19	3.27	2.29	4.20	8.30	7.20

(表头上方标注：r_i/%)

10.3   NV-FNN 预测模型用于烟台市水资源承载力预测

10.3.1   烟台市水资源承载力及其影响因子的参照值及变换式

1980～2000 年烟台市水资源承载力 (C_y) 的实际值 $c_{iy}(i=1,2,\cdots,21)$ 及其总人口数 (C_1)、固定资产值 (C_2)、工业单位个数 (C_3)、国内生产总值 GDP (C_4)、人均国内生产总值 (C_5)、人均日生活用水量 (C_6)、日供水能力 (C_7) 7 个影响因子的实际值 $c_{ij}(i=1,2,\cdots,21;$ $j=1,2,\cdots,7)$ 如表 10-14 所示[13]。计算得到 7 个影响因子与水资源承载力之间的相关系数分别为 0.87、0.91、0.53、0.95、0.95、0.33、0.93。设置变换式如式 (10-7) 所示。由式 (10-7) 和式 (8-2) 计算得到样本 i 的各影响因子的规范值 x'_{ij} 及水资源承载力规范值 y'_{i0}，见表 10-15。

$$X_j = \begin{cases} \left[\left(c_j - c_{jb}\right)/c_{j0}\right]^2, & c_j \geqslant c_{j0}+c_{jb}, & \text{对} C_1 \text{、} C_3 \text{、} C_y \\ c_j/c_{j0}, & c_j \geqslant c_{j0}, & \text{对} C_2 \text{、} C_4 \text{、} C_5 \\ \left(c_j/c_{j0}\right)^2, & c_j \geqslant c_{j0}, & \text{对} C_6 \text{、} C_7 \\ 1, & c_j < c_{j0}+c_{jb}, & \text{对} C_1 \text{、} C_3 \text{、} C_y \\ 1, & c_j < c_{j0}, & \text{对} C_2 \text{、} C_4 \sim C_7 \end{cases} \tag{10-7}$$

式中，$C_1 \sim C_7$ 和 C_y 的参照值 c_{j0} 分别设置为 15 万人、6000 万元、160 个、50000 万元、100 元、25L、$8 \times 10^4 \text{m}^3/\text{d}$ 和 $600 \times 10^4 \text{m}^3$；$C_1$、$C_3$ 和 C_y 的阈值 c_{jb} 分别设置为 520 万人、1000 个和 $5000 \times 10^4 \text{m}^3$；$c_{j0}$、$c_{jb}$ 和 c_j 的单位与表 10-14 中 c_{ij} 的单位相同。

表 10-14　1980～2000 年烟台市水资源承载力及其影响因子的实际值

样本 i	年份	影响因子实际值 c_{ij}							水资源承载力实际值 c_{iy}
		c_{i1}	c_{i2}	c_{i3}	c_{i4}	c_{i5}	c_{i6}	c_{i7}	
1	1980	567.21	36574	1660	304923	535	83.0	18.0	6235
2	1981	573.89	44719	1540	311590	542	82.0	19.7	6897
3	1982	581.21	55828	1594	340400	585	85.0	20.5	7012
4	1983	585.75	50629	1499	407773	693	85.5	21.0	7023
5	1984	588.89	57645	1600	470404	795	86.0	21.3	7289
6	1985	592.43	79552	1947	572569	962	86.8	22.7	7896
7	1986	598.72	150800	1950	660180	1100	87.0	24.0	7589
8	1987	607.21	150016	1955	847263	1394	84.0	23.8	7986
9	1988	615.90	182673	1966	1150970	1867	98.0	24.1	7998
10	1989	619.91	123278	1999	1258556	2010	97.0	24.2	8012
11	1990	625.27	159147	2430	1485282	2362	99.0	25.4	8123
12	1991	626.27	208114	2465	1721637	2720	100.0	26.2	8456
13	1992	629.00	414659	2600	2296046	3624	110.0	26.8	8498
14	1993	629.93	595437	2610	3254235	5043	140.0	28.3	8654
15	1994	631.63	711650	2732	4278600	6730	273.0	54.3	8723
16	1995	634.88	696761	2700	5394000	8451	287.2	90.3	8923
17	1996	638.37	661720	2530	6152400	9589	132.8	96.8	10093
18	1997	641.48	683437	2200	6750000	10466	128.0	107.3	11626
19	1998	643.35	973217	2230	7400000	11439	137.1	109.3	11536
20	1999	644.79	983256	2210	8006600	12345	135.2	106.9	11276
21	2000	645.80	995612	2256	8795900	13546	108.3	111.8	11309

注：19～21 为检测样本。c_{i1} 的单位为万人；c_{i2} 的单位为万元；c_{i3} 的单位为个；c_{i4} 的单位为万元；c_{i5} 的单位为元；c_{i6} 的单位为 L；c_{i7} 的单位为 $10^4 m^3/d$；c_{iy} 的单位为 $10^4 m^3$。

表 10-15　1980～2000 年烟台市水资源承载力及其影响因子的规范值

样本 i	年份	影响因子规范值 x'_{ij}							水资源承载力规范值 y'_{i0}
		x'_{i1}	x'_{i2}	x'_{i3}	x'_{i4}	x'_{i5}	x'_{i6}	x'_{i7}	
1	1980	0.2293	0.1808	0.2834	0.1808	0.1677	0.2400	0.1622	0.1444
2	1981	0.2558	0.2009	0.2433	0.1830	0.1690	0.2376	0.1802	0.2302
3	1982	0.2813	0.2231	0.2623	0.1918	0.1766	0.2448	0.1882	0.2420
4	1983	0.2956	0.2133	0.2275	0.2099	0.1936	0.2459	0.1930	0.2431
5	1984	0.3049	0.2263	0.2644	0.2242	0.2073	0.2471	0.1959	0.2678
6	1985	0.3149	0.2585	0.3556	0.2438	0.2264	0.2489	0.2086	0.3148
7	1986	0.3316	0.3224	0.3563	0.2580	0.2398	0.2494	0.2197	0.2924
8	1987	0.3521	0.3219	0.3573	0.2830	0.2635	0.2424	0.2180	0.3210
9	1988	0.3711	0.3416	0.3596	0.3136	0.2927	0.2732	0.2206	0.3218
10	1989	0.3792	0.3023	0.3663	0.3226	0.3001	0.2712	0.2214	0.3227
11	1990	0.3897	0.3278	0.4381	0.3391	0.3162	0.2752	0.2311	0.3299
12	1991	0.3916	0.3546	0.4429	0.3539	0.3303	0.2773	0.2373	0.3502
13	1992	0.3967	0.4236	0.4605	0.3827	0.3590	0.2963	0.2418	0.3526
14	1993	0.3984	0.4598	0.4618	0.4176	0.3921	0.3446	0.2527	0.3613

样本 i	年份	影响因子规范值 x'_{ij}							水资源承载力规范值 y'_{i0}
		x'_{i1}	x'_{i2}	x'_{i3}	x'_{i4}	x'_{i5}	x'_{i6}	x'_{i7}	
15	1994	0.4014	0.4776	0.4764	0.4449	0.4209	0.4781	0.3830	0.3651
16	1995	0.4072	0.4755	0.4726	0.4681	0.4437	0.4883	0.4847	0.3755
17	1996	0.4132	0.4703	0.4516	0.4813	0.4563	0.3340	0.4986	0.4277
18	1997	0.4183	0.4735	0.4030	0.4905	0.4651	0.3266	0.5192	0.4804
19	1998	0.4214	0.5089	0.4079	0.4997	0.4740	0.3404	0.5229	0.4776
20	1999	0.4237	0.5099	0.4046	0.5076	0.4816	0.3376	0.5185	0.4695
21	2000	0.4253	0.5112	0.4121	0.5170	0.4909	0.2932	0.5275	0.4706

注：19～21 为检测样本。

10.3.2 水资源承载力的 NV-FNN 预测模型的计算输出值

选取表 10-15 中序号 1～18 的样本作为 18 个建模样本，选取序号 19～21 的样本作为模型的 3 个检测（预测）样本。按照训练样本的组成法，由每个建模样本的 7 个影响因子的规范值 x'_{ij} 及相应的水资源承载力规范值 y'_{i0} 组成 7 个训练样本。将序号 1～18 的 18 个建模样本共组成的 126 个训练样本的规范值，分别代入 NV-FNN(2)［式(8-4)］和 NV-FNN(3)［式(8-5)］模型中，用免疫进化算法分别对模型中参数迭代优化。当 NV-FNN(2) 和 NV-FNN(3) 的优化目标函数式(8-6)分别满足 $Q_0=0.0022$ 和 $Q_0=0.0017$ 时，停止迭代，得到参数优化后 NV-FNN(2) 和 NV-FNN(3) 模型的输出计算式，分别如式(10-8)和式(10-9)所示。由式(10-8)和式(10-9)计算得到两种 NV-FNN 预测模型的建模样本(样本 1～18)的模型拟合输出值及检测样本(样本 19～21)的模型计算输出值 y'_i，见表 10-16。计算得到两种 NV-FNN 预测模型的建模样本模型输出的拟合相对误差绝对值 r'_i (%)，见表 10-17。

$$y(2) = 0.4505 \times \frac{1-e^{-(0.9670x'_{j1}+0.6736x'_{j2})}}{1+e^{-(0.9670x'_{j1}+0.6736x'_{j2})}} + 0.7482 \times \frac{1-e^{-(0.8811x'_{j1}+0.7763x'_{j2})}}{1+e^{-(0.8811x'_{j1}+0.7763x'_{j2})}} \tag{10-8}$$

$$y(3) = 0.2367 \times \frac{1-e^{-(0.9790x'_{j1}+0.8398x'_{j2}+0.8413x'_{j3})}}{1+e^{-(0.9790x'_{j1}+0.8398x'_{j2}+0.8413x'_{j3})}} + 0.7195 \times \frac{1-e^{-(0.6111x'_{j1}+0.8778x'_{j2}+0.4744x'_{j3})}}{1+e^{-(0.6111x'_{j1}+0.8778x'_{j2}+0.4744x'_{j3})}} \tag{10-9}$$

表 10-16 两种 NV-FNN 预测模型的样本计算输出值 y'_i

样本 i	NV-FNN(2)	NV-FNN(3)	样本 i	NV-FNN(2)	NV-FNN(3)	样本 i	NV-FNN(2)	NV-FNN(3)
1	0.2022	0.2071	8	0.2824	0.2872	15	0.4174	0.4175
2	0.2057	0.2106	9	0.3003	0.3049	16	0.4369	0.4358
3	0.2191	0.2241	10	0.2991	0.3037	17	0.4202	0.4202
4	0.2206	0.2256	11	0.3192	0.3234	18	0.4191	0.4192
5	0.2330	0.2381	12	0.3284	0.3323	19	0.4288	0.4283
6	0.2582	0.2632	13	0.3506	0.3538	20	0.4298	0.4293
7	0.2743	0.2792	14	0.3720	0.3744	21	0.4290	0.4284

注：19～21 为检测样本。

表 10-17　两种 NV-FNN 预测模型的建模样本模型输出的拟合相对误差绝对值 r_i'

建模样本 i	NV-FNN(2)	NV-FNN(3)	建模样本 i	NV-FNN(2)	NV-FNN(3)	建模样本 i	NV-FNN(2)	NV-FNN(3)
1	40.05	43.44	7	6.20	4.52	13	0.57	0.34
2	10.65	8.52	8	12.01	10.52	14	2.95	3.62
3	9.46	7.39	9	6.67	5.24	15	14.33	14.36
4	9.25	7.19	10	7.31	5.88	16	16.34	16.05
5	12.99	11.09	11	3.25	1.98	17	1.76	1.76
6	17.99	16.40	12	6.22	5.11	18	12.75	12.73

注：r_i' 的单位为%。

10.3.3　NV-FNN 预测模型的精度检验

由式(8-7)计算得到两种 NV-FNN 预测模型的 F 统计值分别为 $F(9.57)$ 和 $F(9.63)$。模型的 F 值均大于 $F_{0.005}(5.28)$，表明两种 NV-FNN 预测模型精度检验合格，预测结果具有可信度。

10.3.4　检测样本误差修正后的 NV-FNN 模型输出值及预测值

从表 10-16 可见，分别与水资源承载力的 3 个检测样本(样本 19～21)的两种预测模型输出相似的拟合样本见表 10-18。用式(8-8)～式(8-11)进行误差修正后的 3 个水资源承载力检测样本的两种预测模型的输出值 Y_i'，见表 10-19。再由式(8-2)和式(10-7)的逆运算，计算得到两种预测模型对 3 个检测样本的实际预测值 c_{iY}，亦见表 10-19。

表 10-18　与 3 个检测样本的两种 NV-FNN 预测模型输出相似的建模样本

检测样本 i	NV-FNN(2)	NV-FNN(3)	检测样本 i	NV-FNN(2)	NV-FNN(3)	检测样本 i	NV-FNN(2)	NV-FNN(3)
19	15, 16, 17	15, 16, 17	20	15, 17	15, 17	21	15, 17	15, 17

表 10-19　3 个检测样本的两种 NV-FNN 预测模型误差修正后的模型计算输出值 Y_i' 和预测值 c_{iY}

检测样本 i	NV-FNN(2)		NV-FNN(3)		检测样本 i	NV-FNN(2)		NV-FNN(3)	
	Y_i'	c_{iY}	Y_i'	c_{iY}		Y_i'	c_{iY}	Y_i'	c_{iY}
19	0.4834	11727	0.4823	11690	21	0.4700	11291	0.4693	11269
20	0.4710	11323	0.4705	11307					

注：c_{iY} 的单位为 $10^4 \mathrm{m}^3$。

10.3.5　检测样本的多种预测模型预测值的相对误差及比较

3 个检测样本的两种 NV-FNN 预测模型预测值与实际值之间的相对误差绝对值 r_i 及其平均值和最大值如表 10-20 所示。为了比较，表 10-20 中还列出了用基于规范变换与误差修正的投影寻踪回归[2][NV-PPR(2)和 NV-PPR(3)]、支持向量机回归[2][NV-SVR(2)和 NV-SVR(3)]和一元线性回归[2](NV-ULR)以及其他文献[13]用 4 种传统模型和方法对 3 个水资源承载力检测样本预测值的相对误差绝对值及其平均值和最大值。从表 10-20 可见，对同一组检测样本，两种 NV-FNN 预测模型与基于规范变换与误差修正的 NV-PPR 预测模型预测值的相对误差绝对值的平均值和最大值都相差甚微，预测精度较高，且都小于基于规范变换与误差修正的 NV-SVR、NV-ULR 模型和传统的其他 4 种预测模型与方法预测的相应误差。

表 10-20   3 个检测样本的两种 NV-FNN 预测模型与其他多种预测模型预测值的
相对误差绝对值 r_i 及其平均值和最大值

项目		r_i/%					
		NV-FNN(2)	NV-FNN(3)	NV-PPR(2)	NV-PPR(3)	NV-SVR(2)	NV-SVR(3)
检测样本	19	1.66	1.33	0.10	1.21	3.74	0.39
	20	0.42	0.27	1.69	0.17	3.48	2.39
	21	0.16	0.35	1.08	0.77	1.59	1.40
平均值		0.75	0.65	0.96	0.72	2.94	1.39
最大值		1.66	1.33	1.69	1.21	3.74	2.39

项目		r_i/%				
		NV-ULR	偏最小二乘	BP 神经网络	LS-SVM(Linear)	LS-SVM(RBF)
检测样本	19	3.90	1.13	7.17	1.33	4.04
	20	2.62	5.16	3.86	2.49	0.34
	21	0.52	9.66	5.48	6.82	1.50
平均值		2.35	5.32	5.50	3.55	1.96
最大值		3.90	9.66	7.17	6.82	4.04

10.4   NV-FNN 预测模型用于密云水库溶解氧时序预测

10.4.1   密云水库溶解氧时序变量的参照值及变换式

2010 年北京市密云水库入口处的溶解氧(DO)各周监测的时间序列(可简称时序)数据 c_t($t=1, 2, \cdots, 22$) 见表 10-21[14]。设置时间序列数据变换式如式(10-10)所示，由式(10-10)和式(8-2)计算得到 DO 时间序列数据的规范值 x'_t (x'_t 亦为样本预测变量的模型期望输出值 y'_{i0})见表 10-21。取 t 时刻前的最近邻时刻数 k=3，则从第 4 个样本(t=4)的数据规范值开始，由 DO 第 t 个样本的前 3 个最近邻时间序列数据的规范值 x'_{t-1}、x'_{t-2}、x'_{t-3} 构成第 t 个样本的 3 个影响因子(x'_{j1}、x'_{j2}、x'_{j3})，则全部 19 个时间序列样本 i(第 34~52 周)的 3 个影响因子的规范值见表 10-21。

$$X_t = \begin{cases} (c_t - c_b)/c_{t0}, & c_t \geqslant c_{t0} + c_b \\ 1, & c_t < c_{t0} + c_b \end{cases}, \text{对 DO} \tag{10-10}$$

式中，参照值 c_{t0}=0.05mg/L；阈值 c_b=6mg/L；c_b、c_t 和 c_{t0} 的单位相同，均为 mg/L。

表 10-21　2010 年(31～52 周)北京密云水库入口处的 DO 监测数据 c_t 及其规范值 x'_t

样本 i	时间/周	监测值 c_t	规范值 x'_t	$k=3$		
				$x'_{t-1}(x'_{j1})$	$x'_{t-2}(x'_{j2})$	$x'_{t-3}(x'_{j3})$
1	31	6.49	0.2282	—	—	—
2	32	6.79	0.2760	—	—	—
3	33	6.94	0.2934	—	—	—
4	34	6.89	0.2879	0.2934	0.2760	0.2282
5	35	6.90	0.2890	0.2879	0.2934	0.2760
6	36	6.88	0.2868	0.2890	0.2879	0.2934
7	37	7.09	0.3082	0.2868	0.2890	0.2879
8	38	7.02	0.3016	0.3082	0.2868	0.2890
9	39	7.25	0.3219	0.3016	0.3082	0.2868
10	40	7.34	0.3288	0.3219	0.3016	0.3082
11	41	7.23	0.3203	0.3288	0.3219	0.3016
12	42	7.40	0.3332	0.3203	0.3288	0.3219
13	43	7.94	0.3658	0.3332	0.3203	0.3288
14	44	8.33	0.3842	0.3658	0.3332	0.3203
15	45	8.47	0.3900	0.3842	0.3658	0.3332
16	46	8.64	0.3967	0.3900	0.3842	0.3658
17	47	8.98	0.4088	0.3967	0.3900	0.3842
18	48	9.28	0.4184	0.4088	0.3967	0.3900
19	49	9.65	0.4290	0.4184	0.4088	0.3967
20	50	9.65	0.4290	0.4290	0.4184	0.4088
21	51	9.81	0.4333	0.4290	0.4290	0.4184
22	52	9.79	0.4328	0.4333	0.4290	0.4290

注：19～22 为检测样本。c_t 的单位为 mg/L。

10.4.2　溶解氧时序变量的 NV-FNN 预测模型的计算输出值

分别选取表 10-21 中样本 4～18 和样本 19～22 的时间序列变量规范值 x'_t 及其前 3 个最近邻时间序列数据规范值 x'_{t-1}、x'_{t-2}、x'_{t-3} 组成的样本作为建模样本和检测(预测)样本。其中，x'_t 为样本预测变量的模型期望输出值 y'_{i0}，x'_{t-1}、x'_{t-2}、x'_{t-3} 为样本影响因子的模型输入值 x'_{j1}、x'_{j2}、x'_{j3}。按照训练样本的组成法，每个建模样本组成 3 个训练样本，样本 4～18 的 15 个建模样本共组成 45 个训练样本，将其规范值分别代入 NV-FNN(2)[式(8-4)]和 NV-FNN(3)[式(8-5)]模型中，用免疫进化算法分别对模型中参数迭代优化。当 NV-FNN(2)和 NV-FNN(3)的优化目标函数式(8-6)分别满足 Q_0=0.000206 和 Q_0=0.000016 时，停止迭代，得到参数优化后 NV-FNN(2)和 NV-FNN(3)模型的输出计算式，如式(10-11)

和式(10-12)所示。由式(10-11)和式(10-12)计算得到两种 NV-FNN 预测模型的建模样本(样本4～18)的模型拟合输出值及检测样本(样本19～22)的模型计算输出值 y_i'，见表10-22。计算得到两种 NV-FNN 预测模型的建模样本模型输出的拟合相对误差绝对值 r_i'（%），见表10-23。

$$y(2)=0.8113\times\frac{1-e^{-(0.7412x_{j1}'+0.4873x_{j2}')}}{1+e^{-(0.7412x_{j1}'+0.4873x_{j2}')}}+0.9768\times\frac{1-e^{-(0.7499x_{j1}'+0.4023x_{j2}')}}{1+e^{-(0.7499x_{j1}'+0.4023x_{j2}')}} \quad (10\text{-}11)$$

$$y(3)=0.4749\times\frac{1-e^{-(0.6479x_{j1}'+0.5406x_{j2}'+0.9854x_{j3}')}}{1+e^{-(0.6479x_{j1}'+0.5406x_{j2}'+0.9854x_{j3}')}}+0.6434\times\frac{1-e^{-(0.5930x_{j1}'+0.8354x_{j2}'+0.3651x_{j3}')}}{1+e^{-(0.5930x_{j1}'+0.8354x_{j2}'+0.3651x_{j3}')}} \quad (10\text{-}12)$$

表 10-22　两种 NV-FNN 预测模型的样本计算输出值 y_i'

样本 i	NV-FNN(2)	NV-FNN(3)	样本 i	NV-FNN(2)	NV-FNN(3)	样本 i	NV-FNN(2)	NV-FNN(3)
4	0.2798	0.2841	11	0.3329	0.3360	18	0.4151	0.4143
5	0.3003	0.3043	12	0.3393	0.3422	19	0.4245	0.4232
6	0.3048	0.3087	13	0.3431	0.3459	20	0.4353	0.4332
7	0.3025	0.3065	14	0.3557	0.3580	21	0.4420	0.4394
8	0.3095	0.3133	15	0.3773	0.3787	22	0.4470	0.4440
9	0.3138	0.3175	16	0.3965	0.3968			
10	0.3258	0.3292	17	0.4069	0.4066			

注：19～22 为检测样本。

表 10-23　两种 NV-FNN 预测模型的建模样本模型输出的拟合相对误差绝对值 r_i'

建模样本 i	NV-FNN(2)	NV-FNN(3)	建模样本 i	NV-FNN(2)	NV-FNN(3)	建模样本 i	NV-FNN(2)	NV-FNN(3)
4	2.83	1.33	9	2.51	1.37	14	7.41	6.81
5	3.91	5.28	10	0.91	0.10	15	3.25	2.90
6	6.28	7.63	11	3.93	4.91	16	0.04	0.05
7	1.83	0.56	12	1.81	2.69	17	0.46	0.53
8	2.64	3.89	13	6.21	5.45	18	0.78	0.96

注：r_i' 的单位为%。

10.4.3　NV-FNN 预测模型的精度检验

由式(8-7)计算得到两种 NV-FNN 预测模型的 F 统计值分别为 $F(100.40)$ 和 $F(93.70)$。模型的 F 值均远大于 $F_{0.005}(6.48)$，表明两种 NV-FNN 预测模型精度检验合格，预测结果具有可信度。

10.4.4　检测样本误差修正后的 NV-FNN 模型输出值及预测值

从表 10-22 可见，分别与 4 个 DO 时序检测样本(样本 19～22)的两种 NV-FNN 预测模型输出相似的建模样本见表 10-24。用式(8-8)～式(8-11)进行误差修正后的 4 个 DO 时序检测样本的两种 NV-FNN 预测模型的输出值 Y_i'，见表 10-25。再由式(8-2)和式(10-10)的逆运算，计算得到两种 NV-FNN 预测模型对 4 个 DO 时序检测样本的预测值 c_{iY}，亦见表 10-25。

表 10-24　与 4 个 DO 时序检测样本的两种 NV-FNN 预测模型输出相似的建模样本

检测样本 i	NV-FNN(2)	NV-FNN(3)	检测样本 i	NV-FNN(2)	NV-FNN(3)
19	18	18	21	19, 20	19, 20
20	18, 19	18, 19	22	21	21

表 10-25　4 个 DO 时序检测样本的两种 NV-FNN 预测模型误差修正后的模型计算输出值 Y_i' 和预测值 c_{iY}

检测样本 i	NV-FNN(2)		NV-FNN(3)		检测样本 i	NV-FNN(2)		NV-FNN(3)	
	Y_i'	c_{iY}	Y_i'	c_{iY}		Y_i'	c_{iY}	Y_i'	c_{iY}
19	0.4279	9.61	0.4274	9.59	21	0.4363	9.92	0.4342	9.84
20	0.4312	9.73	0.4281	9.62	22	0.4381	10.00	0.4378	9.98

注：c_{iY} 的单位为 mg/L。

10.4.5　检测样本的多种预测模型预测值的相对误差及比较

4 个 DO 时序检测样本的两种 NV-FNN 预测模型预测值与实际值之间的相对误差绝对值 r_i 及其平均值和最大值如表 10-26 所示。为了比较，表 10-26 中还列出了用基于规范变换与误差修正的投影寻踪回归[2][NV-PPR(2)和 NV-PPR(3)]、支持向量机回归[2][NV-SVR(2)和 NV-SVR(3)]和一元线性回归[2](NV-ULR)以及文献[14]用灰色预测模型对 4 个 DO 时序检测样本预测值的相对误差绝对值及其平均值和最大值。从表 10-26 可见，对同一组检测样本，两种 NV-FNN 预测模型与基于规范变换与误差修正的 NV-PPR(3)、NV-SVR 和 NV-ULR 预测模型预测值的相对误差绝对值的平均值和最大值都相差甚微，预测精度较高，且都小于传统的灰色预测模型预测的相应误差。

表 10-26　4 个 DO 时序检测样本的两种 NV-FNN 预测模型与其他多种预测模型预测值的
相对误差绝对值 r_i 及其平均值和最大值

项目		r_i/%							
		NV-FNN(2)	NV-FNN(3)	NV-PPR(2)	NV-PPR(3)	NV-SVR(2)	NV-SVR(3)	NV-ULR	灰色预测模型
检测样本	19	0.41	0.62	0.31	0.21	2.28	2.18	0.41	4.80
	20	0.83	0.31	4.25	1.45	0.21	0.52	1.76	2.81
	21	1.12	0.31	0.92	0.10	0.41	0.31	0.81	2.40
	22	2.15	1.94	2.15	2.15	0.20	0.10	2.04	0.15
平均值		1.13	0.80	1.91	0.98	0.78	0.78	1.25	2.54
最大值		2.15	1.94	4.25	2.15	2.28	2.18	2.04	4.80

10.5　NV-FNN 预测模型用于牡丹江市 TSP 浓度时序预测

10.5.1　牡丹江市 TSP 时序变量的参照值及变换式

1991～2002 年牡丹江市各年监测的 TSP 年均浓度的时间序列数据 $c_t(t=1,2,\cdots,12)$ 见表 10-27[15]。设置时间序列数据变换式如式(10-13)所示，由式(10-13)和式(8-2)计算出 TSP 浓度时间序列的规范值 x'_t，见表 10-27。取 t 时刻前的最近邻时刻数 $k=3$，则从第 4 个样本(1994 年)的数据规范值起始，由 TSP 第 t 个样本的前 3 个最近邻时序数据的规范值 x'_{t-1}、x'_{t-2}、x'_{t-3} 构成第 t 个样本 x'_t 的 3 个影响因子(x'_{j1}、x'_{j2}、x'_{j3})，则全部 9 个时间序列样本(1994～2002 年)的 3 个影响因子的规范值见表 10-27。

$$X_t = \begin{cases} (c_t/c_{t0})^2, & c_t \geq c_{t0} \\ 1, & c_t < c_{t0} \end{cases} \quad \text{对TSP} \qquad (10\text{-}13)$$

式中，参照值 c_{t0}=0.05mg/m^3；c_t 和 c_{t0} 的单位相同，皆为 mg/m^3。

表 10-27　1991～2002 年牡丹江市 TSP 年均浓度监测值 c_t 及其规范值 x'_t

样本 i	年份	TSP 监测值 c_t	TSP 规范值 x'_t	$x'_{t-1}(x'_{j1})$	$x'_{t-2}(x'_{j2})$	$x'_{t-3}(x'_{j3})$
					k=3	
1	1991	0.515	0.4664	—	—	—
2	1992	0.507	0.4633	—	—	—
3	1993	0.444	0.4368	—	—	—
4	1994	0.403	0.4174	0.4368	0.4633	0.4664
5	1995	0.365	0.3976	0.4174	0.4368	0.4633
6	1996	0.381	0.4062	0.3976	0.4174	0.4368
7	1997	0.379	0.4051	0.4062	0.3976	0.4174
8	1998	0.369	0.3998	0.4051	0.4062	0.3976
9	1999	0.359	0.3943	0.3998	0.4051	0.4062
10	2000	0.203	0.2802	0.3943	0.3998	0.4051
11	2001	0.228	0.3035	0.2802	0.3943	0.3998
12	2002	0.260	0.3297	0.3035	0.2802	0.3943

注：11、12 为检测样本。c_t 单位为 mg/m^3。

10.5.2　TSP 时序变量的 NV-FNN 预测模型的计算输出值

分别选取表 10-27 中样本 4～10 和样本 11、12 的时间序列变量规范值 x'_t 及其前 3 个最近邻时间序列数据规范值 x'_{t-1}、x'_{t-2}、x'_{t-3} 组成的样本作为建模样本和检测(预测)样本。其中，x'_t 为样本预测变量的模型期望输出值 y'_{i0}，x'_{t-1}、x'_{t-2}、x'_{t-3} 为样本影响因子的模型输入值 x'_{j1}、x'_{j2}、x'_{j3}。按照训练样本的组成法，由每个建模样本组成 3 个训练样本，样本 4～

10 的 7 个建模样本共组成 21 个训练样本，将其规范值分别代入 NV-FNN(2)[式(8-4)]和 NV-FNN(3)[式(8-5)]模型中，用免疫进化算法分别对模型中参数迭代优化。当 NV-FNN(2)和 NV-FNN(3)的优化目标函数式(8-6)分别满足 $Q_0=0.0015$ 和 $Q_0=0.0015$ 时，停止迭代，得到参数优化后 NV-FNN(2)和 NV-FNN(3)模型的输出计算式，分别如式(10-14)和式(10-15)所示。由式(10-14)和式(10-15)计算得到两种 NV-FNN 预测模型的建模样本(样本4~10)的模型拟合输出值及检测样本(样本 11、12)的模型计算输出值 y_i'，见表 10-28。计算得到两种 NV-FNN 预测模型的建模样本模型输出的拟合相对误差绝对值 r_i'(%)，见表 10-29。

$$y(2) = 0.6019 \times \frac{1-e^{-(0.9614x_{j1}'+0.7283x_{j2}')}}{1+e^{-(0.9614x_{j1}'+0.7283x_{j2}')}} + 0.6573 \times \frac{1-e^{-(0.5931x_{j1}'+0.7115x_{j2}')}}{1+e^{-(0.5931x_{j1}'+0.7115x_{j2}')}} \quad (10\text{-}14)$$

$$y(3) = 0.8280 \times \frac{1-e^{-(0.5247x_{j1}'+0.1662x_{j2}'+0.3015x_{j3}')}}{1+e^{-(0.5247x_{j1}'+0.1662x_{j2}'+0.3015x_{j3}')}} + 0.8802 \times \frac{1-e^{-(0.2546x_{j1}'+0.4572x_{j2}'+0.4768x_{j3}')}}{1+e^{-(0.2546x_{j1}'+0.4572x_{j2}'+0.4768x_{j3}')}} \quad (10\text{-}15)$$

表 10-28　两种 NV-FNN 预测模型的样本计算输出值 y_i'

样本 i	NV-FNN(2)	NV-FNN(3)	样本 i	NV-FNN(2)	NV-FNN(3)	样本 i	NV-FNN(2)	NV-FNN(3)
4	0.4106	0.4166	7	0.3697	0.3739	10	0.3635	0.3674
5	0.3969	0.4023	8	0.3663	0.3702	11	0.3274	0.3297
6	0.3784	0.3829	9	0.3669	0.3709	12	0.2990	0.3008

注：11、12 为检测样本。

表 10-29　两种 NV-FNN 预测模型的建模样本模型输出的拟合相对误差绝对值 r_i'

建模样本 i	NV-FNN(2)	NV-FNN(3)	建模样本 i	NV-FNN(2)	NV-FNN(3)	建模样本 i	NV-FNN(2)	NV-FNN(3)
4	1.63	0.18	7	8.73	7.71	10	29.71	31.09
5	0.17	1.18	8	8.38	7.38			
6	6.83	5.72	9	6.95	5.93			

注：r_i' 的单位为%。

10.5.3　NV-FNN 预测模型的精度检验

由式(8-7)计算得到两种 NV-FNN 预测模型的 F 统计值分别为 $F(7.97)$ 和 $F(6.82)$。模型的 F 值均大于 $F_{0.025}(5.08)$，表明两种 NV-FNN 预测模型精度检验合格，预测结果具有可信度。

10.5.4　检测样本误差修正后的 NV-FNN 模型输出值及预测值

从表 10-28 可见，分别与 2 个 TSP 时序检测样本(样本 11、12)的两种 NV-FNN 预测模型输出相似的建模样本见表 10-30。用式(8-8)~式(8-11)进行误差修正后的 2 个 TSP 时序检测样本的两种 NV-FNN 预测模型的输出值 Y_i'，见表 10-31。再由式(8-2)和式(10-13)的逆运算，计算得到两种 NV-FNN 预测模型对 2 个 TSP 时序检测样本的预测值 c_{iY}，亦见表 10-31。

表 10-30　与 2 个 TSP 时序检测样本的两种 NV-FNN 预测模型输出相似的建模样本

检测样本 i	NV-FNN(2)	NV-FNN(3)	检测样本 i	NV-FNN(2)	NV-FNN(3)
11	9, 10	9, 10	12	9, 10, 11	9, 10, 11

表 10-31　2 个 TSP 时序检测样本的两种 NV-FNN 预测模型误差修正后的模型计算输出值 Y_i' 和预测值 c_{iY}

检测样本 i	NV-FNN(2)		NV-FNN(3)		检测样本 i	NV-FNN(2)		NV-FNN(3)	
	Y_i'	c_{iY}	Y_i'	c_{iY}		Y_i'	c_{iY}	Y_i'	c_{iY}
11	0.3037	0.228	0.3035	0.228	12	0.3309	0.262	0.3332	0.265

注：c_{iY} 的单位为 mg/m³。

10.5.5　检测样本的多种预测模型预测值的相对误差及比较

2 个 TSP 时序检测样本的两种 NV-FNN 预测模型预测值与实际值之间的相对误差绝对值 r_i 及其平均值和最大值如表 10-32 所示。为了比较，表 10-32 中还列出了用基于规范变换与误差修正的投影寻踪回归[2][NV-PPR(2)和 NV-PPR(3)]、支持向量机回归[2][NV-SVR(2)和 NV-SVR(3)]和一元线性回归[2](NV-ULR)以及文献[15]用传统灰色预测模型对 2 个 TSP 时序样本预测值的相对误差绝对值 r_i 及其平均值和最大值。从表 10-32 可见，对同一组检测样本，两种 NV-FNN 预测模型与基于规范变换与误差修正的 NV-PPR 和 NV-ULR 预测模型预测值的相对误差绝对值的平均值和最大值都相差甚微，预测精度较高，且都小于 NV-SVR 预测模型和传统的灰色预测模型预测的相应误差。

表 10-32　2 个 TSP 时序检测样本的两种 NV-FNN 预测模型与其他多种预测模型预测值的
相对误差绝对值 r_i 及其平均值和最大值

项目		r_i/%							
		NV-FNN (2)	NV-FNN (3)	NV-PPR (2)	NV-PPR (3)	NV-SVR (2)	NV-SVR (3)	NV-ULR	灰色预测模型[15]
检测样本	11	0.00	0.00	0.44	0.44	3.50	3.50	0.44	14.91
	12	0.77	1.92	1.54	0.38	0.00	0.38	0.77	5.77
平均值		0.39	0.96	0.99	0.41	1.75	1.94	0.61	10.34
最大值		0.77	1.92	1.54	0.44	3.50	3.50	0.77	14.91

10.6　NV-FNN 预测模型用于伦河孝感段 COD_{Mn} 时序预测

10.6.1　伦河孝感段 COD_{Mn} 时序变量的参照值及变换式

2008 年 8 月～2011 年 12 月伦河孝感段(每 2 个月采集 1 次数据)COD_{Mn} 监测的时间序列数据 $c_t(t=1, 2, \cdots, 21)$ 见表 10-33[16]。设置 COD_{Mn} 时间序列数据变换式如式(10-16)所示，由式(10-16)和式(8-2)计算得到 COD_{Mn} 时间序列的规范值 x_t'，见表 10-33。取 t 时刻

前的最近邻时刻数 $k=3$，则从第 4 个样本的数据规范值起始，由 COD_{Mn} 第 t 个样本的前 3 个最近邻时间序列数据的规范值 x'_{t-1}、x'_{t-2}、x'_{t-3} 构成第 t 个样本 x'_t 的 3 个影响因子（x'_{j1}、x'_{j2}、x'_{j3}），则全部 18 个时间序列样本 4～21（2008～2011 年）的 3 个影响因子的规范值见表 10-33。

$$X_t = \begin{cases} (c_t / c_{t0})^2, & c_t \geq c_{t0} \\ 1, & c_t < c_{t0} \end{cases}, \quad 对 COD_{Mn} \tag{10-16}$$

式中，参照值 $c_{t0}=0.5mg/L$；c_t 和 c_{t0} 的单位均为 mg/L。

表 10-33　2008 年 8 月～2011 年 12 月伦河孝感段的 COD_{Mn} 监测值 c_t 及其规范值 x'_t

样本 t	COD_{Mn} 监测值 c_t	COD_{Mn} 规范值 x'_t	$k=3$		
			$x'_{t-1}(x'_{j1})$	$x'_{t-2}(x'_{j2})$	$x'_{t-3}(x'_{j3})$
1	2.26	0.3017	—	—	—
2	2.56	0.3266	—	—	—
3	2.15	0.2917	—	—	—
4	2.10	0.2870	0.2917	0.3266	0.3017
5	1.90	0.2670	0.2870	0.2917	0.3266
6	2.40	0.3137	0.2670	0.2870	0.2917
7	2.03	0.2802	0.3137	0.2670	0.2870
8	1.93	0.2701	0.2802	0.3137	0.2670
9	2.23	0.2990	0.2701	0.2802	0.3137
10	2.33	0.3078	0.2990	0.2701	0.2802
11	4.25	0.4280	0.3078	0.2990	0.2701
12	3.37	0.3816	0.4280	0.3078	0.2990
13	3.36	0.3810	0.3816	0.4280	0.3078
14	3.25	0.3744	0.3810	0.3816	0.4280
15	2.77	0.3424	0.3744	0.3810	0.3816
16	3.25	0.3744	0.3424	0.3744	0.3810
17	2.85	0.3481	0.3744	0.3424	0.3744
18	2.76	0.3417	0.3481	0.3744	0.3424
19	2.71	0.3380	0.3417	0.3481	0.3744
20	2.76	0.3417	0.3380	0.3417	0.3481
21	2.78	0.3431	0.3417	0.3380	0.3417

注：19～21 为检测样本。c_t 的单位为 mg/L。

10.6.2　COD_{Mn} 时序变量的 NV-FNN 预测模型的计算输出值

分别选取表 10-33 中样本 4～18 和样本 19～21 的时间序列变量规范值 x'_t 及其前 3 个最近邻时间序列数据规范值 x'_{t-1}、x'_{t-2}、x'_{t-3} 组成的样本作为建模样本和检测（预测）样本。其中，x'_t 为样本预测变量的模型期望输出值 y'_{i0}；x'_{t-1}、x'_{t-2}、x'_{t-3} 为样本影响因子的模型输入

值 x'_{j1}、x'_{j2}、x'_{j3}。按照训练样本的组成法，由每个建模样本组成 3 个训练样本，样本 4～18 的 15 个建模样本共组成 45 个训练样本，将其规范值分别代入 NV-FNN(2)[式(8-4)]和 NV-FNN(3)[式(8-5)]模型中，用免疫进化算法分别对模型中参数迭代优化。当 NV-FNN(2)和 NV-FNN(3)的优化目标函数式(8-6)分别满足 $Q_0=0.0018$ 和 $Q_0=0.0016$ 时，停止迭代，得到参数优化后 NV-FNN(2)和 NV-FNN(3)模型的输出计算式，分别如式(10-17)和式(10-18)所示。由式(10-17)和式(10-18)计算得到两种 NV-FNN 预测模型的建模样本(样本 4～18)的模型拟合输出值及检测样本(样本 19～21)的模型计算输出值 y'_i，见表 10-34。计算得到两种 NV-FNN 预测模型的建模样本的模型输出的拟合相对误差绝对值 r'_i(%)，见表 10-35。

$$y(2) = 0.6083 \times \frac{1-e^{-(0.6304x'_{j1}+0.9534x'_{j2})}}{1+e^{-(0.6304x'_{j1}+0.9534x'_{j2})}} + 0.6187 \times \frac{1-e^{-(0.8189x'_{j1}+0.9640x'_{j2})}}{1+e^{-(0.8189x'_{j1}+0.9640x'_{j2})}}$$

$$(10\text{-}17)$$

$$y(3) = 0.6833 \times \frac{1-e^{-(0.7044x'_{j1}+0.7193x'_{j2}+0.8378x'_{j3})}}{1+e^{-(0.7044x'_{j1}+0.7193x'_{j2}+0.8378x'_{j3})}} + 0.3212 \times \frac{1-e^{-(0.5732x'_{j1}+0.7954x'_{j2}+0.3573x'_{j3})}}{1+e^{-(0.5732x'_{j1}+0.7954x'_{j2}+0.3573x'_{j3})}} \quad (10\text{-}18)$$

表 10-34　两种 NV-FNN 预测模型的样本计算输出值 y'_i

样本 i	NV-FNN(2)	NV-FNN(3)	样本 i	NV-FNN(2)	NV-FNN(3)	样本 i	NV-FNN(2)	NV-FNN(3)
4	0.3099	0.3110	10	0.2870	0.2885	16	0.3664	0.3658
5	0.3052	0.3063	11	0.2960	0.2973	17	0.3644	0.3638
6	0.2859	0.2873	12	0.3464	0.3466	18	0.3561	0.3558
7	0.2930	0.2944	13	0.3724	0.3717	19	0.3559	0.3556
8	0.2908	0.2922	14	0.3953	0.3935	20	0.3444	0.3445
9	0.2918	0.2932	15	0.3787	0.3776	21	0.3423	0.3425

注：19～21 为检测样本。

表 10-35　两种 NV-FNN 预测模型的建模样本模型输出的拟合相对误差绝对值 r'_i

建模样本 i	NV-FNN(2)	NV-FNN(3)	建模样本 i	NV-FNN(2)	NV-FNN(3)	建模样本 i	NV-FNN(2)	NV-FNN(3)
4	7.98	8.34	9	2.42	1.95	14	5.59	5.11
5	14.30	14.72	10	6.75	6.27	15	10.60	10.28
6	8.88	8.41	11	30.85	30.54	16	2.11	2.28
7	4.56	5.05	12	9.23	9.16	17	4.68	4.52
8	7.65	8.17	13	2.25	2.44	18	4.22	4.15

注：r'_i 的单位为%。

10.6.3　NV-FNN 预测模型的精度检验

由式(8-7)计算得到两种 NV-FNN 预测模型的 F 统计值分别为 $F(4.30)$ 和 $F(4.32)$。模型的 F 值均大于 $F_{0.025}(4.24)$，表明两种 NV-FNN 预测模型精度检验合格，预测结果具有可信度。

10.6.4　检测样本误差修正后的 NV-FNN 模型输出值及预测值

从表 10-34 可见，分别与 3 个 COD_{Mn} 时序检测样本(样本 19～21)的两种 NV-FNN 预测模型输出相似的建模样本见表 10-36。用式(8-8)～式(8-11)进行误差修正后的 3 个 COD_{Mn} 时序检测样本的两种 NV-FNN 预测模型的输出值 Y_i'，见表 10-37。再由式(8-2)和式(10-16)的逆运算，计算得到两种 NV-FNN 预测模型对 3 个 COD_{Mn} 时序检测样本的预测值 c_{iY}，亦见表 10-37。

表 10-36　与 3 个 COD_{Mn} 时序检测样本的两种 NV-FNN 预测模型输出相似的建模样本

检测样本 i	NV-FNN(2)	NV-FNN(3)	检测样本 i	NV-FNN(2)	NV-FNN(3)	检测样本 i	NV-FNN(2)	NV-FNN(3)
19	18	18	20	12, 18	12, 18	21	12, 18	12, 18

表 10-37　3 个 COD_{Mn} 时序检测样本的两种 NV-FNN 预测模型误差修正后的模型
计算输出值 Y_i' 和预测值 c_{iY}

检测样本 i	NV-FNN(2)		NV-FNN(3)		检测样本 i	NV-FNN(2)		NV-FNN(3)	
	Y_i'	c_{iY}	Y_i'	c_{iY}		Y_i'	c_{iY}	Y_i'	c_{iY}
19	0.3415	2.76	0.3414	2.76	21	0.3353	2.67	0.3354	2.67
20	0.3372	2.70	0.3373	2.70					

注：c_{iY} 的单位为 mg/L。

10.6.5　检测样本的多种预测模型预测值的相对误差及比较

3 个 COD_{Mn} 时序检测样本的两种 NV-FNN 预测模型预测值与实际值之间的相对误差绝对值 r_i 及其平均值和最大值如表 10-38 所示。为了比较，表 10-38 中还列出了用基于规范变换与误差修正的投影寻踪回归[2][NV-PPR(2) 和 NV-PPR(3)]、支持向量机回归[2][NV-SVR(2) 和 NV-SVR(3)]和一元线性回归[2](NV-ULR)以及文献[16]用灰色预测模型对 3 个 COD_{Mn} 时序检测样本预测值的相对误差绝对值及其平均值和最大值。从表 10-38 可见，对同一组检测样本，两种 NV-FNN 预测模型与基于规范变换与误差修正的 NV-PPR、NV-SVR 和 NV-ULR 预测模型预测值的相对误差绝对值的平均值和最大值都相差甚微，预测精度较高，且均远小于传统的灰色预测模型预测的相应误差。

表 10-38　3 个 COD_{Mn} 时序检测样本的两种 NV-FNN 预测模型与其他多种预测模型预测值的
相对误差绝对值 r_i 及其平均值和最大值

项目		r_i/%							
		NV-FNN (2)	NV-FNN (3)	NV-PPR (2)	NV-PPR (3)	NV-SVR (2)	NV-SVR (3)	NV-ULR	灰色预测模型
检测样本	19	1.85	1.85	1.85	1.85	1.85	1.85	1.85	11.98
	20	2.17	2.17	0.72	4.35	0.72	3.62	0.72	11.80
	21	3.96	3.96	2.52	4.68	3.60	1.80	1.80	12.87

项目	$r_i/\%$							
	NV-FNN (2)	NV-FNN (3)	NV-PPR (2)	NV-PPR (3)	NV-SVR (2)	NV-SVR (3)	NV-ULR	灰色预测模型
平均值	2.66	2.66	1.70	3.63	2.06	2.42	1.46	12.22
最大值	3.96	3.96	2.52	4.68	3.60	3.62	1.85	12.87

10.7 本 章 小 结

本章将基于规范变换与误差修正相结合的两种 NV-FNN 预测模型用于水文、水资源以及大气环境、水环境要素的时间序列等实例预测,并将其预测结果与其他多种预测模型和方法的预测结果比较,表明:对多个检测样本,两种 NV-FNN 预测模型与基于规范变换与误差修正相结合的 NV-PPR、NV-SVR 和 NV-ULR 预测模型预测的相对误差绝对值的平均值和最大值差异甚微,且除个别情况外,都小于传统预测模型预测的相应误差。

参 考 文 献

[1] 金菊良, 杨晓华, 金保明, 等. 门限回归模型在年径流预测中的应用[J]. 冰川冻土, 2000, 22(3): 230-234.

[2] 李祚泳, 余春雪, 汪嘉杨. 环境评价与预测的普适模型[M]. 北京: 科学出版社, 2022.

[3] 蒋尚明, 金菊良, 袁先江, 等. 基于近邻估计的年径流预测动态联系数回归模型[J]. 水利水电技术, 2013, 44(7): 5-9.

[4] 李希灿, 王静, 赵庚星. 径流中长期预报模糊识别优化模型及应用[J]. 数学的实践与认识, 2010, 40(6): 92-98.

[5] 周佩玲, 陶小丽, 傅忠谦, 等. 基于遗传算法的 RBF 网络及应用[J]. 信号处理, 2001, 17(3): 269-273.

[6] 崔东文. 多隐层 BP 神经网络模型在径流预测中的应用[J]. 水文, 2013, 33(1): 68-73.

[7] 崔东文, 金波. 鸟群算法-投影寻踪回归模型在多元变量年径流预测中的应用[J]. 人民珠江, 2016, 37(11): 26-30.

[8] 李佳, 王黎, 马光文, 等. LS-SVM 在径流预测中的应用[J]. 中国农村水利水电, 2008(5): 8-10, 14.

[9] 徐纬芳, 刘成忠, 顾延涛. 基于 PCA 和支持向量机的径流预测应用研究[J]. 水资源与水工程学报, 2010, 21(6): 72-75.

[10] 花蓓, 熊伟, 陈华. 模糊支持向量机在径流预测中的应用[J]. 武汉大学学报(工程版), 2008, 41(1): 5-8.

[11] 陈守煜, 王大刚. 基于遗传算法的模糊优选 BP 网络模型及其应用[J]. 水利学报, 2003, 34(5): 116-121.

[12] 曹邦兴. 基于蚁群径向基函数网络的地下水预测模型[J]. 计算机工程与应用, 2010, 46(2): 224-226.

[13] 孙林, 杨世元, 吴德会. 基于 LS-SVM 城市水资源承载能力预测方法[J]. 水科学与工程技术, 2008, 10(S2): 34-37.

[14] 刘东君, 邹志红. 灰色和神经网络组合模型在水质预测中的应用[J]. 系统工程, 2011, 29(9): 105-109.

[15] 陈世权, 贾毅, 宋居可, 等. 牡丹江市区大气总悬浮颗粒物污染趋势及预测[J]. 黑龙江环境通报, 2003, 27(2): 64-65, 72.

[16] 崔雪梅. 基于灰色 GA-LM-BP 模型的 COD_{Mn} 预测[J]. 水利水电科技进展, 2013, 33(5): 38-41.

第11章 同型规范变换的不同变量的 NV-FNN 预测模型的兼容性和等效性及实例验证

预测变量不同而其变换式中幂指数 n_j 相同(比如同为 2、1 或 0.5)的规范变换称为同型规范变换。传统的不同预测变量的预测模型之间不具有兼容性和等效性,而同型规范变换的不同预测变量的预测模型之间则具有兼容性、等效性和对称性(互换性)。其重要意义在于:只要对某预测变量建立了基于规范变换的某种预测模型,就可以将此预测模型直接用于具有同型规范变换的其他不同预测变量的预测;若再将其与相似样本误差修正法相结合,还可以极大地提高模型的预测精度,获得与实际值很接近的预测结果。同型规范变换的不同预测变量的预测模型的兼容性、等效性和对称性的发现,不仅具有重要的理论意义,而且具有重要的应用价值。本章在论证同型规范变换的不同预测变量的预测模型之间具有兼容性、等效性的理论基础上,验证了具有同型规范变换(n_j=2)的灞河口 COD$_{Mn}$ 指数、伊犁河雅马渡站年径流量和牡丹江市 TSP 浓度时间序列 3 个不同预测变量的 NV-FNN(2) 和 NV-FNN(3) 预测模型之间的兼容性、等效性和对称性,并与其他多种预测模型和方法预测的相对误差进行比较。本章为了叙述简便,某些情况下,将"同型规范变换的不同预测变量的 NV-FNN 预测模型"简记为"同型规范变量的 NV-FNN 预测模型"。

11.1 同型规范变量预测模型的兼容性和等效性的理论基础

由 8.3.1 节式(8-44)可知,用误差修正公式修正后的预测样本模型计算输出值 y'_{xx} 计算得到样本预测值 $\hat{y}_{xx}$ 的相对误差绝对值 $\hat{R}_{xx}$,此 $\hat{R}_{xx}$ 与相似样本的相似度 K、模型计算输出值 y'_s 和拟合相对误差 r'_s 有关,也与表征预测变量原始数据的分布特性及其变化规律的参数 $b(b=10/n_j$,$n_j=0.5,1,2)$ 有关,而与建模样本数(样本容量)、影响因子数以及选择的是何种预测模型均无关。但若是具有同型规范变换的不同预测变量的预测模型,由于变换式中幂指数 n_j 相同,故参数 b 也相同,因而对具有同型规范变换的不同预测变量预测模型,其修正后样本预测值的相对误差 $\hat{R}_{xx}$ 就只随相似样本的 K、r'_s、y'_s 不同而不同,即只与相似样本选择有关,而与预测变量数据的分布特性及其变化规律(参数 b)无关。又由式(8-47)可知,用误差修正公式修正后的相对误差绝对值 $\hat{R}_{xx}$ 与未用误差修正公式修正的相对误差绝对值 $\hat{R}_x$ 的比值 $B(B=\hat{R}_{xx}/\hat{R}_x)$ 仅由相似样本的相似度 K 和拟合相对误差 r'_s 决定,而与相似样本的模型计算输出值 y'_s 无关,并且一定满足 $B<1$ 或 $B\ll1$。故不论是何种预测模型,也不论预测变量具有何种数据的分布特性及变化规律,只要相似样本选择适当,则由式

(8-41)和式(8-43)[或式(8-44)]计算得到的具有同型规范变换的不同预测变量的任何预测样本，修正后的样本预测值$\hat{y}_{xx}$的相对误差绝对值$\hat{R}_{xx}$总小于未修正的样本预测值的相对误差绝对值$\hat{R}_x$，即一定有$\hat{R}_{xx}<\hat{R}_x$。可见，基于同型规范变换的预测变量与误差修正结合的预测模型彼此之间具有兼容性和等效性。兼容性是指任意一个基于规范变换的预测变量的某种预测模型，都可以直接用于具有同型规范变换的其他变量的预测；反之亦然。因此，满足同型规范变换的不同变量的预测模型是彼此协调和兼容的。等效性是指对于同一个预测变量，用具有同型规范变换的不同变量的预测模型进行预测，其效果(预测值及其相对误差)是近似相同的，即彼此等效。具有上述两个特性的规范变换满足对称性。对称性是指与误差修正公式相结合的同型规范变换的不同变量的预测模型，彼此互换(交换)使用，其预测效果差异甚微，具有近似稳定不变性。正是由于同型规范变换与相似样本误差修正法相结合的不同变量的预测模型之间具有兼容性和等效性，才使对基于规范变换的某预测变量建立的某种预测模型，可以直接用于具有同型规范变换的其他变量任何预测样本的预测，而无须了解其他预测变量的样本数、影响因子数及变量数据分布和变化规律等特性，因而给实际应用带来极大方便[1]。

11.2 同型规范变量的 NV-FNN 预测模型用于灞河口 COD_{Mn} 预测

11.2.1 同型规范径流量的 NV-FNN 预测模型用于灞河口 COD_{Mn} 预测

1) 灞河口 COD_{Mn} 指数年均值及其影响因子的参照值和变换式的设置

1993~2003 年西安市灞河口丰水期、枯水期、平水期预测变量COD_{Mn}(C_y)的年均值$c_{iy}(i=1,2,\cdots,11)$及其 3 个影响因子 $C_j(j=1,2,3)$ 的实际值[2] $c_{ij}(i=1,2,\cdots,11;j=1,2,3)$ 见表 9-14。仍设置式(9-7)所示的变换式，只是式中 COD_{Mn} 的参照值设置为 c_{y0}=0.5mg/L。由式(9-7)和式(8-2)计算得到各影响因子的规范值 x'_{ij} 仍见表 9-14，预测变量 c_{iy} 的规范值 y'_{i0} 见表 11-1(第 8 列)。

表 11-1 同型规范变换的两种 NV-FNN 预测模型的 COD_{Mn} 样本的计算输出值 y'_i 及规范值 y'_{i0}

样本 i	年份	y'_i						y'_{i0}	
		式(10-2)	式(10-3)	式(10-14)	式(10-15)	式(9-8)	式(9-9)	式(9-7)	式(9-7)
		NV-FNN(2)	NV-FNN(3)	NV-FNN(2)	NV-FNN(3)	NV-FNN(2)	NV-FNN(3)	c_{y0}=0.5	c_{y0}=0.6
1	1993	0.3638	0.3728	—	—	0.2455	0.2449	0.3358	—
2	1994	0.4735	0.4828	—	—	0.3201	0.3187	0.4040	—
3	1995	0.3749	0.3843	—	—	0.2531	0.2528	0.3409	—
4	1996	0.5881	0.5952	0.2974	0.2992	0.4014	0.3982	0.5058	0.4693
5	1997	0.5140	0.5227	0.3467	0.3502	0.3477	0.3457	0.4381	0.4016
6	1998	0.4471	0.4566	0.3565	0.3603	0.3022	0.3012	0.3869	0.3504

续表

样本 i	年份	y_i'						y_{i0}'	
		式(10-2)	式(10-3)	式(10-14)	式(10-15)	式(9-8)	式(9-9)	式(9-7)	式(9-7)
		NV-FNN(2)	NV-FNN(3)	NV-FNN(2)	NV-FNN(3)	NV-FNN(2)	NV-FNN(3)	$c_{y0}=0.5$	$c_{y0}=0.6$
7	1999	0.5370	0.5454	0.3697	0.3739	0.3635	0.3612	0.4585	0.4233
8	2000	0.3754	0.3846	0.3566	0.3603	0.2534	0.2527	0.3274	0.2909
9	2001	0.4654	0.4746	0.3246	0.3272	0.3145	0.3131	0.4003	0.3638
10	2002	0.4779	0.4870	0.3285	0.3312	0.3231	0.3215	0.4139	0.3774
11	2003	0.4991	0.5080	0.3152	0.3175	0.3374	0.3357	0.4213	0.3848

注：10、11 为检测样本。c_{y0} 的单位为 mg/L。

2) 同型规范变换的 NV-FNN 预测模型的 COD_{Mn} 样本计算输出值及建模样本的拟合相对误差

将表 9-14 中计算得到的样本 i 因子 j 的规范值 x_{ij}' 代入 10.1.2 节新疆伊犁河雅马渡站的年径流量两种 NV-FNN 预测模型[式(10-2)、式(10-3)]，计算得到两种 NV-FNN 预测模型建模样本(样本 1~9)的拟合输出值及检测样本(样本 10、11)的计算输出值 y_i'，见表 11-1。计算得到两种 NV-FNN 预测模型建模样本模型输出的拟合相对误差(绝对值) r_i'，见表 11-2。

表 11-2 同型规范变换的两种 NV-FNN 预测模型的 COD_{Mn} 建模样本模型输出的拟合相对误差 r_i'

样本 i	年份	$r_i'/\%$					
		式(10-2)	式(10-3)	式(10-14)	式(10-15)	式(9-8)	式(9-9)
		NV-FNN(2)	NV-FNN(3)	NV-FNN(2)	NV-FNN(3)	NV-FNN(2)	NV-FNN(3)
1	1993	8.34	11.02	—	—	1.53	1.29
2	1994	17.20	19.50	—	—	3.24	2.79
3	1995	9.97	12.73	—	—	2.49	2.37
4	1996	16.27	17.67	36.63	36.25	2.52	3.30
5	1997	17.32	19.31	13.67	12.80	1.04	0.46
6	1998	15.56	18.01	1.74	2.83	3.18	2.84
7	1999	17.12	18.89	12.66	11.67	0.61	1.23
8	2000	14.66	17.47	22.59	23.86	8.56	8.26
9	2001	16.26	18.56	10.78	10.06	2.68	2.22

3) 检测样本的 NV-FNN 预测模型输出的误差修正及修正后 COD_{Mn} 的预测值

从表 11-1 可见，与雅马渡站径流量预测模型的 COD_{Mn} 检测样本 10(2002 年)、样本 11(2003 年)的两种 NV-FNN 模型输出相似的建模样本见表 11-3。用式(8-8)~式(8-11)进行误差修正后 2 个检测样本的两种 NV-FNN 预测模型输出值 Y_i' 见表 11-4。再由式(8-2)和式(9-7)的逆运算计算得到两种 NV-FNN 预测模型对 2 个检测样本 COD_{Mn} 的预测值 c_{iY}，见表 11-5。

表 11-3 与同型规范变换的两种 NV-FNN 预测模型的 2 个 COD_{Mn} 检测样本输出相似的建模样本

检测样本 i	相似的建模样本 i					
	式(10-2)	式(10-3)	式(10-14)	式(10-15)	式(9-8)	式(9-9)
	NV-FNN(2)	NV-FNN(3)	NV-FNN(2)	NV-FNN(3)	NV-FNN(2)	NV-FNN(3)
10	2, 9	2, 9	5	5	2, 5	2, 5
11	2, 5	2, 5	4, 9, 10	4, 9, 10	2	2

表 11-4 同型规范变换的两种 NV-FNN 预测模型的 2 个 COD_{Mn} 检测样本误差修正后的模型输出值 Y_i'

检测样本 i	Y_i'					
	式(10-2)	式(10-3)	式(10-14)	式(10-15)	式(9-8)	式(9-9)
	NV-FNN(2)	NV-FNN(3)	NV-FNN(2)	NV-FNN(3)	NV-FNN(2)	NV-FNN(3)
10	0.4084	0.4080	0.3774	0.3768	0.3196	0.3178
11	0.4249	0.4246	0.3869	0.3840	0.3262	0.3261

表 11-5 同型规范变换的两种 NV-FNN 预测模型的 2 个 COD_{Mn} 检测样本误差修正后的预测值 c_{iY}

检测样本 i	c_{iY}					
	式(10-2)	式(10-3)	式(10-14)	式(10-15)	式(9-8)	式(9-9)
	NV-FNN(2)	NV-FNN(3)	NV-FNN(2)	NV-FNN(3)	NV-FNN(2)	NV-FNN(3)
10	3.85	3.85	3.96	3.95	3.95	3.92
11	4.18	4.18	4.15	4.09	4.09	4.09

注：c_{iY} 的单位为 mg/m³。

4) COD_{Mn} 检测样本的两种 NV-FNN 预测模型预测值的相对误差

2 个检测样本(样本 10、11)的两种 NV-FNN 预测模型的预测值与实际值之间的相对误差绝对值 r_i 及其平均值和最大值见表 11-6。

表 11-6 同型规范变换预测模型与其他预测模型用于 2 个 COD_{Mn} 检测样本预测的相对误差绝对值 r_i

项目		同型规范变换的雅马渡站径流量的四类预测模型用于 COD_{Mn} 检测样本预测的相对误差 r_i/%							r_i/%
		NV-FNN (2)	NV-FNN (3)	NV-PPR (2)	NV-PPR (3)	NV-SVR (2)	NV-SVR (3)	NV-ULR	LS-SVM
检测样本	10	2.78	2.78	1.77	1.77	3.28	0.25	1.26	4.55
	11	1.70	1.70	1.70	1.95	0.00	0.73	0.24	5.36
平均值		2.24	2.24	1.74	1.86	1.64	0.49	0.75	4.96
最大值		2.78	2.78	1.77	1.95	3.28	0.73	1.26	5.36
项目		同型规范变换的 TSP 时间序列的四类预测模型用于 COD_{Mn} 检测样本预测的相对误差 r_i/%							r_i/%
		NV-FNN (2)	NV-FNN (3)	NV-PPR (2)	NV-PPR (3)	NV-SVR (2)	NV-SVR (3)	NV-ULR	BP 网络
检测样本	10	0.00	0.25	1.01	0.51	1.26	0.00	1.52	9.85
	11	0.97	0.49	0.24	0.73	0.24	1.95	0.24	11.44
平均值		0.49	0.37	0.62	0.62	0.75	0.98	0.88	10.65
最大值		0.97	0.49	1.01	0.73	1.26	1.95	1.52	11.44

项目		同型规范变换的灞河口 COD_{Mn} 的四类预测模型用于 COD_{Mn} 检测样本预测的相对误差 r_i/%							r_i/%
		NV-FNN (2)	NV-FNN (3)	NV-PPR (2)	NV-PPR (3)	NV-SVR (2)	NV-SVR (3)	NV-ULR	RBF
检测样本	10	0.25	1.01	1.52	1.01	0.00	0.76	0.25	7.58
	11	0.49	0.49	0.00	0.00	0.49	0.73	0.73	9.73
平均值		0.37	0.75	0.76	0.51	0.25	0.75	0.49	8.67
最大值		0.49	1.01	1.52	1.01	0.49	0.76	0.73	9.73

11.2.2 同型规范 TSP 时序的 NV-FNN 预测模型用于灞河口 COD_{Mn} 预测

由于牡丹江市 TSP 时间序列的两种 NV-FNN 预测模型只是时间序列的预测模型，因此，其模型也只能用于灞河口 COD_{Mn} 的时间序列(k=3)预测。

1)COD_{Mn} 年均值时间序列变量的参照值和变换式的设置

1993～2003 年灞河口 COD_{Mn}(C_y)年均值(c_y)的时间序列监测数据 c_{iy} 见表 9-14。c_{iy} 的变换式仍如式(9-7)所示，预测变量 COD_{Mn} 的参照值设置为 c_{y0} = 0.6mg/L，由式(9-7)和式(8-2)计算得到时间序列变量的规范值 y'_{i0}，见表 11-1(第 9 列)。

2)同型规范变换的 NV-FNN 预测模型的 COD_{Mn} 样本计算输出值及建模样本的拟合相对误差

将表 11-1 中 COD_{Mn} 时间序列变量规范值 y'_{i0} 组成的 3 个因子的规范值 x'_{ij} (j=t-1, t-2, t-3)代入 10.5.2 节牡丹江市的 TSP 浓度预测模型[式(10-14)、式(10-15)]，计算得到两种 NV-FNN 预测模型 COD_{Mn} 建模样本(样本 4～9)的拟合输出值及 2 个检测样本[样本 10、11]的计算输出值 y'_i，见表 11-1。计算得到两种 NV-FNN 预测模型建模样本(样本 4～9)模型输出的拟合相对误差(绝对值) r'_i，见表 11-2。

3)检测样本的 NV-FNN 预测模型输出的误差修正及修正后 COD_{Mn} 的预测值

从表 11-1 可见，与牡丹江市 TSP 时间序列的两种 NV-FNN 预测模型的 2 个 COD_{Mn} 检测样本模型输出相似的建模样本见表 11-3。用式(8-8)～式(8-11)进行误差修正后的 2 个检测样本的两种 NV-FNN 预测模型输出值 Y'_i 见表 11-4。再由式(8-2)和式(9-7)的逆运算，计算得到两种 NV-FNN 预测模型对 2 个 COD_{Mn} 检测样本的预测值 c_{iY}，见表 11-5。为了便于比较，表 11-1～表 11-5 中还分别列出了用灞河口 COD_{Mn} 的两种 NV-FNN 预测模型[式(9-8)、式(9-9)]对 2 个 COD_{Mn} 检测样本预测过程中相应的计算结果。

4)NV-FNN 预测模型与其他模型对 COD_{Mn} 检测样本预测值的相对误差及比较

2 个 COD_{Mn} 检测样本的两种 NV-FNN 预测模型的预测值与实际值之间的相对误差(绝对值)r_i 及其平均值和最大值见表 11-6。表 11-6 中还列出了用基于规范变换与误差修正的投影寻踪回归[1][NV-PPR(2) 和 NV-PPR(3)]、支持向量机回归[1][NV-SVR(2) 和

NV-SVR(3)]和一元线性回归[1](NV-ULR)以及文献[2]用传统的 LS-SVM、BP 神经网络和 RBF 三种预测模型对该 2 个检测样本预测的相对误差绝对值 r_i 及其平均值和最大值。从表 11-6 可见，对同一组检测样本，具有同型规范变换的两种 NV-FNN 预测模型与基于规范变换与误差修正的 NV-PPR、NV-SVR 和 NV-ULR 预测模型对 2 个 COD_{Mn} 检测样本预测值的相对误差绝对值的平均值和最大值都相差甚微，且都小于传统的三种预测模型的相应预测误差。

11.3　同型规范变量的 NV-FNN 预测模型用于雅马渡站径流量预测

11.3.1　同型规范 COD_{Mn} 的 NV-FNN 预测模型用于雅马渡站径流量预测

1) 雅马渡站径流量年均值及其影响因子的参照值和变换式的设置

雅马渡站径流量(C_y)年均值 $c_{iy}(i=1,2,\cdots,23)$ 及其 4 个影响因子 $C_j(j=1\sim4)$ 的实际值 $c_{ij}(i=1,2,\cdots,23;j=1\sim4)$ [3]见表 10-1。仍设置如式(10-1)所示的变换式，径流量的参照值则设置为 $c_{y0}=50\text{m}^3/\text{s}$。由式(10-1)和式(8-2)计算得到各影响因子的规范值 x'_{ij}，见表 10-1；计算得到径流量的规范值(亦即模型期望输出值) y'_{i0} 见表 11-7(第 7 列)。

2) 同型规范变换的两种 NV-FNN 预测模型的径流量计算输出值及建模样本拟合相对误差

将表 10-1 中计算得到的雅马渡站各径流量样本的 4 个影响因子规范值 x'_{ij} 代入 9.3.2 节灞河口 COD_{Mn} 预测模型[式(9-8)、式(9-9)]，计算得到两种 NV-FNN 预测模型 19 个建模样本(样本 1～19)的拟合输出值及 4 个检测样本(样本 20～23)的计算输出值 y'_i，见表 11-7。计算得到两种 NV-FNN 预测模型 19 个建模样本(样本 1～19)模型输出的拟合相对误差(绝对值) r'_i，见表 11-8。

表 11-7　同型规范变换的两种 NV-FNN 预测模型的径流量样本的计算输出值 y'_i 及规范值 y'_{i0}

样本 i	y'_i						y'_{i0}	
	式(9-8)	式(9-9)	式(10-14)	式(10-15)	式(10-2)	式(10-3)	式(10-1)	式(10-1)
	NV-FNN(2)	NV-FNN(3)	NV-FNN(2)	NV-FNN(3)	NV-FNN(2)	NV-FNN(3)	$c_{y0}=50$	$c_{y0}=30$
1	0.2888	0.2877	—	—	0.4276	0.4359	0.3187	—
2	0.2799	0.2791	—	—	0.4145	0.4228	0.3649	—
3	0.2846	0.2836	—	—	0.4213	0.4296	0.3481	—
4	0.3086	0.3073	0.4034	0.4084	0.4566	0.4647	0.3869	0.4890
5	0.2718	0.2710	0.4217	0.4283	0.4025	0.4108	0.2773	0.3794

续表

样本 i	y_i'						y_{i0}'	
	式(9-8)	式(9-9)	式(10-14)	式(10-15)	式(10-2)	式(10-3)	式(10-1)	式(10-1)
	NV-FNN(2)	NV-FNN(3)	NV-FNN(2)	NV-FNN(3)	NV-FNN(2)	NV-FNN(3)	$c_{y0}=50$	$c_{y0}=30$
6	0.3599	0.3575	0.3971	0.4026	0.5318	0.5389	0.3909	0.4931
7	0.3476	0.3456	0.4090	0.4152	0.5139	0.5213	0.4134	0.5155
8	0.3537	0.3515	0.4163	0.4229	0.5228	0.5301	0.4046	0.5067
9	0.3012	0.3000	0.4514	0.4598	0.4459	0.4541	0.3146	0.4167
10	0.2522	0.2516	0.4305	0.4377	0.3738	0.3819	0.3017	0.4039
11	0.2576	0.2568	0.3995	0.4051	0.3816	0.3899	0.3328	0.4350
12	0.2966	0.2956	0.3795	0.3841	0.4390	0.4473	0.3926	0.4947
13	0.2354	0.2350	0.4013	0.4070	0.3489	0.3569	0.2773	0.3794
14	0.2722	0.2714	0.3945	0.3998	0.4031	0.4114	0.3792	0.4814
15	0.2709	0.2700	0.4074	0.4134	0.4013	0.4096	0.3104	0.4125
16	0.2725	0.2716	0.3844	0.3893	0.4035	0.4118	0.2659	0.3681
17	0.3327	0.3311	0.3812	0.3859	0.4919	0.4998	0.4072	0.5094
18	0.3198	0.3182	0.3890	0.3942	0.4731	0.4811	0.3597	0.4618
19	0.2951	0.2940	0.4028	0.4087	0.4369	0.4451	0.3474	0.4496
20	0.2633	0.2626	0.4256	0.4325	0.3901	0.3985	0.2908	0.3930
21	0.3248	0.3232	0.3932	0.3984	0.4802	0.4885	0.3590	0.4612
22	0.2708	0.2700	0.3930	0.3983	0.4012	0.4091	0.2562	0.3584
23	0.2650	0.2643	0.3672	0.3713	0.3930	0.4012	0.2783	0.3804

注：20~23 为检测样本。c_{y0} 的单位为 m³/s。

表 11-8　同型规范变换的两种 NV-FNN 预测模型的径流量建模样本模型输出的拟合相对误差 r_i'

建模样本 i	r_i' /%					
	式(9-8)	式(9-9)	式(10-14)	式(10-15)	式(10-2)	式(10-3)
	NV-FNN(2)	NV-FNN(3)	NV-FNN(2)	NV-FNN(3)	NV-FNN(2)	NV-FNN(3)
1	9.38	9.73	—	—	1.61	3.58
2	23.29	23.51	—	—	11.25	9.47
3	18.24	18.53	—	—	6.44	4.58
4	20.24	20.57	17.50	16.48	6.64	4.97
5	1.98	2.27	11.15	12.89	6.09	8.28
6	7.93	8.54	19.47	18.35	7.85	9.30
7	15.92	16.40	20.66	19.46	0.33	1.12
8	12.58	13.12	17.84	16.54	3.17	4.61
9	4.26	4.46	8.33	10.34	7.00	8.96
10	16.40	16.60	6.59	8.37	7.46	5.43
11	22.60	22.84	8.16	6.87	12.26	10.37

建模样本 i	r_i' /%					
	式(9-8)	式(9-9)	式(10-14)	式(10-15)	式(10-2)	式(10-3)
	NV-FNN(2)	NV-FNN(3)	NV-FNN(2)	NV-FNN(3)	NV-FNN(2)	NV-FNN(3)
12	24.45	24.70	23.29	22.36	11.27	9.59
13	15.11	15.25	5.77	7.27	8.06	5.94
14	28.22	28.43	18.05	16.95	16.26	14.53
15	12.73	13.02	1.24	0.22	2.72	0.72
16	2.48	2.14	4.43	5.76	9.62	11.87
17	18.30	18.69	25.17	24.24	3.42	1.88
18	11.09	11.54	15.76	14.64	2.43	4.16
19	15.05	15.37	10.41	9.10	2.82	0.99

3) 检测样本的 NV-FNN 预测模型输出的误差修正及修正后径流量的预测值

从表 11-7 可见,分别与灞河口 COD_{Mn} 的两种 NV-FNN 预测模型的 4 个径流量检测样本(样本 20~23)模型输出相似的建模样本见表 11-9。用式(8-8)~式(8-11)进行误差修正后的 4 个检测(预测)样本的两种 NV-FNN 预测模型输出值 Y_i',见表 11-10。再由式(8-2)和式(10-1)的逆运算,计算得到两种 NV-FNN 预测模型对 4 个径流量检测样本的预测值 c_{iY},见表 11-11。

表 11-9　与同型规范变换的两种 NV-FNN 预测模型的径流量检测样本输出相似的建模样本

检测样本 i	相似的建模样本 i					
	式(9-8)	式(9-9)	式(10-14)	式(10-15)	式(10-2)	式(10-3)
	NV-FNN(2)	NV-FNN(3)	NV-FNN(2)	NV-FNN(3)	NV-FNN(2)	NV-FNN(3)
20	5, 15	5, 15	5, 10	5, 10	—	—
21	18	18	6, 11, 18	11, 14, 18	18	18
22	5, 15, 16	5, 15	11, 18	11, 14	5, 14	5, 14
23	5, 15, 16	5, 15	12, 17	12, 17	5, 15	5, 15

表 11-10　同型规范变换的两种 NV-FNN 预测模型的径流量检测样本误差修正后的模型输出值 Y_i'

检测样本 i	Y_i'					
	式(9-8)	式(9-9)	式(10-14)	式(10-15)	式(10-2)	式(10-3)
	NV-FNN(2)	NV-FNN(3)	NV-FNN(2)	NV-FNN(3)	NV-FNN(2)	NV-FNN(3)
20	0.2845	0.2846	0.3911	0.3908	0.3901	0.3983
21	0.3660	0.3661	0.4608	0.4581	0.4687	0.4685
22	0.2567	0.2576	0.3514	0.3569	0.3617	0.3679
23	0.2780	0.2808	0.3868	0.3892	0.3764	0.3844

表 11-11　同型规范变换的两种 NV-FNN 预测模型的径流量检测样本误差修正后的预测值 c_{iY}

检测样本 i	c_{iY}					
	式(9-8)	式(9-9)	式(10-14)	式(10-15)	式(10-2)	式(10-3)
	NV-FNN(2)	NV-FNN(3)	NV-FNN(2)	NV-FNN(3)	NV-FNN(2)	NV-FNN(3)
20	307	307	312	312	311	319
21	411	412	400	396	412	412
22	380.5	281	274	279	283	288
23	301	304	308	310	297	305

注：c_{iY} 的单位为 mg/m³。

4）径流量检测样本的 NV-FNN 预测模型预测值的相对误差

4 个径流量检测样本（样本 20～23）的两种 NV-FNN 预测模型预测值与实际值之间的相对误差绝对值 r_i 及其平均值和最大值见表 11-12。

表 11-12　同型规范变换预测模型与其他预测模型用于径流量检测样本预测的相对误差绝对值 r_i

项目	同型规范变换的灞河口 COD_{Mn} 的四类预测模型用于雅马渡站径流量检测样本预测的相对误差 r_i/%						
	NV-FNN (2)	NV-FNN (3)	NV-PPR (2)	NV-PPR (3)	NV-SVR (2)	NV-SVR (3)	NV-ULR
检测样本 20	2.23	2.23	0.64	0.64	3.82	3.18	0.64
21	2.43	2.68	2.74	2.74	4.98	0.50	1.50
22	0.18	0.36	0.36	0.00	2.14	3.57	1.43
23	0.00	1.00	1.66	1.33	2.33	1.33	1.33
平均值	1.24	1.57	1.35	1.18	3.32	2.15	1.23
最大值	2.43	2.68	2.74	2.74	4.98	3.57	1.50
项目	同型规范变换的牡丹江市 TSP 时间序列的四类预测模型用于雅马渡站径流量检测样本预测的相对误差 r_i/%						
	NV-FNN (2)	NV-FNN (3)	NV-PPR (2)	NV-PPR (3)	NV-SVR (2)	NV-SVR (3)	NV-ULR
检测样本 20	0.64	0.64	0.64	0.64	0.32	0.00	1.27
21	0.25	1.25	0.25	0.25	0.00	1.75	1.00
22	2.14	0.36	2.14	0.71	0.36	0.36	1.43
23	2.33	2.99	2.66	2.33	1.33	2.33	0.33
平均值	1.34	1.31	1.42	0.98	0.50	1.11	1.01
最大值	2.33	2.99	2.66	2.33	1.33	2.33	1.43
项目	同型规范变换的雅马渡站径流量的四类预测模型用于雅马渡站径流量检测样本预测的相对误差 r_i/%						
	NV-FNN (2)	NV-FNN (3)	NV-PPR (2)	NV-PPR (3)	NV-SVR (2)	NV-SVR (3)	NV-ULR
检测样本 20	0.96	1.59	1.27	1.91	0.00	0.64	1.91
21	2.74	2.74	2.99	2.99	0.50	0.87	0.25
22	1.07	2.85	0.71	0.71	3.21	1.79	3.21
23	1.33	1.33	1.66	1.99	1.66	2.33	1.00
平均值	1.53	2.13	1.66	1.90	1.34	1.41	1.59
最大值	2.74	2.85	2.99	2.99	3.21	2.33	3.21

项目	传统预测模型用于雅马渡站径流量检测样本预测的相对误差 r_i/%							
	近邻估计[3]	模糊回归[3]	模糊识别[4]	RBF[5]（一）	RBF[6]（二）	IEA-BP网络[6]	传统BP[6]	GRNN网络[6]
检测样本 20	7.76	7.32	3.72	5.70	7.79	1.05	18.30	4.35
检测样本 21	5.41	3.74	4.67	0.99	3.40	7.17	0.33	4.62
检测样本 22	19.18	14.64	14.37	13.90	0.82	0.63	10.13	0.02
检测样本 23	9.01	12.29	7.51	12.30	11.38	10.66	21.58	13.77
平均值	10.34	9.50	7.57	8.22	5.85	4.88	12.59	5.69
最大值	19.18	14.64	14.37	13.90	11.38	10.66	21.58	13.77

项目	传统预测模型用于雅马渡站径流量检测样本预测的相对误差 r_i/%							
	双隐层BP[6]	三隐层BP[6]	BSA-PPR[7]	LS-SVM[8]	PCA-SVM[9]	FSVM[10]	SVM[10]	门限回归[11]
检测样本 20	2.01	6.16	4.83	1.90	3.79	1.21	8.03	10.86
检测样本 21	0.06	9.48	5.10	16.00	8.87	3.21	6.43	2.97
检测样本 22	6.73	2.85	0.82	9.30	9.46	10.78	24.10	18.57
检测样本 23	6.72	7.67	11.56	5.60	6.36	8.57	15.88	13.46
平均值	3.88	6.54	5.58	8.20	7.12	5.94	13.63	11.47
最大值	6.73	9.48	11.56	16.00	9.46	10.78	24.10	18.57

11.3.2　同型规范 TSP 时序的 NV-FNN 预测模型用于雅马渡站径流量预测

由于牡丹江市 TSP 的两种 NV-FNN 时序预测模型只是时间序列的预测模型，因此，也只用于建立雅马渡站径流量时间序列(k=3)预测模型。

1) 雅马渡站径流量年均值时间序列参照值和变换式的设置

雅马渡站径流量(C_y)的年均值监测数据 c_{iy}(i=1, 2, $\cdots$, 23) 见表 10-1。径流量 c_{iy} 的变换式仍如式(10-1)所示。径流量的参照值设置为 c_{t0}=30m³/s，阈值 c_{yb}=100m³/s，由式(10-1)和式(8-2)计算得到雅马渡站径流量样本时序变量(从第 4 个样本开始)的规范值 y'_{i0}，见表 11-7(第 8 列)。

2) 同型规范变换的 NV-FNN 预测模型的径流量样本计算输出值及建模样本的拟合相对误差

将表 11-7 中径流量时间序列变量的规范值 y'_{i0} 组成的 3 个因子规范值 x'_j (j=t-1, t-2, t-3)代入 10.5.2 节牡丹江市的 TSP 预测模型[式(10-14)、式(10-15)]，计算得到两种 NV-FNN 预测模型的径流量建模样本(样本 4～19)的模型拟合输出值及检测(预测)样本(样本 20～23)的模型计算输出值 y'_i，见表 11-7。计算得到两种 NV-FNN 预测模型的径流量建模样本(样本 4～19)模型输出的拟合相对误差绝对值 r'_i，见表 11-8。

3)检测样本的两种 NV-FNN 预测模型输出的误差修正及修正后的径流量预测值

从表 11-7 可见,与牡丹江市 TSP 时间序列的两种 NV-FNN 预测模型的 4 个径流量检测样本(样本 20～23)模型输出相似的建模样本见表 11-9。用式(8-8)～式(8-11)进行误差修正后的 4 个径流量检测样本(样本 20～23)的两种 NV-FNN 预测模型输出值 Y_t' 见表 11-10。再由式(8-2)和式(10-1)的逆运算,计算得到两种 NV-FNN 预测模型对 4 个径流量检测样本(样本 20～23)的预测值 c_{iY},见表 11-11。为了便于比较,表 11-7～表 11-11 还分别列出了用雅马渡站径流量的两种 NV-FNN 预测模型[式(10-2)、式(10-3)]对 4 个径流量检测样本(样本 20～23)预测过程中相应的计算结果。

4)NV-FNN 预测模型与其他模型对径流量检测样本预测值的相对误差及比较

4 个径流量检测样本(样本 20～23)的两种 NV-FNN 预测模型的预测值与实际值之间的相对误差绝对值 r_i 及其平均值和最大值见表 11-12。表 11-12 中还列出了用基于规范变换与误差修正的投影寻踪回归[1][NV-PPR(2)和 NV-PPR(3)]、支持向量机回归[1][NV-SVR(2)和 NV-SVR(3)]和一元线性回归[1](NV-ULR)以及其他文献[3-11]用 16 种传统预测模型和方法对雅马渡站 4 个径流量检测样本(样本 20～23)预测值的相对误差绝对值 r_i 及其平均值和最大值。从表 11-12 可见,对同一组检测样本,具有同型规范变换的两种 NV-FNN 预测模型与基于规范变换与误差修正的 NV-PPR、NV-SVR 和 NV-ULR 预测模型对 4 个径流量检测样本(样本 20～23)预测值的相对误差绝对值的平均值和最大值都相差甚微,且均小于 16 种传统预测模型和方法预测的相应误差。

11.4　同型规范变量的 NV-FNN 预测模型用于牡丹江市 TSP 时序预测

11.4.1　同型规范 COD_{Mn} 的 NV-FNN 预测模型用于牡丹江市 TSP 时序预测

1)TSP 浓度年均值时间序列数据参照值和变换式的设置

1991～2002 年牡丹江市 TSP 浓度年均值的时间序列数据[12]见表 10-27。TSP 浓度时间序列数据变换式如式(10-13)所示,TSP 浓度的参照值设置为 $c_{t0}=0.05\text{mg/m}^3$。由式(10-13)和式(8-2)计算得到 TSP 浓度的规范值 x_t'(即 y_{i0}'),见表 11-13(第 7 列)。取最近邻时刻数 $k=3$,则从样本 4 的数据规范值开始,由 TSP 浓度第 t 个样本的前 3 个最近邻时间序列数据的规范值 x_{t-1}'、x_{t-2}'、x_{t-3}' 构成第 t 个样本 x_t' 的 3 个影响因子(x_{j1}'、x_{j2}'、x_{j3}'),则全部组成 9 个时间序列样本(样本 4～12),其中,样本 4～10 为建模样本,样本 11、12 为检测样本。

2) 同型规范变换的 NV-FNN 预测模型的 TSP 样本计算输出值及建模样本的拟合相对误差

将表 10-27 中计算得到的 TSP 样本各因子的规范值 $x_i'(i=t-1,t-2,t-3)$ 代入灞河口 COD_{Mn} 预测模型[式(9-8)、式(9-9)]，计算得到两种 NV-FNN 预测模型的 7 个 TSP 建模样本(样本 4～10)的模型拟合输出值及 2 个检测(预测)样本(样本 11、12)的模型计算输出值 y_i'，见表 11-13。计算得到两种 NV-FNN 预测模型的 7 个 TSP 建模样本的拟合相对误差(绝对值) r_i'，见表 11-14。

表 11-13   同型规范变换的两种 NV-FNN 预测模型的 TSP 时序样本计算输出值 y_i' 及规范值 y_{i0}'

| 样本 i | y_i' | | | | | | y_{i0}' | |
| | 式(9-8) | 式(9-9) | 式(10-2) | 式(10-3) | 式(10-14) | 式(10-15) | 式(10-13) | 式(11-1) |
	NV-FNN(2)	NV-FNN(3)	NV-FNN(2)	NV-FNN(3)	NV-FNN(2)	NV-FNN(3)	$c_{t0}=0.05$	$c_{t0}=0.05$
4	0.4139	0.4103	0.2489	0.2555	0.4106	0.4166	0.4174	0.2889
5	0.4000	0.3968	0.3170	0.3248	0.3969	0.4023	0.3976	0.3219
6	0.3812	0.3784	0.3922	0.4005	0.3784	0.3829	0.4062	0.3087
7	0.3724	0.3698	0.4200	0.4283	0.3697	0.3739	0.4051	0.3104
8	0.3688	0.3663	0.4294	0.4377	0.3663	0.3702	0.3998	0.3187
9	0.3695	0.3670	0.4280	0.4363	0.3669	0.3709	0.3943	0.3266
10	0.3660	0.3636	0.4359	0.4441	0.3635	0.3674	0.2802	0.4218
11	0.3294	0.3278	0.4842	0.4921	0.3274	0.3297	0.3035	0.4093
12	0.3010	0.2998	0.5230	0.5304	0.2990	0.3008	0.3297	0.3920

注：11、12 为检验样本；c_{t0} 的单位为 mg/m³。

表 11-14   同型规范变换的两种 NV-FNN 预测模型的 TSP 建模样本的拟合相对误差 r_i'

| 样本 i | $r_i'/\%$ | | | | | |
| | 式(9-8) | 式(9-9) | 式(10-2) | 式(10-3) | 式(10-14) | 式(10-15) |
	NV-FNN(2)	NV-FNN(3)	NV-FNN(2)	NV-FNN(3)	NV-FNN(2)	NV-FNN(3)
4	0.84	1.70	13.85	11.56	1.63	0.18
5	0.60	0.20	1.52	0.90	0.17	1.18
6	6.15	6.84	27.05	29.74	6.83	5.72
7	8.07	8.71	35.31	37.98	8.73	7.71
8	7.75	8.38	34.73	37.34	8.38	7.38
9	6.29	6.92	31.05	33.59	6.95	5.93
10	30.62	29.76	3.34	5.29	29.71	31.09

3) 检测样本模型输出的误差修正值及修正后的 TSP 预测值

从表 11-13 可见，分别与 COD_{Mn} 两种 NV-FNN 预测模型的 2 个 TSP 检测样本(样本 11、12)模型输出相似的建模样本见表 11-15。用式(8-8)～式(8-11)进行误差修正后 2 个 TSP 检测(预测)样本(样本 11、12)的两种 NV-FNN 预测模型输出值 Y_i'，见表 11-16。再由式(10-13)和式(8-2)的逆运算,计算得到两种 NV-FNN 预测模型对 2 个 TSP 检测样本(样本 11、12)的预测值 c_{iY} 见表 11-17。

表 11-15　与同型规范变换的两种 NV-FNN 预测模型的 TSP 检测样本输出相似的建模样本

检测样本 i	相似的建模样本 i					
	式(9-8)	式(9-9)	式(10-2)	式(10-3)	式(10-14)	式(10-15)
	NV-FNN(2)	NV-FNN(3)	NV-FNN(2)	NV-FNN(3)	NV-FNN(2)	NV-FNN(3)
11	8, 9, 10	8, 9, 10	8, 10	9, 10	9, 10	9, 10
12	9, 10, 11	9, 10, 11	8, 9, 11	8, 9	9, 10, 11	9, 10, 11

表 11-16　同型规范变换的两种 NV-FNN 预测模型的 TSP 检测样本误差修正后的模型输出值 Y_i'

检测样本 i	Y_i'					
	式(9-8)	式(9-9)	式(10-2)	式(10-3)	式(10-14)	式(10-15)
	NV-FNN(2)	NV-FNN(3)	NV-FNN(2)	NV-FNN(3)	NV-FNN(2)	NV-FNN(3)
11	0.3051	0.3043	0.4074	0.4108	0.3037	0.3035
12	0.3329	0.3315	0.3945	0.3924	0.3309	0.3332

表 11-17　同型规范变换的两种 NV-FNN 预测模型的 TSP 检测样本误差修正后的预测值 c_{iY}

检测样本 i	c_{iY}					
	式(9-8)	式(9-9)	式(10-2)	式(10-3)	式(10-14)	式(10-15)
	NV-FNN(2)	NV-FNN(3)	NV-FNN(2)	NV-FNN(3)	NV-FNN(2)	NV-FNN(3)
11	0.230	0.229	0.232	0.225	0.228	0.228
12	0.264	0.262	0.256	0.259	0.262	0.265

注：c_{iY} 的单位为 mg/m^3。

4) 检测样本的 NV-FNN 预测模型预测值的相对误差

2 个 TSP 检测样本(样本 11、12)的 COD_{Mn} 两种 NV-FNN 预测模型的预测值与实际值之间的相对误差绝对值 r_i 及其平均值和最大值见表 11-18。

表 11-18　同型规范变换的预测模型与其他预测模型用于 TSP 检测样本预测的相对误差绝对值 r_i

项目		同型规范变换的灞河口 COD_{Mn} 的四类预测模型用于牡丹江市 TSP 时序检测样本预测的相对误差 r_i/%						
		NV-FNN(2)	NV-FNN(3)	NV-PPR(2)	NV-PPR(3)	NV-SVR(2)	NV-SVR(3)	NV-ULR
检测样本	11	0.88	0.44	0.88	0.44	2.19	2.19	0.44
	12	1.54	0.77	1.15	0.77	0.38	1.54	1.54
平均值		1.21	0.61	1.02	0.61	1.29	1.87	0.99
最大值		1.54	0.77	1.15	0.77	2.19	2.19	1.54
项目		同型规范变换的雅马渡站径流量的四类预测模型用于牡丹江市 TSP 时序检测样本预测的相对误差 r_i/%						
		NV-FNN(2)	NV-FNN(3)	NV-PPR(2)	NV-PPR(3)	NV-SVR(2)	NV-SVR(3)	NV-ULR
检测样本	11	1.75	1.32	0.00	0.00	4.39	1.32	0.44
	12	1.54	0.38	3.08	3.08	1.54	4.62	0.00
平均值		1.65	0.85	1.54	1.54	2.97	2.97	0.22
最大值		1.75	1.32	3.08	3.08	4.39	4.62	0.44

续表

项目		同型规范变换的牡丹江市 TSP 时间序列的四类预测模型用于牡丹江市 TSP 时序检测样本预测的相对误差 r_i/%						
		NV-FNN(2)	NV-FNN(3)	NV-PPR(2)	NV-PPR(3)	NV-SVR(2)	NV-SVR(3)	NV-ULR
检测样本	11	0.00	0.00	0.44	0.44	3.50	3.50	0.44
	12	0.77	1.92	1.54	0.38	0.00	0.38	0.77
平均值		0.39	0.96	0.99	0.41	1.75	1.94	0.61
最大值		0.77	1.92	1.54	0.44	3.50	3.50	0.77

11.4.2 同型规范径流量的 NV-FNN 预测模型用于牡丹江市 TSP 时序预测

1)TSP 年均值及其影响因子的参照值和变换式的设置

1991～2002 年牡丹江市 TSP 浓度年均值的时间序列监测数据见表 10-27,设置 TSP 浓度时间序列数据变换式,如式(11-1)所示。

$$X_t = \begin{cases} \left[(c_t - c_b)/c_{t0} \right]^2, & c_t \geqslant c_{t0} + c_b \\ 1, & c_t < c_{t0} + c_b \end{cases} \tag{11-1}$$

式中,参照值 c_{t0}=0.05mg/m³;阈值 c_b=0.615mg/m³;c_t、c_{t0} 和 c_b 的单位均为 mg/m³。

由式(11-1)和式(8-2)计算得到 TSP 浓度的规范值 x'_t(即 y'_{i0}),见表 11-13(第 8 列)。取最近邻时刻数 k=3,则从样本 4 的数据规范值开始,由 TSP 第 t 个样本前 3 个最近邻时间序列数据的规范值 x'_{t-1}、x'_{t-2}、x'_{t-3} 构成第 t 个样本 x'_t 的 3 个影响因子(x'_{j1}、x'_{j2}、x'_{j3}),则全部组成 9 个时间序列样本 4～12(1994～2002 年),其中,样本 4～10(1994～2000 年)作为 7 个建模样本,样本 11(2001 年)、12(2002 年)作为 2 个检测样本。

2)同型规范变换的 NV-FNN 预测模型的 TSP 样本计算输出值及建模样本的拟合相对误差

将由式(11-1)和式(8-2)计算得到表10-27中TSP样本各因子的规范值 $x'_i(i=t-1,t-2,t-3)$ 代入 10.1.2 节雅马渡站径流量预测模型[式(10-2)、式(10-3)],计算得到两种 NV-FNN 预测模型的 7 个 TSP 建模样本(样本 4～10)的模型拟合输出值及 2 个检测(预测)样本(样本 11、12)的模型计算输出值 y'_i,见表 11-13。计算得到两种 NV-FNN 预测模型的 7 个 TSP 建模样本的拟合相对误差(绝对值)r_i,见表 11-14。

3)检测样本模型输出的误差修正值及修正后的 TSP 预测值

从表 11-13 可见,分别与径流量两种 NV-FNN 预测模型的 2 个 TSP 检测样本(样本 11、12)模型输出相似的建模样本见表 11-15。用式(8-8)～式(8-11)进行误差修正后 2 个 TSP 检测(预测)样本(样本 11、12)的两种 NV-FNN 预测模型输出值 Y'_i,见表 11-16。再由式(11-1)和式(8-2)的逆运算,计算得到两种 NV-FNN 预测模型对 2 个 TSP 检测样本(样本 11、12)的预测值 c_{iY} 见表 11-17。为了便于比较,表 11-13～表 11-17 还分别列出了用牡丹江市 TSP 浓度时间序列两种 NV-FNN 预测模型[式(10-14)、式(10-15)]对 2 个 TSP 检测样本(样本

11、12)预测过程中相应的计算结果。

4)NV-FNN 预测模型与其他预测模型对 TSP 检测样本预测值的相对误差及比较

2 个 TSP 检测样本(样本 11、12)的两种 NV-FNN 预测模型的预测值与实际值之间的相对误差绝对值 r_i 及其平均值和最大值见表 11-18。表 11-18 中还列出了用基于规范变换与误差修正的投影寻踪回归[1][NV-PPR(2)和 NV-PPR(3)]、支持向量机回归[1][NV-SVR(2)和 NV-SVR(3)]和一元线性回归[1]对 2 个 TSP 检测样本(样本 11、12)预测值的相对误差绝对值 r_i 及其平均值和最大值。文献[12]用灰色预测法对 2 个 TSP 检测样本(样本 11、12)预测值的相对误差绝对值的平均值和最大值分别为 10.34% 和 14.91%。从表 11-18 可见,对同一组检测样本,具有同型规范变换的两种 NV-FNN 预测模型与基于规范变换与误差修正的 NV-PPR、NV-SVR 和 NV-ULR 预测模型对 2 个 TSP 检测样本(样本 11、12)预测值的相对误差绝对值的平均值和最大值都相差甚微,且其均远小于灰色预测法预测的相应误差。

11.5　同型规范变换的 NV-FNN 预测模型和其他预测模型预测结果的比较

具有同型规范变换的 NV-FNN 预测模型与基于规范变换与误差修正的 NV-PPR、NV-SVR、NV-ULR(简记为 NV-PPR,SVR,ULR)三种预测模型以及 20 种传统预测模型的 3 个验证实例的相对误差绝对值的平均值及最大值在不同误差区间所占百分比,如表 11-19 所示。可见,同型规范变换的 NV-FNN 预测模型预测的相对误差绝对值的平均值和最大值都小于 3%;而 NV-PPR、NV-SVR、NV-ULR 三种预测模型预测的相对误差绝对值的平均值和最大值都小于 5%。但 20 种传统预测模型预测的相对误差绝对值的平均值全都大于或等于 3%,其中,误差在 [5%, 15%) 内的占了 85%;最大相对误差绝对值全都大于或等于 5%,其中,误差在 [10%, 30%) 内的占了 75%。可见,基于同型规范变换的 NV-FNN 预测模型预测的相对误差绝对值的平均值和最大值皆小于所有 20 种传统预测模型的相应误差。

表 11-19　同型规范变换的两种 NV-FNN 预测模型和其他预测模型的 3 个验证实例的相对误差绝对值的平均值及最大值在不同误差区间 r_i 所占百分比 p

模型		不同误差区间所占百分比 p/%						
	误差区间 r_i/%	(0, 1)	[1, 3)	[3, 5)	[5, 10)	[10, 15)	[15, 20)	[20, 30)
NV-FNN	平均值	44	56					
	最大值	28	72					
NV-PPR,SVR,ULR	平均值	44	53	3				
	最大值	20	56	24				
传统模型	平均值			15	55	30		
	最大值				25	50	15	10

11.6 本 章 小 结

从表 11-5、表 11-6、表 11-11、表 11-12、表 11-17、表 11-18 可以看出：对同一个检测样本，同型规范变换与误差修正公式相结合的不同变量的两种 NV-FNN 预测模型的预测值及其相对误差绝对值彼此差异皆甚微，并且与实际值均十分接近。对同一组检测样本，不仅两种 NV-FNN 预测模型预测值的相对误差绝对值的平均值及最大值非常一致，而且与同型规范变换和误差修正公式相结合的 NV-PPR、NV-SVR 和 NV-ULR 等预测模型预测值的相对误差绝对值的平均值及最大值也差异甚微。从而表明：具有同型规范变换的不同预测变量的不同类型预测模型之间皆具有广义的兼容性、等效性和对称性，且其预测精度比传统预测模型和方法的预测精度都要高。

理论分析和实例验证均表明[13]：由于具有同型规范变换与误差修正法相结合的不同预测模型的预测值的相对误差，与预测变量的影响因子个数、建模样本个数（样本容量）及预测变量的原始数据分布特征和变化规律（如线性或非线性、正态或非正态、独立或相关、正向或逆向、趋势性或波动性、快变或缓变等）均无关，也与选取的预测模型无关，因而满足同型规范变换的不同预测变量的预测模型之间的兼容性、等效性和对称性是不受条件约束的。兼容性、等效性和对称性的重要意义在于：无论是多因子或时间序列的预测问题，只要对某预测变量建立了基于同型规范变换的某种预测模型，比如 NV-FNN、NV-PPR、NV-SVR 和 NV-ULR 等预测模型，都可以将建立的同型规范变换的该预测模型与误差修正法相结合，直接用于具有同型规范变换的其他不同变量的任何样本预测，而无须了解其他预测变量的样本个数、影响因子个数以及数据分布和变化规律等特性，而且预测精度高。

本章虽然只对具有 $n_f=2$ 的同型规范变换的不同预测变量的预测模型的兼容性、等效性和对称性进行了实例验证，但理论分析论证了具有 $n_f=1$ 或 $n_f=0.5$ 同型规范变换的不同预测变量的预测模型也同样具有兼容性、等效性和对称性。由于预测变量的同型规范变换只有三种（$n_f=2, 1, 0.5$）不同的类型，故原则上只需建立三种不同类型规范变换预测变量的某种预测模型，即可满足不同预测问题的需要，省时省力，给实际应用带来极大方便。同型规范变换预测变量的预测模型的兼容性、等效性和对称性的发现，不仅具有重要的理论意义，而且具有重要的应用价值。

参 考 文 献

[1] 李祚泳, 余春雪, 汪嘉杨. 环境评价与预测的普适模型[M]. 北京: 科学出版社, 2022.

[2] 房平, 邵瑞华, 司全印, 等. 最小二乘支持向量机应用于西安灞河口水质预测[J]. 系统工程, 2011, 29(6): 113-117.

[3] 蒋尚明, 金菊良, 袁先江, 等. 基于近邻估计的年径流预测动态联系数回归模型[J]. 水利水电技术, 2013, 44(7): 5-9.

[4] 李希灿, 王静, 赵庚星. 径流中长期预报模糊识别优化模型及应用[J]. 数学的实践与认识, 2010, 40(6): 92-98.

[5] 周佩玲, 陶小丽, 傅忠谦, 等. 基于遗传算法的 RBF 网络及应用[J]. 信号处理, 2001, 17(3): 269-273.

[6] 崔东文. 多隐层 BP 神经网络模型在径流预测中的应用[J]. 水文, 2013, 33(1): 68-73.

[7] 崔东文, 金波. 鸟群算法-投影寻踪回归模型在多元变量年径流预测中的应用[J]. 人民珠江, 2016, 37(11): 26-30.

[8] 李佳, 王黎, 马光文, 等. LS-SVM 在径流预测中的应用[J]. 中国农村水利水电, 2008(5): 8-10, 14.

[9] 徐纬芳, 刘成忠, 顾延涛. 基于 PCA 和支持向量机的径流预测应用研究[J]. 水资源与水工程学报, 2010, 21(6): 72-75.

[10] 花蓓, 熊伟, 陈华. 模糊支持向量机在径流预测中的应用[J]. 武汉大学学报(工学版), 2008, 41(1): 5-8.

[11] 金菊良, 杨晓华, 金保明, 等. 门限回归模型在年径流预测中的应用[J]. 冰川冻土, 2000, 22(3): 230-234.

[12] 陈世权, 贲毅, 宋居可, 等. 牡丹江市区大气总悬浮颗粒物污染趋势及预测[J]. 黑龙江环境通报, 2003, 27(2): 64-65, 72.

[13] 李祚泳, 魏小梅, 汪嘉杨. 同型规范变换的不同预测模型具有的兼容性和等效性[J]. 环境科学学报, 2020, 40(4): 1517-1534.

第 12 章　总结与展望

本书对 BP 网络存在的若干基本问题进行了较深入的探究，获得了如下结果。

12.1　BP 网络的结构优化

12.1.1　提出了提高 BP 网络学习效率的几种优化算法

针对 BP 算法存在学习效率低和易陷入局部极值，从而造成不成熟收敛等局限，本书提出了基于粒子群算法、蚁群算法、免疫进化算法、禁忌搜索算法等 BP 网络参数(权值和阈值)的优化算法。这些优化算法既能提高 BP 算法学习效率，同时还能避免陷入局部极小。

12.1.2　建立了 BP 网络最佳隐节点数与样本集复杂性之间的反比关系式

针对影响 BP 网络泛化能力的网络结构和样本集复杂性两个重要因素，本书在提出用新概念广义复相关系数 R_n 描述包括样本数量和样本质量在内的样本集的复杂性基础上，导出了具有最佳泛化能力的 BP 网络隐节点数 H_0 与样本集的广义复相关系数 R_n 之间满足的反比关系式，并用实例进行了验证。

12.1.3　建立了 BP 网络泛化能力与学习能力之间的几种过拟合不确定关系式

针对 BP 网络训练过程中出现的过拟合现象,本书类比信息传递过程中的香农-维纳测不准关系式，建立当 BP 网络出现过拟合时，泛化能力与学习能力之间满足的几种形式的不确定关系式,并依据不确定关系式,指出为改进 BP 网络泛化能力的最佳停止训练方法。

12.2　BP 网络的模型规范

12.2.1　建立了规范变换的 NV-FNN 普适评价模型

针对传统神经网络评价模型不能普适、通用的局限，在设置指标的参照值和指标值的规范变换式基础上，建立了基于指标规范变换而结构简单的前向神经网络普适 NV-FNN 评价模型。

12.2.2　建立了规范变换的 NV-FNN 普适预测模型

针对 BP 网络预测模型不能普适、通用和预测精度不高的局限，在设置预测变量及其影响因子的参照值和规范变换式基础上，建立了基于规范变换与相似样本误差修正公式相结合的两种简单结构的前向神经网络普适 NV-FNN 预测模型。该模型规范了网络模型结构，提高了模型的预测精度。还论证和用实例验证了同型规范变换的不同预测变量的预测模型之间具有的兼容性和等效性。

12.3　模型的分析与比较

12.3.1　数据的规范变换式与传统变换式的比较

无论是评价指标还是预测变量及其影响因子的规范变换式[式(7-1)和式(7-2)或式(8-1)和式(8-2)]，它们均是一个既线性又非线性的组合变换。通过设置和调整变换式中的幂指数 n_j、参照值 c_{j0} 和阈值 c_{jb}，使逆向指标或逆向因子转化为正向指标或正向因子，运用幂指数 n_j 的不同变换，使具有任意分布特征和复杂变化规律的评价指标或预测变量及其影响因子的数据，经规范变换式变换后的分布特征和变化规律协调一致，并要求评价指标各级标准规范值或预测变量及其影响因子的最小规范值和最大规范值分别限定在一个较小范围内。因此，规范变换后的各指标或影响因子皆等效于某一个规范指标或影响因子，从而将多指标评价问题或受多因子影响的预测问题，等效于仅受一个规范指标或规范因子影响的简单评价问题或预测问题，极大地减少了指标数或因子数(将 n 维降为 1 维)，达到简化评价或预测模型结构的目的；传统数据变换式(如极差归一化变换和均值-方差标准化变换)的各指标或各因子之间是彼此独立的变换，变换后不同指标或不同因子的数据分布特性和变化规律不会相同或趋于一致。因此，变换后各指标或各因子也就不能用一个等效指标或等效因子替代，达不到简化模型结构的目的。这正是规范变换与传统数据变换的区别所在。

12.3.2　NV-FNN 评价模型与传统 FNN 评价模型的比较

将 NV-FNN 评价模型用于评价，由于规范变换式[式(7-1)和式(7-2)]计算得到的任意指标的各级标准规范值都能分别限定在一个较小的范围内，故已优化建立的 NV-FNN 评价模型[式(7-6)和式(7-7)]可以直接用于各样本的评价，使用方便。由于不同评价问题所依据的指标及其分级标准和指标数目都不相同，因此不能建立规范、统一、普适、通用的传统的 FNN 评价模型，而 NV-FNN 评价模型对任意系统不同指标及其分级标准和不同指标数的问题都能规范统一、普适通用、简洁直观、方便实用。

12.3.3 NV-FNN 预测模型与评价模型的变换式比较

NV-FNN 预测模型的变换式(8-1)与 NV-FNN 评价模型的变换式(7-1)的形式虽然相似,但两个变换式中字母的意义、参数的确定和适用对象有本质区别。首先,在评价模型中,变换式仅用于评价指标的变换;而在预测模型中,影响因子和预测变量都需要用变换式进行变换。其次,在评价模型中,变换式中幂指数 n_j 由各指标的最高分级标准值与最低分级标准值的比值确定,其选取与评价的具体问题无关;而在预测模型中,幂指数 n_j 则必须由实际问题的建模样本各影响因子(或预测变量)的最大值与最小值的比值确定,随问题的不同而不同。此外,在评价模型中,参照值 c_{j0} 须满足由式(7-1)和式(7-2)计算得到的指标的各级标准规范值都在各级标准相应的限定变化范围内;而在预测模型中,参照值 c_{j0} 只需满足由式(8-1)和式(8-2)计算得到的各影响因子(或预测变量)的最大规范值与最小规范值在相应的限定变化范围内。可见。参照值 c_{j0} 在评价模型中选取的限制条件远比在预测模型中的选取条件严格,尤其当评价指标数和评价标准分级数较多时,常需要反复多次调试 c_{j0} 才能满足要求,因而预测模型中的参照值 c_{j0} 比评价模型中的参照值 c_{j0} 更容易确定。尽管预测模型比评价模型要多进行预测变量的规范变换,以及幂指数 n_j 的确定随问题的不同而不同,但 n_j 的确定简单。总体说来,NV-FNN 预测模型变换式的设计比 NV-FNN 评价模型变换式的设计简便、快捷。

12.3.4 NV-FNN 预测模型与传统 FNN 预测模型的比较

一般情况下,传统 FNN 预测模型的结构随影响因子数不同而不同,模型结构不能普适、规范和统一;而 NV-FNN 预测模型的模型结构与影响因子数无关,变得简洁、普适、规范和统一。当因子数较多时,传统的预测模型存在维数灾难,编程和计算复杂,优化效率低,预测效果往往不理想;而与相似样本误差修正法相结合的 NV-FNN 预测模型由于结构已极大简化,不存在维数灾难,不但编程和计算简便,而且提高了学习效率及模型的预测精度和预测稳定性。NV-FNN 预测模型的优势在于无论样本空间是高维还是低维,样本影响因子的属性和变化规律如何,通过适当选择参数 n_j、c_{j0} 和 c_{jb},都可以用规范变换式进行变换,使其规范化、降维化、线性化。因此,规范变换具有普适性。此外,与相似样本误差修正相结合的同型规范变换的预测变量的 NV-FNN 预测模型彼此之间具有兼容性、等效性和对称性,即凡满足同型规范变换的预测变量的 NV-FNN 预测模型都是等价的,可以相互对换使用。其重要意义为:某预测变量建立的 NV-FNN 预测模型完全可以用于具有同型规范变换的任意系统其他变量的 NV-FNN 预测,省时省力。这又是 NV-FNN 预测模型与传统 FNN 预测模型的区别所在。

12.3.5　NV-FNN 预测模型与 NV-FNN 评价模型的比较

NV-FNN 预测模型与 NV-FNN 评价模型的结构形式虽然相似，但两者有本质区别：欲将已优化建立的 NV-FNN 评价模型 [式 (7-6) 和式 (7-7)] 用于实际问题评价，必须而且只需适当设置该问题各指标的参照值和规范变换式，并对该问题所依据的各指标分级标准值进行规范变换，使规范变换后的指标各级标准规范值都能在各自标准限定的变化范围内，就可直接用已优化建立的 NV-FNN 评价模型对该问题进行评价。由于已优化得出的 NV-FNN 评价模型与实际问题的评价指标数和指标所依据的评价分级标准值均无关，因此 NV-FNN 评价模型对任何系统的任意多项指标的评价都能普适、规范、统一和通用；NV-FNN 预测模型通常需要对不同具体问题的预测变量及其影响因子，设置不同的规范变换式，并计算建模样本的预测变量及其影响因子的规范值，优化建立该预测变量的预测模型。不过，同型规范变换的不同预测变量的预测模型之间具有兼容性、等效性和对称性，说明：只要对某预测变量建立了基于规范变换的某种预测模型，就可以将此预测模型直接用于具有同型规范变换的其他不同变量的预测。因此这一发现不仅具有重要的理论意义，而且具有广泛的应用价值。

12.4　展　　　望

12.4.1　前馈型神经网络共同面临的问题

BP 网络属于前馈型神经网络中的一种，它采用有教师指导的监督学习算法训练网络参数。事实上，不论采用何种优化算法训练网络，只要是依据有监督学习法训练的 FNN、RBF 等前馈型神经网络，BP 网络存在的某些基本问题，比如泛化能力与网络结构和样本复杂性之间的关系，训练过程中出现过拟合时，泛化能力与学习能力之间满足的不确定关系等问题，在前馈型神经网络中照样存在。因此，书中对 BP 网络某些基本问题研究获得的结果对前馈型神经网络应该有启迪和借鉴作用。泛化能力与学习能力之间的关系、泛化能力与网络结构和样本复杂性之间的关系、学习速率与初始参数和优化算法的选择等是复杂而困难的问题，这些问题有待进一步探索。

12.4.2　相似样本误差修正法还需要完善

虽然用相似样本误差修正公式修正后的预测样本的 NV-FNN 模型预测值一般都能达到较高的预测精度，但在选择相似样本时，选择多少个相似样本和选择不同相似样本对误差修正和最终预测结果均有影响。而某些情况下，相似样本的选择具有不确定性，尤其有多个相似度十分接近的相似样本时更是如此，往往需要凭经验决定。因此，相似样本的选择还有待不断完善。

12.5　本　章　小　结

　　本章总结了 BP 网络的结构优化和模型规范等基本问题的研究获得的结果，对数据的规范变换式与传统变换式、基于规范变换的 NV-FNN 评价模型和预测模型与传统的 FNN 评价模型和预测模型、基于规范变换的评价模型与预测模型的规范变换式以及 NV-FNN 评价模型与 NV-FNN 预测模型的性能、特点进行了分析、比较，并指出还存在若干未解决的问题。

附　　录

附录 A　建模函数列表(总计 222 个)

序号	编号	N	N_1	N_2	函数形式	变量区间
1	F3_1	35	20	15	$y = \sqrt{2}\lg\left|\cos\sin\left(e^2 x_1\right)\right| + \pi\left(\sin x_2 + \cos x_3\right)^2$	$(-4, 4)$
2	F3_2	35	20	15	$y = \sin x_1^2 + x_2^2 + x_3^3$	$(-10, 10)$
3	F3_3	35	20	15	$y = \left(4 - 2.1x_1 + x_1^3/3\right)x_2^2 + \dfrac{109\sin x_3^3}{1 + x_2^2} + \lg\left|\sinh x_2\right|$	$(-5, 5)$
4	F3_4	35	20	15	$y = \left(\sin x_1\right)^2 + \left(\cos x_2\right)^2 + \left(\tan x_3\right)^2$	$(0, \pi)$
5	F3_5	35	20	15	$y = x_1^2 + x_2^3 + x_3 - x_1 x_2 x_3 - \sin x_2 - \cos\left(x_1 x_3^2\right)$	$(-\pi, \pi)$
6	F3_6	35	20	15	$y = -41\sin x_1 + 24\sin\left(2x_2\right) + 32\sin\left(3x_3\right)$	$(-\pi, \pi)$
7	F3_7	35	20	15	$y = e^{x_1 x_2}/\left(x_3 + 2\right) + \left(x_1 + x_2 + x_3\right)^3$	$(-1, 1)$
8	F3_8	35	20	15	$y = \left(\sec x_1\right)^2 + \left(\csc x_2\right)^2 + \left(\cot x_3\right)^2$	$(0, \pi)$
9	F3_9	35	20	15	$y = -5\sqrt{1 + \ln^2 x_1} + 3e^{\arctan\sqrt{x_2}} + \cos x_3$	$(0, \pi)$
10	F3_10	35	20	15	$y = \dfrac{\lg\left(x_1^2 + x_2^2\right)}{e^{x_3} + 1}$	$(0, 5)$
11	F3_11	35	20	15	$y = \ln\left|\sin\cos\left(\pi^2 x_1\right)\right| + e\left(\sec x_2 + \csc x_3\right)^3$	$(-4, 4)$
12	F3_12	35	20	15	$y = \left(5 + 3x_1^2 + x_2^3\right)x_3^4 + \dfrac{13\tan x_1^3}{1 + x_2^2} + \ln\left|\cosh x_3\right|$	$(-5, 5)$
13	F3_13	35	20	15	$y = \left(\sin x_1 + \cos x_2\right)\left(\sin x_2 + \cos x_3\right)$	$(-\pi, \pi)$
14	F3_14	35	20	15	$y = 32\cos\left(x_1\right) - 54\cos\left(2x_2\right) + 34\cos\left(3x_3\right)$	$(-\pi, \pi)$
15	F3_15	35	20	15	$y = \left(x_1 + x_2 + x_3\right)^2$	$(-5, 5)$
16	F3_16	16	10	6	$y = \left(\sin x_1 + \cos x_2 + \tan x_3\right)^2$	$(-\pi, \pi)$
17	F3_17	16	10	6	$y = x_1^2 + x_2^2 + x_3^2$	$(-10, 10)$
18	F3_18	9	5	4	$y = \left(4 - 1.2x_1 + x_2^2\right)/x_3^3$	$(-10, 10)$
19	F3_19	16	10	6	$y = x_3^3\sin x_1/\left(4 - 1.2x_1 + x_2^2\right)$	$(-10, 10)$
20	F3_20	16	10	6	$y = x_3^3\cos x_1/\left(4 - 1.2x_1 + x_2^2\right)$	$(-10, 10)$

续表

序号	编号	N	N_1	N_2	函数形式	变量区间
21	F4_1	40	25	15	$y = x_1 x_2 / (x_3 x_4 + 2)$	$(0, 10)$
22	F4_2	40	25	15	$y = x_1^2 + e^{x_2} + \sin x_3 + \cos x_4$	$(-\pi, \pi)$
23	F4_3	40	25	15	$y = -28\ln(x_1 + 1) + 96\ln(x_2 + 2) + 55\ln(x_3 + 3) + 32\ln(x_4 + 4)$	$(0, 10)$
24	F4_4	40	25	15	$y = -97x_1 - 33x_2^2 - 22x_3^3 + 92x_4^4$	$(0, 2)$
25	F4_5	40	25	15	$y = -4\sin x_1 + 4\sin(2x_2) + 22\sin(3x_3) + 45\sin(4x_4)$	$(-\pi, \pi)$
26	F4_6	40	25	15	$y = 10\cos x_1 - 67\cos(2x_2) + 70\cos(3x_3) - 26\cos(4x_4)$	$(-\pi, \pi)$
27	F4_7	40	25	15	$y = \sqrt{2}\lg\left|\cos\sin(e^2 x_1)\right| + \pi(\sin x_2 + \cos x_3)^2 + \tan x_4$	$(-4, 4)$
28	F4_8	40	25	15	$y = \left(4 - 2.1x_1 + x_1^3 / 3\right)x_2^2 + \dfrac{109\sin x_3^3}{1 + x_2^2} + e^{x_4}$	$(-5, 5)$
29	F4_9	40	25	15	$y = (\sin x_1 + \cos x_2)(\sin x_2 + \cos x_3)(\sin x_3 + \cos x_4)$	$(-\pi, \pi)$
30	F4_10	40	25	15	$y = e^{x_1} / (1 + e^{x_2}) + (2 + e^{x_3}) / e^{x_4}$	$(0, 5)$
31	F4_11	40	25	15	$y = (x_1^2 + x_2^2 + x_3^2) / x_4^2$	$(-5, 5)$
32	F4_13	40	25	15	$y = (x_1 + x_2)(x_2 + x_3)(x_3 + x_4)$	$(-10, 10)$
33	F4_14	40	25	15	$y = \cos x_1 + \sin x_2 + \tan x_3 + \cot x_4$	$(-\pi, \pi)$
34	F4_15	40	25	15	$y = (5x_1 + 3x_2^2 + x_3^3)x_4^4$	$(-5, 5)$
35	F4_16	16	10	6	$y = \ln(x_1^2 + x_2^2)\sin(e^{x_3 + x_4})$	$(-5, 5)$
36	F4_17	16	10	6	$y = \prod_{i=1}^{4} \sin x_i$	$(-\pi, \pi)$
37	F4_18	15	9	6	$y = \sin x_1 \cos x_2 + \sin x_3 \cos x_4$	$(-\pi, \pi)$
38	F4_19	16	10	6	$y = \sin x_1 \cos x_2 / (4 - 1.2x_3 + x_4^2)$	$(-10, 10)$
39	F4_20	32	20	12	$y = \sin x_1 \cos x_2 / (\sin x_3 + \cos x_4)$	$(-\pi, \pi)$
40	F5_1	40	25	15	$y = \sin^2 x_1 \sqrt{\cos x_2} \sin x_3 \cos x_4 + \cos x_5$	$(-\pi/2, \pi/2)$
41	F5_3	40	25	15	$y = \dfrac{\lg(x_1^2 + x_2^2)}{e^{x_3 x_4^{x_5}} + 1}$	$(0, 5)$
42	F5_4	40	25	15	$y = (x_1 + x_2 + x_3 + x_4 + x_5)^2$	$(-5, 5)$
43	F5_5	40	25	15	$y = (x_1 + x_2)(x_2 + x_3)(x_3 + x_4)(x_4 + x_5)$	$(-10, 10)$
44	F5_6	40	25	15	$y = (\sin x_1 + \cos x_2)(\sin x_2 + \cos x_3)(\sin x_3 + \cos x_4)(\sin x_4 + \cos x_5)$	$(-\pi, \pi)$
45	F5_7	40	25	15	$y = x_1^{x_2} + x_2^{x_3} + x_3^{x_4} + x_1 x_2 x_3 x_4 x_5$	$(0, 2)$
46	F5_8	40	25	15	$y = \prod_{i=1}^{5} i x_i$	$(-5, 5)$

序号	编号	N	N_1	N_2	函数形式	变量区间
47	F5_9	40	25	15	$y = x_1^{x_2 x_3} + x_3^{x_4 x_5} + x_1 x_2 + \ln\lvert x_1 x_2 \rvert$	$(0, 1)$
48	F5_10	40	25	15	$y = 47\ln(x_1+1) + 23\ln(x_2+2) - 57\ln(x_3+3) - 42\ln(x_4+4) - 34\ln(x_5+5)$	$(0, 10)$
49	F5_11	40	25	15	$y = 61e^{x_1} - 42e^{x_2} - 12e^{x_3} - 31e^{x_4} + 35e^{x_5}$	$(0, 5)$
50	F5_12	40	25	15	$y = -4x_1 + 95x_2^2 - 87x_3^3 + 80x_4^4 - 72x_5^5$	$(0, 2)$
51	F5_13	40	25	15	$y = -99\cos x_1 - 46\cos(2x_2) + 94\cos(3x_3) - 47\cos(4x_4) + 74\cos(5x_5)$	$(-\pi, \pi)$
52	F5_14	40	25	15	$y = (x_1^2 + x_2^2 + x_3^2 + x_4^2)/x_5^2$	$(-5, 5)$
53	F5_15	40	25	15	$y = \cos x_1 \sin x_2 + \sin x_3 \cos x_4 + \exp(\sin x_5)$	$(-\pi, \pi)$
54	F5_16	16	10	6	$y = \sqrt{\lvert x_1 x_2 \rvert}\,(x_3 + x_4)^2 \sin x_5$	$(-\pi, \pi)$
55	F5_17	16	10	6	$y = \dfrac{\sin(x_1 + \cos x_2)\sin x_3}{\sqrt{2}(\sin x_4 + \cos x_5) - 1}$	$(-\pi, \pi)$
56	F5_19	32	20	12	$y = (x_1 x_2 + x_3)/(x_4 + x_5)^2$	$(-2, 2)$
57	F5_20	32	20	12	$y = \sin x_1 \sin x_2 \sin x_3 /(\sin x_4 \sin x_5)$	$(-\pi, \pi)$
58	F6_1	45	30	15	$y = \sin x_1 \cos x_2 + \sin(x_3 x_4)\cos(x_5 x_6)$	$(0, \pi)$
59	F6_2	45	30	15	$y = -5\sqrt{1 + \ln^2 x_1} + 3e^{\arctan \sqrt[3]{x_2}} + 12x_3(\lg x_4 - 2) + \ln\dfrac{\cosh x_5}{101} + 2.1^{x_6}$	$(0, 2\pi)$
60	F6_3	45	30	15	$y = x_1 + x_2 x_3 + x_4 x_5 x_6$	$(-2, 2)$
61	F6_4	45	30	15	$y = x_1 x_2 x_3 + x_4 x_5 x_6$	$(-10, 10)$
62	F6_5	45	30	15	$y = (x_1 x_2 x_3)^3 (x_4 x_5 x_6)^5$	$(-2, 2)$
63	F6_6	45	30	15	$y = (x_1 + x_2 + x_3)^3 (x_4 + x_5 + x_6)^5$	$(-5, 5)$
64	F6_7	45	30	15	$y = \cos x_1 + \sin x_2 + \tan x_3 + \cot x_4 + \sec x_5 + \csc x_6$	$(0, \pi)$
65	F6_8	45	30	15	$y = (\lg x_1 + x_2 + \sin x_3)^3 (x_4 - \sin x_5 + \cos x_6)^5$	$(0, 2\pi)$
66	F6_9	45	30	15	$y = \sin x_1 \cos x_2 + \sin(x_3 \cdot x_4)\cos(x_5 \cdot x_6)$	$(0, \pi)$
67	F6_10	45	30	15	$y = \dfrac{0.5(\sin x_1 + \sin x_2)}{\sqrt{2}(\cos x_3 + \cos x_4) - 1} + x_5 - x_6$	$(-\pi/2, \pi/2)$
68	F6_11	45	30	15	$y = 16\ln(x_1+1) - 35\ln(x_2+2) + 51\ln(x_3+3) + 84\ln(x_4+4)$ $+ 50\ln(x_5+5) + 17\ln(x_6+6)$	$(0, 10)$
69	F6_12	45	30	15	$y = 57e^{x_1} + 5e^{x_2} - 79e^{x_3} - 38e^{x_4} - 2e^{x_5} - 42e^{x_6}$	$(0, 5)$
70	F6_13	45	30	15	$y = 10x_1 - 38x_2^2 + 8x_3^3 + 53x_4^4 - 11x_5^5 - 13x_6^6$	$(0, 2)$
71	F6_14	45	30	15	$y = -69\sin x_1 + 17\sin(2x_2) + 63\sin(3x_3) + 89\sin(4x_4) - 38\sin(5x_5)$ $+ 71\sin(6x_6)$	$(-\pi, \pi)$

序号	编号	N	N_1	N_2	函数形式	变量区间
72	F6_15	45	30	15	$y = \left(x_1^2 + x_2^2 + x_3^2 + x_4^2 + x_5^2\right)/x_6^2$	$(-5, 5)$
73	F6_16	16	10	6	$y = \sin\left(x_1 x_2\right)\cos\left(x_3 + x_4\right)\cdot\left|x_5 / x_6\right|$	$(-\pi, \pi)$
74	F6_17	23	15	8	$y = \dfrac{\sqrt{2}\left(\sin x_1 + \cos x_2\right)\sin x_3 - 1}{\sqrt{2}\left(\sin x_4 + \cos x_5\right)\sin x_6 + 1}$	$(-\pi, \pi)$
75	F6_18	26	17	9	$y = \sum\limits_{i=1}^{6} x_i^2 \sin x_i$	$(-\pi, \pi)$
76	F6_19	32	20	12	$y = \sin x_1 \sin x_2 \sin x_3 /\left(\sin x_4 \sin x_5 \sin x_6\right)$	$(-\pi, \pi)$
77	F6_20	45	30	15	$y = \sin\left(x_1 / x_2\right)\cos\left(x_3 / x_4\right)\exp(x_5 x_6)$	$(-\pi, \pi)$
78	F7_1	50	30	20	$y = x_1 + x_2^{x_3} - x_4^2 + x_5 x_6 / x_7$	$(0, 2)$
79	F7_2	50	30	20	$y = 19\tanh x_1 - 24\arcsin\dfrac{2x_2}{x_2^2 + 1} + 12\sin^2 x_3 \cos x_4^2 + \left(x_5^2 + x_6^2\right)/x_7$	$(-\pi, \pi)$
80	F7_3	50	30	20	$y = x_1^2 + \sin x_2 + \tan\sin x_3^2 + \cot\sin x_4^2 + \tan x_5^2 + \sin x_6 + x_7$	$(-2, 2)$
81	F7_4	50	30	20	$y = \left(x_1 + x_2^{x_3}\right)^5 - \tan\sin\lg x_4 + x_5 x_6 / x_7$	$(0, 2)$
82	F7_5	50	30	20	$y = 8\ln\left(x_1 + 1\right) - 64\ln\left(x_2 + 2\right) - 6\ln\left(x_3 + 3\right) + 44\ln\left(x_4 + 4\right)$ $-98\ln\left(x_5 + 5\right) + 39\ln\left(x_6 + 6\right) - 27\ln\left(x_7 + 7\right)$	$(0, 10)$
83	F7_6	50	30	20	$y = -4\mathrm{e}^{x_1} + 97\mathrm{e}^{x_2} + 82\mathrm{e}^{x_3} - 85\mathrm{e}^{x_4} - 38\mathrm{e}^{x_5} - 11\mathrm{e}^{x_6} - 78\mathrm{e}^{x_7}$	$(0, 5)$
84	F7_7	50	30	20	$y = 46x_1 + 65x_2^2 - 42x_3^3 - 85x_4^4 + 17x_5^5 - 3x_6^6 - 92x_7^7$	$(0, 2)$
85	F7_8	50	30	20	$y = -15\sin x_1 - 50\sin\left(2x_2\right) + 70\sin\left(3x_3\right) + \sin\left(4x_4\right)$ $+2\sin\left(5x_5\right) + 89\sin\left(6x_6\right) + 26\sin\left(7x_7\right)$	$(-\pi, \pi)$
86	F7_9	50	30	20	$y = 56\cos x_1 - 29\cos\left(2x_2\right) - 10\cos\left(3x_3\right) + 32\cos\left(4x_4\right)$ $-62\cos\left(5x_5\right) + 24\cos\left(6x_6\right) - 46\cos\left(7x_7\right)$	$(-\pi, \pi)$
87	F7_10	50	30	20	$y = x_1^{x_2} + x_2^{x_3} + x_3^{x_4} + x_5 x_6 + x_7^2$	$(0, 5)$
88	F7_11	50	30	20	$y = x_1 x_2 x_3 + x_4 x_5 x_6 + x_7^2$	$(-5, 5)$
89	F7_12	50	30	20	$y = x_1 x_2 / x_3 + x_4 x_5 x_6 / x_7$	$(-10, 10)$
90	F7_13	50	30	20	$y = \left(x_1 x_2 x_3\right)^3 \left(x_4 x_5 x_6 x_7\right)^2$	$(-2, 2)$
91	F7_14	50	30	20	$y = \sum\limits_{i=1}^{7} x_i^i$	$(-2, 2)$
92	F7_15	50	30	20	$y = \mathrm{e}^{x_1 x_2} + 2^{x_3 x_4} + 3^{x_5} - x_6 \sin\left(\tan x_7\right)$	$(-\pi, \pi)$
93	F7_17	31	20	11	$y = 19\tanh x_1 - 24\arcsin\dfrac{2x_2}{x_2^2 + 1} + 12\sin^2 x_3 \cos x_4^2 + \tan x_5^2 + \sin x_6 + x_7$	$(-\pi, \pi)$
94	F7_18	32	21	11	$y = x_1^2 \sin x_2 + \tan\sin x_3^2 + \cot\sin x_4^2 + \left(x_5^2 + x_6^2\right)/x_7$	$(-\pi, \pi)$

序号	编号	N	N_1	N_2	函数形式	变量区间
95	F7_19	50	30	20	$y = \sin x_1 \sin x_2 \sin x_3 / (\sin x_4 \sin x_5 \sin x_6 \tan x_7)$	$(-\pi, \pi)$
96	F7_20	32	20	12	$y = \cos x_1 \sin x_2 + \sin x_3 \cos x_4 + \exp(\sin x_5 \cos x_6)$	$(-\pi, \pi)$
97	F8_1	55	35	20	$y = x_1 + \sin x_2 + \cos x_3 - \sin x_4 + (x_5 - x_6 + x_7^2)/x_8$	$(-1, 1)$
98	F8_2	55	35	20	$y = \sum_{i=1}^{8} x_i^i$	$(-2, 2)$
99	F8_3	55	35	20	$y = \sin x_1 + \cos x_2 + x_3^2 + x_4^3 + (\sin x_5 + \cos x_6 + x_7 + x_8)/2$	$(-10, 10)$
100	F8_4	55	35	20	$y = \dfrac{\sec \sin\left[|x_1 x_2| / (x_3 x_4 + 1) \right]}{\lg|x_5 x_6| + 2} - x_7 x_8$	$(-\pi, \pi)$
101	F8_5	55	35	20	$y = x_1 + \sin x_2 + \cos x_3 - \sin x_4 + \dfrac{(x_5 - x_6 + x_7^2)}{x_8} + \dfrac{x_1 x_2}{x_3 x_4 + 2}$	$(-\pi, \pi)$
102	F8_6	55	35	20	$y = x_1 x_2 + \sin x_1 + 3x_3^2 - 6x_1 x_3 + x_4^3 + x_5 \sin x_6 + x_7 + x_8$	$(-\pi, \pi)$
103	F8_7	55	35	20	$y = 89\ln(x_1 + 1) - 67\ln(x_2 + 2) + 89\ln(x_3 + 3) - 50\ln(x_4 + 4)$ $-78\ln(x_5 + 5) + 26\ln(x_6 + 6) - 79\ln(x_7 + 7) + 90\ln(x_8 + 8)$	$(0, 10)$
104	F8_8	55	35	20	$y = -44e^{x_1} - 33e^{x_2} + 40e^{x_3} + 90e^{x_4} + 59e^{x_5} - 96e^{x_6} + 85e^{x_7} + 3e^{x_8}$	$(0, 5)$
105	F8_9	55	35	20	$y = -56x_1 + 94x_2^2 + 2x_3^3 + 90x_4^4 + 8x_5^5 - 36x_6^6 - 88x_7^7 - 93x_8^8$	$(0, 2)$
106	F8_10	55	35	20	$y = 42\sin x_1 - 51\sin(2x_2) - 75\sin(3x_3) - 20\sin(4x_4)$ $+22\sin(5x_5) + 61\sin(6x_6) - 29\sin(7x_7) + 77\sin(8x_8)$	$(-\pi, \pi)$
107	F8_11	55	35	20	$y = -24\cos x_1 + 78\cos(2x_2) + 65\cos(3x_3) + 55\cos(4x_4)$ $-20\cos(5x_5) + 40\cos(6x_6) - 53\cos(7x_7) + 97\cos(8x_8)$	$(-\pi, \pi)$
108	F8_12	55	35	20	$y = x_1 x_2 + x_3 x_4 + x_5 x_6 + x_7 x_8$	$(-10, 10)$
109	F8_13	55	35	20	$y = (x_1^2 + x_2^2 + x_3^2 + x_4^2 + x_5^2) / (x_6^2 + x_7^2 + x_8^2)$	$(-5, 5)$
110	F8_14	55	35	20	$y = (x_1^2 x_2^2 + x_3^2 x_4^2) / (x_5^2 x_6^2 - x_7^2 x_8^2)$	$(-5, 5)$
111	F8_15	55	35	20	$y = \dfrac{\sin x_1 \cos x_2 + \sin x_3 \cos x_4}{\tan \sin(x_5 x_6 + x_7 x_8)}$	$(-\pi, \pi)$
112	F8_16	23	15	8	$y = (x_1 + x_2 + x_3 + x_4)^2 + (x_5 + x_6 + x_7 + x_8)^2$	$(-2, 2)$
113	F8_17	31	20	11	$y = \dfrac{\sin(x_1 + \cos x_2) + \cos(x_3 + \sin x_4)}{\cos(x_5 + \sin x_6) + \sin(x_7 + \cos x_8)}$	$(-\pi, \pi)$
114	F8_18	40	26	14	$y = \dfrac{(x_1 + x_2)^2}{x_3 x_4 - x_5 x_6 + x_7 x_8}$	$(-5, 5)$
115	F8_19	40	26	14	$y = \dfrac{\sin\left[(x_1 + x_2 + x_3 + x_4)^2 \right]}{\cos\left[(x_5 + x_6 + x_7 + x_8)^3 \right]}$	$(-5, 5)$
116	F8_20	40	26	14	$y = \sin\left(e^{x_1 x_2} + 2^{x_3 x_4} + 3^{x_5} \right) - \tan(\cos x_6) \cdot \sin x_7 + \cos x_8$	$(-\pi, \pi)$

序号	编号	N	N_1	N_2	函数形式	变量区间
117	F9_1	55	35	20	$y = x_1 + x_2^2 + x_1 x_2 + x_3 x_4 + x_5 x_6 + x_4 x_5 x_6 + x_7 x_8 x_9$	$(-1, 1)$
118	F9_2	55	35	20	$y = e^{x_1 x_2} + 2^{x_3 x_4} + 3^{x_5} - \tan(\sin x_6) \cdot x_7 + x_8 x_9$	$(-\pi, \pi)$
119	F9_3	55	35	20	$y = \dfrac{\sqrt[3]{(\sin x_1 + x_2^2 + x_3^3)^2}}{x_4 + x_5} + x_6 \sin x_7 + x_8 \cos x_9$	$(-4, 4)$
120	F9_4	55	35	20	$y = \dfrac{\sin x_1 \cos x_2 + \sin(x_3 x_4) \cos x_5}{\cos[\sin(x_6 x_7)] + \sin[\cos(x_8 x_9)]}$	$(-\pi, \pi)$
121	F9_5	55	35	20	$y = (x_1 + x_2 + x_3 + x_4)^2 + (x_5 + x_6 + x_7 + x_8)^3 + x_9^2 + x_3 x_4 x_5 x_6 + x_7 x_8 x_9$	$(-2, 2)$
122	F9_6	55	35	20	$y = e^{x_1 x_2 x_3} + 2^{x_4 x_5} + x_1 + x_2^2 + x_3 x_4 + x_5 x_6 + x_7 x_8 x_9$	$(-2, 2)$
123	F9_7	55	35	20	$y = \sin x_1 \cos x_2 + \tan \sin x_3 + \dfrac{(x_1 + x_2 - x_3)^2}{x_4^2 + 2} + x_5 x_6 - x_7 x_8 + \sin x_9$	$(-\pi/2, \pi/2)$
124	F9_8	55	35	20	$y = 28e^{x_1} + 56e^{x_2} - 61e^{x_3} + 36e^{x_4} + 80e^{x_5} - 87e^{x_6} + 81e^{x_7} + 18e^{x_8} + 52e^{x_9}$	$(-5, 5)$
125	F9_9	55	35	20	$y = 91\sin x_1 + 90\sin(2x_2) + 14\sin(3x_3) + 11\sin(4x_4) + 27\sin(5x_5)$ $-92\sin(6x_6) - 70\sin(7x_7) + 50\sin(8x_8) - 86\sin(9x_9)$	$(-1, 1)$
126	F9_10	55	35	20	$y = 10\cos(x_1) - 67\cos(2x_2) + 4\cos(3x_3) + 74\cos(4x_4) - 55\cos(5x_5)$ $+17\cos(6x_6) + 7\cos(7x_7) - 19\cos(8x_8) - 25\cos(9x_9)$	$(-1, 1)$
127	F9_11	55	35	20	$y = x_1 x_2 x_3 + x_4 x_5 x_6 + x_7 x_8 x_9$	$(-10, 10)$
128	F9_12	55	35	20	$y = \prod\limits_{i=1}^{9} \sin x_i$	$(-\pi, \pi)$
129	F9_13	55	35	20	$y = (x_1 + x_2)^2 (x_3 x_4 - x_5 x_6 + x_7 x_8) / x_9$	$(-5, 5)$
130	F9_14	55	35	20	$y = \sum\limits_{i=1}^{9} x_i^2$	$(-5, 5)$
131	F9_15	55	35	20	$y = 4\sin(x_1 x_2) + 3\sin(2x_3 x_4) + 2\sin(3x_5 x_6) + \sin(4x_7 x_8 x_9)$	$(-\pi, \pi)$
132	F9_16	31	20	11	$y = (x_1 + x_2 + x_3)^2 + (x_4 + x_5 + x_6)^2 + (x_7 + x_8 + x_9)^2$	$(-5, 5)$
133	F9_17	46	30	16	$y = (x_1 + x_2 + x_3)^2 + (x_4 + x_5 + x_6)^3 + x_7 / x_8 + x_9 / \sqrt{4x_9^2 + 9}$	$(-5, 5)$
134	F9_18	48	31	17	$y = \dfrac{(x_1 + x_2 + x_3)^2}{x_4 x_5 x_6 - x_7 x_8 x_9}$	$(-5, 5)$
135	F9_19	40	26	14	$y = \sin[(x_1 + x_2 + x_3 + x_4)^2] \cos[(x_5 + x_6 + x_7 + x_8)^3] / x_9$	$(-\pi, \pi)$
136	F9_20	55	35	20	$y = x_1 x_2 + x_3 x_4 + x_5 x_6 + x_7 x_8 + x_9^2$	$(-10, 10)$
137	F10_1	60	40	20	$y = \sum\limits_{i=1}^{10} x_i^2 + \sum\limits_{i=1}^{8} x_i^i$	$(-3, 3)$
138	F10_2	60	40	20	$y = \sum\limits_{i=1}^{10} x_i^i$	$(-3, 3)$

序号	编号	N	N_1	N_2	函数形式	变量区间
139	F10_3	60	40	20	$y = (x_1 + x_2 + 1)^2 (19 - 14x_3 + 3x_4^2 - 14x_5 + 6x_6 x_7 + 3x_8^2) x_9 + e^{x_{10}}$	$(-5, 5)$
140	F10_4	60	40	20	$y = \prod_{i=1}^{10} \sin x_i$	$(-\pi, \pi)$
141	F10_5	60	40	20	$y = \sin(|x_1 x_2| / (x_3 x_4 + 1))(\lg|x_5 x_6| + 2) - e^{|x_7 x_8|} + x_9 + x_{10}$	$(-\pi, \pi)$
142	F10_6	60	40	20	$y = e^{x_1 x_2 x_3} + 2^{x_4 x_5} + x_1 + x_2^2 + x_3 x_4 + x_5 x_6 + x_7 x_8 x_9 / x_{10}$	$(-2, 2)$
143	F10_7	60	40	20	$y = x_1 + \sin x_2 + \cos x_3 - \sin x_4 + (x_5 - x_6 + x_7^2) / x_8 + x_9 + x_{10}$	$(-\pi, \pi)$
144	F10_8	60	40	20	$y = 11\ln\left(x_1 + \sqrt{x_1^2 + 1}\right) + \sin(x_2^2 - x_3) + 2x_4 \sin x_5 + \exp(\cos x_6^2)$ $+ e^{x_7} \sin^3 x_8 - 200 x_9 / \sqrt{4x_9^2 + 9} + 10 / \cos x_{10}$	$(0, \pi/2)$
145	F10_9	60	40	20	$y = (x_1 + x_2 + x_3)^2 + (x_4 + x_5 + x_6)^3 + \dfrac{x_7}{x_8} + x_9 / \sqrt{4x_9^2 + 9} + \dfrac{10}{\cos x_{10}}$	$(-10, 10)$
146	F10_10	60	40	20	$y = \cos\left[|x_1 x_2| / (x_3 x_4 + 1)\right](\lg|x_5 x_6| + 2) + x_7 x_8 + x_9 / x_{10}$	$(-\pi, \pi)$
147	F10_11	31	20	11	$y = \left(\sum_{i=1}^{4} x_i\right)^2 + \left(\sum_{i=5}^{8} x_i\right)^3 + x_9 x_{10}$	$(-2, 2)$
148	F10_12	46	30	16	$y = (x_1 + x_2 + x_3 + x_4)^{1/3} + (x_5 + x_6 + x_7 + x_8)^{2/3} + x_9 x_{10}$	$(0, 10)$
149	F10_13	55	36	19	$y = \dfrac{\tan\left[|x_1 x_2| / (x_3 x_4 + 1)\right]}{\lg|x_5 x_6| + 2} - \sin(x_7 x_8) + \cos(x_9 x_{10})$	$(-\pi, \pi)$
150	F10_14	55	35	20	$y = x_1 x_2 + x_3 x_4 + x_5 x_6 + x_7 x_8 + x_9 x_{10}$	$(-10, 10)$
151	F10_15	55	35	20	$y = \sum_{i=2}^{9} x_{i-1} x_i x_{i+1}$	$(-2, 2)$
152	F11_1	60	40	20	$y = \dfrac{1}{2}\left(\sum_{i=1}^{4} x_i\right)^2 + \dfrac{1}{2}\left(\sum_{i=5}^{8} x_i\right)^3 + \dfrac{x_9}{x_{10}} + x_{11}^2 + x_1 + x_2^2 + x_3 x_4 + x_5 x_6 + x_7 x_8 x_9$	$(-2, 2)$
153	F11_2	60	40	20	$y = (x_1 + x_2 + x_3 + x_4)^2 + (x_5 + x_6 + x_7 + x_8)^3 + x_9 / x_{10} + x_{11}^2$	$(-10, 10)$
154	F11_4	60	40	20	$y = 4\sin(x_1 x_2) + \sin(2x_3 x_4) - 7\sin(3x_5 x_6) - 5\sin(4x_7 x_8) + 9\cos(x_9 x_{10} x_{11})$	$(-\pi, \pi)$
155	F11_5	60	40	20	$y = \left(4x - 2.1x_2 + \dfrac{x_3^3}{3}\right) x_4^2 + \dfrac{109\sin x_5^3}{1 + x_6^2} + e^{x_7} + \sin(x_8 x_9 x_{10}) \cos x_{11}$	$(-5, 5)$
156	F11_6	60	40	20	$y = \sum_{i=1}^{11} x_i^i$	$(-2, 2)$
157	F11_7	60	40	20	$y = (x_1 + x_2 + 1)^2 (19 - 14x_3 + 3x_4^2 - 14x_5 + 6x_6 x_7 + 3x_8^2) x_9 + e^{x_{10}} \sin x_{11}$	$(-5, 5)$
158	F11_8	60	40	20	$y = \prod_{i=1}^{11} \cos x_i$	$(-\pi, \pi)$
159	F11_9	60	40	20	$y = \dfrac{\sqrt[3]{(x_1 x_2 x_3 x_4 / x_5 x_6 x_7 x_8)^2}}{x_9 x_{10} x_{11}}$	$(-10, 10)$

序号	编号	N	N_1	N_2	函数形式	变量区间
160	F11_10	60	40	20	$y = \sqrt[3]{(x_1 + x_2 + x_3 + x_4 + x_5)^2} \cdot x_6 + \dfrac{x_7 x_8 x_9}{x_{10} x_{11}}$	$(0, 5)$
161	F11_11	38	25	13	$y = -5x_1 + 9x_2^2 + 2x_3^3 + 9x_4^4 + 8x_5^5 - 6x_6^6 - 8x_7^7 - 3x_8^8 + 2x_9^9 + 9x_{10}^{10} + 6x_{11}^{11}$	$(-2, 2)$
162	F11_12	62	40	22	$y = \sum\limits_{i=2}^{10} x_{i-1} x_i x_{i+1}$	$(-2, 2)$
163	F11_13	63	41	22	$y = \dfrac{x_1 x_2 + 3^{x_3 x_4 x_5}}{x_6 x_7 + e^{x_8 x_9} + 2x_{10} x_{11}}$	$(-2, 2)$
164	F11_14	38	25	13	$y = \dfrac{\sqrt[3]{(x_1 x_2 x_3 x_4 / x_5 x_6 x_7 x_8)^2}}{x_9 x_{10} x_{11}}$	$(-10, 10)$
165	F11_15	38	40	20	$y = \prod\limits_{i=1}^{11} \sin x_i$	$(-\pi, \pi)$
166	F12_1	65	40	25	$y = \dfrac{\sqrt[3]{(x_1 x_2 x_3 x_4 / x_5 x_6 x_7 x_8)^2}}{x_9 x_{10} x_{11} x_{12}}$	$(-10, 10)$
167	F12_2	65	40	25	$y = 19.1\ln\left(x_1 + \sqrt{x_1^2 + 1}\right) + \sin\left(x_2^2 - x_3\right) + 2x_4 \cos x_5 + \exp(\cos x_6^2)$ $+ e^{x_7} \sin^3 x_8 - 200x_9 / \sqrt{4x_9^2 + 9} + 10 / \sin x_{10} - \tan^2 x_{11} + 76\sin x_{12}$	$(0, \pi/2)$
168	F12_3	65	40	25	$y = \sum\limits_{i=2}^{11} x_{i-1} x_i x_{i+1}$	$(-1, 1)$
169	F12_4	65	40	25	$y = \left(4x - 2.1x_2 + x_3^3 / 3\right)x_4^2 + \dfrac{15\cos x_5^3}{1 + x_6^2} + e^{x_7} + \sin\left(x_8 x_9 x_{10}\right)\cos\left(x_{11} x_{12}\right)$	$(-5, 5)$
170	F12_5	65	40	25	$y = \sum\limits_{i=1}^{12} x_i^i$	$(-2, 2)$
171	F12_6	65	40	25	$y = \left(x_1 + x_2 + 1\right)^2 \left(19 - 14x_3 + 3x_4^2 - 14x_5 + 6x_6 x_7 + 3x_8^2\right)x_9 + e^{x_{10}} \sin\left(x_{11} x_{12}\right)$	$(-5, 5)$
172	F12_7	65	40	25	$y = \sum\limits_{i=1}^{12} \sec x_i$	$(-\pi, \pi)$
173	F12_8	65	40	25	$y = \left(\sum\limits_{i=1}^{4} x_i\right)^2 + \left(\sum\limits_{i=5}^{8} x_i\right)^3 + \dfrac{x_9}{x_{10}} + x_{11}^2 + x_{12}$	$(-2, 2)$
174	F12_9	65	40	25	$y = (x_1 + x_2 + x_3 + x_4)^{0.5} + (x_5 + x_6 + x_7 + x_8)^{0.3} + x_9 / x_{10} + x_{11}^2 / x_{12}$	$(0, 10)$
175	F12_10	65	40	25	$y = \sqrt[3]{(x_1 + x_2 + x_3 + x_4)} + x_5 x_6 \sin\left(x_7 + x_8\right) + x_9 x_{10} \cos\left(x_{11} x_{12}\right)$	$(0, \pi)$
176	F12_11	38	25	13	$y = \cos\left(\sum\limits_{i=1}^{4} x_i\right) + \sin\left(\sum\limits_{i=5}^{8} x_i\right) + \sec\left(\sum\limits_{i=9}^{12} x_i\right)$	$(-\pi, \pi)$
177	F12_12	62	40	22	$y = \sum\limits_{i=1}^{12} \sin x_i$	$(-\pi, \pi)$
178	F12_13	71	46	25	$y = x_1 x_2 x_3 x_4 + x_5 x_6 x_7 x_8 + x_9 x_{10} x_{11} x_{12}$	$(-10, 10)$
179	F12_15	38	25	13	$y = e^{x_1 x_2} + 2^{x_3 x_4} + 3^{x_5} - x_6 \cos\left(\sin x_7\right) + x_8 x_9 + \ln\left|x_{10} x_{11} \sin x_{12}\right|$	$(-\pi, \pi)$

序号	编号	N	N_1	N_2	函数形式	变量区间
180	F13_1	65	40	25	$y = \left(\dfrac{1}{2}\sum\limits_{i=1}^{4} x_i\right)^{1/3} + \sin\left(\dfrac{1}{2}\sum\limits_{i=5}^{9} x_i\right) + \dfrac{\sin(x_{10}+x_{11}+x_{12})}{x_{13}}$	$(-\pi/2, \pi/2)$
181	F13_2	65	40	25	$y = \sqrt[3]{(x_1+x_2+x_3+x_4)} + \sin(x_5+x_6+x_7+x_8+x_9) + \sin(x_{10}+x_{11}+x_{12})/x_{13}$	$(0, \pi)$
182	F13_3	65	40	25	$y = (\sin x_1)^2 + (\cos x_2)^2 + (\tan x_3)^2 + \dfrac{x_4 x_5 x_6}{x_7 x_8 + 1} - \lg(x_9 x_{10} x_{11}) + \sin x_{12} \cos x_{13}$	$(0, \pi)$
183	F13_4	65	40	25	$y = \dfrac{x_1 + x_2 - x_3 x_4}{(x_5 x_6 + x_7)^2} + \dfrac{\lg^2 x_8 + \lg^4 x_9 + \sin x_{10} - x_{11}}{(x_{12} + x_{13})^2}$	$(0, 10)$
184	F13_5	65	40	25	$y = \dfrac{x_1 - x_2 + 2^{x_3 x_4 x_5}}{x_6 x_7 + \mathrm{e}^{x_8 x_9 x_{10}} + 2} - (x_{11} x_{12} x_{13})^2$	$(0, 2)$
185	F13_6	65	40	25	$y = (x_1+x_2+x_3+x_4)^2 + (x_5+x_6+x_7+x_8)^3 + x_9/x_{10} + x_{11}^2 x_{12}/x_{13}$	$(-10, 10)$
186	F13_7	65	40	25	$y = \sqrt[3]{x_1+x_2+x_3+x_4} + x_5 x_6 \sin(x_7+x_8) + x_9 x_{10} \cos(x_{11} x_{12}) \sin x_{13}$	$(0, \pi)$
187	F13_8	65	40	25	$y = \left(\sum\limits_{i=1}^{4} x_i\right)^4 + \left(\sum\limits_{i=5}^{8} x_i\right)^3 + \left(\sum\limits_{i=9}^{13} x_i\right)^2$	$(-2, 2)$
188	F13_9	65	40	25	$y = (x_1+x_2+x_3)^2 + (x_4+x_5+x_6)^3 + x_7 x_8 + x_9/\sqrt{4x_9^2 + x_{10}}$ $+ \sin(x_{11} x_{12})/\cos x_{13}$	$(0, 10)$
189	F13_10	65	40	25	$y = \dfrac{\tan\left[|x_1 x_2|/(x_3 x_4 + 1)\right]}{\lg|x_5 x_6| + 2} - x_7 x_8/x_9 + x_{10} x_{11} \sin x_{12}/x_{13}$	$(-\pi, \pi)$
190	F13_11	38	25	13	$y = \sum\limits_{i=1}^{13} \sin(\cos x_i)$	$(-\pi, \pi)$
191	F13_12	77	50	27	$y = \sum\limits_{i=1}^{6} x_i + \sum\limits_{i=7}^{13} x_i^2$	$(-5, 5)$
192	F13_13	80	52	28	$y = \mathrm{e}^{x_1 x_2} + 2^{x_3 x_4} + 3^{x_5} - x_6 \tan(\sin x_7) + x_8 x_9 + \ln|x_{10} x_{11} \cos x_{12}| \cdot x_{13}$	$(-\pi, \pi)$
193	F13_14	46	30	16	$y = \sum\limits_{i=1}^{13} \mathrm{e}^{x_i} \sin x_i$	$(-\pi, \pi)$
194	F13_15	46	30	16	$y = \sum\limits_{i=1}^{13} \mathrm{e}^{x_i} \cos x_i$	$(-\pi, \pi)$
195	F14_1	70	45	25	$y = \dfrac{1}{2}\dfrac{x_1 + x_2 - x_3 x_4}{(x_5 x_6 + x_7)^2} + \dfrac{\lg^2 x_8 + \lg^4 x_9 + \sin x_{10} - x_{11}}{(x_{12} + x_{13} x_{14})^2}$	$(0, 10)$
196	F14_3	70	45	25	$y = \dfrac{x_1 - x_2 + 2^{x_3 x_4 x_5}}{x_6 x_7 + \mathrm{e}^{x_8 x_9 x_{10}} + 2} - (x_{11} x_{12} x_{13} x_{14})^2 + x_1 x_2 + \ln|x_1 x_2|$	$(0, 2)$
197	F14_4	70	45	25	$y = x_1 x_2 + x_3 x_4 + x_5 x_6 + x_7 x_8 x_9 + x_{10} x_{11} x_{12} x_{13}/x_{14}$	$(-1, 1)$
198	F14_5	70	45	25	$y = \mathrm{e}^{x_1 x_2} + 2^{x_3 x_4} + 3^{x_5} - \tan(\sin x_6) \cdot x_7 + x_8 x_9 + \ln\left|\dfrac{x_{10} x_{11} \sin x_{12}}{x_{13} x_{14}}\right|$	$(-\pi, \pi)$

序号	编号	N	N_1	N_2	函数形式	变量区间
199	F14_6	70	45	25	$y = \dfrac{\left[\left(x_1 x_2 + x_3 x_4 x_5\right) / \left(x_6 x_7 + x_8 x_9 x_{10}\right)\right]^{3/2}}{x_{11} x_{12} + x_{13} x_{14}}$	$(0, 10)$
200	F14_7	70	45	25	$y = \sqrt[3]{\left(x_1 + x_2 + x_3 + x_4 + x_5\right)^4} \cdot x_6 + \dfrac{x_7 x_8 x_9}{x_{10} x_{11} x_{12}} + \exp\left[\sin\left(x_{13} x_{14}\right)\right]$	$(0, 5)$
201	F14_8	70	45	25	$y = -44e^{x_1} - 33e^{x_2} + 40e^{x_3} + 90e^{x_4} + 59e^{x_5} - 96e^{x_6} + 85e^{x_7} + 3e^{x_8}$ $+ 5e^{x_9} + e^{x_{10}} + 5e^{x_{11}} - 6e^{x_{12}} + 8e^{x_{13}} + 4e^{x_{14}}$	$(0, 5)$
202	F14_9	70	45	25	$y = -56x_1 + 94x_2^2 + 2x_3^3 + 90x_4^4 + 8x_5^5 - 36x_6^6 - 88x_7^7 - 93x_8^8$ $+ 21x_9^9 + 9x_{10}^{10} + 6x_{11}^{11} - 8x_{12}^{12} - 4x_{13}^{13} - 5x_{14}^{14}$	$(-2, 2)$
203	F14_10	70	45	25	$y = \sum\limits_{i=1}^{14} \sin x_i$	$(-\pi, \pi)$
204	F14_11	46	30	16	$y = \dfrac{\sqrt[3]{\left(x_1 x_2 x_3 x_4 x_5 / x_6 x_7 x_8 x_9 x_{10}\right)^2}}{x_{11} x_{12} x_{13} x_{14}}$	$(-10, 10)$
205	F14_12	77	50	27	$y = \sum\limits_{i=1}^{14} x_i^2$	$(-5, 5)$
206	F14_13	86	56	30	$y = \dfrac{x_1 x_2 x_3 x_4 + x_5 x_6 x_7 x_8}{x_9 x_{10} x_{11} + x_{12} x_{13} x_{14}}$	$(-5, 5)$
207	F14_14	46	30	16	$y = \sum\limits_{i=1}^{14} e^{x_i}$	$(-\pi, \pi)$
208	F15_1	70	45	25	$y = \dfrac{e^{x_1 + x_2 x_3} - x_4 + x_5^{x_6}}{x_7 x_8 + 1} - \lg\left(x_9 x_{10} x_{11}\right) + \sin x_{12} \cos x_{13} + x_{14} x_{15}$	$(0, \pi)$
209	F15_2	70	45	25	$y = x_1 + x_2^2 + x_3 x_4 + x_5 x_6 + x_4 x_5 x_6 + x_7 x_8 x_9 + x_{10} x_{11} x_{12} x_{13} / \left(x_{14} x_{15}\right)$	$(-1, 1)$
210	F15_3	70	45	25	$y = e^{x_1 x_2} + 2^{x_3 x_4} + 3^{x_5} - \tan \sin x_6 \cdot x_7 + x_8 x_9 + \ln\left|\dfrac{x_{10} x_{11} \sin x_{12}}{x_{13} x_{14} x_{15}}\right|$	$(-\pi, \pi)$
211	F15_4	70	45	25	$y = \dfrac{\sqrt[3]{\left(x_1 x_2 x_3 x_4 x_5 / x_6 x_7 x_8 x_9 x_{10}\right)^2 e^{x_{15}}}}{x_{11} x_{12} x_{13} x_{14}}$	$(-10, 10)$
212	F15_5	70	45	25	$y = \left(x_1 + x_2 + x_3 + x_4 + x_5\right)^{0.5} x_6 + \dfrac{x_7 x_8 x_9}{x_{10} x_{11} x_{12}} + \exp\left[\sin\left(x_{13} x_{14}\right)\right] \cos x_{15}$	$(0, 5)$
213	F15_6	70	45	25	$y = \sum\limits_{i=1}^{15} e^{x_i}$	$(0, 5)$
214	F15_7	70	45	25	$y = x_1 x_2 + x_3 \sin x_4 + x_5 \cos x_6 + \left(x_7 - x_8 + x_9^2\right) / x_{10} + \dfrac{x_{11} x_{12}}{x_{13} x_{14} + 2x_{15}}$	$(-\pi, \pi)$
215	F15_8	70	45	25	$y = x_1 x_2 x_3 + x_4 x_5 x_6 + x_7 x_8 x_9 + x_{10} x_{11} x_{12} + x_{13} x_{14} x_{15}$	$(-1, 1)$
216	F15_9	70	45	25	$y = e^{x_1 x_2} + x_3^{x_4} + 3^{x_5} - x_6 \sin x_7 + x_8 x_9 + x_{10} x_{11} x_{12} / \left(x_{13} x_{14} + x_{15}\right)$	$(0, \pi)$
217	F15_10	70	45	25	$y = \dfrac{\sqrt[3]{\left(\sin x_1 + x_2^2 + x_3^3\right)^2}}{x_4 + x_5} + x_6 + \sin x_7 + \cos\left(x_8 + x_9\right) + \dfrac{x_{10} x_{11} x_{12}}{x_{13} x_{14} x_{15}}$	$(-4, 4)$

序号	编号	N	N_1	N_2	函数形式	变量区间
218	F15_11	46	30	16	$y = \dfrac{\mathrm{e}^{(x_1+x_2x_3)} - x_4 + x_5^{x_6}}{x_7 x_8} \cos x_9 + \dfrac{x_{10} x_{11} x_{12}}{x_{13} x_{14} x_{15}}$	$(0, \pi)$
219	F15_12	77	50	27	$y = \sum\limits_{i=1}^{15} \sin x_i$	$(-\pi, \pi)$
220	F15_13	92	62	30	$y = x_1 \sin(x_2 x_3 x_4) + x_5 \cos(x_6 x_7 x_8) + x_9 \ln\lvert x_{10} x_{11} x_{12} \rvert + x_{13}\, \mathrm{e}^{x_{14} x_{15}}$	$(-\pi, \pi)$
221	F15_14	70	45	25	$y = -3\mathrm{e}^{x_1} - 4\mathrm{e}^{x_2} + 5\mathrm{e}^{x_3} + 9\mathrm{e}^{x_4} + 5\mathrm{e}^{x_5} - 6\mathrm{e}^{x_6} + 8\mathrm{e}^{x_7} + 7\mathrm{e}^{x_8}$ $+ 4\mathrm{e}^{x_9} + 2\mathrm{e}^{x_{10}} + 5\mathrm{e}^{x_{11}} - 6\mathrm{e}^{x_{12}} + 8\mathrm{e}^{x_{13}} + 4\mathrm{e}^{x_{14}} - 7\mathrm{e}^{x_{15}}$	$(-2, 2)$
222	F15_15	70	45	25	$y = -6x_1 + 9x_2^2 + 2x_3^3 + 9x_4^4 + 8x_5^5 - 6x_6^6 - 8x_7^7 - 3x_8^8$ $+ 2x_9^9 + 9x_{10}^{10} + 6x_{11}^{11} - 8x_{12}^{12} - 4x_{13}^{13} - 5x_{14}^{14} + 4x_{15}^{15}$	$(-2, 2)$

附录 B　检验函数列表（100 个）

序号	编号	N	N_1	N_2	函数形式	变量区间
1	F3_1	35	20	15	$y = x_1 x_2 + \ln\lvert x_1 x_2 \rvert + \sin x_1 \cos x_2 + \tan \sin x_3$	$(-\pi, \pi)$
2	F3_2	35	20	15	$y = \lvert x_1 + x_2 \rvert^{x_3} + 5x_1 + 4x_2^2 + 3x_3^3$	$(-5, 5)$
3	F3_3	35	20	15	$y = x_1^{x_2} + x_2^{x_3} + x_1 x_2 / x_3^2$	$(0, 10)$
4	F3_4	35	20	15	$y = 100\left(x_1^2 - x_2\right)^2 + \left(1 - x_3\right)^2$	$(-10, 10)$
5	F3_5	35	20	15	$y = 1 + \sum\limits_{i=1}^{3}\left[x_i - \cos(2\pi x_i) \right]$	$(-10, 10)$
6	F3_6	16	10	6	$y = \sum\limits_{i=1}^{3} x_i \sin^2(x_i)$	$(-50, 50)$
7	F3_7	16	10	6	$y = \dfrac{(x_1 - 2)(2x_2 + 1)}{1 + x_3^2}$	$(-10, 10)$
8	F3_8	9	5	4	$y = \sum\limits_{i=1}^{3} i \cos\left[(i+1)x_i + i \right]$	$(-10, 10)$
9	F3_9	9	5	4	$y = \sum\limits_{i=1}^{2}\left[100(x_i^2 - x_{i+1})^2 + (x_i - 1)^2 \right]$	$(-2, 2)$
10	F4_1	40	25	15	$y = \sum\limits_{i=1}^{4} x_i^2$	$(-1, 1)$
11	F4_2	40	25	15	$y = x_1 x_2 + \ln\lvert x_1 x_2 \rvert + \sqrt{\lvert \sin x_3 \cos x_4 \rvert}$	$(-\pi, \pi)$
12	F4_3	40	25	15	$y = \sum\limits_{i=1}^{4} \mathrm{e}^{x_i}$	$(-5, 5)$
13	F4_4	40	25	15	$y = \cot x_1 + \sin x_2 + \cos x_3 - \tan x_4$	$(-\pi, \pi)$
14	F4_5	40	25	15	$y = \sum\limits_{i=1}^{4} \ln(\sin x_i + i)$	$(0, 10)$

序号	编号	N	N_1	N_2	函数形式	变量区间
15	F4_6	40	25	15	$y = 36x_1 - 31x_2^2 + 24x_3^3 - 50x_4^4$	$(-2, 2)$
16	F4_7	32	20	12	$y = 40\sin x_1 + 2\sin(2x_2) - 68\sin(3x_3) + 26\sin(4x_4)$	$(-\pi, \pi)$
17	F4_8	16	10	6	$y = 0.5 - \dfrac{\sin^2 \sqrt{x_1^2 + x_2^2} - 0.5}{\left[1 + 0.001\left(x_3^2 + x_4^2\right)\right]^2}$	$(-10, 10)$
18	F4_9	15	9	6	$y = \left(x_1^2 + x_2^2\right)^{0.25}\left(\sin^2\left[50\left(x_3^2 + x_4^2\right)^{0.1}\right] + 0.1\right)$	$(-10, 10)$
19	F5_1	40	25	15	$y = \left|x_1 + x_2\right|^{x_3 x_4} + 5x_1 + 4x_2^2 + 3x_3^3 + 2x_4^4 + x_5^5$	$(-2, 2)$
20	F5_2	40	25	15	$y = 3x_1 x_2 + 4\mathrm{e}^{x_1 x_2} + \dfrac{\lg\left(x_1^2 + x_2^2\right)}{\mathrm{e}^{x_3 x_4} + \sin x_5}$	$(-2, 2)$
21	F5_3	40	25	15	$y = \sin x_1^2 + \cos x_2^2 + \tan x_3^2 + 3\sin x_4 + 4\cos x_5$	$(-\pi/2, \pi/2)$
22	F5_4	40	25	15	$y = \sum_{i=1}^{5} x_i^i$	$(-1, 1)$
23	F5_5	40	25	15	$y = x_1^{x_2 + x_3} + x_2^{x_3 + x_4} + x_3^{x_4 + x_5}$	$(0, 5)$
24	F5_6	40	25	15	$y = 6\ln(x_1 + 1) + 3\ln(x_2 + 2) - 9\ln(x_3 + 3) - 5\ln(x_4 + 4) + 6\ln(x_5 + 5)$	$(0, 10)$
25	F5_7	32	20	12	$y = 33\mathrm{e}^{x_1} + 50\mathrm{e}^{x_2} - 12\mathrm{e}^{x_3} + 99\mathrm{e}^{x_4} + 21\mathrm{e}^{x_5}$	$(-5, 5)$
26	F5_8	20	13	7	$y = -89x_1 + 91x_2^2 - 10x_3^3 + 58x_4^4 - 2x_5^5$	$(-2, 2)$
27	F5_9	16	10	6	$y = -5\cos x_1 - 4\cos x_2 - 7\cos x_3 + 3\cos x_4 + 9\cos x_5$	$(-\pi, \pi)$
28	F6_1	45	30	15	$y = \left(\lg|x_1| + x_2 + \sin x_3\right)^3 \left(x_4 - \sin x_5 + \cos x_6\right)^5 + \mathrm{e}^{x_1 x_2 x_3} + 2^{x_4 x_5}$	$(-2, 2)$
29	F6_2	45	30	15	$y = \sum_{i=1}^{6} x_i^i$	$(-2, 2)$
30	F6_3	45	30	15	$y = x_1^2 + x_2^2 + x_3 x_4 + x_5 x_6$	$(-1, 1)$
31	F6_4	45	30	15	$y = \sin x_1 + \cos x_2 + x_3^2 + x_4^3 + 0.5(\sin x_5 + \cos x_6)$	$(-\pi/2, \pi/2)$
32	F6_5	45	30	15	$y = \sum_{i=1}^{6} x_i^7$	$(-2, 2)$
33	F6_6	32	20	12	$y = \left(x_1 + x_2 + x_3\right)^3 \left(x_4 + x_5 + x_6\right)^3$	$(-2, 2)$
34	F6_7	26	17	9	$y = x_1^2 + (x_2^2)^{0.2} + 1.4\cos x_3 + \mathrm{e}^{x_4}(x_5^2 - 2x_6 + 3)$	$(-\pi/2, \pi/2)$
35	F6_8	23	15	8	$y = \sin\left[\sum_{i=1}^{6} i\ln(x_i + i)\right]$	$(0, 10)$
36	F6_9	16	10	6	$y = 69\mathrm{e}^{x_1} + 60\mathrm{e}^{x_2} + 7\mathrm{e}^{x_3} + 84\mathrm{e}^{x_4} - 41\mathrm{e}^{x_5} - 46\mathrm{e}^{x_6}$	$(0, 5)$
37	F7_1	50	30	20	$y = 2\sin x_1 - 0.5x_2 + 1.5\sin x_3 + \dfrac{x_4 x_5}{x_6 x_7 + 2}$	$(-5, 5)$

序号	编号	N	N_1	N_2	函数形式	变量区间
38	F7_2	50	30	20	$y = \cos\left[\prod_{i=1}^{7}(i + x_i)\right]$	$(-10, 10)$
39	F7_3	50	30	20	$y = \dfrac{\tan\sin(x_1 x_2) + \cos\sin(x_3 x_4)}{x_5 x_6 x_7}$	$(-\pi, \pi)$
40	F7_4	50	30	20	$y = \dfrac{\left(\log|x_1|\right)^2 + \left(\log|x_2|\right)^4 + \sin(x_3 - x_4)}{(x_5 + x_6 x_7)^2}$	$(-1, 1)$
41	F7_5	50	30	20	$y = \mathrm{e}^{x_1 x_2 x_3} - \left(x_4 x_5 x_6 x_7\right)^2 + 2$	$(-2, 2)$
42	F7_6	32	21	11	$y = \tan\left[\sum_{i=1}^{7}\ln(x_i + i)\right]$	$(0, 10)$
43	F7_7	31	20	11	$y = 24\mathrm{e}^{x_1} + 76\mathrm{e}^{x_2} + 46\mathrm{e}^{x_3} - 74\mathrm{e}^{x_4} - 76\mathrm{e}^{x_5} - 93\mathrm{e}^{x_6} + 78\mathrm{e}^{x_7}$	$(0, 5)$
44	F7_8	23	15	8	$y = -83x_1 + 88x_2^2 - 66x_3^3 + 95x_4^4 + 83x_5^5 - 74x_6^6 - 22x_7^7$	$(-2, 2)$
45	F8_1	55	35	20	$y = 0.5\left[(x_1 - x_2^2) + (1 - x_1)^2\right] + \sum_{i=1}^{8}x_i^i$	$(-1, 1)$
46	F8_2	55	35	20	$y = x_1^2 + \sin x_2 + \tan\sin x_3^2 + \cot\sin x_4^2 + \tan x_5^2 + x_6 + x_7^2 + x_8^2$	$(-\pi/2, \pi/2)$
47	F8_3	55	35	20	$y = \dfrac{\lg\left(x_1^2 + x_2^2\right)}{\mathrm{e}^{x_3 x_4 \sin x_5} + 1} + \left(4 - 2.1x_6 + x_7^3\right)x_2^2 + \dfrac{109\sin x_8^3}{1 + x_7^2} + \lg|\sinh x_7|$	$(-5, 5)$
48	F8_4	55	35	20	$y = \sin(x_1 x_2 x_3)(\sin x_4 + \cos x_5)(\sin x_6 + \cos x_7 + \tan x_8)$	$(-\pi, \pi)$
49	F8_5	55	35	20	$y = \cos\left[\sum_{i=1}^{8}\ln(x_i + i)\right]$	$(0, 10)$
50	F8_6	40	26	14	$y = \dfrac{92\mathrm{e}^{x_1} + 6\mathrm{e}^{x_2} - 31\mathrm{e}^{x_3} + 67\mathrm{e}^{x_4}}{37\mathrm{e}^{x_5} - 51\mathrm{e}^{x_6} - 30\mathrm{e}^{x_7} - 92\mathrm{e}^{x_8}}$	$(0, 10)$
51	F8_7	31	20	11	$y = 22x_1 - 29x_2^2 - 59x_3^3 + 2x_4^4 - 63x_5^5 - 50x_6^6 + 43x_7^7 - 59x_8^8$	$(-2, 2)$
52	F8_8	23	15	8	$y = 68\sin x_1 - 79\sin(2x_2) + 93\sin(3x_3) + 22\sin(4x_4)$ $+ 87\sin(5x_5) + 46\sin(6x_6) + 73\sin(7x_7) + 85\sin(8x_8)$	$(-\pi, \pi)$
53	F9_1	55	35	20	$y = \sum_{i=1}^{8}x_i^i + \tan\left[\sin(x_1 + x_2)\right]^2 + \sin(x_3 x_4)\cos(x_5 x_6 + x_7 x_8 x_9)$	$(-\pi, \pi)$
54	F9_2	55	35	20	$y = \mathrm{e}^{x_1 x_2} + 2^{x_3 x_4} + 3^{x_5} - \tan\sin x_6 x_7 + x_8 x_9 + \mathrm{e}^{x_1 x_2 x_3} + 2^{x_4 x_5}$	$(-2, 2)$
55	F9_3	55	35	20	$y = x_1^{x_2\sin x_3} + x_3^{x_4\cos x_5} + \dfrac{(x_1 + x_2 - x_3)^2}{x_4^2 + 2} + x_5 x_6 - x_7 x_8 + \sin x_9$	$(0, \pi)$
56	F9_4	55	35	20	$y = \sum_{i=1}^{8}x_i^i + x_1 + x_2^2 + x_3 x_4 + x_5 x_6 + x_7 x_8 x_9$	$(-5, 5)$
57	F9_5	55	35	20	$y = 7\mathrm{e}^{x_1} - 9\mathrm{e}^{x_2} + \mathrm{e}^{x_3} + 2\mathrm{e}^{x_4} + 3\mathrm{e}^{x_5} + 5\mathrm{e}^{x_6} + 9\mathrm{e}^{x_7} + 6\mathrm{e}^{x_8} + 7\mathrm{e}^{x_9}$	$(0, 5)$
58	F9_6	48	31	17	$y = \cos\left(\begin{array}{l}9\sin x_1 + 8\sin x_2 + 3\sin x_3 - 9\sin x_4 - 4\sin x_5 \\ -2\sin x_6 - 4\sin x_7 + 3\sin x_8 - 9\sin x_9\end{array}\right)$	$(-\pi, \pi)$

序号	编号	N	N_1	N_2	函数形式	变量区间
59	F9_7	40	26	14	$y = -9\cos x_1 - 2\cos x_2 - 5\cos x_3 + 9\cos x_4 + 6\cos x_5 + 4\cos x_6 + 9\cos x_7$ $- 5\cos x_8 + 5\cos x_9$	$(-\pi, \pi)$
60	F9_8	32	20	12	$y = \arctan x_1 + \mathrm{e}^{\sin x_2} + x_3^2 + x_4^3 - x_5^2 + \sqrt[5]{x_6^2 + x_7^2} - \arctan x_8 + \cos x_9$	$(-10, 10)$
61	F10_1	60	40	20	$y = \mathrm{e}^{x_1 x_2} + 2^{x_3 x_4} + 3^{x_5} + x_6 x_7 x_8 + x_9 x_{10}$	$(-\pi, \pi)$
62	F10_2	60	40	20	$y = x_1 + x_2^{x_3} - x_4^2 + \dfrac{x_5 x_6}{x_7} + \dfrac{x_8 x_9}{x_{10} + 2}$	$(0, 5)$
63	F10_3	60	40	20	$y = \sin\left(\dfrac{(x_1 + x_2 + x_3 + x_4)^2 x_5}{x_6 + (x_7 x_8 x_9 x_{10})^{2/3} + 2}\right)$	$(-10, 10)$
64	F10_4	60	40	20	$y = \dfrac{\sin x_1 \cos x_2 + \sin(x_3 x_4)\cos x_5}{\cos x_6 \sin x_7 + \sin x_8 \cos(x_9 x_{10})}$	$(-\pi, \pi)$
65	F10_5	60	40	20	$y = \sin\left(\displaystyle\sum_{i=1}^{10} x_i^i\right)$	$(-2, 2)$
66	F10_6	55	36	19	$y = \sin(x_1 x_2)\cos(x_3 + x_4)\tan(x_5 x_6) - \mathrm{e}^{|x_7 x_8|} + x_9 + x_{10}$	$(-\pi, \pi)$
67	F10_7	46	30	16	$y = \dfrac{2(\sin x_1 + \sin x_2) + 1}{\sqrt{2}(\cos x_3 + \cos x_4) - 1} + \ln|x_5 x_6| - \mathrm{e}^{|x_7 x_8|} + x_9 x_{10}$	$(-\pi, \pi)$
68	F10_8	32	20	12	$y = 1.9\ln\left(x_1 + \sqrt{x_1^2 + 1}\right) + \sin(x_2^2 - x_3) + 2x_4\cos x_5$ $+ \exp\left(\cos x_6^2\right) + \mathrm{e}^{x_7}\sin^3 x_8 - 20x_9 / \sqrt{4x_9^2 + 9} + \sin x_{10}$	$(-\pi, \pi)$
69	F11_1	60	40	20	$y = \left[\sin(x_1 + x_2 + x_3 + x_4)\right]^{4/3} - \dfrac{x_5 x_6 x_7 + 2^{x_8 x_9}}{x_{10} x_{11}}$	$(-\pi, \pi)$
70	F11_2	60	40	20	$y = (x_1 + x_2 + x_3 + x_4)^{0.4} + (x_5 + x_6 + x_7 + x_8)^{0.6} + x_9 x_{10} / x_{11}^2$	$(0, 10)$
71	F11_3	60	40	20	$y = \cos\left(\displaystyle\sum_{i=1}^{4} x_i\right) + \sin\left(\displaystyle\sum_{i=5}^{8} x_i\right) + \tan\left(\displaystyle\sum_{i=9}^{11} x_i\right)$	$(-2\pi, 2\pi)$
72	F11_4	60	40	20	$y = (\sin x_1)^2 + (\cos x_2)^2 + (\tan x_3)^2 + \dfrac{x_4 x_5 x_6}{x_7 x_8 + x_9} - \lg|x_{10} x_{11}|$	$(-\pi, \pi)$
73	F11_5	60	40	20	$y = \mathrm{e}^{x_1 x_2} + 2^{x_3 x_4} + 3^{x_5} - x_6\cos(\sin x_7) + x_8 x_9 + \ln|x_{10}\cos x_{11}|$	$(-\pi, \pi)$
74	F11_6	62	40	22	$y = \displaystyle\sum_{i=1}^{11} x_i^2$	$(-5, 5)$
75	F11_7	38	25	13	$y = \sin(\cos x_1)\dfrac{x_2 x_3 x_4 + x_5 x_6 x_7}{x_8 x_9 + x_{10} x_{11}}$	$(-5, 5)$
76	F12_1	65	40	25	$y = \sin^2(x_1 x_2 x_3 x_4) - x_5 x_6 x_7 + \dfrac{2^{x_8 x_9}\mathrm{e}^{x_{10}}}{\sin(x_{11} x_{12}) + 2}$	$(-\pi, \pi)$
77	F12_2	65	40	25	$y = \displaystyle\sum_{i=1}^{12}\mathrm{e}^{x_i}$	$(-\pi, \pi)$

序号	编号	N	N_1	N_2	函数形式	变量区间
78	F12_3	65	40	25	$y = \sum_{i=1}^{12} \cos x_i \sin x_i$	$(-\pi, \pi)$
79	F12_4	65	40	25	$y = \dfrac{e^{x_1 + x_2 x_3} - x_4 + x_5 \cos x_6}{x_7 x_8 + 1} - \lg\lvert x_9 x_{10} x_{11}\rvert \cdot \sin x_{12}$	$(-\pi, \pi)$
80	F12_5	38	25	13	$y = (x_1 + x_2 + x_3 + x_4 + x_5)^{2/3} + \dfrac{x_6 x_7 x_8 x_9}{x_{10} x_{11} x_{12}}$	$(-10, 10)$
81	F12_6	62	40	22	$y = \dfrac{\sqrt[3]{\left(x_1 x_2 x_3 x_4 \,/\, x_5 x_6 x_7 x_8\right)^4} \, e^{x_9}}{x_{10} x_{11} x_{12}}$	$(-10, 10)$
82	F12_7	71	46	25	$y = x_1 x_2 + x_3 \cos x_4 + x_5 \sin x_6 + \left(x_7 - x_8 + x_9^2\right) / x_{10} + \tan(x_{11} x_{12})$	$(-\pi, \pi)$
83	F13_1	65	40	25	$y = \dfrac{x_1 - x_2 + 2^{x_3 x_4 x_5}}{x_6 x_7 + e^{x_8 x_9 x_{10}} + 2} - \left(x_{11} x_{12} x_{13}\right)^2$	$(0, 2)$
84	F13_2	65	40	25	$y = \sum_{i=1}^{13} \cos\left(\tan x_i\right)$	$(-\pi, \pi)$
85	F13_3	65	40	25	$y = \left(4x_1 - 2.1 x_2 + x_3^2 / 3\right) x_4^2 + \dfrac{7 \sin x_5^3}{1 + x_6^2} e^{x_7} + \dfrac{\sin\left(x_8 x_9 x_{10}\right)}{\cos\left(x_{11} x_{12}\right) e^{x_{13}}}$	$(-5, 5)$
86	F13_4	38	25	13	$y = \prod_{i=1}^{13}\left[1 + \sin\left(e^{x_i}\right)\right]$	$(-\pi, \pi)$
87	F13_5	46	30	16	$y = \dfrac{\cos\left(x_1 x_2 x_3 x_4 \,/\, x_5 x_6 x_7 x_8\right)}{x_9 x_{10}} + \arcsin x_{11} + e^{x_{12} x_{13}}$	$(-1, 1)$
88	F13_6	80	52	28	$y = \sum_{i=1}^{13} \dfrac{x_i^i}{\sin x_i}$	$(-2, 2)$
89	F14_1	70	45	25	$y = \dfrac{x_1 - x_2 + 2^{x_3 x_4 x_5}}{x_6 x_7 + e^{x_8 x_9 x_{10}} + 2} - \left(x_{11} x_{12} x_{13} x_{14}\right)^2 + x_1 + x_2^{x_3} - x_4^2 + \dfrac{x_5 x_6}{x_7}$	$(0, 2)$
90	F14_2	70	45	25	$y = \dfrac{x_1 + x_2 - x_3 x_4}{\left(x_5 x_6 + x_7\right)^2} + \dfrac{\lg x_8 + \lg x_9 + \sin x_{10} - x_{11}}{\left(x_{12} + x_{13} + x_{14}\right)^2}$	$(0, 10)$
91	F14_3	70	45	25	$y = \sum_{i=1}^{7} x_i^2 + \sum_{i=8}^{14} x_i^3$	$(-5, 5)$
92	F14_4	46	30	16	$y = \sum_{i=1}^{14} e^{x_i} \sin x_i$	$(-2, 2)$
93	F14_5	77	50	27	$y = \sum_{i=1}^{14} x_i^2$	$(-2, 2)$
94	F14_6	86	56	30	$y = \sum_{i=1}^{14} \tan x_i$	$(-\pi, \pi)$
95	F15_1	70	45	25	$y = \dfrac{e^{\cos(x_1 + x_2 x_3)} - x_4 + \sin(x_5 x_6)}{x_7 x_8} \tan x_9 + \exp\left[\cos\left(\dfrac{x_{10} x_{11} x_{12}}{x_{13} x_{14} x_{15}}\right)\right]$	$(-\pi, \pi)$
96	F15_2	70	45	25	$y = \left(x_1 x_2 x_3\right)^3 \left(x_4 x_5 x_6 x_7\right)^2 + x_8 x_9 + \ln\lvert x_{10} x_{11} \cos x_{12}\rvert \cdot e^{x_{13}} \sin(x_{14} x_{15})$	$(-2, 2)$

续表

序号	编号	N	N_1	N_2	函数形式	变量区间
97	F15_3	70	45	25	$y = \sum_{i=1}^{15} \ln\lvert x_i\rvert$	$(-10, 10)$
98	F15_4	46	30	16	$y = \sum_{i=1}^{15} \mathrm{e}^{x_i}$	$(-2, 2)$
99	F15_5	77	50	27	$y = \sum_{i=1}^{15} x_i^{\,i}$	$(-2, 2)$
100	F15_6	92	62	30	$y = \prod_{i=1}^{15}\left(1.5 + \cos x_i\right)$	$(-\pi, \pi)$

附录 C　200 个模拟函数对应的过拟合参数值 q_k'（ $k = 1, 2, \cdots, 200$ ）

对数函数

函数编号	n	N_1	N_2	R_n	H	$\overline{\lvert \Delta z/z \rvert}$	$\overline{\lvert \Delta y/y \rvert}$	M'	N'	q_k'
d2	2	35	15	0.1603	7.1	0.0650	0.0644	0.4389	0.0032	4.35E-02
d2	2	20	10	0.1571	7.2	0.0522	0.0921	0.5210	0.0007	4.69E-02
d2	2	30	10	0.1861	6.1	0.0519	0.0532	0.5191	0.0023	3.77E-02
d2	2	25	10	0.2131	5.3	0.0480	0.0636	0.4951	0.0020	3.44E-02
d2	2	35	10	0.1542	7.4	0.0361	0.0638	0.4896	0.0041	1.67E-02
d3	3	35	15	0.2159	5.2	0.0636	0.0502	0.5521	0.0111	4.25E-02
d3	3	35	10	0.1867	6.1	0.0565	0.0499	0.3966	0.0144	2.76E-02
d3	3	30	10	0.1969	5.8	0.0517	0.0472	0.5606	0.0056	3.01E-02
d3	3	20	10	0.1564	7.3	0.0508	0.0595	0.4822	0.0041	4.45E-02
d3	3	25	10	0.2076	5.5	0.0421	0.0928	0.4549	0.0019	2.70E-02
d4	4	25	15	0.2206	5.2	0.0536	0.0821	0.4860	0.0087	3.04E-02
d4	4	35	15	0.2313	5.0	0.0496	0.0363	0.5152	0.0072	3.28E-02
d4	4	35	20	0.2143	5.3	0.0474	0.0413	0.5575	0.0116	2.35E-02
d4	4	30	15	0.3427	3.3	0.0425	0.0426	0.5459	0.0268	2.71E-02
d4	4	40	20	0.2257	5.0	0.0340	0.0549	0.5221	0.0017	1.70E-02
d5	5	40	20	0.2200	5.2	0.0502	0.0559	0.5606	0.0023	3.64E-02
d5	5	30	10	0.3941	6.2	0.0469	0.0715	0.4771	0.0156	9.30E-03
d5	5	40	10	0.3548	6.9	0.0461	0.0523	0.5330	0.0260	7.60E-03
d5	5	35	10	0.3646	6.7	0.0451	0.0256	0.4848	0.0273	6.70E-03
d5	5	45	15	0.3318	3.4	0.0427	0.0470	0.3678	0.0234	1.29E-02
d6	6	30	10	0.2090	5.4	0.0432	0.0182	0.5253	0.0064	2.28E-02
d6	6	45	15	0.2153	5.3	0.0373	0.0237	0.5153	0.0075	1.58E-02
d6	6	35	10	0.3272	3.5	0.0357	0.0246	0.5001	0.0014	2.38E-02
d6	6	40	10	0.3707	6.6	0.0320	0.0091	0.6040	0.0144	4.30E-03
d6	6	40	15	0.3796	6.5	0.0182	0.0419	0.5070	0.0036	2.10E-03
d7	7	30	10	0.4928	5.0	0.0436	0.0338	0.5052	0.0052	1.02E-02
d7	7	35	10	0.4433	5.5	0.0434	0.0335	0.5285	0.0104	9.70E-03

对数函数										
函数编号	n	N_1	N_2	R_n	H	$\overline{|\Delta z/z|}$	$\overline{|\Delta y/y|}$	M'	N'	q'_k
d7	7	50	20	0.1963	5.8	0.0356	0.0430	0.5052	0.0010	2.32E-02
d7	7	40	10	0.3725	6.6	0.0354	0.0623	0.6176	0.0228	4.60E-03
d7	7	45	15	0.4251	5.8	0.0216	0.0261	0.5016	0.0101	2.10E-03
d8	8	50	10	0.4056	6.0	0.0493	0.0205	0.5199	0.0108	1.12E-02
d8	8	35	10	0.3975	6.2	0.0481	0.0443	0.4511	0.0196	8.90E-03
d8	8	40	10	0.5226	4.7	0.0464	0.0313	0.5571	0.0027	1.27E-02
d8	8	30	10	0.5119	4.8	0.0403	0.0713	0.4931	0.0277	5.40E-03
d8	8	45	15	0.3966	6.2	0.0377	0.0162	0.5719	0.0095	7.10E-03
d9	9	35	10	0.4205	5.8	0.0570	0.0697	0.5057	0.0221	1.18E-02
d9	9	30	10	0.4566	5.4	0.0553	0.0312	0.5224	0.0085	1.60E-02
d9	9	40	10	0.4650	5.3	0.0367	0.0303	0.4380	0.0185	5.30E-03
d9	9	45	15	0.3999	6.1	0.0365	0.0727	0.4079	0.0019	8.60E-03
d9	9	50	10	0.4452	5.5	0.0274	0.0166	0.4009	0.0178	3.10E-03
幂函数										
函数编号	n	N_1	N_2	R_n	H	$\overline{|\Delta z/z|}$	$\overline{|\Delta y/y|}$	M'	N'	q'_k
m2	2	35	10	0.2878	4.0	0.0417	0.0201	0.2020	0.1081	2.40E-03
m2	2	30	10	0.3294	3.5	0.0412	0.0384	0.3737	0.0299	1.11E-02
m2	2	25	10	0.3151	3.6	0.0314	0.0402	0.2539	0.0624	1.80E-03
m2	2	35	15	0.2737	4.2	0.0296	0.0254	0.1984	0.0293	2.10E-03
m2	2	20	10	0.3502	7.0	0.0242	0.0530	0.1906	0.0579	1.00E-03
m3	3	20	10	0.4260	5.7	0.0549	0.0134	0.2363	0.1425	3.30E-03
m3	3	35	15	0.3474	3.3	0.0358	0.0250	0.2426	0.1012	5.20E-03
m3	3	25	10	0.4198	5.8	0.0237	0.0076	0.2080	0.0074	2.20E-03
m3	3	30	10	0.3769	6.5	0.0214	0.0062	0.1867	0.0411	9.99E-04
m3	3	35	10	0.3606	6.7	0.0213	0.0381	0.1629	0.0100	1.50E-03
m4	4	40	10	0.3852	6.4	0.0202	0.0038	0.1447	0.0425	7.52E-04
m4	4	40	15	0.3966	6.2	0.0202	0.0152	0.1450	0.0496	6.73E-04
m4	4	25	15	0.4139	5.9	0.0200	0.0189	0.1440	0.0774	4.87E-04
m4	4	30	15	0.4406	5.5	0.0141	0.0085	0.1946	0.1092	2.23E-04
m4	4	35	15	0.4346	5.6	0.0125	0.0363	0.2250	0.0843	2.26E-04
m5	5	30	10	0.4524	5.4	0.0274	0.0681	0.1815	0.1065	9.53E-04
m5	5	45	15	0.3752	6.5	0.0192	0.0117	0.1163	0.1594	2.60E-04
m5	5	40	15	0.4342	5.6	0.0174	0.0078	0.1457	0.1701	2.09E-04
m5	5	40	10	0.4048	6.0	0.0169	0.0490	0.0997	0.1084	2.22E-04
m5	5	35	15	0.4966	4.9	0.0055	0.0090	0.1756	0.0055	1.81E-04
m6	6	30	10	0.5056	4.8	0.0315	0.0068	0.1856	0.1352	9.78E-04
m6	6	40	10	0.396	6.2	0.0236	0.0273	0.1148	0.1027	5.08E-04
m6	6	35	10	0.5481	4.5	0.0196	0.0062	0.1540	0.1126	4.37E-04

				幂函数						
函数编号	n	N_1	N_2	R_n	H	$\overline{|\Delta z/z|}$	$\overline{|\Delta y/y|}$	M'	N'	q'_k
m6	6	50	10	0.3999	6.1	0.0131	0.0007	0.1078	0.0198	3.85E-04
m6	6	45	15	0.4431	5.5	0.0046	0.0318	0.0876	0.0245	4.19E-05
m7	7	45	15	0.4297	5.7	0.0292	0.0059	0.1261	0.2036	4.60E-04
m7	7	30	10	0.5477	4.5	0.0153	0.0459	0.1132	0.1271	1.57E-04
m7	7	35	10	0.5625	7.0	0.0124	0.0216	0.1290	0.1323	1.51E-04
m7	7	50	10	0.4593	5.3	0.0070	0.0152	0.1337	0.0082	1.75E-04
m7	7	40	10	0.494	5.0	0.0066	0.0283	0.1135	0.0357	7.23E-05
m8	8	30	10	0.5680	7.0	0.0459	0.0462	0.1855	0.1366	2.60E-03
m8	8	40	10	0.5098	4.8	0.0228	0.0136	0.1368	0.1503	3.81E-04
m8	8	45	15	0.5015	4.9	0.0220	0.0898	0.1408	0.0825	5.53E-04
m8	8	50	10	0.4842	5.1	0.0135	0.1096	0.1034	0.1469	1.16E-04
m8	8	35	10	0.6571	6.0	0.0125	0.0301	0.1755	0.0925	2.80E-04
m9	9	40	10	0.5980	6.6	0.0341	0.0248	0.1496	0.2144	8.80E-04
m9	9	45	15	0.4952	4.9	0.0200	0.0161	0.1066	0.1701	2.27E-04
m9	9	50	10	0.5280	4.6	0.0350	0.0926	0.2081	0.0492	2.20E-03
m9	9	35	10	0.6138	6.4	0.0113	0.0160	0.1345	0.0571	1.41E-04
m9	9	30	10	0.7608	5.2	0.0089	0.0086	0.2430	0.0220	1.49E-04
				指数函数						
函数编号	n	N_1	N_2	R_n	H	$\overline{|\Delta z/z|}$	$\overline{|\Delta y/y|}$	M'	N'	q'_k
z2	2	25	10	0.2474	4.6	0.0506	0.0452	0.1629	0.0652	2.40E-03
z2	2	35	15	0.2449	4.6	0.0441	0.0441	0.2261	0.0816	2.00E-03
z2	2	35	10	0.2488	4.5	0.0650	0.0144	0.1553	0.0120	2.59E-02
z2	2	20	10	0.3310	3.4	0.0302	0.0326	0.2050	0.0510	5.70E-03
z2	2	30	10	0.2736	4.2	0.0327	0.0106	0.1437	0.1406	2.00E-03
z3	3	25	10	0.3807	6.4	0.0416	0.0288	0.2786	0.0955	3.00E-03
z3	3	35	15	0.3123	3.6	0.0385	0.0956	0.2268	0.0400	6.50E-03
z3	3	30	10	0.3530	6.9	0.0345	0.0114	0.1951	0.0261	3.00E-03
z3	3	20	10	0.4244	5.8	0.0284	0.0418	0.1614	0.0174	2.10E-03
z3	3	35	10	0.3711	6.6	0.0281	0.0342	0.2212	0.0946	1.10E-03
z4	4	40	15	0.3532	6.9	0.0542	0.0739	0.3090	0.1261	4.30E-03
z4	4	40	10	0.3933	6.2	0.0531	0.0793	0.2818	0.0085	1.22E-02
z4	4	25	15	0.3794	6.5	0.0305	0.0140	0.1943	0.0250	2.60E-03
z4	4	35	15	0.4169	5.9	0.0246	0.0313	0.2313	0.0197	1.80E-03
z4	4	30	15	0.4255	5.8	0.0205	0.0209	0.2252	0.0766	6.51E-04
z5	5	30	10	0.4677	5.2	0.0375	0.0379	0.2020	0.1518	1.50E-03
z5	5	35	10	0.4510	5.4	0.0374	0.0115	0.2962	0.0800	2.80E-03
z5	5	40	15	0.4705	5.2	0.0238	0.0356	0.2532	0.1002	8.76E-04
z5	5	45	15	0.4302	5.7	0.0197	0.0606	0.2083	0.0322	8.72E-04

指数函数

函数编号	n	N_1	N_2	R_n	H	$\overline{\|\Delta z/z\|}$	$\overline{\|\Delta y/y\|}$	M'	N'	q'_k
z5	5	40	10	0.4623	5.3	0.0133	0.0145	0.1719	0.0065	7.29E-04
z6	6	35	10	0.4491	5.4	0.0406	0.0767	0.2386	0.0516	3.60E-03
z6	6	40	10	0.3979	6.2	0.0298	0.0216	0.2921	0.0115	3.50E-03
z6	6	30	10	0.5377	4.6	0.0291	0.0350	0.2692	0.0191	3.10E-03
z6	6	45	15	0.4187	5.9	0.0222	0.0241	0.1763	0.0815	6.50E-04
z6	6	40	15	0.4651	5.3	0.0186	0.0311	0.2044	0.0480	7.11E-04
z7	7	50	20	0.3982	6.2	0.0307	0.0586	0.2186	0.0567	1.80E-03
z7	7	40	10	0.5276	4.6	0.0283	0.0222	0.2343	0.0992	1.10E-03
z7	7	45	15	0.4029	6.1	0.0282	0.0608	0.2389	0.0241	2.30E-03
z7	7	30	10	0.5692	7.0	0.0238	0.0680	0.2509	0.0394	1.20E-03
z7	7	35	10	0.6032	6.5	0.0437	0.0423	0.2314	0.1083	1.50E-03
z8	8	50	10	0.4785	5.1	0.0402	0.0538	0.3126	0.0497	3.90E-03
z8	8	30	10	0.6889	5.7	0.0320	0.0483	0.3430	0.0241	2.20E-03
z8	8	40	10	0.6064	6.5	0.0216	0.0679	0.2861	0.0700	5.20E-04
z8	8	45	15	0.5088	4.8	0.0254	0.0314	0.2453	0.0335	1.50E-03
z8	8	35	10	0.5698	6.9	0.0345	0.0875	0.2732	0.0648	1.40E-03
z9	9	50	10	0.4825	5.1	0.0477	0.0280	0.4376	0.0366	7.00E-03
z9	9	35	10	0.6560	6.0	0.0411	0.0296	0.3688	0.0514	2.60E-03
z9	9	40	10	0.6662	5.9	0.0297	0.0141	0.3491	0.0231	1.80E-03
z9	9	45	15	0.4541	5.4	0.0285	0.0883	0.2785	0.0313	2.40E-03
z9	9	30	10	0.6638	6.0	0.0383	0.0374	0.3320	0.0295	2.70E-03

三角(正弦、正切)函数

函数编号	n	N_1	N_2	R_n	H	$\overline{\|\Delta z/z\|}$	$\overline{\|\Delta y/y\|}$	M'	N'	q'_k
zq2	2	35	10	0.1646	6.9	0.0343	0.0076	0.2441	0.0139	2.10E-03
zq2	2	25	10	0.1695	6.7	0.0318	0.0193	0.8225	0.0281	2.10E-03
zq2	2	20	10	0.2301	4.9	0.0289	0.0105	0.6790	0.0027	4.00E-03
zq2	2	30	10	0.1352	8.4	0.0204	0.0124	0.3494	0.0085	4.10E-03
zq2	2	35	15	0.1448	7.9	0.0200	0.0045	0.2034	0.0248	4.81E-04
zq3	3	30	10	0.1944	5.9	0.0470	0.0063	0.8589	0.0343	5.20E-03
zq3	3	25	10	0.1779	6.4	0.0354	0.0902	0.2866	0.0133	1.06E-02
zq3	3	35	10	0.1779	6.4	0.0258	0.0076	0.7385	0.0079	9.90E-03
zq3	3	20	10	0.2079	5.4	0.0257	0.0263	0.4601	0.0034	9.00E-03
zq3	3	35	15	0.1373	8.3	0.0155	0.0002	0.4268	0.0054	3.20E-03
zq4	4	25	15	0.2117	5.3	0.0369	0.0014	0.9350	0.0120	2.02E-02
zq4	4	30	10	0.1879	6.0	0.0297	0.0023	0.9345	0.0369	2.10E-03
zq4	4	40	10	0.1491	7.6	0.0534	0.0797	0.2809	0.0029	7.10E-03
zq4	4	40	15	0.1860	6.1	0.0243	0.0242	0.4767	0.0045	7.10E-03
zq4	4	35	15	0.1804	6.3	0.0152	0.0083	0.7098	0.0047	3.70E-03

				三角（正弦、正切）函数						
函数编号	n	N_1	N_2	R_n	H	$\overline{\|\Delta z/z\|}$	$\overline{\|\Delta y/y\|}$	M'	N'	q'_k
zq5	5	35	10	0.2394	4.7	0.0342	0.0139	0.3147	0.0018	5.30E-03
zq5	5	40	10	0.2196	5.1	0.0272	0.0048	0.4011	0.0005	1.32E-02
zq5	5	30	10	0.1976	5.7	0.0244	0.0042	0.6640	0.0008.	2.90E-03
zq5	5	40	15	0.1977	5.7	0.0226	0.0010	0.9379	0.0106	6.70E-03
zq5	5	45	15	0.1748	6.5	0.0105	0.0215	0.5732	0.0017	3.98E-04
zq6	6	40	10	0.1662	6.8	0.0283	0.0149	0.5883	0.0003	3.80E-03
zq6	6	35	10	0.2033	5.6	0.0248	0.0261	0.5706	0.0039	8.70E-03
zq6	6	45	15	0.1774	6.4	0.0135	0.0070	0.7046	0.0012	3.80E-03
zq6	6	30	10	0.3594	6.8	0.0133	0.0587	0.7522	2E-05	2.50E-03
zq6	6	40	15	0.2305	4.9	0.0228	0.0008	0.9363	0.0020	8.00E-03
zq7	7	30	10	0.4186	5.8	0.0292	0.0101	0.7313	0.0227	3.40E-03
zq7	7	40	10	0.4241	5.7	0.0257	0.0055	0.5589	0.0005	6.30E-03
zq7	7	45	15	0.2271	5.0	0.0193	0.0012	0.3680	0.0064	3.90E-03
zq7	7	35	10	0.3541	6.9	0.0169	0.0053	0.7671	0.0145	1.30E-03
zq7	7	50	10	0.2457	4.6	0.0146	0.0046	0.5618	0.0027	3.40E-03
zq8	8	50	10	0.3158	3.6	0.0257	0.0125	0.6574	0.0234	7.00E-03
zq8	8	30	10	0.3070	3.7	0.0184	0.0023	0.3657	0.0053	4.50E-03
zq8	8	40	10	0.3125	3.6	0.0153	0.0579	0.6342	0.0079	3.20E-03
zq8	8	35	10	0.4014	6.1	0.0148	0.0006	0.4186	0.0005	1.80E-03
zq8	8	45	15	0.2090	5.4	0.0106	0.0171	0.6800	0.0035	1.60E-03
zq9	9	30	10	0.3170	3.6	0.0199	0.0027	0.3206	0.0011	2.90E-03
zq9	9	40	10	0.4066	6.0	0.0191	0.0099	0.6387	0.0210	1.50E-03
zq9	9	45	15	0.3692	6.6	0.0179	0.0111	0.3977	0.0002	2.70E-03
zq9	9	35	10	0.6106	6.4	0.0174	0.0095	0.4238	0.0138	2.20E-03
zq9	9	50	10	0.3021	3.7	0.0135	0.0097	0.7181	0.0045	2.90E-03

				复杂函数						
函数编号	n	N_1	N_2	R_n	H	$\overline{\|\Delta z/z\|}$	$\overline{\|\Delta y/y\|}$	M'	N'	q'_k
zx2	2	35	15	0.1171	9.7	0.0710	0.0278	0.5820	0.0148	2.33E-02
zx2	2	20	10	0.1591	7.1	0.0496	0.0647	0.5053	0.0055	2.90E-02
zx2	2	25	10	0.1592	7.1	0.0471	0.0248	0.5645	0.0115	2.62E-02
zx2	2	30	10	0.1727	6.6	0.0330	0.0702	0.5431	0.0014	1.56E-02
zx2	2	35	10	0.1521	7.4	0.0502	0.0607	0.5546	0.0012	4.18E-02
zx3	3	30	10	0.1668	6.8	0.0700	0.0527	0.4833	0.0014	8.24E-02
zx3	3	25	10	0.2374	4.8	0.0580	0.0430	0.5177	0.0148	3.66E-02
zx3	3	20	10	0.1925	5.9	0.0550	0.0825	0.4892	0.0092	3.62E-02
zx3	3	35	15	0.2123	5.3	0.0476	0.0454	0.5893	0.0247	2.76E-02
zx3	3	35	10	0.2035	5.5	0.0311	0.0351	0.5650	0.0078	1.18E-02
zx4	4	25	15	0.2003	5.6	0.0610	0.0437	0.4680	0.0043	5.05E-02

复杂函数										
函数编号	n	N_1	N_2	R_n	H	$\overline{\lvert \Delta z/z \rvert}$	$\overline{\lvert \Delta y/y \rvert}$	M'	N'	q_k'
zx4	4	35	15	0.2353	4.8	0.0581	0.0711	0.4713	0.0081	4.22E-02
zx4	4	30	10	0.1773	6.4	0.0374	0.0562	0.4631	0.0082	1.53E-02
zx4	4	40	15	0.1761	6.4	0.0369	0.0504	0.4976	0.0037	1.82E-02
zx4	4	40	10	0.1787	6.3	0.0366	0.0402	0.4666	0.0047	1.66E-02
zx5	5	40	15	0.2001	5.6	0.0516	0.0434	0.6023	0.0130	2.96E-02
zx5	5	30	10	0.3268	3.5	0.0532	0.0337	0.5871	0.0117	5.28E-02
zx5	5	45	15	0.2057	5.5	0.0405	0.0571	0.6300	0.0163	1.70E-02
zx5	5	35	10	0.2368	4.8	0.0340	0.0032	0.5139	0.0016	2.04E-02
zx5	5	40	10	0.2267	5.0	0.0314	0.0759	0.4916	0.0042	1.20E-02
zx6	6	30	10	0.3084	3.7	0.0537	0.0118	0.4139	3.5E-05	1.29E-01
zx6	6	40	15	0.3226	3.5	0.0366	0.0411	0.3561	0.0076	2.45E-02
zx6	6	45	15	0.2028	5.6	0.0335	0.0510	0.5087	0.0004	2.33E-02
zx6	6	35	10	0.3252	3.5	0.0365	0.0303	0.3999	0.0145	2.11E-02
zx6	6	40	10	0.2016	5.6	0.0244	0.0172	0.4157	0.0046	7.70E-03
zx7	7	45	15	0.2051	5.5	0.0429	0.0631	0.4596	0.0009	3.21E-02
zx7	7	40	10	0.2457	4.6	0.0409	0.0505	0.5430	0.0011	3.03E-02
zx7	7	30	10	0.3936	6.2	0.0364	0.0165	0.4163	0.0083	6.40E-03
zx7	7	35	10	0.4548	5.4	0.0333	0.0196	0.4678	0.0063	6.10E-03
zx7	7	50	10	0.4504	5.4	0.0210	0.0181	0.4043	0.0061	2.40E-03
zx8	8	35	10	0.3291	3.4	0.0605	0.0554	0.4042	0.0064	9.62E-02
zx8	8	50	10	0.2386	4.8	0.0533	0.0435	0.5051	0.0031	4.37E-02
zx8	8	45	15	0.1875	6.1	0.0529	0.0306	0.4487	0.0017	4.78E-02
zx8	8	30	10	0.5466	4.5	0.0362	0.0202	0.3820	0.0005	1.14E-02
zx8	8	40	10	0.3338	3.4	0.0379	0.0371	0.6371	0.0056	4.30E-02
zx9	9	30	10	0.4348	5.6	0.0500	0.0837	0.6543	0.0085	1.20E-02
zx9	9	45	15	0.2970	3.8	0.0418	0.0374	0.5888	0.0162	2.99E-02
zx9	9	40	10	0.3514	7.0	0.0409	0.0201	0.5845	0.0021	1.10E-02
zx9	9	35	10	0.4293	5.7	0.0391	0.0547	0.4541	0.0043	8.00E-03
zx9	9	50	10	0.3601	6.8	0.0371	0.0182	0.4804	0.0008	1.00E-02

后　记

　　笔者对 BP 神经网络的探索始于 20 世纪 90 年代初，至今已整整 30 个春秋。在最初 10 年里，SCI 热在国内还远未成气候，才使笔者能在安静环境中用了 10 年时光，在 21 世纪初磨出了 BP 网络过拟合不确定关系式的第"一剑"。此后 10 年，受到社会上物欲横流的影响和冲击，曾经宁静的大学校园也逐渐变成了喧嚣嘈杂的尘世空间。幸运的是笔者既无"四唯、五唯"之忧，亦无衣食俸禄之愁，可以淡定从容"独上高楼""闹中取静"，以"坐凳十年冷"的毅力，揭示了具有最佳泛化能力的 BP 网络结构与样本集的复杂性之间的关系式。最近 10 年，学术界的急功近利、浮躁之风仍未得到遏制，庆幸的是笔者已远离"庙堂"，身居"陋室"，既无绩效考核之烦恼，亦无学科评估之担忧，因而可以继续心无旁骛，潜心研究，再以"十年寒窗"的精神，建立了基于规范变换的前向神经网络评价与预测的普适模型，并将这些成果汇集成书，最终得以面世。

　　该项研究成果获得成功的关键首先是源于笔者对神经网络的好奇心和兴趣。须知，科学研究是探索神秘的未知世界，探索未知世界类似探险，探险就要遇到艰险和困难，就要面对挑战和失败。但正是这种探索过程能对好奇心产生刺激、诱惑和陶醉，给自己难以名状的激情和精神上的愉悦。因此，受好奇心驱使，笔者才能以越是艰险越向前之毅力，以独辟蹊径、奇思妙想的思路，找到破解科学难题的密码；才能以另类思维和逆向思维为向导，揭示描述某类事物演化的普适规律，登上无限风光的科学险峰。其次，研究者需要具备坚强的自信心。这是因为在科学探索过程中，失败者众，成功者寡；即使是得，也会有失。因此，研究者一定要超越自我，树立自信心，攻坚克难，即使遭受到挫折、困难和失败，面对责难、质疑和挑战，也决不退缩，最终才能从"山重水复疑无路"中，找到"柳暗花明又一村"；才能在"剪不断、理还乱"的纷乱世界中，从中抽丝剥茧，在千丝万缕的线索中，破解上帝密码。再次，研究者要有毫不动摇的安定心。科学史表明：若想耕耘在科研的"无人区"，攻坚在科学的"最高峰"，研究者需要志向坚定，心如止水，特立独行，做好"独钓寒江雪"的准备，把科研当成事业，把追求卓越成果作为动力。然而，在当下浮躁喧嚣、红尘滚滚的大环境中，在这个物欲横流、急功近利的年代，要做到这一点，研究者须心态淡定从容，不被红尘所扰、不因琐事所困、不为名利所动，耐得住寂寞，坐得住冷板凳，以"不破楼兰终不还"的坚强意志，长期潜心钻研。

　　什么是创新性研究？有科学史专家将其分为四类。第一类是妙手偶得型。研究者经过长期思考，突然灵感不期而至，妙手偶得，以"神来之笔"写出传世大作：提出了颠覆性的理论，发现了纷繁芜杂世界中存在的普适性规律，做出了划时代的革命性贡献。第二类是精妙绝伦型。研究者毕一生于一役，通过精妙绝伦的理论推导或者实验设计，发现了惊天动人的现象，取得巧夺天工的成果。第三类是极致力量型。研究者通过坚实的理论功底，将多学科的知识融会贯通，建立起统一理论；或者是通过理论推导，逻辑严密地证明某个定律，显示出一种极致的力量。第四种是愚公移山型。研究者用常人难以想象的韧性和耐性，几十年如一日，为科学的理想和信念而献身，以涓涓之水，汇流成河。第一种类型堪比"此曲只应天上有，人间能得几回闻"，被科学界戏称为"上帝与天才的游戏"，对凡夫俗子来说，可谓是可遇不可求。第二种类型也只有获得诺贝尔奖或国际大奖的大师级别的"牛人"才能企及，常人是"望尘莫及"。本书的研究成果只能归为第四类或第三、四类兼而有之吧。通常认为，能很好地阐释某一类事物的演化机制与规律的原创科学理论应具有普适性，而事物涉及的基本原理、方法和规律又往往是非常简单的，即简单才是最好的逻辑。把复杂问题简单化、简单问题模型化是科学研究应遵循的基本原则。本书提出的 BP 网络过拟合不确定关系式、规范变换的前向神经网络评价与预测模型及同型规范变换的不同变量的预测模型之间具有兼容性和等效性，都具有普适性，而且书中的公式、模型方法都相对简单。因此，本书成果虽然远非"精妙绝伦"，更无法与"妙手偶得"相比，但与为了跟踪、模仿、附和而采用简单的"克隆"、"复制"或"移花接木"的手法，炮制的如"过眼烟云，昙花一现"的应景之作和时髦读物是完全不同的。至于本书的学术价值如何，自然是"文章千古事，得失寸心知"。本书的"成败得失"留待时间去检验，"是非曲直"让读者和专家去评判吧！只要本书的面世能产生"抛砖引玉"的效果，我们就知足常乐了。

圣人孔子在修身、养性、立志中曾说：十五立志于学，三十而立，五十而知天命，七十而从心所欲。笔者是五十知天命之年才开始学习和研究神经网络，可见，不是只"慢了半拍"，而是足足"晚了人的半生"。令人欣慰的是终于有所斩获、有所创新。至此一生，笔者既未少年得志，亦无大器晚成，只有教书育人和科学研究，故在此填写拙词两首作为人生总结吧。

破阵子

三十春秋讲坛，培养学子无闲。既作春蚕吐丝尽，
又为红烛照人寰，何曾有遗憾？
四十寒暑科研，带领弟子攻坚。一旦进入新境界，
废寝忘食不知倦，超脱又坦然。

临江仙

科学长河滚滚流，巨浪淘尽英雄。是非成败千古留，
生命终有限，探索永无穷。
一生探索数十秋，历经风雨沉浮。转眼已是黄昏后，
早年无所获，晚年有所收。